碎矿与磨矿工艺及原理

刘建远　编著

北　京

冶金工业出版社

2024

内 容 提 要

本书对矿石粉碎工艺及原理作了较为全面的归纳介绍,内容涵盖选矿厂碎矿与磨矿工艺的基本概念与基本方法、颗粒群粒度分布的表示、常用粉碎设备、常用分级设备、常见的碎磨工艺流程,并在此基础上就粉碎数学模型及其应用、碎磨工艺设计常用的物料参数及其测定方法,以及粉碎基础研究对粉碎工艺进步的作用分别进行了专题论述。

本书可供从事矿物加工及其他相关领域工作的工程技术人员阅读或参考,也可作为高等院校矿物加工工程专业的教材或教学参考书。

图书在版编目(CIP)数据

碎矿与磨矿工艺及原理 / 刘建远编著. -- 北京:
冶金工业出版社,2024.9. -- ISBN 978-7-5024-9981-5

Ⅰ. TD921

中国国家版本馆 CIP 数据核字第 2024EU3409 号

碎矿与磨矿工艺及原理

出版发行	冶金工业出版社	**电 话**	(010)64027926
地 址	北京市东城区嵩祝院北巷 39 号	**邮 编**	100009
网 址	www.mip1953.com	**电子信箱**	service@ mip1953.com

责任编辑 杨盈园 美术编辑 彭子赫 版式设计 郑小利
责任校对 石 静 责任印制 窦 唯
北京建宏印刷有限公司印刷
2024 年 9 月第 1 版,2024 年 9 月第 1 次印刷
710mm×1000mm 1/16;20.5 印张;402 千字;320 页
定价 88.00 元

投稿电话 (010)64027932 投稿信箱 tougao@cnmip.com.cn
营销中心电话 (010)64044283
冶金工业出版社天猫旗舰店 yjgycbs.tmall.com
(本书如有印装质量问题,本社营销中心负责退换)

前　言

　　碎矿与磨矿作为选矿厂生产流程中的物料准备环节，其目的是将大块矿石粉碎至有用矿物充分解离且颗粒粒度符合后续选别作业要求的程度。碎矿和磨矿是选矿工艺流程中投资和运行费用较高的工序，碎磨工艺流程的建设投资通常占选矿厂建设总投资的 60% 左右，运行费用占选矿厂运行费用的 40% 以上。一般选矿厂电耗的 50%~75%、钢耗的绝大部分消耗于矿石的碎磨。因此，根据矿石物料特性和生产目标为新建选矿厂确定合适的碎磨工艺流程，以及对既有选矿厂的碎磨工艺进行优化或改进，对于矿山企业的节能降耗及技术经济指标的提高具有重要意义。

　　在选矿厂生产过程中，矿石的粉碎一般是分阶段进行的，各粉碎段均配置相应的粉碎设备（碎矿机或磨矿机）来承担该阶段的粉碎任务。为获得满足给定粒度要求的产物并提高生产效率，通常需要在流程的适当位置配置分级设备，通过筛分或水力分级来实现物料按粒度大小的分离。粉碎设备与分级设备是构成矿石粉碎工艺流程的基本单元作业设备。在设计新选矿厂时，了解物料特性和各种设备的性能用途、工作原理、技术参数及生产能力是进行流程配置及设备选型的前提。在选矿厂生产过程中，了解各设备作业条件对作业效果的影响是进行工艺优化的基础。对设备制造厂家而言，了解设备构造及其工作参数对作业效果的影响以及相关领域基础研究的进展往往会给设备的改进或创新带来启示。

　　本书将在有限的篇幅内对矿石碎磨工艺及其原理作一个较为全面的归纳介绍，其主要特点是：（1）系统地介绍选矿厂碎磨工艺基本知识和基本方法，包括基本概念与惯用术语、颗粒群粒度分布的表达，常用的粉碎设备与分级设备、常见的工艺流程等；（2）在内容编排上，先分类介绍单元作业设备，再介绍由单元作业设备构成的工艺流程，而关于固体颗粒粉碎机理及能耗机制的分析讨论则放在本书的最后；（3）对设备的介绍着重于基本构造、工作原理，以及与工艺应用有关的技术参数，对设备安装、操作及维修方面的细节不予赘述，各类设备的规格型号及技术参数源自专业手册或设备厂家提供的资料，可作为设备初步选型时的参考；（4）专章综述碎磨流程设计常用的物料特性参数及其测定方法；（5）专题讨论粉碎数学模型，尤其是总量平衡模型的建模思路、模型表达式和模型参数确定方法，并在此基础上分别介绍各种适用于特定碎磨设备类型的粉碎模型，以及由粉碎作业模型与分级作业模型构成的粉碎回路模型。数学模型是利用现代计算机模拟技术对粉碎作业和流程进行数值模拟与运行状态分析的基础。这部分内容的编写遵循面向实践、深入浅出、简明扼要的原则，希望能对粉碎数学模型的入门学习者、研究者以及致力于将粉碎数学模型应用于粉碎过程的设计、优化和控制的读者有所帮助。

　　本书可供从事矿物加工及其他相关领域工作的工程技术人员阅读或参考，也可作为高等院校矿物加工工程专业的教材或教学参考书。

　　本书的编写参考了有关中外文献资料，在此向有关文献资料的作者表示感谢！

　　由于作者水平所限，书中不妥之处，敬请读者批评指正。

作　者

2024 年 1 月

目　录

1 绪 论

1.1 碎矿与磨矿的工艺目标

从矿山开采出来的矿石在作为冶金原料或被直接利用之前大多需要经过选矿处理。在选矿工艺流程中，粉碎是分选作业前必要的物料准备步骤。根据所处理矿石物料颗粒的大小和所采用的粉碎设备种类的不同，矿石的粉碎通常被划分为碎矿（大颗粒的粉碎，又称破碎）与磨矿（小颗粒的粉碎，又称磨碎）两大阶段。碎矿与磨矿流程统称碎磨流程或粉碎流程。碎矿与磨矿的工艺目标如下。

（1）使目标矿物充分地从矿石中解离出来。在选矿厂处理的原矿中，各种矿物组分往往密切共生，目标矿物常呈细粒状甚至微细粒状嵌布在脉石矿物或围岩之中。通过粉碎矿石可实现目标矿物与脉石矿物之间以及各种目标矿物之间的相互解离，把尽可能多的目标矿物以单体的形式从矿石中解脱出来，为后续的分选作业创造条件。

（2）使入选物料颗粒的大小符合分选作业的要求。在选矿领域，颗粒的大小称为粒度。各种选矿方法都有其适宜的给料粒度范围，粒度过大或过小都会影响分选效果或者根本无法分选。例如，重力选矿的给矿粒度按所采用的设备类型和所处理的物料种类的不同，最粗可达 200 mm，最细可至 0.01 mm；而浮游选矿可有效分选的给矿粒度范围一般在 0.2~0.3 mm 以下、0.005~0.010 mm 以上。大块矿石需要被粉碎成符合分选作业粒度要求的入选物料。

上述两大目标主要是针对采用各种物理选矿方法的选矿厂而言。随着当代矿物加工内涵的扩展，粉碎的工艺目标有时也会有所不同。例如，在为化学选矿的浸出作业准备物料时，往往只需将矿石粉碎到使目标矿物暴露到颗粒表面使之能够与浸出药剂相互作用即可，不必苛求充分的矿物单体解离；对于某些矿物材料的加工工艺，粉碎产物的细度指标是以物料的比表面积而不是以颗粒尺寸来衡量。

1.2 碎磨流程的阶段划分

从采矿场送到选矿厂的矿石粒度较大。一般而言，井下开采的原矿粒度上限约为 400~600 mm；露天开采的原矿粒度上限约为 1000~1500 mm。在选矿厂生产实践中，矿石的粉碎通常是分阶段进行的。按所用设备的不同，一般将矿石粉碎分为碎矿和磨矿两大阶段。碎矿阶段采用破碎机先将矿石破碎成粒度为 30 ~ 5 mm 以下的破碎产物，磨矿阶段采用磨矿机再将此破碎产物粉碎至符合选别要求的细度。碎矿作业通常也不是一次完成的，一般要经过粗碎、中碎和细碎，也称第一段破碎、第二段破碎和第三段破碎。若矿石中有用矿物的嵌布粒度较粗、选别作业可在较粗的粒度条件下进行，采用一段磨矿就可满足要求；当有用矿物的嵌布粒度很细、选别作业对入选物料的细度要求较高时，往往要进行两段磨矿。

选矿厂常见的原矿粉碎流程阶段划分见表 1-1。表中给出的是常规粉碎流程的阶段划分及各段给矿粒度和产物粒度的大致范围，具体情况会因各矿山在原矿性质、粉碎设备类型、原矿粒度和入选物料粒度等方面的差异而有所不同。实际上，并不是所有选矿厂的粉碎流程都一定分为这几个阶段，在工业生产中也可见到只有两段碎矿作业（粗碎+细碎）的碎矿流程。需要指出的是，随着当代粉碎技术的不断进步和新设备的问世，常规的碎磨流程正在越来越多地被一些以新设备、新工艺为特征的另类流程所代替。例如，对一些适合于自磨/半自磨磨矿的矿石，采用自磨/半自磨工艺可以减少碎磨总段数，简化流程。近几十年来，含有自磨/半自磨作业的粉碎流程已在许多选矿厂得以采用，它突破了传统的三段碎矿加磨矿的粉碎流程模式，已成为大型矿山碎磨工艺设计及设备选择时需要考虑的新常规流程。又如，在常规的碎矿阶段和磨矿阶段之间加入一段以高压辊磨机为核心的超细碎作业，可以取得提高选厂生产能力和节能降耗的效果。含有高压辊磨机的粉碎流程已在一些新厂设计和老厂流程改造中得到应用。然而，就目前国内的应用状况而言，传统的三段碎矿加磨矿的流程仍是中小型选厂最常用的粉碎流程。

表 1-1 粉碎流程的阶段划分

阶段	作业段	给矿最大粒度/mm	产物最大粒度/mm	常用粉碎设备
碎矿	粗碎	1500 ~ 300	350 ~ 100	颚式破碎机、旋回破碎机
	中碎	350 ~ 100	100 ~ 40	圆锥破碎机
	细碎	100 ~ 40	30 ~ 5	圆锥破碎机
磨矿	一段磨矿（粗磨）	30 ~ 5	1 ~ 0.3	球磨机、棒磨机
	二段磨矿（细磨）	1 ~ 0.3	0.1 或更细	球磨机

1.3 碎磨设备工作原理与固体颗粒粉碎机理

工业生产上的粉碎过程是依靠各种粉碎设备来完成的。选矿所处理的矿石大多数属脆性物料。用于矿物加工领域的粉碎设备类型主要有颚式破碎机、旋回破碎机、圆锥破碎机、对辊破碎机、反击式破碎机、球磨机、棒磨机、自磨/半自磨机、搅拌式磨机和高压辊磨机等。表1-2列出了这些设备在碎矿与磨矿工艺流程中的主要用途及其粉碎作用原理。图1-1所示为描述各种粉碎设备工作原理的示意图。

表1-2 各类碎矿和磨矿设备的主要用途和作用原理

设备种类		主要用途	作用原理
颚式破碎机		各种矿石物料的粗碎和中碎	物料在固定颚板和可动颚板之间受到挤压作用而被粉碎
旋回破碎机		大中型选矿厂各种矿石物料的粗碎	物料在固定锥体和可动锥体之间受到挤压作用而被粉碎
圆锥破碎机		各种矿石物料的中碎和细碎	物料在固定锥体和可动锥体之间受到挤压作用而被粉碎
对辊破碎机		中小型选矿厂脆性矿石物料的中碎和细碎	物料在两个相向转动的辊子之间受到挤压作用而被粉碎
反击式破碎机		中硬和较软矿石物料的破碎,可一次完成中碎和细碎两段作业的任务	物料受锤头/转子的打击或对反击板的冲撞而被粉碎
滚筒式磨矿机	球磨机	各种矿石物料的粗磨和细磨;选矿中间产物再磨	物料在磨矿介质之间或磨矿介质与滚筒衬板之间受到挤压或撞击作用而被粉碎,磨矿介质为钢球
	棒磨机	易碎矿石物料及要求减少过粉碎的超细碎和粗磨	物料在磨矿介质之间或磨矿介质与滚筒衬板之间受到挤压或撞击作用而被粉碎,磨矿介质为钢棒
	自磨/半自磨机	对适合自磨半自磨的矿石物料的粉碎,可同时取代中碎、细碎和粗磨作业	物料在磨矿介质之间或磨矿介质与滚筒衬板之间受到挤压或撞击作用而被粉碎,自磨的磨矿介质为大块矿石,半自磨的磨矿介质为大块矿石和钢球;大块矿石在机内也因对其他物料、磨矿介质和滚筒衬板的撞击而被粉碎
搅拌式磨机		矿石物料细磨和超细磨;选矿中间产物再磨;矿物材料深加工	物料在磨矿介质之间或磨矿介质与固定筒体衬板或搅拌器之间受到挤压作用和流体剪切作用而被粉碎和分散,磨矿介质为钢球或其他材料制成的球体
高压辊磨机		各种矿石物料的细碎、超细碎和粗磨;金刚石矿的解离破碎;铁精矿球团之前的预处理	物料在两个相向转动的辊子之间受到高压强(大于30 MPa)挤压作用而被粉碎

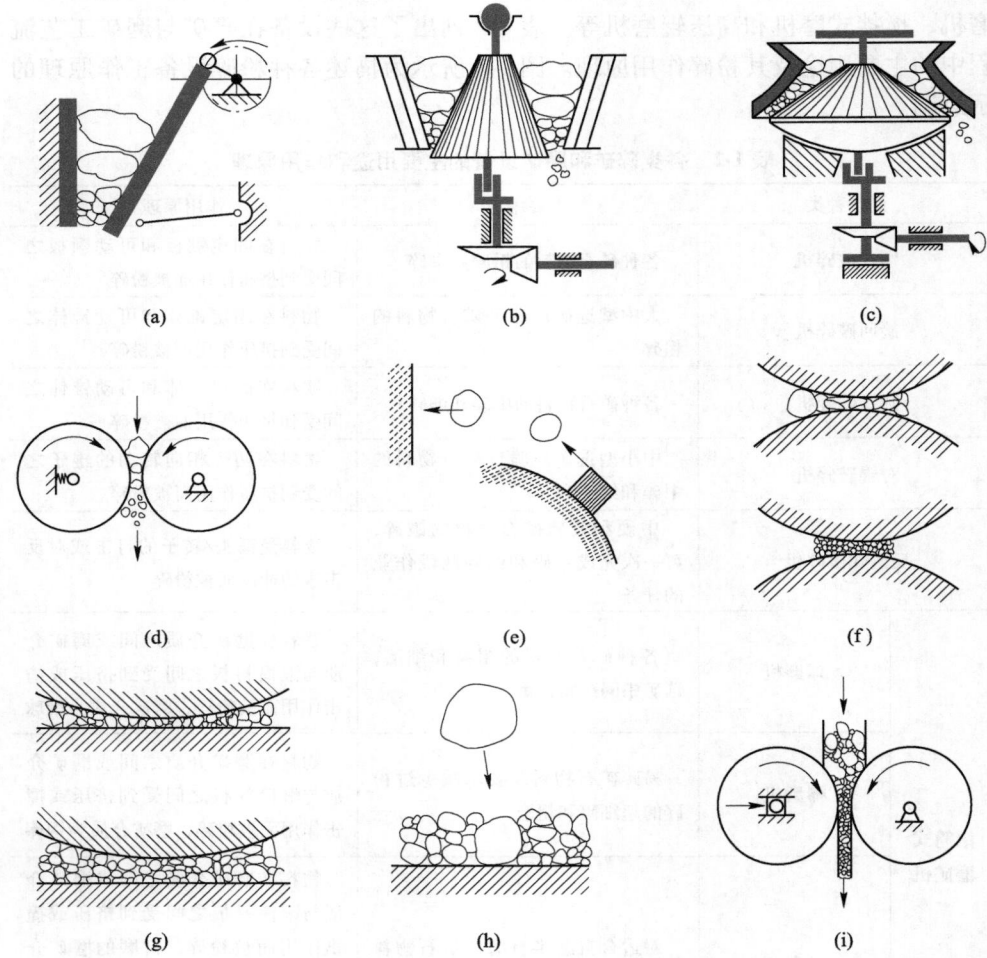

图 1-1　粉碎设备内机构或介质对物料颗粒施载作用

（a）颚式破碎机；（b）旋回破碎机；（c）圆锥破碎机；（d）对辊破碎机；（e）反击式破碎机；

（f）磨矿机内磨矿介质之间；（g）磨矿介质与衬板之间；

（h）自磨机内大块矿石与物料之间；（i）高压辊磨机

　　分析比较这些设备的工作原理可以看出，目前应用于工业生产上的各种粉碎方法均属于机械力粉碎法，即固体颗粒的粉碎是由于颗粒在其表面的接触位置受到外部施加的机械力（也称接触力）作用而引起的。颗粒可以被压剪施载，也可以被冲击施载。在压剪施载情况下，颗粒在至少两个接触点上受到外部力的作用。根据接触力位置和方向的不同，挤压作用上可以叠加有剪切作用。在冲击施载情况下，颗粒一般只有一个接触点与外部发生作用。固体颗粒在接触力作用下发生碎裂并生成粒度更小的碎块颗粒是粉碎的基本过程。碎矿阶段物料的粒度较大，大多数颗粒与设备的施载机构直接接触，施载模式多为机构对单个颗粒的直接作用或对单层颗粒料床的作用；磨矿阶段物料的粒度小，施载模式多为机构或磨矿介质对处于某个有效作用空间内的颗粒料床的作用，这个颗粒料床可以是单层颗粒床，但更为一般的是多层颗粒床。对于多层颗粒床内部不直接与施载机构或磨矿介质接触的颗粒来说，导致粉碎发生的接触力完全来自其周边相邻颗粒的作用。

无论所采用的粉碎设备及其对物料的施载方式有何不同，就被碎物料中各个单颗粒而言，机械力粉碎的基本原理是相同的：接触力的作用使颗粒变形，固体颗粒内部的晶格质点会抵抗这个变形，从而在固体内部产生应力。这种抵抗变形的作用在固体内部质点间传播的结果是在整个颗粒内建立起一个空间应力场。随着接触力的增大，应力场中积聚的应变能增加。颗粒内的应力分布状况不仅取决于接触力的大小、方向、数目及其作用位置，也与变形速率、颗粒的大小和形状以及颗粒材料的力学性质有关。颗粒内部物质结构的不均匀性如微缝和缺陷的存在会导致局部发生应力集中现象。当局部应力超过材料强度时，颗粒开始失稳破裂。由微缝处起始的破裂面的扩展使颗粒内部积聚的应变能得以释放。颗粒内部微缝及缺陷的大小和空间分布与应力分布一起决定了破裂面的位置及其扩展和分叉，从而决定了碎块颗粒的大小和形状分布以及新生成的固体表面积。

固体颗粒的粉碎是一个消耗能量的过程。粉碎过程具有强烈的不可逆性。从颗粒碎裂时的能量转换机制看，粉碎的能量效率实际上很低，接触力所做的功只有一小部分转化为新生固体表面的表面能，大部分则以热的形式耗散。从施载模式看，单粒粉碎的能量利用率要高于颗粒床粉碎。在工业生产上，碎矿设备中的粉碎多为单粒粉碎或施载条件较接近单粒粉碎的单层颗粒床粉碎；而磨矿设备中的粉碎一般以颗粒床粉碎为主。所以，在生产实践中采用"多碎少磨"的原则，尽量降低碎矿产物的粒度，可以取得节省能耗的效果。

1.4 分级作业与碎磨工艺流程结构

从固体颗粒粉碎的原理可知，脆性颗粒被碎后总是生成一系列大小不一的碎块。即使被碎物料颗粒的粒度是单一的，粉碎后生成的碎块颗粒也会有大有小，或者说具有某种粒度分布。为了获得满足给定细度要求的产物并尽量减少过粉碎，往往需要在粉碎工艺流程中引入分级作业，对固体颗粒群进行按颗粒大小的分离。选矿领域采用的分级方法主要是筛分分级和水力分级。筛分分级的分离粒度较大，大多用于碎矿阶段物料的分级；水力分级的分离粒度较小，用于磨矿阶段物料的分级。

筛分分级的原理简单直观：在入筛物料与带有许多筛孔的筛面的相对运动过程中，物料中粒度小于筛孔尺寸的颗粒穿过筛孔，汇集成筛下产物（细粒产物）；而物料中粒度大于筛孔尺寸的颗粒仍留在筛面上，形成筛上产物（粗粒产物）。工业筛分设备可大致分为固定筛和振动筛，前者的筛面固定不动，筛分是在物料本身的流动过程中完成的；后者的筛面在激振机构的带动下做某种形式的振动，促使物料在筛面上松散并做相对运动，粗细颗粒的分离是在物料颗粒与筛面之间的相对运动过程中实现的。

水力分级则是利用不同粒度的固体颗粒在流体（水）中具有不同沉降速度的原理，使物料中的粗颗粒和细颗粒在重力场或离心力场作用下的流体中具有不同的运动轨迹，从而获得溢流产物（细粒产物）和沉砂产物（粗粒产物）。选矿厂生产上最常用的水力分级设备是螺旋分级机和水力旋流器。前者利用的是重力场中颗粒的沉降原理，后者则利用了离心力场中颗粒的沉降原理。

一个粉碎作业段是否配置分级作业以及分级作业的设置位置与给矿的粒度组成和对产物的粒度要求有关。配置于粉碎作业之前的分级称为预先分级；配置于粉碎作业之后的分级称为检查分级。图1-2所示为一个粉碎段内部流程结构的几种基本形式：流程（a）中无分级作业，给料直接进入粉碎作业，粉碎作业的排料即为本段的产物；流程（b）中设有预先分级作业，本段的给料首先进入预先分级，分级的粗粒产物进入粉碎作业，粉碎作业的排料与分级的细粒产物合并作为本段的产物；流程（c）带有检查分级作业，给料首先进入粉碎作业，粉碎排料进入分级作业，分级的细粒产物即为本段产物，分级的粗粒产物返回粉碎作业；流程（d）带有预先分级和检查分级作业，给料首先进入预先分级，预先分级的粗粒产物进入粉碎作业，粉碎的排料进入检查分级，检查分级的粗粒产物返回粉碎作业，检查分级和预先分级的细粒产物合并为本段产物；流程（e）为预先分级和检查分级合一的配置形式，其功能与流程（d）完全一致。流程（a）和（b）中无返回的物料流，属开路流程；流程（c）（d）和（e）中有返回的物料流，属闭路流程。

在碎矿阶段，开路流程常用于粗碎和中碎。当给矿中含有较多的细颗粒物料时，采用预先分级分离出这些细颗粒可以提高流程的总处理量和生产效率。细碎作业一般与筛分作业构成闭路循环来确保碎矿产物满足给定的粒度要求。在磨矿阶段，尤其是在获得最终磨矿产物的磨矿作业段，闭路流程是最常见的选择。磨矿作业一般与水力分级作业一起构成闭路循环。采用闭路磨矿主要是出于两个方面考虑：一是获得符合给定细度要求的产物；二是提高磨矿效率、降低所需的粉碎能耗并减少过粉碎。粉碎流程的整体效率与流程结构有很大的关系。

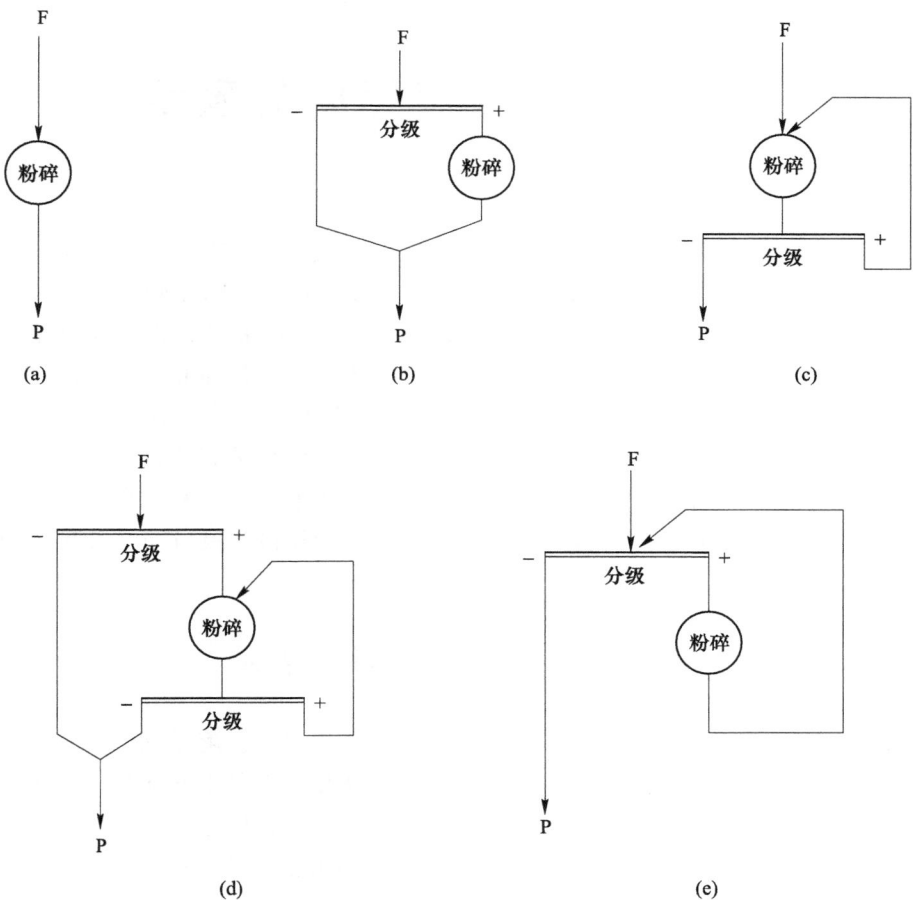

图 1-2 粉碎作业段内部流程结构的基本形式

F—给料；P—产物；＋—分级作业粗粒产物；－—分级作业细粒产物

选矿厂的碎磨流程的是一个设备投资高、能耗高、介质及衬板材料消耗量大的工业生产过程。对于给定的粉碎任务，应当从流程结构、各单元作业设备配置及作业条件设置等方面对碎磨流程进行优化，力求以尽可能小的生产成本获得满足工艺要求的粉碎产物。

2 颗粒群粒度组成的表示

在选矿领域，"粒度"这个词语通常指颗粒的大小。选矿厂处理的矿石物料及各单元作业的给矿和产物都是由粒度不同且形状各异的固体颗粒组成的颗粒群。将颗粒按其大小划分为若干个粒度级别（简称"粒级"），以颗粒群中各粒级颗粒量与总颗粒量的比值表示各粒级颗粒的相对含量，用该相对含量随粒度的变化关系描述颗粒群的粒度组成，也称为颗粒群的粒度分布。在碎磨工艺流程中，碎矿与磨矿作业改变给矿颗粒群的粒度组成；分级作业将给矿颗粒群中的颗粒按粒度大小分离，得到两个或多个粒度组成不同的颗粒群。粒度分布是对颗粒群粒度组成的定量描述，也常称为"粒度特性"。颗粒群粒度分布的测定分析简称"粒度分析"。

2.1 颗粒粒度和形状的表示

粒度是颗粒所占据空间体积大小的度量，通常以具有长度量纲的某种特征尺寸来表示。对于形状呈简单几何体的颗粒，可直接用一个基本几何尺寸来表示其粒度，例如，球形颗粒的粒度可用球的直径来表示，正方体颗粒和正四面体颗粒的粒度可用其边长来表示。其他形状的颗粒通常需用多个尺寸参数才能确定其体积大小，如圆锥体颗粒用其底圆直径和锥体高度，长方体颗粒用其长、宽、高来确定体积，对此可以视具体情况确定一个合适的特征尺寸参数来代表颗粒粒度。一般来说，随着颗粒对称性的降低，用一个特征尺寸参数来表示颗粒粒度的难度增加。

实际矿石物料通常是由许多大小不一且形状各异的颗粒组成的颗粒群，在进行粒度分析时往往是借助于颗粒的某个可测量的几何量或物理量来定义颗粒的粒度。虽然粒度分析的方法有很多，但从原理上可归纳为筛分分析、沉降分析、场干扰分析及图像分析四大基本类型。不同的分析方法采用的粒度定义有所不同，适用的粒度范围也不同。用于定义颗粒粒度的几何量或物理量主要有：

（1）特征长度；
（2）颗粒表面积或沿某个方向的投影面积；
（3）颗粒体积或质量；
（4）颗粒在流体介质中的沉降速度；

（5）场干扰程度。

筛分分析法（简称筛析法）利用一套筛孔尺寸不同的筛子对颗粒群进行筛分，以筛孔尺寸作为表示颗粒粒度的特征长度。对于筛孔尺寸为 w 的筛子，能够透筛通过筛孔的颗粒其粒度小于 w，滞留在筛上的颗粒其粒度大于 w。若用 n 个筛孔尺寸由大到小的筛子依次对颗粒群物料进行筛分，可将物料按其粒度大小分成 $n+1$ 个粒级。将第 i 个筛子的筛孔尺寸记为 w_i（$i=1$，…，n），则物料中能够通过筛孔尺寸为 w_i 的筛子但又滞留在筛孔尺寸为 w_{i+1} 的筛子之上的颗粒其粒度介于 w_i 与 w_{i+1} 之间。对各粒级的颗粒量分别进行计量（称重或计数），就可获得颗粒群的粒度分布信息。筛分分析适用的粒度范围为 125~0.005 mm。粒度小于 6 mm 的物料可在实验室中利用标准筛进行筛析。标准筛是按一定标准制造的具有固定筛孔尺寸序列的筛子，筛面型式有金属丝编织网、金属穿孔板和电成型薄板三种。筛孔可以是方孔或圆孔。方孔筛的筛孔尺寸为筛眼的宽度，圆孔筛的筛孔尺寸为筛眼的直径。筛孔尺寸除了以长度单位（mm 或 μm）表示外，对于金属丝编织网筛传统上还常以 1 英寸（25.4 mm）筛网长度所含筛孔的数目来表示，简称网目或目。例如 200 目指 1 英寸长度的筛网上含有 200 个筛孔，与筛孔尺寸 74 μm 相对应。筛孔尺寸与网目数的对应关系因不同标准规定的金属丝直径不同而有所差异。标准筛的筛孔尺寸序列由基筛筛孔尺寸和筛比决定。基筛是作为基准的筛子，筛比是筛孔尺寸序列中相邻两个筛孔尺寸的比值。标准筛孔尺寸序列由基筛筛孔尺寸乘以筛比的整数次方导出。世界各国采用的标准筛孔尺寸序列不尽相同。长期以来在选矿领域应用较多的泰勒标准筛以筛孔尺寸 74 μm（200 目）为基筛，按筛比 $\sqrt{2}=1.414$ 确定筛孔尺寸的主序列，美国、英国、加拿大等国的国家标准与泰勒筛标准相同或相近。德国、法国、俄罗斯等国的国家标准以筛孔尺寸 1 mm 为基筛，按筛比 $\sqrt[10]{10}=1.259$ 确定筛孔尺寸的主序列（R10 序列）。国际标准化组织（ISO）推荐的标准以筛孔尺寸 1 mm 为基筛，按筛比 $(\sqrt[20]{10})^3=1.413$ 确定筛孔尺寸的主序列（R20/3 序列）。为了满足更为精细的粒级划分需求，各标准在主序列之上还规定有补充序列。国际标准（ISO 565：1990）推荐以筛比为 $(\sqrt[20]{10})^3$ 的 R20/3 序列为主序列，以筛比为 $\sqrt[20]{10}$ 的 R20 序列和筛比为 $(\sqrt[40]{10})^3$ 的 R40/3 序列为补充序列。对于筛孔尺寸在 5~32 μm 范围的筛子，特别规定了一套在 R10 序列基础上有所删减调整的序列作为主序列，没有补充序列。此国际标准兼顾了既有的公制和英制序列：R5 和 R10 序列是 R20 序列的子集；R20/3 序列和筛比为 $\sqrt{2}$ 的英制序列是 R40/3 序列的子集；R40/3 序列与筛比为 $\sqrt[4]{2}$ 的英制序列基本一致。我国以前多沿用泰勒筛和上海标准筛，现在已向国际标准靠拢。最新的国家标准《试验筛　金属丝编织网、穿孔板和电成型薄板　筛孔的基本尺寸》（GB/T 6005—2008）完全参照国际标准制定，此标准规定的筛孔尺寸序列详见附录中的附表 1 和附表 2。

　　粒度大于 6 mm 的物料可视具体情况采用标准筛或非标准筛进行筛析。对于大块物料，可直接测量单颗粒的三维尺寸后取某种平均值作为表示其粒度的特征长度，也可利用排水法或称重法通过测量单颗粒体积或质量来间接确定颗粒粒度。采用后一种方法时一般是引入等效直径（又称当量直径）的概念，用假想的与颗粒具有相同体积（质量）的球体的直径作为特征长度来表示颗粒粒度，称为体积（质量）等效直径。

　　图像分析法利用显微镜观察颗粒的几何形状，测量颗粒投影面或截面图像的几何参数。从颗粒的二维图像提取反映颗粒粒度的特征长度有不同的方法，分别对应不同的粒度定义。在显微镜下观测颗粒图像通常以目镜测微尺方向为测量方向，采用"马丁直径"或"弗雷特直径"来代表颗粒粒度。当作为视野分界线的目镜测微尺将颗粒投影面或截面面积分成大致相等的两部分时，此分界线在颗粒轮廓上截取的长度称为马丁（Martin）直径；与测量方向垂直的颗粒轮廓两端切线之间的距离称为弗雷特（Feret）直径（图 2-1）。弗雷特直径显然不小于马丁直径。对于形状不规则颗粒，两者均与颗粒的形状及取向有关。另一种方法是以假想的与颗粒投影面或截面具有相同面积的圆的直径作为特征长度，称为投影面积等效直径或截面积等效直径。图像分析法直接观测颗粒形貌和尺寸，测量结果直观可靠，常用于细粒物料粒度分析，或用于对其他分析方法获得的结果进行标定和校核。光学显微镜分析适用的粒度范围为 2000~1 μm，电子显微镜分析适用的粒度范围为 10~0.001 μm。

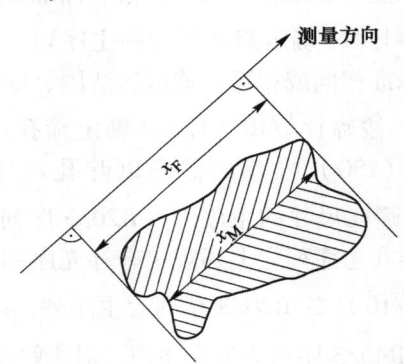

图 2-1　从颗粒轮廓图像获取的特征尺寸

x_M—马丁直径；x_F—弗雷特直径

　　沉降分析法利用颗粒在流体介质中的自由沉降速度来推断颗粒粒度。根据斯托克斯沉降公式，见第 4 章式（4-7），在黏性阻力占主导地位时球形颗粒在流体中的自由沉降速度与颗粒粒度的平方成正比。沉降分析将与被测颗粒具有相同密度且在相同力场及相同介质中自由沉降时具有相同沉降速度的圆球体直径作为被测颗粒的名义粒度，称之为斯托克斯等效直径。沉降分析有多种不同的实施方式，包括淘析法，安德里森（Andreasen）移液管法，水力分级法（重力水析器，旋流水析器），光透射式沉降分析法，沉降天平法等。重力沉降分析适用的粒度范围约为 $100 \sim 1~\mu m$，离心沉降分析适用的粒度范围约为 $10 \sim 0.01~\mu m$。选矿领域常用的水力分级法（简称水析法）是利用颗粒在水中沉降速度的不同而分离出若干个粒度级别的分析方法，一般用于粒度小于 $75~\mu m$ 的物料，最小分级粒度为 $8~\mu m$。

场干扰法通过测量颗粒对给定物理场（电场、磁场、光线等）的干扰程度大小来推断颗粒粒度。得到较广泛应用的基于场干扰原理的粒度分析仪器包括库尔特（Coulter）粒度仪和激光散射粒度仪。库尔特粒度仪（也称库尔特计数器）利用电场干扰原理测定颗粒粒度。当悬浮于电解质溶液中的颗粒随溶液流动逐个通过位于给定电场内的计数小孔时，小孔两端电阻的变化幅度与颗粒尺寸的有关，颗粒越大电阻的变化幅度越大。激光散射粒度仪则是利用颗粒对入射激光光束的散射现象来测定颗粒粒度。当入射光束遇到颗粒阻碍发生散射时，散射角（即入射光与散射光传播方向的夹角）的大小与颗粒尺寸有关，颗粒越小散射角越大，而该方向上散射光的强度代表了该尺寸颗粒的数量。这两种粒度分析仪器测得的反映场干扰程度的物理量与颗粒粒度的关系模型均以圆球形颗粒为假设前提，且仪器在使用前一般都还需要用已知粒径的球形颗粒进行标定。库尔特粒度分析将与被测颗粒具有相同电场干扰效果的圆球体直径作为被测颗粒的名义粒度，称之为库尔特等效直径。库尔特粒度仪适用的粒度范围约为 $100 \sim 0.5~mm$。激光散射粒度分析将与被测颗粒具有相同光散射效果的圆球体直径作为被测颗粒的名义粒度，称之为光散射等效直径。基于弗朗霍夫（Fraunhofer）衍射理论的激光粒度仪适用的粒度范围为 $2000 \sim 1~\mu m$，基于米氏（Mie）散射理论的激光粒度仪较合适的粒度范围约为 $50 \sim 0.05~\mu m$。

选矿上最常用的粒度分析方法是筛析法和水析法，这两种方法的长处之一是在获得物料粒度组成信息的同时能够得到一系列窄粒级产物，这些产物可进一步用于分析目标金属/矿物在各粒级之间的分布。图像分析法则是更多地用于观测原矿中目标矿物的粒度大小和嵌布特征，以及碎磨产物或选别产物中目标矿物的连生和解离状况。

沉降分析法和场干扰分析法采用等效球体直径来定义颗粒粒度，这实际上是将其他因素（包括但不限于颗粒形状）对所观测物理量的影响都简单地归咎于粒度效应。颗粒形状对粒度分析结果的影响大小需要根据具体情况进行具体分析。常规的粒度分析一般只提供物料粒度分布的信息。对于需要考虑颗粒形状影响的物料，可进行颗粒形貌分析。

不规则颗粒的形状除了采用文字术语（诸如球状、粒状、多角状、楔状、片状、纤维状、针状等）进行定性描述外，还可借助一些定量参数进行分类。通常是采用测量颗粒三维尺寸的方法，将颗粒以最大稳定度（即重心最低）取向置于一水平面上，若此时测得颗粒的最小体积外接长方体（图 2-2）的长、宽和高分别为 l、b 和 h（$l \geq b \geq h$），则可将长宽比 l/b 和扁平比 b/h 作为对颗粒形状进行分类的基准参数。当长宽比和扁平比均接近于 1 时称为粒状（块状）颗粒；当长宽比大于 1.5 时称为针状颗粒；当扁平比大于 2 时称为楔状颗粒。

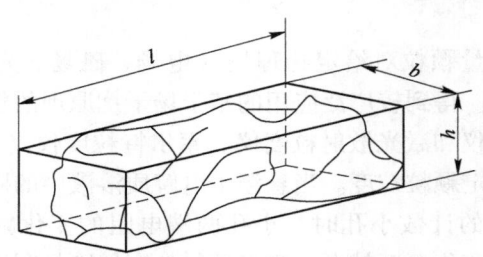

图 2-2　颗粒的最小体积外接长方体

l—长度；b—宽度；h—厚度

另一种描述方法是引入球形系数（也称为球形度）概念，其定义为

$$球形系数 = \frac{与颗粒等体积球体的表面积}{颗粒的表面积}$$

在进行二维图像分析时，可用面积等于颗粒投影面积的圆的直径与颗粒投影图的最小外接圆直径之比来表示球形系数。各类颗粒的球形系数见表 2-1。

表 2-1　各种形状颗粒的球形系数

颗粒类型	球形系数	颗粒类型	球形系数
规则形状		规则形状	
球体	1.000	圆柱体（$h=d$）	0.827
八面体	0.847	圆盘体（$h=d/10$）	0.472
正方体	0.806	圆盘体（$h=d/20$）	0.323
长方体（$l \times l \times 2l$）	0.767	不规则形状	
长方体 $l \times 2l \times 2l$	0.761	球形及类球形	1.0~0.8
长方体（$l \times 2l \times 3l$）	0.725	多角形	0.8~0.65
圆柱体（$h=10d$）	0.580	长条形	0.65~0.5
圆柱体（$h=5d$）	0.691	扁平形	<0.5

注：表中 l、h 和 d 分别代表长度、高度和直径。

无论颗粒形状如何，只要不考虑孔隙度和表面粗糙度影响，一般都可以在表达"颗粒表面积与粒度的平方成正比"以及"颗粒体积与粒度的立方成正比"的基本关系式中通过给定不同的比例系数值来反映颗粒形状的影响,此比例系数称为形状系数。具体来说,颗粒的表面积 S 与粒度 d 的关系式为 $S = K_S d^2$,其中 K_S 为表面积形状系数,代表颗粒形状对颗粒表面积的影响;颗粒的体积 V 与粒度 d 的关系式为 $V = K_V d^3$,其中 K_V 为体积形状系数,代表颗粒形状对颗粒体积的影响。对于球形颗粒有 $K_S = \pi$,$K_V = \pi/6$;对于立方体颗粒有 $K_S = 6$,$K_V = 1$。不规则颗粒的 K_S 和 K_V 会随粒度 d 的确定方法不同而异。根据上述两个关系式可推导出颗粒的比表面积 $S_V = S/V = K_{SV} d^{-1}$,即颗粒的比表面积与粒度成反比,这里 $K_{SV} = K_S/K_V$ 为比表面积形状系数,反映颗粒形状对颗粒比表面积的影响。表 2-2 列出一些颗粒类型的表面积形状系数、体积形状系数及比表面积形状系数。可以看出,球体颗粒、立方体颗粒及正圆柱体颗粒的 K_{SV} 值均为 6。

表 2-2　各种颗粒类型的形状系数

颗粒类型	表面积形状系数 K_S	体积形状系数 K_V	比表面积形状系数 $K_{SV} = K_S/K_V$
规则形状			
球体	π	$\pi/6$	6
立方体	6	1	6
圆柱体($h = d$)	$3\pi/2$	$\pi/4$	6
圆锥体($h = d$)	2.542	0.267	9.71
正四面体	1.173	0.118	9.94
正八面体	2.828	0.333	8.49
不规则形状			
球形及类似球形颗粒	2.7~3.4	0.32~0.41	8.43~8.29
带棱颗粒	2.5~3.2	0.20~0.28	12.5~11.4
片状颗粒	2.0~2.8	0.12~0.16	16.7~17.5
薄片状颗粒	1.6~1.7	0.01~0.03	160~56.7

注:表中 h 和 d 分别代表高度和直径。

通常是以球形颗粒为基准,采用形状校正系数来代表颗粒形状对颗粒表面积、体积及比表面积的影响。各类颗粒的形状校正系数等于各类颗粒的形状系数与球体形状系数之比。从表 2-2 中所列的各类颗粒比表面积形状系数数据可算出,立方体和正圆柱体的比表面积形状校正系数均为 1(即不需要校正);而正圆锥体、正四面体和正八面体的比表面积形状校正系数分别为 1.62、1.66 和 1.42。

2.2　颗粒群粒度分布的表示

颗粒群粒度分布描述各粒级物料量占总体物料量的比率（分数或百分数）。根据基准物料量类型的不同此分布有不同的类型，实际应用较多的是以总体颗粒数为基准的颗粒数粒度分布和以总体质量为基准的质量粒度分布。前者描述各粒级颗粒数占总颗粒数的比率（也称频率），后者描述各粒级质量占总体质量的比率（也称产率）。

表2-3列出对某粉体样品粒度分布的显微镜图像观测分析结果。此样品粒度上限为130 μm，下限为10 μm。为了解样品的粒度分布状况，将此粒度区间以10 μm的间距划分为12个子区间，如此把样品颗粒按粒度大小分为12个粒级（见表中第2列）。在显微镜下观测一组共300个颗粒的样品，测定各颗粒粒度，统计各粒级颗粒数（见表中第3列）。由各粒级颗粒数及总颗粒数计算粒级频率（结果列于表中第4列）、正累计频率（将粒级频率按粒度从大到小累计，结果列于表中第5列）和负累计频率（将粒级频率按粒度从小到大累计，结果列于表中第6列）。

表2-3　某粉体样品粒度分布数据

粒级序号	粒级/μm	颗粒数/个	频率/%	累计频率/%	
				正累计	负累计
1	120~130	4	1.33	1.33	100.00
2	110~120	6	2.00	3.33	98.67
3	100~110	12	4.00	7.33	96.67
4	90~100	17	5.67	13.00	92.67
5	80~90	36	12.00	25.00	87.00
6	70~80	54	18.00	43.00	75.00
7	60~70	60	20.00	63.00	57.00
8	50~60	58	19.33	82.33	37.00
9	40~50	28	9.33	91.66	17.67
10	30~40	11	3.67	95.33	8.34
11	20~30	9	3.00	98.33	4.67
12	10~20	5	1.67	100.00	1.67
合计		300	100.00		

根据表中数据可绘制表示各粒级颗粒频率分布的直方图（图2-3）和正负累计频率曲线图（图2-4）。注意这里的正累计频率曲线是由正累计频率对相应的

各粒级下限作图得到，表示粒度大于某个界限尺寸的颗粒的频率与界限尺寸的关系；而负累计频率曲线是由负累计频率对相应的各粒级上限作图得到，表示粒度小于某个界限尺寸的颗粒的频率与界限尺寸的关系。

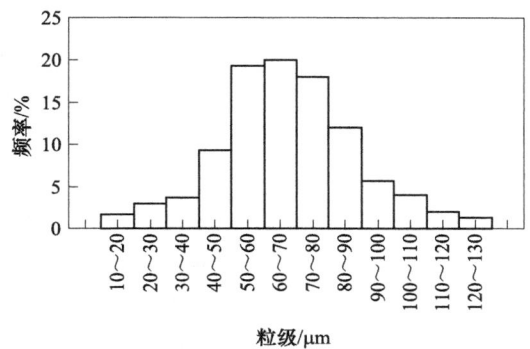

图 2-3　以粒级频率直方图表示粒度分布

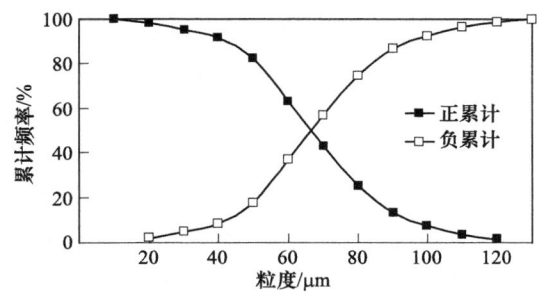

图 2-4　以正累计频率或负累计频率曲线表示粒度分布

　　表 2-4 是对某矿石物料粒度分布的筛析结果。此物料的最大粒度为 25 mm。筛析时采用一套非标准筛孔尺寸系列的筛子将物料分为 10 个粒级（见表中第 2 列），用称量法测定各粒级物料的质量（见表中第 3 列）。由各粒级物料质量及物料总质量计算粒级产率（结果列于表中第 4 列）、正累计产率（将粒级产率按粒度从大到小累计，结果列于表中第 5 列）和负累计产率（将粒级产率按粒度从小到大累计，结果列于表中第 6 列）。

表 2-4　某矿石物料粒度分布数据

粒级序号	粒级/mm	质量/kg	产率/%	累计频率/%	
				正累计	负累计
1	20~25	0.32	0.51	0.51	100.00
2	16~20	1.39	2.20	2.71	99.49

粒级序号	粒级/mm	质量/kg	产率/%	累计频率/%	
				正累计	负累计
3	10~16	4.57	7.20	9.91	97.29
4	6.3~10	10.49	16.54	26.45	90.09
5	5.0~6.3	6.50	10.26	36.71	73.55
6	2.5~5.0	18.13	28.59	65.30	63.29
7	1.25~2.5	11.52	18.17	83.47	34.70
8	0.63~1.25	5.51	8.70	92.17	16.53
9	0.16~0.63	3.89	6.13	98.30	7.83
10	0~0.16	1.08	1.70	100.00	1.70
合计		63.40	100.00		

根据表中数据可绘制表示各粒级产率分布的直方图（图 2-5（a））及正负累计产率曲线图（图 2-6）。从表中所列的粒级产率数据或图 2-5（a）看，粒级产率似乎是呈双峰分布：5.0~6.3 mm 粒级的产率比其前一个粒级（6.3~10 mm 粒级）和后两个粒级（2.5~5.0 mm 粒级和 1.25~2.5 mm 粒级）的产率要小。实际上这是由于筛分时选用的筛孔尺寸分布不均匀，使得 5.0~6.3 mm 这个粒级的粒级宽度比其前后粒级的粒级宽度要小所致。为消除各粒级宽度差异的影响，以产率分布密度（定义为粒级产率除以粒级宽度）对粒度作图，可得到如图 2-5（b）所示的产率分布密度直方图，此直方图是粒度分布密度曲线（图中的曲线，其意义参见下一节）的一个离散化表达。

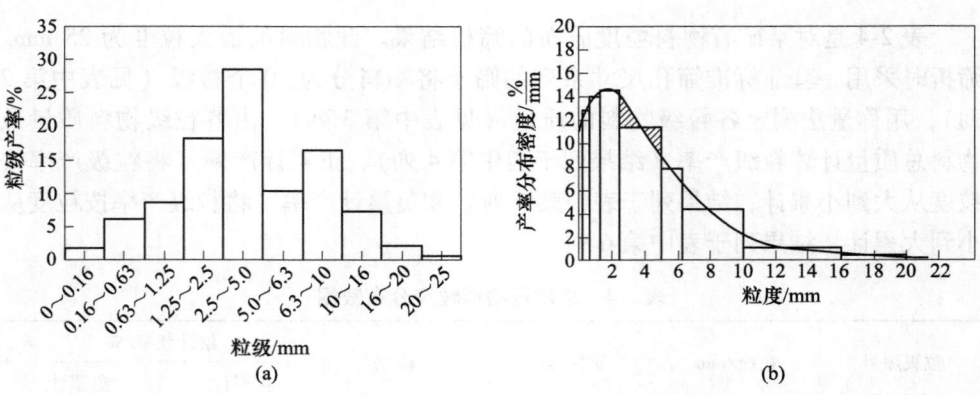

图 2-5　以粒级产率或产率分布密度表示粒度分布直方图

（a）粒级产率分布；（b）产率分布密度

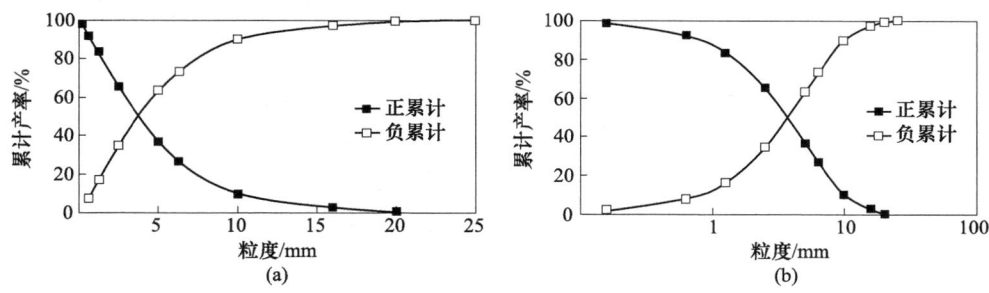

图 2-6 以正累计产率或负累计产率表示粒度分布曲线
（a）粒度轴线性刻度；（b）粒度轴对数刻度

正累计产率曲线由正累计产率对相应的各粒级下限作图得到，表示粒度大于某个界限尺寸的颗粒的产率与界限尺寸的关系；负累计产率曲线由负累计产率对相应的各粒级上限作图得到，表示粒度小于某个界限尺寸的颗粒的产率与界限尺寸的关系。累计产率曲线图的粒度轴可以采用线性刻度（图 2-6（a）），也可以采用对数刻度（图 2-6（b））。可以看出，与线性粒度轴相比，对数粒度轴中的曲线沿粒度轴方向在粗粒端被压缩，在细粒端被拉伸。对数刻度粒度轴尤其适用于表示粒度范围较宽（跨数量级）物料的粒度分布。若筛析时采用筛比恒定的筛孔尺寸系列，则在对数刻度粒度轴上各数据点的间距是相同的。

2.3 用粒度分布函数表示粒度组成

2.3.1 粒度分布函数与粒度分布密度函数

颗粒群物料粒度分布有多种表达方法，较为通用的作法是引入分布函数概念，用粒度分布函数 $Q(x)$ 表示物料中粒度小于 x 的物料量所占的分数。此粒度分布函数定义在形式上与概率论中的随机变量分布函数相似，在提取分布的数字特征时有现成的数学公式可以借用。另外，此函数曲线的含义与选矿领域常的负累计粒度分布曲线完全一致，方便实用。

粒度分布函数 $Q(x)$ 的自变量为粒度 x，其定义域为 $x_{min} \leqslant x \leqslant x_{max}$，这里 x_{min} 和 x_{max} 分别为物料的最小粒度和最大粒度。函数值 Q 表示粒度小于 x 的物料量与总物料量的比值，其值域为 $0 \leqslant Q \leqslant 1$。此 Q 值的具体含义因物料量类型的不同而异，按此量类型与粒度 x 的不同次方成正比，可引入不同取值的下标加以区分，物料量类型与粒度分布函数意义及标记，见表 2-5。质量粒度分布 Q_3 是选矿上最常用的粒度分布类型；颗粒数粒度分布 Q_0 常用于图像法或场干扰法粒度分析中。需要时还可定义以某种长度、面积、或其他可累计几何量或物理量为基准的粒度分布。无论如何，在一般描述时或者量类型默认无疑时为简洁起见，可省略表示量类型的下标，用 Q 代表 $Q_r(r=0, 1, 2, 3)$。

表 2-5 物料量类型与粒度分布函数意义及标记

物料量类型	此量类型 $\propto x^r$	分布函数意义	分布函数标记
颗粒数	$r=0$	颗粒数粒度分布	Q_0
长度	$r=1$	长度粒度分布	Q_1
面积	$r=2$	面积粒度分布	Q_2
体积	$r=3$	体积粒度分布	Q_3
质量①	$r=3$	质量粒度分布	Q_3

①颗粒密度为常数时质量分布等同于体积分布。

分布函数 Q 值是个无量纲的相对量（比值），根据 Q 值定义有

$$Q(x = x_{\min}) = 0 \tag{2-1}$$

$$Q(x = x_{\max}) = 1 \quad （归一化条件） \tag{2-2}$$

典型的粒度分布函数曲线，如图 2-7 所示。曲线上 $Q=0.5$ 所对应的横坐标值称为物料的中位粒度，一般用 x_{50} 表示。由粒度分布函数可求出任意粒度区间内的物料量：粒度在 x_1 与 $x_2(x_2>x_1)$ 之间的物料量 $\Delta Q(x_1, x_2)$ 等于粒度分布函数在这两点上的差值

$$\Delta Q(x_1, x_2) = Q(x_2) - Q(x_1) \tag{2-3}$$

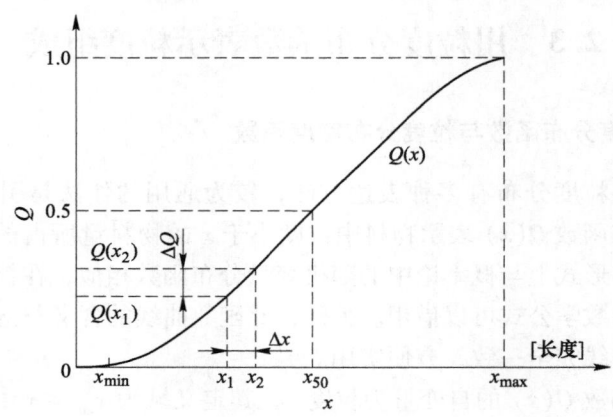

图 2-7 粒度分布函数

实际颗粒群物料由颗粒个体汇集而成，其粒度分布实为离散型分布。但是当物料中的颗粒数足够多时，数学处理上可将其视为连续型分布。若粒度分布函数 $Q(x)$ 连续可微，则其导函数

$$q(x) = \frac{\mathrm{d}Q(x)}{\mathrm{d}x} = \lim_{\Delta x \to 0} \frac{Q(x + \Delta x) - Q(x)}{\Delta x} \qquad (2\text{-}4)$$

称为粒度分布密度函数（简称分布密度）。显然有

$$Q(x) = \int_{x_{\min}}^{x} q(\xi) \mathrm{d}\xi \qquad (2\text{-}5)$$

即粒度分布函数 $Q(x)$ 是粒度分布密度函数 $q(x)$ 的一个原函数。归一化条件可表达为

$$\int_{x_{\min}}^{x_{\max}} q(x) \mathrm{d}x = 1 \qquad (2\text{-}6)$$

典型的粒度分布密度曲线，如图 2-8（a）所示，这里归一化条件的几何意义是整条粒度分布密度曲线与横坐标轴（粒度轴）所围的总面积等于 1。已知粒度分布密度函数 $q(x)$，则粒度在 x_1 与 $x_2(x_2 > x_1)$ 之间的物料量为

$$\Delta Q(x_1, x_2) = \int_{x_1}^{x_2} q(x) \mathrm{d}x = \bar{q}(x_1, x_2) \cdot \Delta x \qquad (2\text{-}7)$$

其几何意义为图 2-8（a）中所示的阴影面积，这里 $\Delta x = x_2 - x_1$ 为粒度区间宽度，$\bar{q}(x_1, x_2)$ 为该区间内粒度分布密度的平均值，即

$$\bar{q}(x_1, x_2) = \frac{1}{\Delta x} \int_{x_1}^{x_2} q(x) \mathrm{d}x \qquad (2\text{-}8)$$

根据粒度分析获得的有限个粒级的产率及粒级宽度数据可计算各粒级的分布密度平均值，从而可绘出分布密度直方图，如图 2-8（b）所示。粒度分析时粒级宽度划分得越窄，得到的分布密度直方图轮廓越接近分布密度曲线。实际应用中绘制分布密度曲线的一种方法是先绘制粒级宽度足够小的分布密度直方图，再沿其轮廓绘制光滑的均衡曲线，使得被曲线切割掉的直方图内面积与曲线下方被包含的直方图外面积相互抵消。

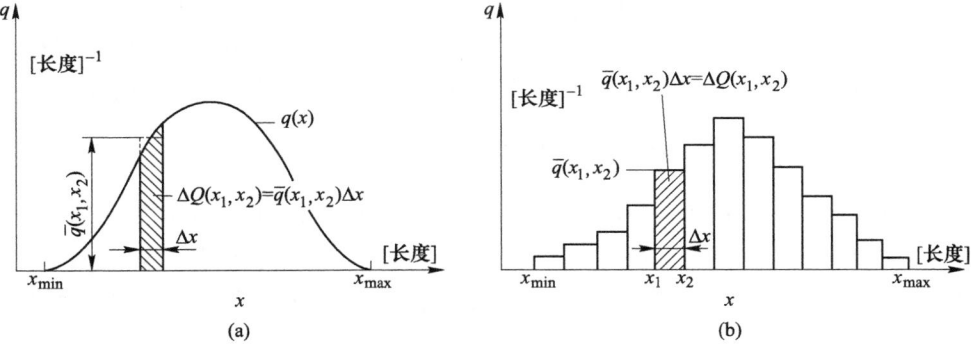

图 2-8 粒度分布密度函数

（a）分布密度曲线；（b）分布密度直方图

2.3.2　粒度分布函数的数字特征

粒度分布函数（或分布密度函数）是对颗粒群粒度分布的完整描述。选矿领域常用的一些表征物料细度的指标通常仅代表粒度分布函数曲线上的一个点，无法反映整个分布的全貌。对给定的粒度分布，一般是利用一些数值参数对此分布的特点进行简明扼要的概括，这些数值参数也称分布的数字特征。均值和方差是表征粒度分布时最基本也最常用的两个数字特征。

均值 μ 代表粒度的平均值，其定义为

$$\mu = \int_{x_{\min}}^{x_{\max}} x \cdot q(x)\,\mathrm{d}x \tag{2-9}$$

方差 σ^2 反映粒度的分散程度，其定义为

$$\sigma^2 = \int_{x_{\min}}^{x_{\max}} (x - \mu)^2 \cdot q(x)\,\mathrm{d}x \tag{2-10}$$

方差的平方根 σ 称为标准差，σ 值越大，粒度的分散程度越大。

一般地，将积分

$$M_k = \int_{x_{\min}}^{x_{\max}} x^k \cdot q(x)\,\mathrm{d}x \tag{2-11}$$

称为分布 $q(x)$ 的 k 阶原点矩；将积分

$$M_k^{(c)} = \int_{x_{\min}}^{x_{\max}} (x - \mu)^k \cdot q(x)\,\mathrm{d}x \tag{2-12}$$

称为分布 $q(x)$ 的 k 阶中心矩。这里下标符号 k 为整数，代表矩的阶次，也就是被积函数中 x 的方次。可以看出，均值 μ 是分布的一阶原点矩，即 $\mu = M_1$；方差 σ^2 是分布的二阶中心矩，即 $\sigma^2 = M_2^{(c)}$。原点矩的概念来自分布密度曲线下的微分面积 $q(x)\mathrm{d}x$ 与力臂 x^k 的乘积，中心矩的概念来自微分面积 $q(x)\mathrm{d}x$ 与力臂 $(x - \mu)^k$ 的乘积。分布的各阶矩值均属分布的数字特征。矩值计算常用于分布的表征以及分布类型的换算。关于矩值计算的基本原理和矩值运算规则可参阅概率统计方面的教科书。下面仅对颗粒数粒度分布与质量粒度分布的换算予以简述。

2.3.3　颗粒数分布与质量分布的换算

以 $Q_0(x)$ 和 $q_0(x)$ 代表颗粒数粒度分布的分布函数和分布密度，$Q_3(x)$ 和 $q_3(x)$ 代表质量粒度分布的分布函数和分布密度；若物料整体的总颗粒数为 N、总质量为 M，则对于微分粒级 $(x, x + \mathrm{d}x)$ 而言，其颗粒数微分 $\mathrm{d}N$ 和质量微分 $\mathrm{d}M$ 分别为

$$\mathrm{d}N = N \cdot q_0(x)\,\mathrm{d}x \tag{2-13}$$

$$\mathrm{d}M = M \cdot q_3(x)\,\mathrm{d}x \tag{2-14}$$

另一方面，粒度为 x 的单颗粒质量 m 为

$$m = K_V x^3 \delta \tag{2-15}$$

这里，δ 为颗粒密度，K_V 为颗粒的体积形状系数（对于球形颗粒 $K_V = \pi/6$）。从而有

$$dM = m \cdot dN = K_V x^3 \delta \cdot N \cdot q_0(x) \, dx \tag{2-16}$$

将此式与式（2-14）比较，可得

$$q_3(x) = \frac{K_V x^3 \delta \cdot N \cdot q_0(x) \, dx}{M \cdot dx} \tag{2-17}$$

再将总质量

$$M = \int_{x_{\min}}^{x_{\max}} dM = \int_{x_{\min}}^{x_{\max}} K_V x^3 \delta \cdot N \cdot q_0(x) \, dx \tag{2-18}$$

代入，在形状系数及颗粒密度均与粒度无关条件下经约分整理后可得

$$q_3(x) = \frac{x^3}{M_{3,0}} q_0(x) \tag{2-19}$$

其中 $M_{3,0}$ 代表颗粒数分布 $q_0(x)$ 的 3 阶原点矩，即

$$M_{3,0} = \int_{x_{\min}}^{x_{\max}} x^3 q_0(x) \, dx \tag{2-20}$$

式（2-19）为已知颗粒数分布 $q_0(x)$ 求质量分布 $q_3(x)$ 的公式。若已知质量分布，则有

$$dN = \frac{dM}{m} = \frac{M \cdot q_3(x) \, dx}{K_V x^3 \delta} \tag{2-21}$$

将此式与式（2-13）比较可得

$$q_0(x) = \frac{M \cdot q_3(x) \, dx}{K_V x_3 \delta \cdot N \cdot dx} \tag{2-22}$$

再将总颗粒数

$$N = \int_{x_{\min}}^{x_{\max}} dN = \int_{x_{\min}}^{x_{\max}} \frac{M}{K_V x^3 \delta} \cdot q_3(x) \, dx \tag{2-23}$$

代入，在形状系数及颗粒密度均与粒度无关条件下经约分整理后可得

$$q_0(x) = \frac{x^{-3}}{M_{-3,3}} q_3(x) \tag{2-24}$$

其中 $M_{-3,3}$ 代表质量分布 $q_3(x)$ 的 -3 阶原点矩，即

$$M_{-3,3} = \int_{x_{\min}}^{x_{\max}} x^{-3} q_3(x) \, dx \tag{2-25}$$

式（2-24）即为由质量分布 $q_3(x)$ 求颗粒数分布 $q_0(x)$ 的公式。

实用中很少直接用到分布密度 $q_3(x)$ 或 $q_0(x)$，粒度分布数据通常表示为分布函数 $Q_3(x)$ 或 $Q_0(x)$ 的一系列离散值，或者是各粒级的产率或频率。因此实用的分布类型换算要求可表述为：对于用给定离散粒度系列 $x_i(i = 1, 2, \cdots, n)$ 划

分为 n 个粒级的物料，由已知的颗粒数分布函数 $Q_0(x_i)$ 或各粒级频率计算质量分布函数 $Q_3(x_i)$ 或各粒级产率；以及由已知的质量分布函数 $Q_3(x_i)$ 或各粒级产率计算颗粒数分布函数 $Q_0(x_i)$ 或各粒级频率。

由式（2-5）和式（2-19）得

$$Q_3(x_i) = \int_{x_{\min}}^{x_i} q_3(x)\,\mathrm{d}x = \frac{1}{M_{3,0}} \int_{x_{\min}}^{x_i} x^3 q_0(x)\,\mathrm{d}x = \frac{M_{3,0}(x_{\min}, x_i)}{M_{3,0}} \tag{2-26}$$

其中积分项的被积函数与颗粒数分布的 3 阶原点矩 $M_{3,0}$ 所代表积分的被积函数完全一致，差别仅在于积分区域的不同：$M_{3,0}$ 代表在整个定义域上的积分（从 $x_{\min}$ 到 $x_{\max}$），是一种完全矩；而该积分项是在部分区域上的积分（从 $x_{\min}$ 到 x_i），是不完全矩，这里用 $M_{3,0}(x_{\min}, x_i)$ 代表这个积分项。

类似地，由式（2-5）和式（2-24）得

$$Q_0(x_i) = \int_{x_{\min}}^{x_i} q_0(x)\,\mathrm{d}x = \frac{1}{M_{-3,3}} \int_{x_{\min}}^{x_i} x^{-3} q_3(x)\,\mathrm{d}x = \frac{M_{-3,3}(x_{\min}, x_i)}{M_{-3,3}} \tag{2-27}$$

其中积分项的被积函数与质量分布的-3 阶原点矩 $M_{-3,3}$ 所代表积分的被积函数完全一致，差别仅在于积分区域的不同：$M_{-3,3}$ 代表在整个定义域上的积分（从 $x_{\min}$ 到 $x_{\max}$），是一种完全矩；而该积分项是在部分区域上的积分（从 $x_{\min}$ 到 x_i），是不完全矩，这里用 $M_{-3,3}(x_{\min}, x_i)$ 代表这个积分项。

以上两式表明，质量分布函数可由颗粒数分布的不完全 3 阶原点矩与完全 3 阶原点矩求出；颗粒数分布函数可由质量分布的不完全-3 阶原点矩与完全-3 阶原点矩求出。

若用给定的离散粒度系列 $x_i(i = 1, 2, \cdots, n;\ x_1 = x_{\max};\ x_i > x_{i+1})$ 将物料按颗粒大小划分为 n 个粒级，将第 i 粒级的颗粒数分布频率和质量分布产率分别记为 $\Delta Q_{0,i}$ 和 $\Delta Q_{3,i}$：

$$\Delta Q_{0,i} = Q_0(x_i) - Q_0(x_{i+1}) = \int_{x_{i+1}}^{x_i} q_0(x)\,\mathrm{d}x \tag{2-28}$$

$$\Delta Q_{3,i} = Q_3(x_i) - Q_3(x_{i+1}) = \int_{x_{i+1}}^{x_i} q_3(x)\,\mathrm{d}x \tag{2-29}$$

则有

$$\Delta Q_{3,i} = \frac{M_{3,0}(x_{\min}, x_i)}{M_{3,0}} - \frac{M_{3,0}(x_{\min}, x_{i+1})}{M_{3,0}} = \frac{M_{3,0}(x_{i+1}, x_i)}{M_{3,0}} \tag{2-30}$$

$$\Delta Q_{0,i} = \frac{M_{-3,3}(x_{\min}, x_i)}{M_{-3,3}} - \frac{M_{-3,3}(x_{\min}, x_{i+1})}{M_{-3,3}} = \frac{M_{-3,3}(x_{i+1}, x_i)}{M_{-3,3}} \tag{2-31}$$

将矩计算离散化，即以各离散粒级矩的加和代替微分粒级矩的积分，可得

$$\Delta Q_{3,i} = \frac{\overline{x_i^3} \cdot \Delta Q_{0,i}}{\sum_{i=1}^{n} \left[\overline{x_i^3} \cdot \Delta Q_{0,i} \right]} \tag{2-32}$$

$$\Delta Q_{0,i} = \frac{\overline{x_i^{-3}} \cdot \Delta Q_{3,i}}{\sum\limits_{i=1}^{n} \left[\overline{x_i^{-3}} \cdot \Delta Q_{3,i} \right]} \tag{2-33}$$

只要粒级宽度划分得足够小，以上两式中的 $\overline{x_i^3}$ 和 $\overline{x_i^{-3}}$ 可分别近似地用 $(\overline{x}_i)^3$ 和 $(\overline{x}_i)^{-3}$ 代替，这里 $\overline{x}_i$ 表示粒级 i 的平均粒度，由此可得实用的换算公式为

$$\Delta Q_{3,i} = \frac{(\overline{x}_i)^3 \cdot \Delta Q_{0,i}}{\sum\limits_{i=1}^{n} \left[(\overline{x}_i)^3 \cdot \Delta Q_{0,i} \right]} \tag{2-34}$$

$$\Delta Q_{0,i} = \frac{(\overline{x}_i)^{-3} \cdot \Delta Q_{3,i}}{\sum\limits_{i=1}^{n} \left[(\overline{x}_i)^{-3} \cdot \Delta Q_{3,i} \right]} \tag{2-35}$$

2.3.4　关于粒度轴的变换

在颗粒群粒度分析中除了可进行物料量（曲线图纵坐标轴）类型的转换外，有时也需要对粒度轴（曲线图横坐标轴）进行变换，例如，用粒度的对数值 $\lg(x)$ 代替粒度值 x 来划分横坐标轴。对数刻度粒度轴特别适用于表示粒度范围跨数量级的分布。与线性粒度轴相比，对数粒度轴中的曲线沿粒度轴方向在粗粒端被压缩，在细粒端被拉伸，使得分布函数曲线和分布密度曲线的形状与线性粒度轴中相应曲线的形状有所不同。

若用新变量 $\xi = \xi(x)$ 代替 x 作为横坐标，将新变量的分布函数和分布密度函数分别记为 $Q'(\xi)$ 和 $q'(\xi)$，则它们与原来以 x 为变量的分布函数和分布密度函数纵坐标 $Q(x)$ 和 $q(x)$ 的关系应满足

$$Q'(\xi) = Q(x) \tag{2-36}$$
$$q'(\xi)\mathrm{d}\xi = q(x)\mathrm{d}x \tag{2-37}$$

式（2-37）的几何意义是在微分粒度区间 $\mathrm{d}x$ 和相对应的 $\mathrm{d}\xi$ 区间上两分布密度曲线下方的"微元面积"相等，即 $\mathrm{d}Q' = \mathrm{d}Q$；此式的积分表述为在任意给定粒度区间（$x_1$，$x_2$）和相应的（$\xi_1$，$\xi_2$）上两分布密度曲线下方所含的面积相等，且分布密度函数 $q'(x)$ 也需满足归一化条件。由此式可得

$$q'(\xi) = q(x) \frac{\mathrm{d}x}{\mathrm{d}\xi} \tag{2-38}$$

以将横坐标变换为对数轴为例，由 $\xi = \lg x = \ln x / 2.3026$ 得

$$\frac{\mathrm{d}\xi}{\mathrm{d}x} = \frac{1}{2.3026 \cdot x} \tag{2-39}$$

代入式（2-38）得 $q'(\xi = \lg x)$ 与 $q(x)$ 的关系式为

$$q'(\xi) = 2.3026 \cdot x \cdot q(x) \tag{2-40}$$

综上分析可知将横坐标从线性轴变换为对数轴时，分布函数曲线 $Q'(\lg x)$ 的绘制比较简单，只需以原来的 Q 值直接对 $\lg x$ 作图即可；而分布密度曲线 $q'(\lg x)$ 的绘制则需要将原来的 q 值乘以一个变换因子以得到 q' 值再对 $\lg x$ 作图，此变换因子与粒度 x 成正比。

2.4　粒度分布函数的逼近表达式

实际矿石物料的粒度分布多种多样。有些粒度分布数据可以用数学解析式来逼近描述，有些则不能。粒度分布函数的解析表达旨在以尽可能简单的函数式及尽量少的参数来简洁地概括表示这个分布。一般说来，粒度分布无法仅用一个特征参数来完整地表达。表达粒度分布的数学函数式通常需要包含至少两个参数：一个作为特征粒度的位置参数和一个表征分布范围宽窄的分布参数。如果需要，还可引入其他参数来反映分布的其他特征，诸如斜度、粒度上界、粒度下界等。选矿领域用得较多的粒度分布逼近函数主要有以幂函数形式为特征的 GGS 分布和以指数函数形式为特性的 RRSB 分布，此外，对数正态分布也是常用的一种逼近函数。

2.4.1　GGS 分布

GGS(Gates Gaudin Schulmann) 分布也称高登-舒曼分布或高登-安德烈耶夫-舒曼分布，此分布函数的数学表达式为

$$Q(x) = \left(\frac{x}{x_{\max}}\right)^m \tag{2-41}$$

分布密度函数为

$$q(x) = \frac{m}{x_{\max}}\left(\frac{x}{x_{\max}}\right)^{m-1} \tag{2-42}$$

此分布有两个特征参数：位置参数 $x_{\max}$ 是物料的粒度上限；分布参数 m 表征分布的宽窄，m 值越小分布范围越宽，典型的取值范围为 $0.5<m<2$。

对式（2-41）等号两端取对数得

$$\lg Q(x) = m\lg x - m\lg x_{\max} \tag{2-43}$$

此式表明若以 $\lg Q$ 对 $\lg x$ 作图，则 GGS 分布函数会呈现一条直线，其斜率为 m。实用上判断一个粒度分布是否符合 GGS 分布的方法是将粒度分析数据在全对数坐标纸（见附录中附图 2）上作图，若数据点排列为一直线，则此粒度分布符合GGS 分布。

GGS 分布函数的优点是数学形式简单，缺点是通常仅在 $(0.01\sim0.05)<Q<(0.8\sim$

0.9）范围内对测得的粒度分布数据有较好的拟合效果。由于分布函数图的横坐标与纵坐标刻度在粗粒端被压缩且在细粒端被放大，用此函数图判断拟合效果容易忽视粗粒端的偏差或过分强调细粒端的偏差。另外，此分布的密度函数在整个粒度区间无极值点，这一点与通常的粒度分布状况不符。

GGS 分布函数常用于描述破碎机产物的粒度分布。

2.4.2　RRSB 分布

RRSB（Rosin Rammler Sperling Bennet）分布也称罗辛·拉姆勒分布，此分布函数的数学表达式为

$$Q(x) = 1 - \exp\left(-\left(\frac{x}{x'}\right)^n\right) \tag{2-44}$$

分布密度函数为

$$q(x) = \frac{n}{x'}\left(\frac{x}{x'}\right)^{n-1}\exp\left(-\left(\frac{x}{x'}\right)^n\right) \tag{2-45}$$

此分布有两个特征参数：位置参数 x' 和分布参数 n。参数 x' 代表函数值 $Q = 0.632$ 处的粒度，当 $x = x'$ 时有 $Q = 1 - e^{-1} = 0.632$。参数 n 反映分布的宽窄，n 值越小分布范围越宽，典型的取值范围为 $0.5 < n < 2$。

式（2-44）可改写成如下的表达正累计量 $R(x) = 1 - Q(x)$ 的形式

$$1 - Q(x) = \exp\left(-\left(\frac{x}{x'}\right)^n\right) \tag{2-46}$$

对式（2-46）等号两端的倒数取两次对数可得

$$\ln\ln\frac{1}{1 - Q(x)} = n\ln x - n\ln x' \tag{2-47}$$

由此可知若以 $\ln\ln(1/(1 - Q))$ 对 $\ln x$ 作图，则 RRSB 分布函数会呈现一条斜率为 n 的直线。实际应用中判断一个粒度分布是否符合 RRSB 分布的方法是将粒度分析数据在专用的 RRSB 分布坐标纸（见附图 3）上作图，若数据点排列为一直线，则此粒度分布符合 RRSB 分布。

RRSB 分布的数学形式比 GGS 分布要复杂些，分布函数图的纵坐标轴刻度在粗粒端（$Q > 0.8$ 区域）得到一定程度的拉伸。RRSB 分布对粗粒端数据的拟合效果通常比 GGS 分布要好。在（x/x'）值及 Q 值较小的细粒端，RRSB 分布与 GGS 分布趋于一致。这一点从数学函数式的比较就可以看出：实际上若将式（2-44）中的指数函数项按幂级数展开后取其首项可得

$$Q(x) \approx \left(\frac{x}{x'}\right)^n \tag{2-48}$$

此式与式（2-41）在形式上一致，通常指数 n 与 m 的取值相近，而且（x/x'）与（$x/x_{\max}$）的差异随 x 值的减小而减小，所以可将 GGS 分布函数视为

RRSB 分布函数在特定条件下的近似表达式。

RRSB 分布函数常用于描述破碎机、磨矿机和分级机产物的粒度分布。

2.4.3 对数正态分布

正态分布是自然界和社会现象中常见的一类分布。概率统计学中的中心极限定理可知，当一个随机变量受到许多相互独立的随机因素之加和的影响时，如果其中每项因素的影响都是均匀微小的，即没有哪一项因素起到特别突出的作用，则这个随机变量的概率分布符合正态分布。对于均值为 μ、标准差为 σ 的正态分布，其分布函数 $F(x)$ 为

$$F(x) = \int_{-\infty}^{x} f(t)\,\mathrm{d}t \qquad (2\text{-}49)$$

$$f(x) = \frac{1}{\sqrt{2\pi}\,\sigma} \exp\left(-\frac{(x-\mu)^2}{2\sigma^2} \right) \qquad (2\text{-}50)$$

这里 $f(x)$ 为随机变量 x 的分布密度函数。

实用上一般不是以上述两式作积分计算，而是先用标准化变换

$$t = \frac{x-\mu}{\sigma} \qquad (2\text{-}51)$$

将这个一般的正态分布转换为均值为 0、标准差为 1 的标准正态分布（也称高斯分布），然后从标准正态分布数值表中查出相应的分布函数值。标准正态分布的分布密度函数为

$$f(t) = \frac{1}{\sqrt{2\pi}} \exp\left(-\frac{t^2}{2} \right) \qquad (2\text{-}52)$$

正态分布函数本身一般不适合于用来描述粒度分布，因为这里随机变量（对应于粒度）的定义域为负无穷大到正无穷大。通过取对数的方法可将自变量的变化区域限制在 0 至正无穷大范围（当 x 趋于 0 时 $\ln x$ 趋于负无穷大），从而可将分布函数的整个定义域范围用于粒度分布的描述。由于颗粒系统粒度大小的取值范围往往是跨数量级的，横坐标轴采用对数刻度比采用线性刻度也更为合适。从正态分布转变到对数正态分布后，中心极限定理所表述的许多相互独立的随机因素之加和的影响也就转化为许多相互独立的随机因素之乘积的影响。具有概率统计学意义是正态分布函数较其他经验型逼近函数优越的地方。采用标准化变换的方法可将用于表示粒度分布的对数正态分布函数表达为：

$$Q(x) = \int_{-\infty}^{x} q(t)\,\mathrm{d}t \qquad (2\text{-}53)$$

$$q(t) = \frac{1}{\sqrt{2\pi}} \exp\left(-\frac{t^2}{2} \right) \qquad (2\text{-}54)$$

$$t = \frac{\ln x - \ln \mu}{\sigma} = \frac{1}{\sigma} \ln \frac{x}{\mu} \qquad (2-55)$$

这里 μ 和 σ 分别是分布函数的位置参数和分布参数。

$$\mu = x_{50} \qquad (2-56)$$

$$\sigma = \frac{\ln x_{84} - \ln x_{16}}{2} = \frac{1}{2} \ln \frac{x_{84}}{x_{16}} \qquad (2-57)$$

其中, x_{16}、x_{50} 和 x_{84} 分别是 Q 值 (分布函数值) 为 0.16、0.50 和 0.84 时的 x 值 (粒度值)。

实用中判断一个粒度分布是否符合对数正态分布的简便方法是将粒度分析数据在专用的对数正态分布坐标纸 (见附图 4) 上作图, 若数据点排列为一直线, 则此粒度分布符合对数正态分布。

一般来说, 对数正态分布函数适用于描述细磨、结晶、沉淀等作业产物的粒度分布。

2.4.4 不同逼近函数的比较

上述三种逼近函数的共同之处是仅用两个参数 (一个位置参数和一个分布参数) 实现对一个分布的完整描述。在与各逼近函数相匹配的专用坐标图上分布函数呈一直线, 这给粒度分布数据的分析与表征带来方便。三种坐标图上坐标轴标度的异同如图 2-9 所示。在各种坐标图中, 横轴 (粒度轴) 均采用对数标尺来标度, 纵轴 (分布函数轴) 的标度则各不相同。GGS 分布坐标图的纵轴采用对数

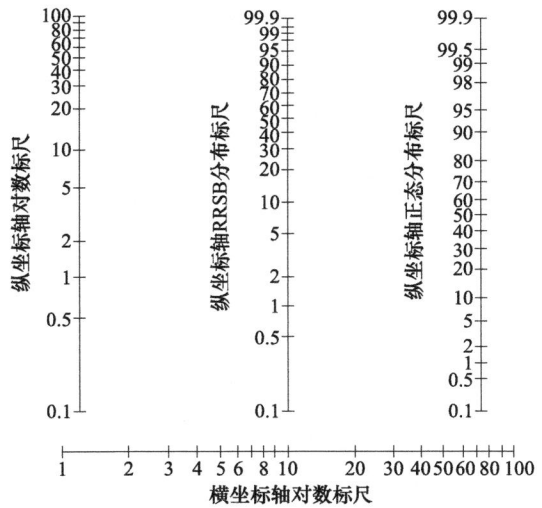

图 2-9 不同坐标图中的坐标轴标度比较

(纵坐标值以百分数表示)

标尺，在低值端被拉伸、在高值端被压缩；RRSB 分布坐标图的纵轴采用 RRSB
分布标尺，基本上也是在低值端被拉伸、在高值端被压缩，但函数值高到一定程
度后又被拉伸；对数正态分布坐标图的纵轴采用正态分布标尺，在高低两端被拉
伸、在中部区域被压缩。

　　本书附图 1~附图 4 分别给出可直接描点作图的半对数坐标纸、全对数坐标
纸、RRSB 分布坐标纸和对数正态分布坐标纸，供有需要的读者选用。

　　图 2-10 比较分布于相同区间上的 GGS 分布函数、RRSB 分布函数和对数正
态分布函数在全对数坐标图、RRSB 分布坐标图和对数正态分布坐标图中的曲线
形状及相对位置。在全对数坐标图（上图）中 GGS 分布函数呈一直线，RRSB 分

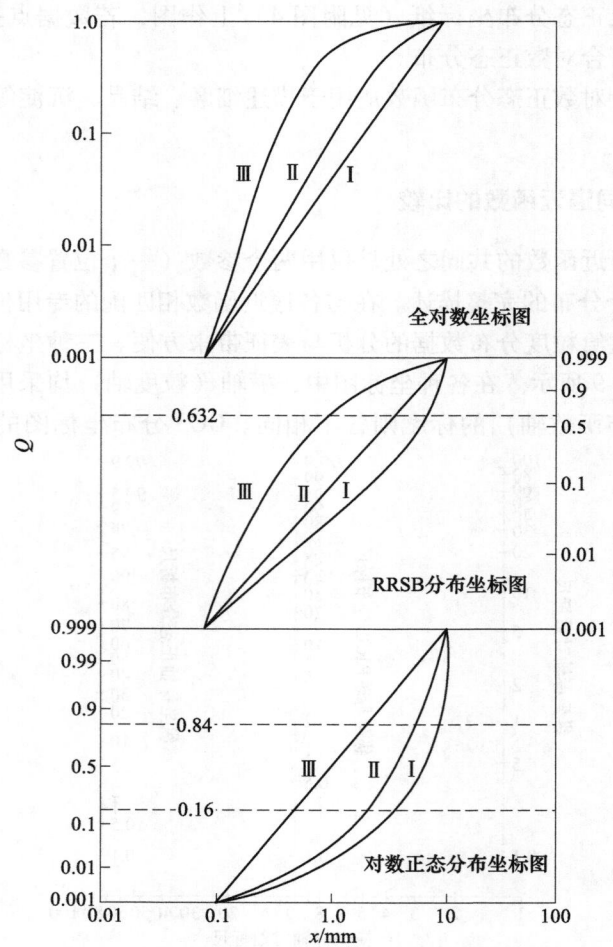

图 2-10　三种分布函数在不同坐标图中的曲线形状与相对位置比较

Ⅰ—GGS 分布函数；Ⅱ—RRSB 分布函数；Ⅲ—对数正态分布函数

布函数和对数正态分布函数在其左上方呈凸形曲线。在 RRSB 坐标图（中间位置图）中 RRSB 分布函数呈一直线，对数正态分布函数在其左上方呈凸形曲线，GGS 分布函数在其右下方呈凹形曲线。在对数正态分布坐标图（下图）中对数正态分布函数呈一直线，GGS 分布函数和 RRSB 分布函数在其右下方呈凹形曲线。可以看出，无论采用何种坐标纸作图，RRSB 分布函数曲线的位置总是介于另外两种分布函数曲线之间。因此对于一套给定的粒度分布数据，为寻找合适的逼近函数形式可先在 RRSB 坐标纸上描点绘图。若这些数据点大致排列成一直线，则此粒度分布适合于用 RRSB 分布函数来逼近；若这些数据点的走向不是直线，可从曲线的形状判断采用另外两种分布函数中的哪一种会获得更好的逼近效果。若是看到一套筛析数据的各数据点在全对数坐标纸上呈凸形曲线排列，则不仅可知采用 GGS 分布函数来逼近效果不好，而且还可推测出如果采用 RRSB 分布函数或对数分布函数来逼近的话的效果只会更差。

与 GGS 分布函数本身包含 $Q(x = x_{\max}) = 1$ 这个上界点不同，理论上 RRSB 分布函数和对数正态分布函数的粒度区间是没有上界的，只有当粒度 $x \to \infty$ 时才有 $Q \to 1$。实际应用时，无论物料的粒度上界 $x_{\max}$ 多大，只要是个有限值，这两个分布函数的函数值都只是接近 1 但不等于 1。通常这不影响这两个逼近函数的应用，一般情况下可忽略 $Q(x = x_{\max}) = 1$ 这个特殊点，需要时也可它把作为逼近函数之外的特殊点来处理。对于具有粒度上界 $x_{\max}$ 的粒度分布，还可通过变量变换的方法使得新变量满足 RRSB 分布或对数正态分布对自变量的要求，从而得到一种新的粒度分布函数。例如，引入粒度上界 $x_{\max}$ 作为新参数并进行如下变换：

$$\xi = \frac{x}{x_{\max}} \quad (\text{将粒度转换为相对粒度})$$

$$\eta = \frac{\xi}{1 - \xi} \quad (\text{对相对粒度进行有界化变换})$$

当粒度 x 趋于 $x_{\max}$ 时相对粒度 ξ 趋于 1，新变量 η 趋于无穷大。若关于新变量 η 的分布符合对数正态分布，则将该粒度分布称为有上界的对数正态分布。这个分布函数具有 3 个参数，除了位置参数和分布参数外，另一个参数为粒度上界 $x_{\max}$。研究表明，有上界的对数正态分布函数非常适合于用来描述以颗粒床形式受载为特征的粒间粉碎的碎裂函数。

2.5　颗粒群比表面积计算

比表面积是衡量固体物料分散程度的常用指标之一，在化工、建材等领域广泛应用，在矿物浮选基础研究中也有所应用，但在矿石破碎与磨矿产物的表征方面的应用不多。固体比表面积有体积比表面积 S_V 和质量比表面积 S_M 之分，两者

的关系为 $S_V = \delta \cdot S_M$，其中 δ 为固体密度。固体物料的比表面积可通过试验方法测定或是根据粒度分布函数计算获得。对于同一物料，不同测定方法获得的比表面积数值不同。由于颗粒的比表面积与其粒度成反比，试验测定结果倾向于较多地反映细颗粒的效应。当需要考察物料中较粗粒级颗粒的比表面积效应时，采用粒度分布函数进行比表面积计算不失为一种可行方法。以下简述根据粒度分布数据计算体积比表面积 S_V 的基本原理和公式。

粒度为 x 的颗粒体积为 $x^3 K_V$，表面积为 $x^2 K_S$，这里 K_V 和 K_S 分别为颗粒的体积形状系数和表面积形状系数（具体取值参见表 2-2）。设物料整体的总体积为 V、总表面积为 S，则对于微分粒级 $(x, x + \mathrm{d}x)$ 而言，其体积微分 $\mathrm{d}V$ 及拥有的表面积微分 $\mathrm{d}S$ 分别为

$$\mathrm{d}V = V \cdot q_3(x)\,\mathrm{d}x \tag{2-58}$$

$$\mathrm{d}S = \frac{\mathrm{d}V}{x^3 K_V} \cdot x^2 K_S = K_{SV} \cdot \frac{1}{x} \cdot V \cdot q_3(x)\,\mathrm{d}x \tag{2-59}$$

这里 $K_{SV} = K_S/K_V$ 为颗粒的比表面积形状系数。一般可认为此形状系数与粒度无关，由此得物料整体总表面积 S 为

$$S = \int_{x_{\min}}^{x_{\max}} \mathrm{d}S = K_{SV} \cdot V \cdot \int_{x_{\min}}^{x_{\max}} x^{-1} q_3(x)\,\mathrm{d}x \tag{2-60}$$

比表面积 S_V 为

$$S_V = \frac{S}{V} = K_{SV} \int_{x_{\min}}^{x_{\max}} x^{-1} q_3(x)\,\mathrm{d}x \tag{2-61}$$

上式中的积分项称为分布 $q_3(x)$ 的 -1 阶原点矩，将其记为 $M_{-1,3}$，即

$$S_V = K_{SV} \cdot M_{-1,3} \tag{2-62}$$

对于球形颗粒，$K_{SV} = 6$；其他形状颗粒的 K_{SV} 取值可参考表 2-2。

若将矩计算离散化，以各离散粒级矩的加和代替微分粒级矩的积分，则由式（2-61）可得实用化的 S_V 数值计算公式如下

$$S_V = \sum_{i=1}^{n} \frac{\Delta Q_{3,i}}{\bar{x}_i} \tag{2-63}$$

式中各符号的意义参见 2.3.3 节内容。

在利用式（2-61）进行比表面积计算时需要知道物料的最大粒度 $x_{\max}$ 和最小粒度 $x_{\min}$。由于颗粒的比表面积与粒度成反比，实际粒度下限 $x_{\min}$ 值的大小对比表面积计算结果影响很大，而一般的粒度分析方法往往无法确定物料真正的 $x_{\min}$ 值。此外，理论上 RRSB 分布和对数正态分布只有在粒度 x 趋于无穷大时分布函数才趋于 1。为不失一般性，在利用各种逼近函数求解物料比表面积时可将式（2-61）中的积分区域由 $(x_{\min} \rightarrow x_{\max})$ 换为 $(0 \rightarrow \infty)$，即

$$S_V = K_{SV} \int_0^\infty x^{-1} q_3(x)\,\mathrm{d}x \tag{2-64}$$

（1）基于 GGS 分布的比表面积计算。

将式（2-42）代入式（2-64），作变量替换 $t = x/x_{max}$ 后整理可得基于 GGS 分布的比表面积 S_V 计算式为

$$S_V = K_{SV} \cdot \frac{m}{x_{max}} \int_0^1 t^{m-2} \mathrm{d}t \qquad (2-65)$$

此积分在 $m \leqslant 1$ 时不收敛（$S_V \rightarrow \infty$，无物理意义！）；当 $m > 1$ 时可得

$$S_V = \frac{K_{SV}}{x_{max}} \cdot \frac{m}{m-1} \qquad (2-66)$$

（2）基于 RRSB 分布的比表面积计算。

将式（2-45）代入式（2-64），经变量替换 $\xi = x/x'$ 及整理后可得

$$S_V = K_{SV} \cdot \frac{n}{x'} \int_0^\infty \xi^{n-2} \cdot \mathrm{e}^{-\xi^n} \mathrm{d}\xi \qquad (2-67)$$

此积分无解析解，但可表达达成 Γ 函数的形式，后者的数值可从数学用表查得。为此对式（2-67）做变量替换 $t = \xi^n$ 并整理得

$$S_V = \frac{K_{SV}}{x'} \int_0^\infty t^{-1/n} \mathrm{e}^{-t} \mathrm{d}t = \frac{K_{SV}}{x'} \Gamma\left(1 - \frac{1}{n}\right) \qquad (2-68)$$

表 2-6 列出与不同 n 值相对应的 Γ 值。

表 2-6　RRSB 分布函数参数 n 与式（2-68）中 Γ 函数取值的关系

n	<1	1	1.25	2	3	4	∞
$1 - 1/n$		0	0.2	1/2	2/3	3/4	1
$\Gamma(1 - 1/n)$	∞	∞	4.59	1.77	1.35	1.23	1

与 GGS 分布的情况相似，若 $n \leqslant 1$，则基于 RRSB 分布计算的 S_V 值在粒度 $x \rightarrow 0$ 时不收敛。

（3）基于对数正态分布的比表面积计算。

将式（2-54）~式（2-57）代入式（2-64）并整理，可得基于对数正态分布的比表面积 S_V 计算式为

$$S_V = \frac{K_{SV}}{x_{50}} \cdot \mathrm{e}^{\sigma^2/2} \qquad (2-69)$$

基于对数正态分布计算的 S_V 值在分布参数取任何值时都是收敛的。

综上可知，由上述三种常用的双参数粒度分布逼近函数推导出的比表面积 S_V 计算式均有如下形式

$$S_V = \frac{K_{SV}}{位置参数} \cdot f(分布参数)$$

在各种粒度分布坐标纸上，往往将读取分布参数和与比表面积相关量的刻度边尺预绘在坐标图的右端及上端，并在坐标图的左下端标出一个极点。在绘制好

代表逼近函数的逼近直线后，只要将它平行移动使之通过极点，就可从它与相应边尺的交点读出分布参数值和比表面积相关值。通常边尺刻度标出的比表面积相关值是对某个有限 Q 值范围的计算结果，例如 RRSB 坐标纸标出的一般是对 $Q=0.001$ 至 $Q=0.999$ 范围（或者说 $x_{0.1}$ 至 $x_{99.9}$ 粒度范围）的计算结果，所以即使对参数 $n\leqslant1$ 的 RRSB 分布，也不存在比表面积计算结果不收敛的情况。

3 常用粉碎设备

本章分类介绍选矿厂碎磨工艺流程中常用的碎矿与磨矿设备，概述各种设备的用途、机械构造、工作原理、主要技术参数、生产能力和功率消耗，简述常用设备的选型计算方法。

3.1 颚式破碎机

颚式破碎机通过其可动颚板（动颚）相对于固定颚板（定颚）做周期性运动，将位于两者之间的矿石物料压碎。这种破碎机问世于 1858 年，由于它具有结构简单、工作可靠、维护方便等优点，至今一直在金属矿山、建筑材料、化工、铁路修筑等领域得到广泛应用。颚式破碎机俗称"老虎口"，适用于破碎抗压强度不大于 300 MPa 的岩矿物料。在金属矿山，一般用于硬质矿石或中硬矿石的粗碎和中碎。

3.1.1 颚式破碎机工作原理

颚式破碎机主要由机架及支撑机构、破碎机构、电动机及传动机构、排料口调节装置和过载保护装置等几部分组成。此种设备通常按其动颚的运动特性进行分类。工业上应用最广泛的主要有两种类型：简摆型（简单摆动型，又称双肘板型）和复摆型（复杂摆动型，又称单肘板型）。

简摆型颚式破碎机的构造和运动特性，如图 3-1 所示。当设备工作时，偏心轴的转动通过连杆和前后两个肘板传递给动颚，带动动颚作以其悬挂心轴为支点的简单摆动。动颚上各点的运动轨迹都是一段圆弧，排料口处的运动幅度最大。

复摆型颚式破碎机的构造和运动特性，如图 3-2 所示。与简摆型不同的是，复摆型颚式破碎机去掉了悬挂心轴和连杆，动颚直接悬挂在偏心轴上，而且动颚的下方连接的肘板只有一个。当设备工作时，偏心轴的转动带动动颚作既包含以偏心轴为支点的摆动又包含沿垂直方向往复运动的复杂摆动。动颚上部各点的运动主要受到偏心轴约束，运动轨迹近于圆形；动颚中部各点的运动轨迹为椭圆，越靠近下方椭圆越长；动颚下部各点的运动主要受到肘板约束，运动轨迹接近圆弧。

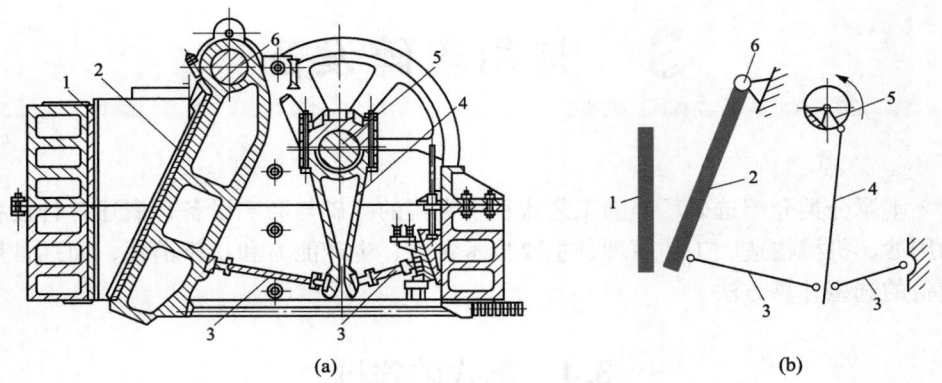

图 3-1　简摆式颚式破碎机

（a）构造；（b）运动特性

1—定颚；2—动颚；3—肘板；4—连杆；5—偏心轴；6—悬挂心轴

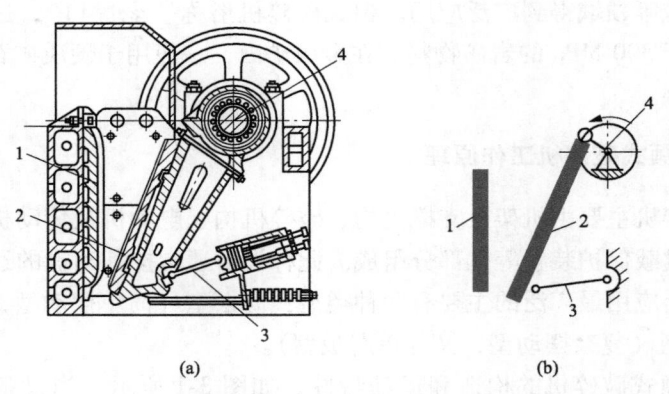

图 3-2　复摆式颚式破碎机

（a）构造；（b）运动特性

1—定颚；2—动颚；3—肘板；4—偏心轴

　　复摆型颚式破碎机上的复杂摆动叠加有沿垂直方向的运动，这对于受压载物料向下排出有一定的辅助作用。与相同规格的简摆型设备相比，复摆型颚式破碎机的生产能力要高一些，但颚板工作面衬板的磨损也更快些。另外，复摆型颚式破碎机结构紧凑，构件较少，质量较轻，造价较低，但由于动颚重量和破碎载荷都集中作用于偏心轴上，造成偏心轴负荷较大，设备可处理的矿石硬度上限也要低一些。曾有很长一段时期，复摆型多用于中小型设备中。随着现代高强度材料和大型滚柱轴承的应用，目前，复摆型颚式破碎机已实现大型化并有取代简摆型设备的趋势。

颚式破碎机破碎矿石的过程发生在由其定颚、动颚和侧边衬板构成的破碎腔中。两颚板的工作面呈锐角配置。颚式破碎机工作时，电动机驱动偏心轴转动，带动动颚作周期性往复运动。矿石物料从上方进料口进入到破碎腔。当动颚靠近定颚时，破碎腔中的物料受到两颚板的挤压作用而被破碎，生成许多大小不等的碎块；当动颚离开定颚时，粒度小于排料口宽度的物料从下方排料口排出，而尚未被破碎到足够小的物料下落到破碎腔下部时会被两颚板卡住。当动颚再次靠近定颚时这些较大粒度的物料会与新给入的物料一起再次受到颚板的挤压作用而继续被碎。

颚式破碎机的工作过程是周期性的，其动颚及传动部件的运动可分为负载行程和空载行程，若破碎机工作时的驱动能量都直接来自于电动机的即时输入，就会导致电动机负载极不均衡。因此，所有颚式破碎机都有一个共同的设计特点，就是利用惯性原理在偏心轴的两端各配有一个重型飞轮，用于在空载行程中存储从电动机输入的能量并在负载行程中释放能量。为了简化设备结构，通常让其中一个飞轮兼做传递动力的皮带轮。对于双电动机驱动的大型颚式破碎机，可让两个飞轮都兼做皮带轮。无论如何，由于颚式破碎机是在负载和空载交替的工况下运行的，此种设备需要有能够承受振动的坚实底座。

所有压载破碎机都需要配备有某种形式的过载保护装置来避免因超硬异物进入破碎腔而造成设备部件的损坏。颚式破碎机上最常用的是采用肘板作为的过载保护部件，通过在肘板的中部开槽或钻孔来降低其断裂强度或是采用组合型肘板，当超硬异物进入破碎腔使机器负荷超出正常范围时，肘板随即断裂，破碎机停止工作，从而使破碎机的主要部件免受破坏。此外，还可以通过安装在肘板与机架之间或连杆上的液压系统来实现过载保护：当超硬异物进入破碎腔时，液压缸内油压骤升，缸体上的安全阀门打开，液压油流出，动颚停止工作，从而使设备免于损坏。

3.1.2 颚式破碎机主要技术参数

颚式破碎机的规格一般用给料口宽度乘以给料口长度表示。按给料口宽度划分，大于 600 mm 为大型，范围在 300~600 mm 为中型，小于 300 mm 为小型。表 3-1 列出国产颚式破碎机主要定型产品的技术规格。影响颚式破碎机工作性能的技术参数包括给料口宽度、排料口宽度、啮角（动颚与定颚之间的夹角）、动颚摆幅（行程）和偏心轴转速等。

表 3-1 颚式破碎机定型产品技术规格

类型	型号①及规格	给料口尺寸/mm 宽	给料口尺寸/mm 长	给料最大粒度/mm	排料口宽度调节范围/mm	偏心轴转速/r·min⁻¹	电动机功率/kW	参考处理量/t·h⁻¹
复摆型	PE150×250	150	250	125	10~40	300	5.5	1~3
	PE200×350	200	350	160	10~50	285	7.5	2~5
	PE250×400	250	400	210	20~80	300	17	5~50
	PE400×600	400	600	350	40~100	260	30	22~75
	PE500×750	500	750	425	50~100	270	55	35~80
	PE600×900	600	900	500	65~160	250	75	75~200
	PE750×1060	750	1060	630	80~140	250	95	110~250
	PE900×1200	900	1200	750	100~150	225	110	180~360
	PE1200×1500	1200	1500	1000	150~300	190	200	325~525
	PE1500×2100	1500	2100	1250	220~350	160	310	580~815
	PEX150×750	150	750	120	10~40	300	15	10~40
	PEX250×600	250	600	210	10~40	300	22	10~40
	PEX250×750	250	750	210	15~50	300	30	15~50
	PEX250×1200	250	1200	210	22~50	300	60	22~50
简摆型	PJ900×1200	900	1200	750	100~180	180	110	140~200
	PJ1200×1500	1200	1500	1000	110~190	160	160	250~350
	PJ1500×2100	1500	2100	1250	130~220	120	250	400~500

①标记符号：P—破碎机；E—颚式（复摆）；X—细碎型；J—简摆。

给料口宽度决定破碎机给料的最大粒度。一般来说，颚式破碎机的给料最大粒度不应超过给料口宽度的75%~85%。通常，简摆式颚式破碎机的给料最大粒度可取给料口宽度的75%，复摆式颚式破碎机的给料最大粒度可取给料口宽度的85%。

排料口宽度指的是破碎腔排料端开口最大时两颚板之间的距离。对于各种规格的颚式破碎机，排料口宽度均可在一定范围内调节。破碎机的排矿粒度由排料口宽度控制。排料口宽度还直接影响破碎机的处理量、功率消耗以及两颚板工作面衬板的磨损状况。排料口宽度可通过改变配置的肘板长度或通过配置的液压系统来调节。在生产运行中，调整肘板后方的楔块或垫片可在一定范围内补偿由于颚板工作面衬板磨损造成的排料口宽度变化。

啮角大小影响给料端颚板对矿块的咬入作用及破碎机的生产能力。为了使给入的矿块能被两颚板顺利咬入而不打滑，矿块与颚板工作面之间需要有足够的摩擦力，为此两颚板之间的啮角不能太大。颚式破碎机的啮角通常小于26°。若给料口宽度不变，减小啮角会导致排料口宽度增大，因此，适当减小啮角可提高设备的生产能力，但也会使产物粒度变粗。为了让排料口宽度也保持不变，就需要增大破碎机的结构尺寸。所以除了必须满足矿块咬入条件之外，最佳啮角的确定还需要在生产能力、破碎比以及设备的结构尺寸之间寻求某种平衡。近年来，有些破碎机采用曲面型颚板衬板来取得减小啮角的效果，可在保持破碎比不变的条件下显著提高设备的生产能力。

动颚摆幅可通过改变偏心轴距来调节。摆幅一般设定约为 10~70 mm，视设备规格而定。破碎硬塑性物料时摆幅要大，而破碎硬脆性矿石时摆幅要小。摆幅越大，排料口堵塞的危险越小，产品中的细粒越多。

偏心轴转速一般在 100~350 r/min 范围内。颚式破碎机工作时，偏心轴每转动一圈，动颚就摆动一次。单位时间内动颚的摆动次数取决于偏心轴转速。在一定的范围内，增加偏心轴转速可增加设备的生产能力；但转速过高又会造成破碎后的合格产品来不及从排料口排出，导致破碎腔堵塞，反而会降低设备的生产能力。所以，偏心轴的转速应当适宜。一般来说，颚式破碎机的设备规格越大，适宜的偏心轴转速越低。

破碎机的给料粒度、排料粒度和生产能力（单位时间处理量）是破碎流程设计及设备选型时需要重点关注的工艺参数。

在工业应用中，破碎机的给料和排料都是具有一定的粒度分布的颗粒群。给料的粒度分布是流程前端作业的结果；排料的粒度分布不仅取决于破碎机的工作参数，还与给矿特性（主要是矿石硬度）有关。破碎产物的粒度分布是流程设计及过程分析的重要依据。图 3-3 所示为一组典型的颚式破碎机排料粒度分布曲线。在缺乏具体矿石实测数据的情况下可参考使用这组典型粒度特性曲线。

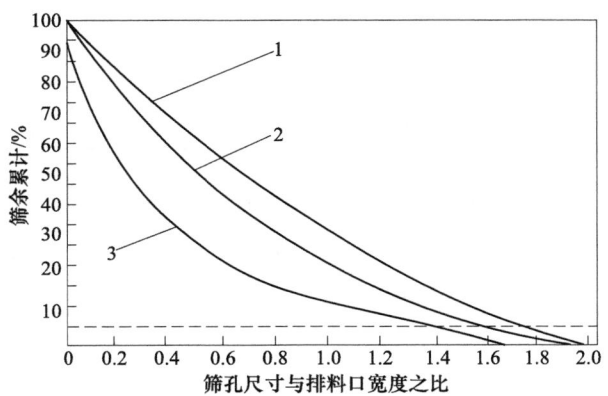

图 3-3 颚式破碎机排料粒度特性曲线
1—难碎性物料；2—中等可碎性物料；3—易碎性物料

破碎机的生产能力与给矿物料性质及破碎机的类型、型号规格、工作参数和作业条件等诸多因素有关。尽管已有基于一定简化假设的理论计算公式可用于分析设备结构尺寸及工作参数对颚式破碎机生产能力的影响，在破碎流程设计和设备选型计算中通常还是采用经验公式来估算破碎机的生产能力，并根据实际情况及处理类似矿石的工业实践经验加以校正。常用的破碎机生产能力经验公式为

$$Q = q_0 e K_1 K_2 K_3 \tag{3-1}$$

式中　Q——破碎机开路作业的处理量，t/h；

　　　q_0——处理标准物料（抗压强度 160 MPa，容积密度 1.6 t/m^3）时，此规格破碎机单位排料口宽度的处理量，t/(mm·h)；

　　　e——排料口宽度，mm；

　　　K_1——物料可碎性（硬度）校正系数；

　　　K_2——物料容积密度校正系数；

　　　K_3——给料粒度校正系数。

颚式破碎机的 q_0 值见表 3-2；K_1 值可查表 3-3；K_2 = 物料容积密度（t/m^3）/1.6；K_3 值按表 3-4 选取。

表 3-2　颚式破碎机 q_0 值

破碎机规格[1]/mm×mm	250×400	400×600	600×900	900×1200	1200×1500	1500×2100
q_0/t·(mm·h)$^{-1}$	0.40	0.65	0.95~1.0	1.25~1.30	1.90	2.70

①破碎机规格以给料口宽度×给料口长度表示。

表 3-3　矿石可碎性校正系数 K_1

矿石硬度	抗压强度/MPa	普氏硬度系数	K_1值
硬	160~200	16~20	0.9~0.95
中硬	80~160	8~16	1.0
软	<80	<8	1.1~1.2

表 3-4　粗碎设备给料粒度校正系数 K_3

比值（D_{max}/B）[1]	0.85	0.7	0.6	0.5	0.4	0.3
K_3值	1.00	1.04	1.07	1.11	1.16	1.23

①D_{max}—给料最大粒度；B—给料口宽度。

矿石破碎过程是个能量消耗过程。破碎机工作时消耗的能量除了真正用于破碎矿石的那部分能耗之外，还包括维持机器运转的能耗（空载功耗）。颚式破碎机运行所需的驱动功率既与设备类型、规格尺寸及工作参数有关，也与给料的硬度和粒度特性有关，影响因素很多，目前尚无可靠的理论计算公式。在实际应用

中可用以下经验公式估算颚式破碎机的电动机功率

$$P = BLK \tag{3-2}$$

式中　P——颚式破碎机的电动机功率，kW；

　　　B——给料口宽度，m；

　　　L——给料口长度，m；

　　　K——经验系数，大型破碎机（900×1200 以上），取值 80~110；中小型破碎机，取值 110~200。

此外，还可根据设备的生产能力和比能耗（破碎每吨物料所需能耗）来估算所需的电动机功率

$$P = QE \tag{3-3}$$

式中　P——破碎机电动机功率，kW；

　　　Q——破碎机处理量，t/h；

　　　E——破碎机比能耗，大型颚式破碎机取值 0.2~0.5 kW·h/t，中型颚式破碎机取值 0.5~0.8 kW·h/t，小型颚式破碎机取值 0.75~1.5 kW·h/t。

3.2　旋回破碎机

旋回破碎机亦称粗碎圆锥破碎机，问世于 1881 年。它通过其可动锥体（动锥）相对于固定锥体（定锥）做周期性旋摆运动，使位于两者之间的矿石物料受到挤压而破碎。这种破碎机具有处理量大、工作可靠、比能耗低等优点，适用于破碎抗压强度不大于 250 MPa 的岩矿物料。在大中型矿山，旋回破碎机被广泛用于硬矿石或中硬矿石的粗碎。

3.2.1　旋回破碎机工作原理

按照排料方式的不同，旋回破碎机可分为侧面排料式和和中心排料式两种，前者因易于堵塞已逐渐被淘汰，目前得到广泛应用的是中心排料式。此种设备由机架、工作机构、传动机构、排料口调整装置、过载保护装置和润滑系统等几部分组成。依排料口调整装置及过载保护装置的不同可分为普通型和液压型。旋回破碎机的构造和工作原理，如图 3-4 所示。

旋回破碎机的机架由上部横梁、中部机架及下部机架通过螺栓连接而成。中部机架内壁装有数圈衬板构成定锥。下部机架固定在钢筋混凝土基础之上。机内的运动部件是一个中部带有动锥锥体的主轴（竖轴），主轴的顶部悬吊在上部横梁顶点的锥形轴承上，主轴和动锥的整体质量由此锥形轴承承担。主轴下端插入偏心轴套的偏心孔中，该孔的中心线与垂直方向略成偏心。当电动机通过皮带轮及联轴节带动水平轴旋转时，装在水平轴上的小伞齿轮通过与其啮合的大伞齿轮

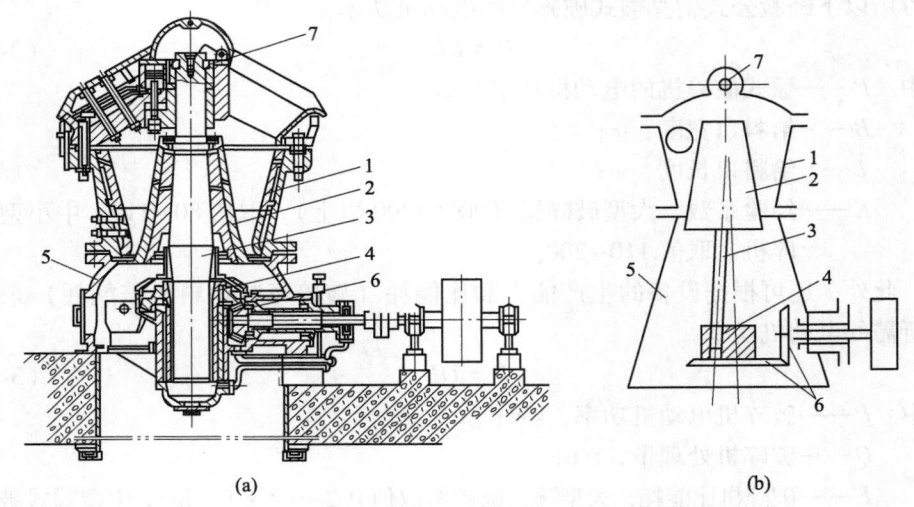

图 3-4　旋回破碎机

（a）构造；（b）工作原理

1—定锥；2—动锥；3—主轴；4—偏心轴套；5—下部机架；6—伞齿轮；7—悬挂点

驱动偏心套筒转动，从而带动主轴以其悬吊点为锥顶作圆锥面运动（旋摆运动），导致整个动锥侧面均周期性地作靠近定锥与离开定锥的运动。

破碎机工作时，矿石物料从上方给入动锥与定锥之间的破碎腔中。在动锥侧面靠近定锥时，腔内物料受到挤压而被碎；在动锥侧面离开定锥时，已被破碎的物料靠自重下落从腔内排出。机内的破碎过程是连续进行的。因为，无论动锥旋摆到什么位置，其侧面沿圆周方向总有一处是与定锥靠得最近的（压载），而它的对侧则是离定锥最远的位置（排料）。可以把旋回破碎机看作是无数台破碎腔长度为无限小的颚式破碎机绕圆周中心线排列而成，这些颚式破碎机沿圆周方向依次重复作物料的压载—排料动作，这就构成旋回破碎机的工作过程。所以旋回破碎机是连续工作的，没有空转行程。它的动力负荷比较均匀，生产能力大。

破碎机工作过程中，直接与物料接触的动锥衬板和定锥衬板在物料的反作用下磨损较快。动锥和定锥衬板磨损后，排料口就会增大，排料粒度随之变粗。为保持破碎产物粒度不变，需要及时调整排料口宽度。旋回破碎机的排料口可通过使主轴（动锥）上升或下降来调整。主轴上升，排料口减小；主轴下降，排料口增大。排料口调整装置依设备类型不同而异：普通型旋回破碎机排料口的调整是通过旋转主轴悬挂装置上的锥形螺帽使得主轴上升或下降。这种调整装置简单可靠，但调整所需时间长，操作人员劳动强度大，需停车。液压型旋回破碎机则通过调控安装在主轴上部悬吊支撑环处或主轴底部的液压缸的油量和油压来使主轴上升或下降，从而改变排料口宽度。

普通型旋回破碎机一般采用安装在皮带轮上的削弱断面的轴销作为过载保护装置。该轴销的削弱断面尺寸通常按电动机负荷的两倍设计。当破碎腔内进入大块超硬异物时，轴销因过载而断裂，使得机器其他零件免遭破坏。这种装置可靠性较差。液压型旋回破碎机在主轴上部悬吊支撑环处或主轴底部安装有液压缸，当破碎腔内进入大块超硬异物造成过载时，可通过自动调节液压缸油量和油压来使主轴下降、排料口增大，从而可排出异物，实现过载保护作用。

旋回破碎机的润滑系统包括两个方面：主轴上部的悬挂装置采用干油润滑；设备下方的传动系统采用稀油润滑。

3.2.2 旋回破碎机主要技术参数

国产旋回破碎机的规格一般用给料口宽度/排料口宽度表示，欧美设备的规格常用给料口宽度—动锥底部直径表示。表 3-5 列出国产旋回破碎机主要定型产品的技术规格。其中液压轻型适用于破碎中硬偏软（抗压强度不大于 120 MPa）的物料。影响旋回破碎机工作性能的技术参数主要有给料口宽度、排料口宽度、啮角、动锥底部直径、动锥转速和动锥摆动幅度等。

表 3-5　旋回破碎机定型产品技术规格

类型	型号[①]及规格	给料口宽度 /mm	排料口宽度 /mm	给料最大粒度/mm	动锥转速 /r·min^{-1}	电动机功率 /kW	参考处理量 /t·h^{-1}
普通型	PX-500/75	500	75	400	140	130	150 左右
	PX-700/130	700	130	550	140	145	300 左右
	PX-900/150	900	150	750	125	180	500 左右
	PX-1200/180	1200	180	1000	110	350	1000~1100
	PX-1200/250	1200	250	1000	110×2	350	1400~1500
液压重型	PXZ-500/60	500	60	420	160	130	140~170
	PXZ-700/100	700	100	580	140	155	310~400
	PXZ-900/90	900	90	750		210	380~510
	PXZ-900/130	900	130	750	125	210	625~770
	PXZ-900/170	900	170	750	125	210	815~910
	PXZ-1200/160	1200	160	1000	110	310	1250~1480
	PXZ-1200/210	1200	210	1000	110	310	1560~1720
	PXZ-1400/170	1400	170	1200	105	400	1750~2060
	PXZ-1400/220	1400	220	1200	105	400	2160~2370
	PXZ-1600/180	1600	180	1350	100	310×2	2400~2800
	PXZ-1600/230	1600	230	1350	100	310×2	2800~3200

类型	型号[①]及规格	给料口宽度 /mm	排料口宽度 /mm	给料最大 粒度/mm	动锥转速 /r·min⁻¹	电动机功率 /kW	参考处理量 /t·h⁻¹
液压 轻型	PXQ-700/100	900	100	580	160	110	200~240
	PXQ-900/130	1200	130	750	140	160	350~400
	PXQ-1200/150	1500	150	1000	125	250	720~815

①标记符号：P—破碎机；X—旋回；Z—液压重型；Q—液压轻型。

给料口宽度指的是动锥远离定锥之处两锥体上端的水平距离。旋回破碎机给料最大粒度不能超过给料口宽度的85%。通常给料粒度应比给料口宽度小20%~25%。遇到有不能给入的大块物料需要进行单独处理，一般是将大块物料取出进行人工破碎。

排料口宽度指的是动锥远离定锥之处两锥体下端的水平距离。对于各种规格的旋回破碎机，排料口宽度均有一定的可调节范围。破碎产物的粒度由排料口宽度控制。工业生产上因动锥和定锥衬板的磨损导致的排料口增大在一定范围内可通过提升主轴的高度来补偿。当主轴提升到最大高度时仍达不到要求的排料口宽度，则需要更换可动锥或固定锥的衬板。

啮角指的是动锥和定锥表面的夹角。与颚式破碎机的情况类似，啮角的确定应满足给入的矿块能被两锥表面顺利咬入的条件，并在生产能力、破碎比以及设备的结构尺寸之间寻求平衡。啮角的取值一般在22°~27°范围内。

动锥底部直径是决定旋回破碎机规格大小和结构尺寸的重要参数之一，国产旋回破碎机定型产品的动锥底部直径取值一般在1200~2500 mm 范围。

动锥转速指的是主轴每分钟旋摆的次数。旋回破碎机的动锥转速通常约为100~160 r/min，与设备规格有关。一般来说，给料口尺寸越大，动锥转速越小。

动锥底部直径和动锥摆幅也与设备规格有关。国产旋回破碎机的动锥摆幅一般在30~50 mm 范围。动锥底部直径越大，动锥摆幅也越大。

旋回破碎机排料的粒度特性曲线，如图3-5所示。

与颚式破碎机相似，旋回破碎机的生产能力与给矿物料性质及破碎机的型号规格、工作参数等因素有关。尽管已有理论公式可用于分析设备的结构尺寸及工作参数对生产能力的影响，在破碎工艺设计和设备选型时通常还是采用基于单位排料口宽度生产能力 q_0 的经验式（3-1）来计算旋回破碎机的生产能力，并根据实际条件及处理类似物料的工业生产经验加以校正。计算时，旋回破碎机的 q_0 值按表3-6选取；校正系数 K_1、K_2 和 K_3 定义及取值方法与颚式破碎机完全相同。

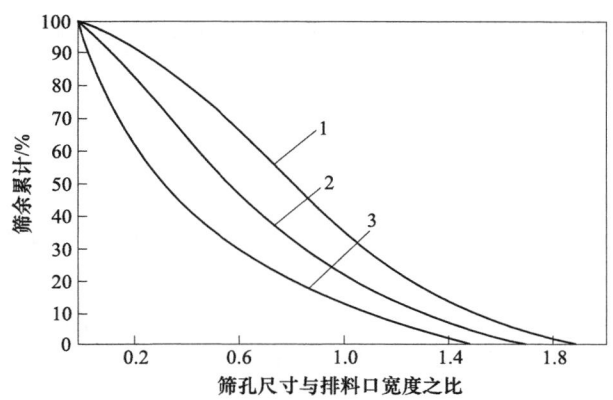

图 3-5 旋回破碎机排料粒度特性曲线
1—难碎性物料；2—中等可碎性物料；3—易碎性物料

表 3-6 旋回破碎机 q_0 值

破碎机规格[①]/mm	500/75	700/130	900/160	1200/180	1500/180	1500/300
$q_0/t \cdot (mm \cdot h)^{-1}$	2.5	3.0	4.5	6.0	10.5	13.5

①破碎机规格以给料口宽度/排料口宽度表示。

旋回破碎机运行时所消耗的功率与设备规格尺寸、工作参数及给料特性有关，影响因素很多。通常情况下可采用以下经验公式大致估算旋回破碎机的电动机功率

$$P = 85D^2K \tag{3-4}$$

式中 P——旋回破碎机的电动机功率，kW；

D——动锥底部直径，m；

K——校正系数，给料口宽度<900 mm 取值 1.0；给料口宽度≥900 mm 取值 0.9。

此外，还可根据设备的生产能力和比能耗利用式（3-3）来估算所需的电动机功率，旋回破碎机的比能耗一般在 0.2~1.2 kW·h/t 范围内。大型设备的比能耗通常比小型设备要低些。

与同样用于粗碎的颚式破碎机比较，旋回破碎机具有生产能力大、运行平稳、比能耗低、可以挤满给料、不需要配置料仓和给料机等优点，但它的机身高大、设备质量大、投资费用较高，安装及维护较为复杂、不适合于安装在井下。在具体的工业应用中，究竟采用何种粗碎设备较好应该根据实际情况通过技术经

济指标的比较来确定。一般来说，处理量小于 500 t/h 时采用颚式破碎机较好，处理量在 500~750 t/h 时需要进行详细的方案比较，处理量超过 750 t/h 时采用旋回破碎机较合适。

3.3　圆锥破碎机

圆锥破碎机也称中细碎圆锥破碎机或西蒙斯（Symons）破碎机。其工作原理与旋回破碎机相似，也是通过动锥相对于定锥做周期性旋摆运动，使位于两者之间的矿石物料受到挤压而破碎。圆锥破碎机处理量大、工作可靠、比能耗低。此类设备可用于破碎抗压强度不大于 300 MPa 的岩矿物料，广泛用于硬矿石或中硬矿石的中碎和细碎作业。

圆锥破碎机与旋回破碎机的不同主要体现在破碎腔的几何结构与形状、动锥的支撑方式及排料口调整方式上。

旋回破碎机与圆锥破碎机的破碎腔结构比较，如图 3-6 所示。用于粗碎的旋回破碎机动锥正置、定锥倒置，两个圆锥都是急倾斜（倾角较大）的，所以也称为急倾斜圆锥破碎机。用于中细碎的圆锥破碎机动锥正置、定锥也正置，两个圆锥都是缓倾斜（倾角较小）的，所以也称缓倾斜圆锥破碎机。圆锥破碎机的破碎腔呈喇叭口形向外展开，且在两椎体之间具有一定长度的平行带。

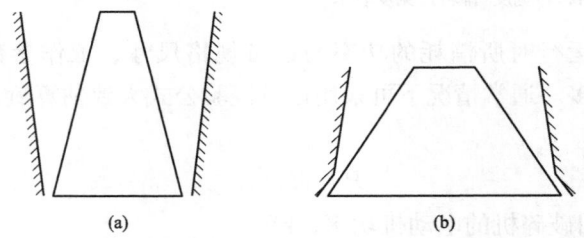

图 3-6　旋回破碎机(a)与圆锥破碎机(b)的破碎腔结构比较

旋回破碎机的主轴较长，主轴和动锥采用悬吊式支撑；圆锥破碎机的主轴较短，主轴和动锥采用位于动锥底部下方的球面轴承来支撑。

旋回破碎机通过升降动锥来调整排料口的大小；圆锥破碎机则通过升降定锥来调节排料口大小。

圆锥破碎机与旋回破碎机在给料方式、防尘装置和过载保护装置方面也也有所不同。旋回破碎机的给料直接进入破碎腔中；圆锥破碎机的给料则通过动锥上方的分料器给入破碎腔。旋回破碎机采用干式防尘装置；圆锥破碎机则采用水封防尘装置。旋回破碎机多采用安装在皮带轮上的削弱断面的轴销作为过载保护装置；旋回破碎机则采用安装在机架周围的弹簧作为过载保护装置。

3.3.1 圆锥破碎机工作原理

根据破碎腔的形状和平行带长度可把圆锥破碎机分为标准型和短头型。标准型圆锥破碎机的动锥采用阶梯形状的衬板，破碎腔给料端开口大、排料端平行带短，排料粒度为 5~60 mm，适用于中碎作业；短头型圆锥破碎机的给料端开口小、排料端平行带长，排料粒度为 3~20 mm，适用于细碎作业。在这两种基本类型之间，国产圆锥破碎机的定型产品分类中还有一个称为中间型的类别，其给料口宽度和平行带长度均介于两者之间，即可用于中碎作业，也可用于细碎作业。

按照排料口调整装置和过载保护机构的不同可将圆锥破碎机分为弹簧圆锥破碎机和液压圆锥破碎机，后者又有单缸液压和多缸液压之分。

弹簧圆锥破碎机的构造和工作原理，如图 3-7 所示。电动机通过联轴节、水平轴和伞齿轮驱动偏心套筒转动，带动支撑在球面轴承上的主轴及动锥作旋摆运动，从而使动锥沿圆周方向均周期性地作靠近定锥与离开定锥的运动。破碎机工作时，矿石物料从上方的分料器给入动锥与定锥之间的破碎腔中。在动锥靠近定锥的侧面，腔内物料受到挤压而被碎；在动锥离开定锥的侧面，已被破碎的物料靠自重下落排出。

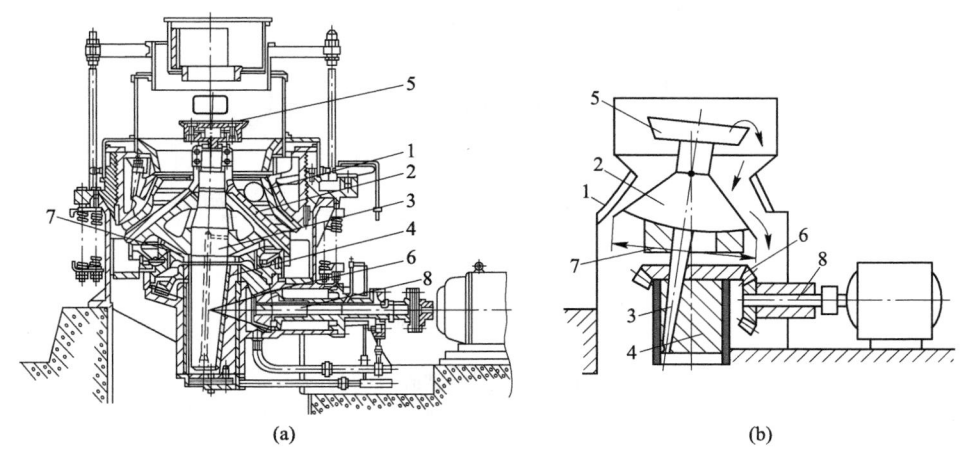

(a)   (b)

图 3-7　弹簧圆锥破碎机的构造和工作原理

(a) 构造；(b) 工作原理

1—定锥；2—动锥；3—主轴；4—偏心轴套；5—给料器；6—伞齿轮；7—球面轴承；8—传动轴

排料口的调整是利用固定在定锥上的调整环与安装在机架周围弹簧上的支撑环之间的梯形螺纹来实现的。旋转调整环可使定锥上升或下降，以此达到调整排料口的目的。当破碎腔内进入超硬异物时，破碎负荷增加使得弹簧压缩，支撑环及调整环和定锥被向上抬起，排料口增大，使得异物得以排出。排出异物后，支撑环及调整环和定锥在弹簧弹力的作用下可很快恢复到正常位置。

除了装有必不可少的润滑系统来保证机器的稳定运行外，圆锥破碎机一般还都还设有水封防尘装置来防止粉尘进入球面轴承和传动机构。

单缸液压圆锥破碎机的工作原理与弹簧圆锥破碎机相同。由于取消了弹簧圆锥破碎机上的调整环、支撑环、调整环与支撑环之间的锁紧装置以及球面轴承等部件，设备结构较弹簧圆锥破碎机简单（图 3-8）。此类设备的定锥固定在机架上，排料口调整和过载保护均是通过安装在主轴底部球面支撑圆盘下方的液压系统来实现的。单缸液压圆锥破碎机适用于破碎抗压强度不大于 160 MPa 的中硬矿石物料。

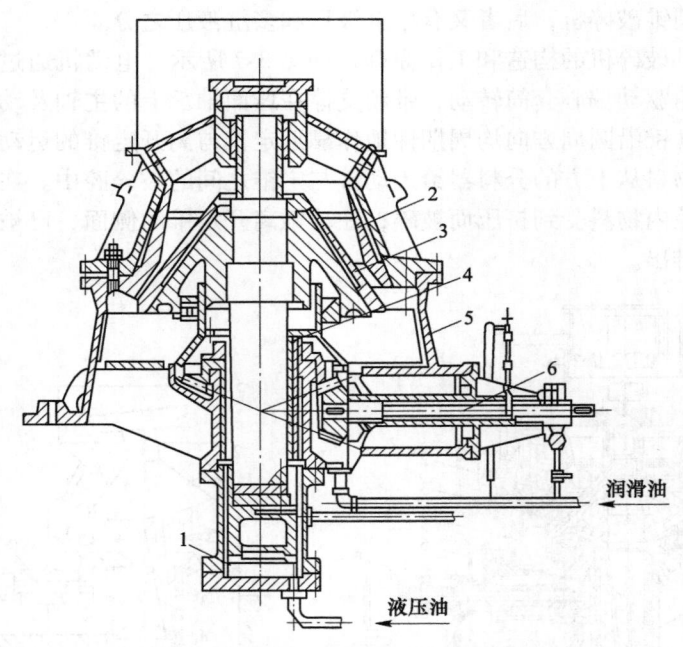

图 3-8　单缸液压圆锥破碎机的构造
1—液压油缸；2—固定锥；3—可动锥；4—偏心轴套；5—机架；6—传动轴

多缸液压圆锥破碎机在机架周围设置液压缸，用于排料口调整和过载保护。排料口大小的调整通过升降定锥来实现。和弹簧圆锥破碎机一样，多缸液压圆锥破碎机适用于破碎抗压强度不大于 300 MPa 的硬质或中硬矿石物料。目前，矿山生产上使用较多的多缸液压圆锥破碎机主要是欧美产设备。

3.3.2　圆锥破碎机主要技术参数

圆锥破碎机的规格一般采用动锥底部直径或者动锥底部直径和给料口宽度来

表示。表 3-7 和表 3-8 分别给出国产弹簧圆锥破碎机和单缸液压圆锥破碎机的主要定型产品的技术规格。影响圆锥破碎机工作性能的主要技术参数有给料口宽度、排料口宽度、啮角、平行带长度、动锥底部直径、动锥转速和动锥摆动幅度等。

表 3-7　弹簧圆锥破碎机定型产品技术规格

类型	型号[①]及规格	动锥底部直径/mm	给料口宽度/mm	排料口宽度/mm	给料最大粒度/mm	动锥转速/r·min⁻¹	电动机功率/kW	参考处理量/t·h⁻¹
标准型	PYB-600	600	75	12~25	65	355	28	40 左右
	PYB-900	900	135	15~50	115	330	55	50~90
	PYB-1200	1200	170	20~50	145	300	110	110~168
	PYB-1750	1750	250	25~60	215	245	155	280~480
	PYB-2200	2200	350	30~60	300	220	280	500~1000
中间型	PYZ-900	900	70	5~20	60	330	55	20~65
	PYZ-1200	1200	115	8~25	100	300	110	42~135
	PYZ-1750	1750	215	10~30	185	245	155	115~320
	PYZ-2200	2200	275	10~30	230	220	280	200~580
短头型	PYD-600	600	40	3~13	36	355	28	23 左右
	PYD-900	900	50	3~13	40	330	55	15~50
	PYD-1200	1200	60	3~15	50	300	110	18~105
	PYD-1750	1750	100	5~15	85	245	155	75~230
	PYD-2200	2200	130	5~15	100	220	280	120~340

①标记符号：P—破碎机；Y—圆锥；B—标准型；Z—中间型；D—短头型。

表 3-8　单缸液压圆锥破碎机定型产品技术规格

类型	型号[①]及规格	动锥底部直径/mm	给料口宽度/mm	排料口宽度/mm	给料最大粒度/mm	动锥转速/r·min⁻¹	电动机功率/kW	参考处理量/t·h⁻¹
标准型	PYY-900/135	900	135	15~40	115	335	55/70	40~100
	PYY-1200/190	1200	190	20~45	150	300	95	90~200
	PYY-1650/250	1650	250	20~50	215	250	155	210~450
	PYY-2200/350	2200	350	30~60	300	220	280	450~900
中间型	PYY-900/75	900	75	6~20	65	335	55	17~55
	PYY-1200/150	1200	150	9~25	125	300	95	45~120
	PYY-1650/230	1650	230	13~30	195	250	155	120~280
	PYY-2200/290	2200	290	15~35	245	220	280	250~580

类型	型号[1]及规格	动锥底部直径/mm	给料口宽度/mm	排料口宽度/mm	给料最大粒度/mm	动锥转速/r·min^{-1}	电动机功率/kW	参考处理量/t·h^{-1}
短头型	PYY-900/60	900	60	4~12	50	335	55	15~50
	PYY-1200/80	1200	80	5~13	65	300	95	40~100
	PYY-1650/100	1650	100	7~14	85	250	155	100~200
	PYY-2200/130	2200	130	8~15	110	220	280	200~380

①标记符号：P 为破碎机；第一个 Y 为圆锥；第二个 Y 为液压。

给料口宽度指的是动锥远离定锥时两锥体上端的距离。给料口宽度一般应为给矿最大粒度的 1.20~1.25 倍。给料最大粒度由流程的前端作业决定。

排料口宽度指的是动锥靠近定锥时两锥体下端的距离。对于各种规格的圆锥破碎机，排料口宽度均有一定的可调节范围。破碎产物的粒度由排料口宽度控制。在确定排料口宽度时，需要考虑产物最大粒度对后续作业的影响。

啮角指的是动锥和定锥表面的夹角。中碎圆锥破碎机啮角的取值一般在 20°~23°范围内，细碎圆锥破碎机一般不用考虑啮角问题。

破碎腔下部平行带长度影响破碎产物的细度和均匀度。中碎圆锥破碎机的平行带长度一般为动锥底部最大直径的 8.5%，细碎圆锥破碎机的平行带长度一般为动锥底部最大直径的 16%。

动锥底部直径是决定圆锥破碎机规格大小和结构尺寸的重要参数，国产圆锥破碎机定型产品的动锥底部直径取值一般在 600~2200 mm 范围。

动锥转速指的是主轴每分钟旋摆的次数。圆锥破碎机的动锥转速通常为 220~390 r/min，与设备规格有关。一般来说，动锥底部直径越大，动锥转速越小。

动锥摆幅也与设备规格有关。国产旋回破碎机的动锥摆幅一般在 30~90 mm 范围。动锥底部直径越大，动锥摆幅也越大。

标准型和短头型圆锥破碎机排料的粒度特性曲线分别如图 3-9 和图 3-10 所示。

选矿厂的细碎作业一般采用短头型圆锥破碎机，而且多采用闭路流程。短头型圆锥破碎机闭路破碎产物的粒度特性曲线，如图 3-11 所示。

与颚式及旋回破碎机相似，圆锥破碎机的生产能力与给矿物料性质及破碎机的型号规格、工作参数等因素有关。尽管已有理论公式可用于分析设备尺寸及工作参数的影响，在破碎工艺设计和设备选型时通常还是采用基于单位排料口宽度生产能力 q_0 的经验式（3-1）来计算圆锥破碎机的生产能力，并根据实际条件及工业生产经验加以校正。这里，标准型和中间型圆锥破碎机的 q_0 值按表 3-9 选取，短头型圆锥破碎机的 q_0 值按表 3-10 选取，单缸液压圆锥破碎机的 q_0 值按

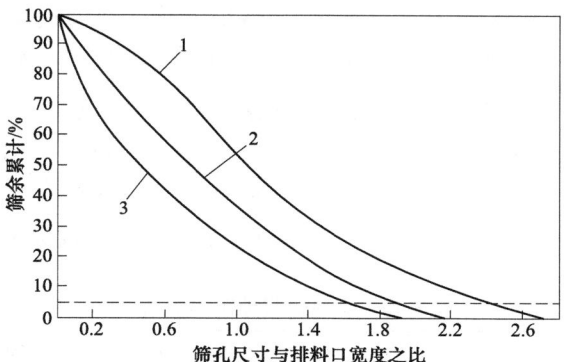

图 3-9　标准型圆锥破碎机排料的粒度特性曲线

1—难碎性物料；2—中等可碎性物料；3—易碎性物料

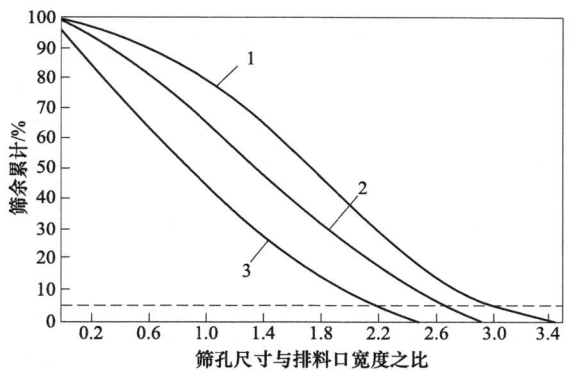

图 3-10　短头型圆锥破碎机排料的粒度特性曲线

1—难碎性物料；2—中等可碎性物料；3—易碎性物料

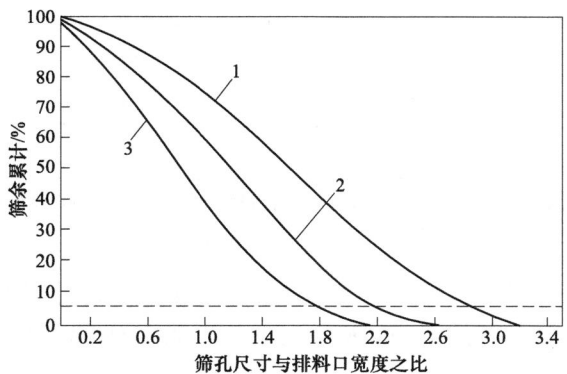

图 3-11　短头型圆锥破碎机闭路破碎产物的粒度特性曲线

1—难碎性物料；2—中等可碎性物料；3—易碎性物料

表3-11选取；校正系数 K_1 和 K_2 的含义及数值的选取与颚式及旋回破碎机相同；对于圆锥破碎机，K_3 为破碎比的校正系数，其取值按表3-12选用。

表3-9　标准型和中间型圆锥破碎机 q_0 值

破碎机规格[①]/mm	φ600	φ900	φ1200	φ1650	φ1750	φ2200
q_0/t·(mm·h)$^{-1}$	1.0	2.5	4.0~4.5	7.0~8.0	8.0~9.0	14.0~15.0

①破碎机规格以动锥底部直径表示，排料口小时 q_0 取大值，排料口大时 q_0 取小值。

表3-10　短头型圆锥破碎机 q_0 值

破碎机规格[①]/mm	φ900	φ1200	φ1650	φ1750	φ2200
q_0/t·(mm·h)$^{-1}$	4.0	6.5	12.0	14.0	24.0

①破碎机规格以动锥底部直径表示。

表3-11　单缸液压圆锥破碎机 q_0 值

破碎机规格[①]/mm		φ900	φ1200	φ1650	φ2200
q_0/t·(mm·h)$^{-1}$	标准型	2.52	4.60	8.50	16.0
	中间型	2.76	5.40	9.23	20.0
	短头型	4.25	6.70	14.28	25.0

①破碎机规格以动锥底部直径表示。

表3-12　中碎与细碎圆锥破碎机破碎比校正系数 K_3

标准型或中间型圆锥破碎机		短头型圆锥破碎机	
比值（e/B）[①]	K_3 值[②]	比值（e/B）[①]	K_3 值[②]
0.60	0.90~0.98	0.40	0.90~0.94
0.55	0.92~1.00	0.25	1.00~1.05
0.40	0.96~1.06	0.15	1.06~1.12
0.35	1.00~1.10	0.075	1.14~1.20

①e—开路破碎时指上段破碎机排料口宽度，闭路破碎指闭路破碎机排料口宽度；B—给料口宽度。
②设有预先筛分时 K_3 取小值，不设预先筛分时 K_3 取大值。

用于闭路破碎时破碎机生产能力的计算需考虑实际通过破碎机的物料量。短头型或中间型圆锥破碎机用于闭路破碎时的生产能力 Q' 可计算为

$$Q' = QK \tag{3-5}$$

式中　Q——破碎机开路作业时的生产能力，t/h，Q 值按式（3-1）计算；

　　　K——闭路破碎系数，K 值一般在 1.15~1.40 范围内选取（硬矿石取小

值，软矿石取大值）。

对于闭路细碎流程，可选用筛孔尺寸略大于破碎机排料口宽度的筛子来构成闭路，以减少粒度比筛孔尺寸稍大的偏硬颗粒在回路中的循环累积，降低破碎机的负荷。

圆锥破碎机运行时所需的驱动功率不仅取决于设备规格尺寸，还与其工作参数及给料特性有关，影响因素很多。弹簧圆锥破碎机的电动机功率可按以下经验估算

$$P = 50D^2K \qquad (3-6)$$

式中　P——弹簧圆锥破碎机的电动机功率，kW；

　　　D——动锥底部直径，m；

　　　K——校正系数，动锥底部直径<1650 mm 时取值 1.4；动锥底部直径在
　　　　　　　1650～2100 mm 时取值 1.0；动锥底部直径>2100 mm 取值 1.2。

单缸液压圆锥破碎机的电动机功率可按以下经验估算

$$P = 75D^{1.7} \qquad (3-7)$$

式中　P——单缸液压圆锥破碎机的电动机功率，kW；

　　　D——动锥底部直径，m。

此外，还可根据设备的生产能力和比能耗利用式（3-3）来估算所需的电动机功率，圆锥破碎机的比能耗一般在 0.4～1.6 kW·h/t 范围内。细碎的比能耗通常比中碎要高些。

3.4　冲击式破碎机

冲击式破碎机通过高速运动的打击板/锤头对矿块的打击以及高速运动的矿块对反击板的冲撞来破碎矿石。这种破碎机具有体积小、构造简单、破碎比大、比能耗低、具有选择性破碎作用等优点，但也有打击板/锤头和反击板磨损较快这个弱点。冲击式破碎机一般用于破碎抗压强度不大于 140 MPa 的脆性岩石物料。近年来随着耐磨材料性能的提高及设备结构的改进，冲击式破碎机也越来越多地用于破碎抗压强度不大于 300 MPa 的脆性岩矿物料。

冲击式破碎机可分为反击式破碎机和锤式破碎机，两者均可进一步分为单转子和双转子两类。

3.4.1　反击式破碎机工作原理及主要技术参数

单转子反击式破碎机的构造和工作原理，如图 3-12 所示。反击式破碎机中起破碎作用的工作部件主要是打击板（也称打击锤，板锤）和反击板。打击板

固定安装在机体内部下方的转子上；反击板呈自由悬挂状态布置在机体内部上方适当位置，其一端通过悬挂轴铰接在机体上，另一端由拉杆螺栓装置（可带有预紧弹簧）支撑在机体的锥面垫圈上。通过调整拉杆螺栓上的螺母可调节反击板的安装角度和它与打击板边缘的间距。破碎机工作时，高速旋转的转子带动打击板作高速回转运动。矿石物料从给料溜板进入第一级破碎腔，受到打击板的打击作用，被打击的矿块或者破裂成碎块后被加速，或者直接被打击板加速抛向第一级反击板，与反击板高速冲撞而发生破碎，生成的碎块向机内转子方向折回飞散时又会受到打击板的打击而飞向反击板，再次受到冲击破碎。除了受到打击板的打击和对反击板的冲撞而发生的冲击破碎外，破碎腔内高速运动的物料颗粒之间也会发生相互撞击而导致破碎。上述过程反复进行，在这期间不断有粒度较小的物料通过打击板与第一级反击板边缘的间隙进入到第二级破碎腔。物料在第二级破碎腔内的发生的冲击破碎过程与在第一级破碎腔内的过程相似，包括受到打击板的打击、对第二级反击板的冲撞，以及物料颗粒之间的相互撞击。此过程反复进行，在这期间不断有粒度小于打击板与第二级反击板边缘间距的物料作为产物从破碎机下方排出。

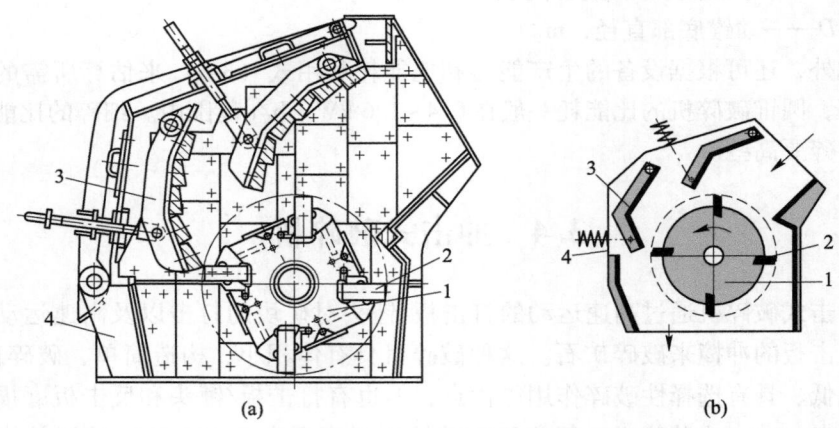

图 3-12　单转子反击式破碎机构造与工作原理

(a) 构造；(b) 工作原理

1—转子；2—打击板；3—反击板；4—机架

悬挂反击板的拉杆螺栓装置既是排料口调整装置，同时又能起到过载保护作用。当破碎机中进入大块异物时，反击板会受到较大的冲击力。当此冲击力大到足以克服反击板自重及弹簧预紧压力的作用而向外推压拉杆螺栓时，反击板就会向后抬起，使得打击板与反击板边缘的间距变大，大块异物可随之排出，从而起到一种过载保作用。

反击式破碎机的转子必须有足够的质量以适应破碎大块矿石的需要，大型反击式破碎机的转子一般采用整体式铸钢结构。

打击板以一定的间距固定安装在转子的外围周边。打击板的个数与转子直径有关。一般来说，转子直径小于 1 m 时采用 3 个打击板；转子直径为 1~1.5 m 时采用 4~6 个打击板；转子直径为 1.5~2.0 m 时采用 6~10 个打击板。

反击板的结构形式主要有折线形或圆弧形。折线形反击板结构简单，但由于在板上不同的位置上物料对它的冲击角度不同，破碎效率较低；圆弧形反击板一般设计成渐开线形状，使得在反击板不同位置上物料均可以接近于垂直的方向对它冲击，因而破碎效率较高。此外，反击板也可设计成反击栅条或反击辊的形式，以起到一定的筛分作用，减少过粉碎。

双转子反击式破碎机拥有两个各自配有打击板的转子，按照转子转动方向的异同可分为双转子异向转动和双转子同向转动两种。双转子异向转动反击式破碎机的两个转子转动方向相反，两个转子一般呈同水平高度配置，分别与各自的反击板构成独立的破碎腔，整个设备可视为是由两台独立的单转子反击式破碎机并联而成。双转子同向转动反击式破碎机的两个转子转动方向相同，两个转子可呈同水平高度配置，但更常见的是按一定的高度差配置，第一个转子起粗碎作用，第二个转子起细碎作用，整个设备相当于是由两台独立的单转子反击式破碎机串联而成。图 3-13 所示为两个转子呈高差配置的双转子同向转动反击式破碎机的结构示意图。通过对两个转子设置不同的转速和打击板个数，以及通过改变分隔粗碎腔和细碎腔的分腔反击板的位置，可以调整破碎产物的粒度组成。

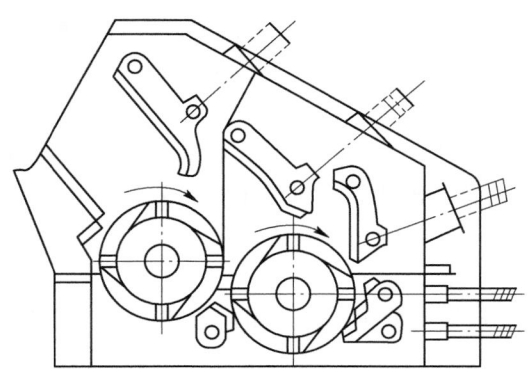

图 3-13 双转子同向转动反击式破碎机

反击式破碎机的规格通常采用转子直径和转子长度来表示。表 3-13 列出部分国产反击式破碎机定型产品的技术规格。影响反击式破碎机工作性能的主要技术参数是转子直径、转子长度和转子转速。

表 3-13　反击式破碎机定型产品技术规格

类型	型号 及规格	转子直径 /mm	转子长度 /mm	给料最大 粒度/mm	排料粒度 /mm	转子转速 /r·min⁻¹	电动机 功率/kW	参考处理量 /t·h⁻¹
单转子	PF-0504	500	400	100	<20	960	7.5	4~10
	PF-1007	1000	700	250	<30	680	40	15~30
	PF-1210	1250	1000	250	<30	475	95	40~80
	PF-1614	1600	1400	500	<30	228, 326, 456	155	80~120
双转子	2PF-1212	1250	1250	850	<25	第一转子 565 第二转子 765	第一转子 132 第二转子 160	80~150

①标记符号：P—破碎机；F—反击式。

　　转子直径指转子工作时打击板顶端运动所绘轨迹圆的直径。转子直径越大，破碎机可处理的给料粒度越大。一般可用关系式 $D = 1.85d_{max} + 110$ 根据给料最大粒度 d_{max}（mm）估算所需的转子直径 D（mm），对于单转子反击式破碎机还应将此式的计算结果乘以 0.7。在实际应用中需要综合考虑设备规格尺寸、破碎效果及生产能力等因素，实际选用的转子直径往往比这个计算值大。

　　转子长度指转子工作段长度。转子长度主要按所需的生产能力来确定。转子长度与直径的比值一般在 0.8~2.0 范围内，破碎较硬物料时选用较大值。

　　冲击板打击矿块的线速度决定冲击破碎的施载强度及破碎效果，同时也影响设备生产能力及工作部件的磨损速率。此打击速度大小取决于转子直径和转子转速。一般来说，打击速度越大，破碎产物越细，但打击板和反击板的磨损也越大。转子的圆周速度一般在 15~80 m/s 范围内选取，用于粗碎时选较小值，用于细碎时应选较大值。

　　反击式破碎机的生产能力与设备类型、规格、工作参数和及物料性质等因素有关，可用如下公式估算反击式破碎机的生产能力

$$Q = 60KC(h + e)bDn\delta_0 \tag{3-8}$$

式中　Q——破碎机处理量，t/h；

　　　K——由理论处理量估算实际处理量的校正系数，一般取 0.1；

　　　C——打击板个数；

　　　h——打击板高度，m；

　　　e——打击板与反击板之间的间隙，m；

　　　b——打击板宽度，m；

　　　D——转子直径，m；

　　　n——转子转速，r/min；

δ_0——物料的容积密度，t/m^3。

反击式破碎机所需的驱动功率不仅取决于设备的几何尺寸及工作参数，还与所处理的物料特性及破碎比有关，目前尚无可靠的理论计算公式。实际应用中可采用如下经验公式计算反击式破碎机的电动机功率

$$P = 0.00104Qv^2 \tag{3-9}$$

式中　P——反击式破碎机的电动机功率，kW；

　　　Q——破碎机的处理量，t/h；

　　　v——打击板的线速度，m/s。

此外，还可根据设备的生产能力和比能耗利用式（3-3）来估算所需的电动机功率。反击式破碎机的比能耗视物料性质和破碎比而定。破碎中等硬度石灰石的比能耗一般在 $0.5 \sim 2.0\ kW \cdot h/t$ 范围内；破碎煤的比能耗一般在 $0.8 \sim 1.5\ kW \cdot h/t$ 范围内。用于粗碎时取下限，用于细碎时取上限。

双转子反击式破碎机的功耗为两台电动机功耗之和，第一级转子的电动机功耗一般为第二级转子的电动机功耗的 $0.6 \sim 0.7$ 倍。

3.4.2　锤式破碎机工作原理及主要技术参数

锤式破碎机利用高速回转锤头的打击作用破碎矿石，其构造和工作原理，如图 3-14 所示。锤式破碎机由传动机构、转子、格筛（算条筛）和机架等部分构成。作为核心工作部件的转子由主轴、多个圆盘、多根销轴和众多锤头等组成。安装在主轴上的圆盘由间隔套相互分隔，沿圆盘周边均匀分布有多根与主轴平行且贯穿所有圆盘的销轴。各销轴上均铰接悬挂有多个被圆盘隔开的锤头。转子下方的破碎腔之下设有控制产物粒度的算条。当电动机驱动转子高速旋转时，各锤头在离心力作用下沿径向方向向外伸展并围绕转轴作高速回转运动。破碎机给料从上方进入锤头运行轨道（破碎腔），受到高速运动锤头的打击而破碎。破碎后的物料可高速向机内的衬板或算条冲击而发生二次破碎。粒度小于算条间隙的物料通过间隙排出，粒度较大的物料在转子与算条之间的破碎腔内继续受到锤头的打击，直至符合产物粒度要求后通过算条的缝隙排出。当破碎腔中混入大块硬质异物时，铰接安装的锤头可以偏转规避，这就提供了一种过载保护机制。通过升降算条筛位置可调节锤头与格筛之间的间隙大小，以便于大块硬质异物从破碎腔中排出。

锤式破碎机与反击式破碎机的破碎机制都是冲击粉碎，但两者有如下不同之处：

（1）反击式破碎机的板锤和转子是刚性连接的，打击板利用整个转子转动的惯性力打击物料，对物料的冲击动能较大。锤式破碎机的锤头是铰接在转子上的，锤头的质量较小，对物料的冲击动能有限。

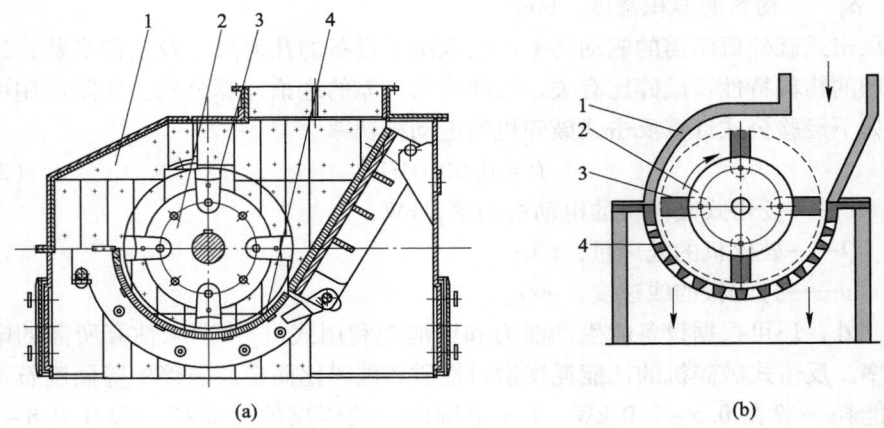

图 3-14　单转子锤式破碎机构造与工作原理
(a) 构造；(b) 工作原理
1—机架；2—转子；3—锤头；4—箅条筛

（2）反击式破碎机的破碎腔较大，打击板自下向上打击从上方进入破碎腔的物料，并把它抛到上方反击板上，物料受到反复多次的冲击作用。锤式破碎机的破碎腔较小，锤头顺着物料落下的方向打击物料，物料受到冲击作用的次数较少。

（3）反击破碎机下部一般不设固定筛，产品粒度靠打击板与反击板边缘的间隙大小来控制；锤式破碎机设有格筛，产品粒度由格筛筛孔尺寸控制。

按照转子的旋转方向是否可逆可将单转子锤式破碎机分为可逆式和不可逆式两种。不可逆式锤式破碎机的转子只能单向旋转，机内其他工作部件呈非对称布置，给料口位于机体上方侧边。这种破碎机锤头的打击面磨损到一定程度后就需要更换新锤头，而频繁停机更换锤头影响设备的作业率。可逆式锤式破碎机的转子可以正、反向旋转，机内的主要工作部件呈对称布置，给料口位于机体正中上方。当锤头的打击面磨损后，只需将电动机反转，设备仍能以另一面作为打击面继续运行一段时间，这意味着在延长锤头使用寿命的同时提高了破碎机的作业率。

双转子锤式破碎机的工作原理与单转子锤式破碎机完全相同。这种破碎机的两个转子呈高差布置，相当于两台单转子锤式破碎机串联使用。第一个转子上的锤头主要起到粗碎作用，第二个转子上的锤头起细碎作用。

锤式破碎机的规格采用转子直径和转子长度来表示。表 3-14 列出部分国产单转子锤式破碎机定型产品的技术规格。影响锤式破碎机工作性能的技术参数主要有转子直径、转子长度、转子转速和锤头质量。

表 3-14　单转子锤式破碎机定型产品技术规格

型号^①及 规格	转子直径 /mm	转子长度 /mm	给料最大 粒度/mm	排料粒度 /mm	转子转速 /r·min⁻¹	电动机 功率/kW	参考处理 量/t·h⁻¹
PC-0404	400	400	100	<10	1450	7.5	2.5~5
PC-0604	600	400	100	<15	1000	22	12~15
PC-0806	800	600	200	<15	980	55	20~25
PC-0808	800	800	200	<15	980	75	35~45
PC-1010	1000	1000	200	<15	1000	132	60~80
PC-1212	1250	1250	200	<20	750	180	100 左右
PC-1412	1420	1194	250	<20	735	250	110~130
PC-1414	1400	1400	250	<20	740	280	170 左右
PC-1616	1600	1600	350	<20	600	480	250 左右

①标记符号：P—破碎机；C—锤式。

转子直径指的是在工作状态下锤头顶端运动圆周的直径；转子长度指的是沿轴向排列的锤头的有效工作长度。转子直径通常根据给料粒度及要求的处理量确定。转子直径一般应为给料最大粒度的 2~8 倍。转子的长径比一般在 0.7~1.8 范围内。

各规格型号锤式破碎机的转子转速通常按锤头破碎物料所需的线速度来确定，后者与物料性质及要求的产物粒度有关，通常在 15~80 m/s 范围内选取。粗碎一般在 15~40 m/s 范围内选取，细碎一般在 40~80 m/s 范围内选取。锤头打击物料的速度越大，产物粒度越细，但锤头的磨损也越大。因此，在满足产物粒度要求的前提下应选取尽量低的线速度。

锤头质量影响能量消耗及破碎效果。选择的锤头质量应在满足破碎要求的前提下尽量减少无用的能耗。锤头质量一般为给料最大矿块质量的 1.5~2 倍。适当增大锤头质量有利于提高破碎效率。

锤式破碎机的生产能力可采用如下经验计算

$$Q = KDL\delta_0 \tag{3-10}$$

式中　Q——破碎机处理量，t/h；

　　　K——经验系数，破碎中硬物料时取值 30~45，破碎煤时取值 130~150；

　　　D——转子直径，m；

　　　L——转子长度，m；

　　　δ_0——物料的容积密度，t/m³。

计算锤式破碎机电动机功率的经验为：

$$P = K_0 D^2 Ln \tag{3-11}$$

式中　P——锤式破碎机的电动机功率，kW；

K_0——经验系数，大型机取值 0.15 ~ 0.2，中型机取值 0.15，小型机取值 0.1；

D——转子直径，m；

L——转子长度，m；

n——转子转速，r/min。

此外还可根据破碎机的生产能力和比能耗采用式（3-3）来估算电动机功率。锤式破碎机比能耗取值：破碎中硬物料时为 1.3 ~ 2.2 kW·h/t，破碎煤时为 1.2 ~ 1.9 kW·h/t。

3.5　辊式破碎机

辊式破碎机通过转动的辊子将矿石物料啮入其破碎腔并将物料挤压至破碎。作为一种最古老的破碎机械，辊式破碎机具有结构简单、过粉碎少、能破碎黏湿物料等优点，曾被广泛用于各种矿石物料的中碎和细碎作业。但由于这种设备占地面积大，生产能力低，在金属矿山选矿厂中已逐渐被圆锥破碎机所取代。目前，辊式破碎机主要用于煤炭、建材、化工等非金属矿产等领域的工业生产中。在金属矿山，辊式破碎机仍被用于某些需要尽量减少脆性物料（如钨锡矿石）过粉碎的中小选矿厂中。在矿物加工研发部门和各类选矿实验室，辊式破碎机常用于试样制备过程中物料的细碎和超细碎。

按辊子的数目可将辊式破碎机分为单辊破碎机、双辊破碎机和多辊破碎机。双辊破碎机（又称对辊破碎机）是最为常见的辊式破碎机类型，其破碎腔由一对相向转动的辊子构成，矿石物料在两个辊子之间受到挤压而破碎。单辊破碎机（又称颚辊破碎机）的破碎腔由一个转动的辊子和一个颚板构成，矿石物料在辊子与颚板之间受到挤压而破碎，这种破碎机可视为是辊式破碎机和颚式破碎机部分结构的结合，其破碎腔较长，适用于破碎中等硬度黏性矿石。而多辊破碎机（三辊破碎机、四辊破碎机）内的破碎腔有两个，这种破碎机的特点是能在一台设备上完成两级破碎作业，实现在增大破碎比的同时减少设备占地面积的效果。

按辊面形式可将辊式破碎机的辊子分为光面辊和非光面辊（槽面辊或齿面辊）两大类。光面辊对物料的破碎作用以挤压为主，光面辊式破碎机多用于破碎抗压强度在 160 MPa 以下的中等硬度脆性物料。非光面辊对物料除了有挤压作用之外还有劈裂剪切作用。采用非光面辊可改善物料的啮入条件，增大给料粒度上限，但可处理的物料硬度要低一些。齿面辊式破碎机一般用于破碎软质和中等硬度脆性物料，多用于煤炭、石灰石、黏土、页岩等非金属矿产物料的中细碎。

3.5.1 双辊破碎机工作原理

双辊破碎机由一对破碎辊及其支撑轴承、机架、电动机及传动机构、排料口调节装置、压紧和过载保护装置等部分组成，其构造和工作原理，如图3-15所示。一对相互平行的破碎辊各自安装在其轴向两端的支撑轴承上，其中一个辊子（固定辊）的轴承座固定在机架上，另一个辊子（活动辊）的轴承座可沿机架上的导轨水平移动，从而使两辊之间的间隙距离（排料口宽度）得以改变。排料口宽度的调节一般是借助于安放在机架与活动辊轴承座之间垫片的数量或厚度来实现的，也可利用楔块装置或者蜗轮机构进行调整。压紧装置通过弹簧（或液压机构）向活动辊施加一定的推力（预紧力），将它推向固定辊方向。破碎机工作时，电动机通过传动机构驱动两个辊子相向转动，从破碎机上方给入的物料在破碎腔上方与辊面接触时因辊面的摩擦力作用而被啮入破碎腔，受到辊面的挤压而破碎。破碎产物在重力的作用下从破碎腔下方排出。在正常工作状态下，压紧弹簧施加的压紧力与物料对破碎辊的反作用力相互平衡，其大小会随着物料啮入状况的瞬时变化而小幅振荡，排料口宽度也会随之在一定范围内波动。在破碎机工作过程中，压紧弹簧总是处于小幅振动状态。若有大块硬质异物进入到破碎腔内，破碎辊受到的反作用力就会急剧增大，当此力显著超出压紧力正常工作区间时，压紧弹簧被超常压缩，导致活动辊的轴承座向后平移退让，排料口间隙随之增大，硬质异物得以从破碎腔内排出，这就起到了过载保护作用。大块硬质异物排出后，弹簧恢复原状，排料口宽度回到正常工作范围，破碎机可继续正常工作。

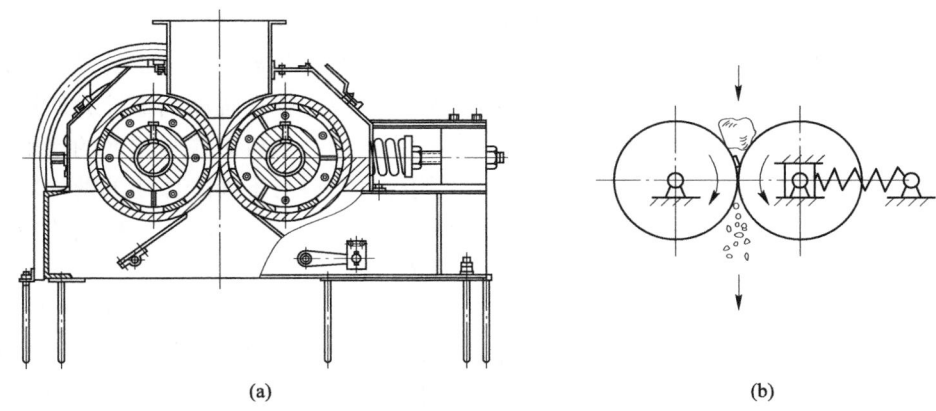

(a)   (b)

图 3-15　双辊破碎机构造与工作原理
(a) 构造；(b) 工作原理

3.5.2 双辊破碎机主要技术参数

双辊破碎机的规格采用辊子直径和辊子长度来表示。表 3-15 列出部分国产双辊破碎机定型产品的技术规格。影响双辊破碎机工作性能的主要技术参数除了辊子直径与长度外还有啮角、排料口宽度和辊子转速。

表 3-15　双辊破碎机定型产品技术规格

辊面类型	型号[①]及规格	辊子直径/mm	辊子长度/mm	给料最大粒度/mm	排料粒度/mm	辊子转速/r·min⁻¹	电动机功率/kW	参考处理量/t·h⁻¹
光面辊	2PG-200×125	200	125	5~20	0.4~4	—	≤5.5	0.5~1.5
	2PG-400×250	400	250	20~40	2~8	200	≤15	2~10
	2PG-600×400	600	400	20~70	3~30	120	≤37	4~30
	2PG-750×500	750	500	25~95	3~40	—	≤45	6~80
	2PG-1200×1000	1200	1000	40~100	4~40	122	≤110	30~140
齿面辊	2PGC-450×500	450	500	80~200	5~80	64	≤15	20~60
	2PGC-600×750	600	750	100~400	5~100	50	≤30	30~120
	2PGC-900×900	900	900	150~500	5~150	38	≤75	30~200

①标记符号：P—破碎机；G—辊式；C—齿面辊。

辊子直径与长度是决定设备基本结构尺寸、生产能力及所需驱动功率的主要参数。在实际应用中，辊子直径需要根据给料最大粒度来选定。辊子直径越大，设备可处理的给料最大粒度越大。给定辊子直径，设备的生产能力和功耗随辊子长度的增加而增大。一般而言，破碎坚硬物料时辊子长度为辊子直径的 0.3~0.7 倍；破碎软性物料时辊子长度为辊子直径的 1.2~1.3 倍。

啮角是决定给料矿块能否被辊子啮入破碎腔的关键参数。啮角指的是给料矿块与两辊接触点处两条切线的夹角。为了使给料矿块能够在辊面的摩擦力作用下被啮入破碎腔，这个啮角不能太大。对一假设为球形的给料矿块与辊面的接触状况进行简化的静力学分析表明，这个啮角不能超过物料与辊面摩擦角的两倍。光面辊式破碎机辊面与大多数矿石物料的摩擦系数一般取 0.3~0.35，相应的摩擦角为 16.7°~19.3°，则最大啮角为 33.4°~38.6°。

破碎机工作时的实际啮角由辊子直径、给料粒度和辊面间距（排料口宽度）共同决定。通过对这三者与啮角的几何学关系分析可知，由于排料口宽度比辊子直径小很多，其影响一般可以忽略不计，啮角的大小主要取决于辊子直径与给料粒度的比值。若取摩擦系数值 0.325，即要求啮角不能超过 36°，则辊子直径与给料粒度的比值不能小于 20；处理潮湿黏性物料时可取摩擦系数值 0.45，则这个比值不能小于 10。对于非光面辊，这个比值可以比光面辊要小，通常槽状辊面可取值 10~12，齿状辊面可取值 2~6，所以大型齿辊破碎机可用于石灰石和煤等中低硬度脆性物料的粗碎。

排料口宽度是决定破碎产物粒度的关键参数。双辊破碎机的辊面间距一般可在 1~20 mm 范围内根据对破碎产物的粒度要求来设定和调整。破碎机工作时实际的排料口宽度是个动态值，它不仅与辊面间距初始设定值、预紧力、压紧弹簧的刚性及物料的粉碎特性有关，而且还会受物料啮入状况的影响而瞬时变化。因此维持给料的连续和均匀对辊式破碎机的稳定运行至关重要。辊式破碎机通常都配有给料设备来保障稳定的给料并尽量使给料沿辊子长度方向均匀一致。

辊子转速直接影响设备的生产能力和功耗大小。在一定范围内，破碎机的处理量随辊子转速的增加成正比地增加。但辊子转速超过一定界限时，落到辊面上的物料由于受到较大的惯性离心力作用而难以被啮入破碎腔，容易发生迟滞或打滑现象，导致处理量增速放缓，甚至影响破碎机的正常工作。另外，辊面线速度越大，辊面磨损越严重。所以，辊式破碎机的辊子转速应有一个合适的取值。合适的辊速与辊面特征、物料特性和给矿粒度等因素有关。一般地说，非光面（槽面、齿面）辊式破碎机的转速应低于光面辊式破碎机。通常光面辊的辊面线速度取值范围为 2~7.5 m/s，齿面辊的辊面线速度取值范围为 1.5~2 m/s。显然，辊子的直径越大，取得最佳辊面线速度所需的每分钟转数（r/min）越小。给矿粒度越大，矿石越硬，合适的辊子转速应当越低。

光面双辊破碎机的生产能力可计算为

$$Q = 60\pi DnLe\mu\delta_0 \tag{3-12}$$

式中　Q——双辊破碎机处理量，t/h；

　　　D——辊子直径，m；

　　　n——辊子转速，r/min；

　　　L——辊子长度，m；

　　　e——破碎机工作时两辊面之间的最小间距（排料口宽度），m；

　　　μ——排料口充满系数，中硬和硬质物料 $\mu = 0.2 \sim 0.4$（硬质物料取大值），潮湿和黏性物料 $\mu = 0.4 \sim 0.6$；

　　　δ_0——矿石物料的体积密度，t/m³。

双辊破碎机的电动机功率可用经验公式估算。对用于破碎中硬以下物料的光面双辊破碎机有

$$P = 143\frac{Q}{en} \tag{3-13}$$

式中　P——光面双辊破碎机的电动机功率，kW；

　　　Q——处理量，t/h；

　　　e——排料口宽度，cm；

n——辊子转速，r/min。

对用于破碎煤或焦炭的齿面双辊破碎机有

$$P = KLDn \qquad (3\text{-}14)$$

式中　P——齿面双辊破碎机的电动机功率，kW；

　　　K——经验系数，破碎煤时取值 0.85；

　　　L——辊子长度，m；

　　　D——辊子直径，m；

　　　n——辊子转速，r/min。

此外，还可根据破碎机的生产能力和比能耗采用式（3-3）来估算电动机功率。双辊破碎机比能耗值：光面辊为 0.6~2.0 kW·h/t，破碎煤或焦炭的齿面辊为 0.4~0.8 kW·h/t。

3.6　高压辊磨机

高压辊磨机（又称辊压机）通过其两个相向转动的辊子向位于两者之间的物料层（颗粒床）施以高强度压载而粉碎矿石。这是一种问世于 20 世纪 80 年代中期的粉碎设备，已广泛用于水泥生料和熟料、石灰石、钢铁冶炼渣、煤等物料的粉磨，铁精矿球团前的细磨，金刚石矿石的解离破碎，以及铁矿石选矿前的细碎和超细碎。近年来在有色和稀贵金属矿石的细碎和超细碎上也获得越来越多的应用。

高压辊磨机在结构上与传统的双辊破碎机有相似之处：对物料的压载都是通过两个相向转动的压辊实现的。但两者在工作方式及物料粉碎机制上有明显的不同：高压辊磨机采用全充满扼流式给料方式，位于两辊之间的由许多物料颗粒组成的颗粒床受到压辊的高压作用（压载强度可达 50~300 MPa），导致颗粒床内的颗粒因相互挤压而发生碎裂，物料的粉碎机制是颗粒床粒间粉碎。相比之下，传统双辊破碎机一般采用稀疏饥饿式给料方式，辊子对物料的压强较低（一般不超过 30 MPa），粒度大于两辊间距的物料颗粒直接与辊面接触，受到辊子的挤压而破碎，物料的粉碎机制接近于单颗粒压载粉碎。

3.6.1　高压辊磨机工作原理

高压辊磨机主要由一对压辊、轴承、液压系统、机架、电动机及传动机构等构成，其构造和工作原理，如图 3-16 所示。与被碎物料直接接触的工作部件是一对平行排列相向转动的压辊，其中一个压辊（固定辊）的辊轴位置固定在机架上，另一个压辊（活动辊）的辊轴可在水平导轨上移动。很高的工作压强来自作用于活动辊辊轴的液压系统。设备运行时给矿料流从两辊之间上方以全充满扼流方式给入，被相向转动的压辊啮入后在两辊之间的空间内形成一个由众多颗粒组成的颗粒床料层；这个颗粒床料层在向下移动过程中受到压辊的高压（一般为 50~300 MPa）作用而被压缩。初始呈近似自然堆积状态的颗粒床被压缩至容积密度为固体真密度 85% 左右的密实状态。在颗粒床被压缩的过程中，来自压辊的巨大压力在床内的颗粒之间传递并使大部分颗粒碎裂。就颗粒床中各单个颗粒而言，除了与辊面直接接触的小部分颗粒外，导致粉碎发生的接触力完全来自其周边相邻颗粒的作用，这种粉碎机制被称为粒间粉碎。经过辊压的产物从两辊间隙的下方排出。辊压产物可呈松散状态，也可呈压实聚集状态（料饼），通常是既有松散颗粒也有料饼，两者的比例及料饼的强度取决于物料性质和设备作业参数。

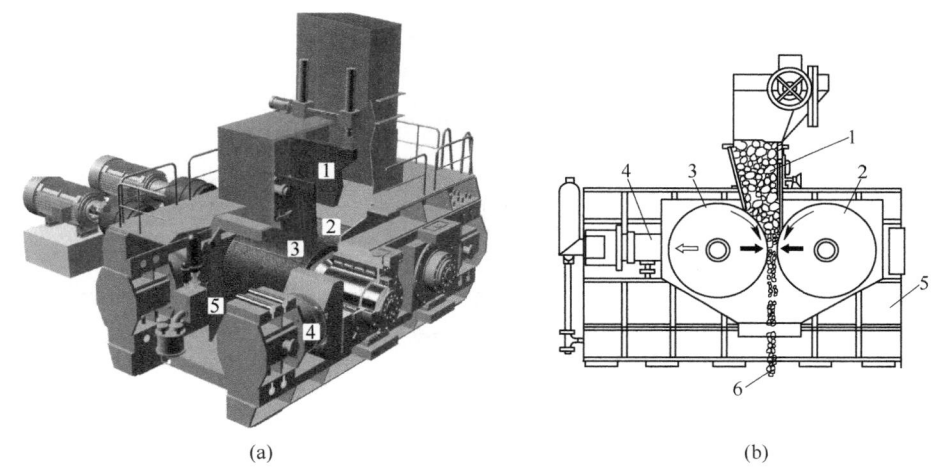

(a)　　　　　　　　　　　　　　　(b)

图 3-16　高压辊磨机构造与工作原理

（a）构造；（b）工作原理

1—给料；2—固定辊；3—活动辊；4—液压缸；5—机架；6—排料

为说明高压辊磨机对给矿物料的作用过程，可将两辊之间的空间从上到下分为加速区、压缩区和回胀区 3 个区域（图 3-17）：颗粒床开始受到辊面横向挤压之处的上方为加速区，挤压开始之处往下直到辊面间距最小之处为压缩区，辊面间距最小之处到物料与辊面脱离接触之处为回胀区。在加速区，物料颗粒受到重力、上方给料的压力以及运动辊面或相邻颗粒的带动，加速向下方运动，进而被两辊啮入压缩区；给矿中尺寸较大的颗粒可因辊面间距的逐渐变小而受到预碎作用，颗粒床内各单颗粒之间的相对位置会有所变动，颗粒间的空隙会被细小颗粒充填。在压缩区，颗粒床受到辊面的压载，在颗粒床整体被压缩的过程中床内的颗粒相互挤压，引发粒间粉碎。物料通过辊面间距最小的位置后进入回胀区，在这个区域，随着辊面间距的逐渐变大，物料受到的压力逐渐减小，直至完全脱离辊面而下落；在这个过程中，被压缩的颗粒床会有一定程度的膨胀。在沿辊面圆周方向，压缩起始位置与辊面间距最小位置之间的夹角称为压缩角（图 3-17 中用 α 表示）；辊面间距最小位置与回胀终止位置之间的夹角称为回胀角（图 3-17 中用 γ 表示）。压缩角和回胀角的大小既与设备工作参数和辊面性质有关，也与物料性质（物料类型、给矿的粒度分布、含水量等）有关。在单纯粒床压载条件下，光滑辊面压缩角一般为 5°~7°，回胀角为 2°~4°；柱钉辊面的压缩角可达 9°~10°。物料在通过这段从压载到卸载的区域过程中，所受到的压强由小到大急剧增加至最大值后再急剧回落。最大压强通常位于辊面间距最小处略微偏上的位置。

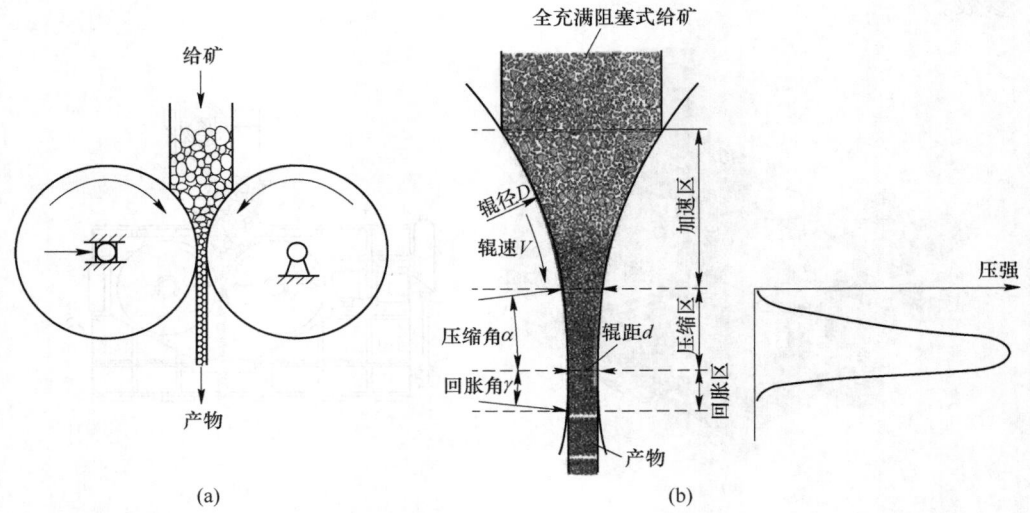

图 3-17　高压辊磨机粉碎作用机制
（a）颗粒床压载机制；（b）辊面沿圆周方向的压强分布

单纯的颗粒床压载要求给矿粒度小于辊面间距。实际上，尺寸大到辊面间距 3 倍的颗粒通常都能被辊面啮入，这些大颗粒物料会先在加速区受到近似于单粒施载条件的预破碎作用，生成的碎块再进入压缩区的颗粒床中受到粒间粉碎作用。不过，在采用高压辊磨机破碎硬质矿石物料的工业生产中，大尺寸颗粒在给料中所占的比例不能太大，否则会影响设备的正常稳定工作并加剧辊面磨损。一般认为高压辊磨机处理中等硬度矿石时可接受的给矿粒度上限为辊面间距的 1.5~1.7 倍。当高压辊磨机给料中含有粒度大于辊面间距的颗粒而在加速区发生单粒施载的情况时，压强沿辊面圆周方向的分布范围变宽，压缩角可达 10°~13° 或更大。对粗颗粒的预碎作用会使加速区内压强沿辊面圆周方向的分布有局部极大值点。

在沿高压辊磨机压辊的轴向方向，物料受到的压强也是呈一定分布的。在压辊两端的边缘区域向外方向，物料受到的压强逐渐减小，粉碎作用会由于压强的减小而减弱，这种现象称为边缘效应（图 3-18）。一般认为，边缘区单边宽度为辊面间距的 1~1.5 倍。因边缘效应的影响，边缘区排料的粉碎程度不如中部区域排料。

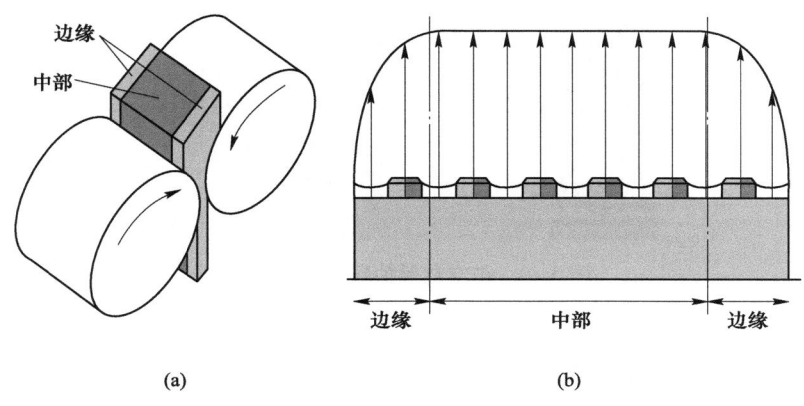

图 3-18　边缘效应

（a）边缘物料与中部物料；（b）压强在边缘区向外减弱

　　高压辊磨机的两个压辊一般各由一台直流电动机通过联轴器和减速箱驱动，型号较小的设备也有采用单台电动机驱动的。作用于活动辊辊轴的液压系统设有过载保护装置，当有大块硬质异物进入到两辊之间造成物料对辊面的反力过大时，过载保护机制触发，液压缸里的部分液压油随即被排到充有氮气的蓄能器中，活动辊后移，两辊间距扩大，异物得以排出。由于硬质异物会造成辊面的损坏并影响设备的正常作业，通常的做法是在高压辊磨机给料的前端配置除铁器和金属探测器及料流旁路装置，以预先移除给料中混入的铁块及其他硬质异物。

　　早期的高压辊磨机采用的是光滑辊面。在后来的工业应用中各设备厂家逐渐引入了各种类型（条带形，波纹形，六角形、柱钉阵列等）的非光滑辊面来增强物料的啮入效果并改善设备的工作性能、减少辊面磨损。在处理高磨蚀性硬质矿石的工业应用中，带有柱钉阵列的辊面已成为一种标准配置。这种柱钉辊面可促使被碎物料充填并附着在柱钉之间，在辊面上形成一层由被碎物料构成的"自保护层"（图 3-19），从而减缓物料对辊面的磨蚀，延长辊面寿命。

　　从粒间粉碎的作用机制可知，高压辊磨机不适用于处理含泥量高或含水量高的物料。实际上高压辊磨机可以处理含水物料，但物料的含水量不能太大。一般原则是给料中水的体积含量不能高于产物料饼的孔隙度（15%~20%），相当于矿石密度为 2.7 g/cm^3 左右时水的质量含量不能高于 6%~9%。即使在这个界限之内，给料水分含量高仍有加剧辊面磨损、降低设备生产能力的不利一面。

图 3-19　带有自保护层的柱钉辊面

3.6.2　高压辊磨机主要技术参数

高压辊磨机的规格一般采用压辊直径和压辊宽度表示。表 3-16 列出部分国产高压辊磨机产品的技术规格。影响高压辊磨机工作性能的技术参数除了压辊的直径与宽度这两个主要几何参数外还有辊面间距、工作压强、压辊转速等。

表 3-16　高压辊磨机部分产品的技术规格

压辊直径 /mm	压辊长度 /mm	给料最大粒度 /mm	参考装机功率 /kW	参考通过量 /t·h⁻¹
1200	500	35	2×355	180~210
1200	800	35	2×500	260~340
1400	600	40	2×500	330~380
1400	800	40	2×560	390~500
1400	1000	40	2×630	440~510
1400	1100	40	2×800	480~610
1500	800	45	2×710	420~530
1500	1100	45	2×800	580~730
1600	1400	50	2×1250	1000~1200
1700	1100	50	2×1120	830~980
1700	1200	50	2×1250	900~1070
1700	1400	50	2×1400	1100~1300
1800	1600	55	2×1600	1400~1600
2000	1500	60	2×1800	1650~1850

压辊直径 /mm	压辊长度 /mm	给料最大粒度 /mm	参考装机功率 /kW	参考通过量 /t·h^{-1}
2000	1600	60	2×2000	1800~2000
2000	1800	60	2×2240	2000~2250
2000	2000	60	2×2500	2300~2500
2200	1400	65	2×2240	1800~2100
2400	1700	70	2×2800	2800~3000
2600	1800	75	2×3550	3400~3600
3000	2000	90	2×5700	5200~5400

注：1. 具体处理量和装机功率与所处理物料的性质及作业条件有关。

2. 表中的参考通过量按真密度 3.2 t/m^3、中等硬度矿石考虑计算。

压辊直径与压辊宽度是决定设备结构尺寸、生产能力及所需驱动功率的主要参数。压辊直径直接影响可实现的辊面间距及设备可处理的给矿最大粒度。高压辊磨机压辊宽度与压辊直径的比值通常落在 0.2~1.2 范围内。增大辊径或辊宽均可增大设备处理量。为满足给定的处理量要求，既可以选用大辊径小辊宽的型号，也可以选用小辊径大辊宽的型号。前者可处理的给料粒度较大，但设备质量较大、投资费用较高；后者边缘效应的影响较小，但对给矿粒度上限的要求较为严格。大辊宽设备通常还需要在辊轴支撑系统中引入压力分布自动调节机制，以防沿轴向方向给料不均匀时辊轴偏斜过大影响设备正常工作。

辊面间距是影响设备处理量的工艺参数之一。辊面间距越大处理量越大，但间距过大会影响加速区物料全充满扼流状态的建立与维持，从而影响两辊之间颗粒床料层的形成及压辊对它的施载。辊面间距不是一个可直接设定的作业参数。设备工作时辊面的实际间距取决于液压系统的作用力与被挤压颗粒床对压辊的反力之间的动态平衡，平衡点的位置与预设的初始间距和预紧力、液压系统的力学特性、以及颗粒床的压缩特性有关。大多数的高压辊磨机都采用由液压缸和带有压力控制阀的氮气包组成的气—液弹簧系统，通过调整氮气包压力来设置工作压强。在正常的工作压力范围内，此压力系统可通过较为敏感的辊面间距变化来适应给矿性质的波动，维持工作压强的基本稳定。虽然设备工作时实际的辊面间距会因给矿性质的波动而随时变化，但它的平均值仍是一个反映设备工作状况的作业参数。设备正常工作时的辊面间距与压辊直径的比值可估算为

$$\frac{e}{D} = \frac{1-\cos\alpha}{\frac{\delta_c}{\delta_0}-1} \tag{3-15}$$

式中 e——辊面间距；

D——压辊直径；

α——压缩角；

δ_c——料饼密度；

δ_0——物料容积密度。

对于柱钉辊面，压缩角一般为 $9° \sim 10°$；料饼密度通常为物料真密度的 $0.8 \sim 0.85$ 倍；物料容积密度通常为物料真密度的 $0.55 \sim 0.6$ 倍；据此可算得辊面间距应为辊面直径的 $2.5\% \sim 3\%$。一般来说，工作压力越大辊面间距越小。在工业应用中，实际的辊面间距还与给矿性质及辊面类型有关。用于铁精矿球团给矿物料研磨时的辊面间距较小，用于矿石细碎或超细碎时的辊面间距较大；给矿为软质物料时辊面间距较小，给矿为硬质物料时辊面间距较大；光滑辊面的间距较小，柱钉辊面或其他非光滑辊面的间距较大。

高压辊磨机辊面对颗粒床料层的压载强度决定给矿物料的粉碎效果。如前所述，辊面沿圆周方向的压强分布在两辊间距最小处附近有一个最大值，但直接使用这个压强峰值作为压载强度指标并不方便，因为，很难在设备操作上直接对它进行设置，在其他条件相同的情况下其取值还与受载颗粒床料层的压缩特性有关，对它进行测量也不容易。在实际应用中，通常采用比压力作为表示高压辊磨机压载强度的参数。比压力 f 的定义为

$$f = \frac{F}{DL} \tag{3-16}$$

其中，F 为由液压系统提供的总压力；D 为压辊直径；L 为压辊宽度。可以看出，比压力和压强具有相同的量纲。可把比压力理解为将液压系统提供的总压力（假想地）作用于压辊侧视方向的投影面积（高度为 D、宽度为 L）上时所产生的压强。而高压辊磨机两辊之间有效作用空间（压缩区和回胀区，见图 3-17）在竖直方向的实际高度为 $(D/2) \cdot (\sin\alpha + \sin\gamma)$，因此，颗粒床内物料受到的平均压强与这个比压力的比值为 $2/(\sin\alpha + \sin\gamma)$。若取压缩角 $\alpha = 6°$、回胀角 $\gamma = 3°$，可算得颗粒床受到的平均压强是比压力数值的 12.75 倍。在辊面间距最小处附近的压强峰值则比这个平均压强高得多，一般可达比压力数值的 $30 \sim 60$ 倍。在工业应用中，最佳比压力需通过试验确定。一般而言，用于细磨时比压力较高，用于细碎或超细碎时比压力可以低一些。处理不同类型物料时比压力常见的数值范围为：较软物料 $1 \sim 3 \text{ N/mm}^2$，中硬物料 $3 \sim 7 \text{ N/mm}^2$，极硬物料有时可超过 10 N/mm^2。

压辊转速是影响设备处理量的重要操作参数。高压辊磨机的处理量随辊面运动线速度的增大而成比例地增加，但辊速超过一定限度后处理量的增幅会随着辊速的继续增大而变小。另外，辊速过高会加剧辊面的磨损。通常高压辊磨机辊速的取值范围为 $0.2 \sim 3 \text{ m/s}$，工业设备运行的辊速通常控制在 $1 \sim 2 \text{ m/s}$ 范围。用于

细磨时转速要小一些,用于细碎或超细碎时转速可大一些。有的设备厂家遵循"最大转速不超过辊径数值"的经验规则来设定转速上限。例如,若压辊直径为1.4 m,则其转速不应超过1.4 m/s。

在假设物料通过两辊间隙时的运动速度与辊面线速度相同的条件下,可以计算高压辊磨机的生产能力

$$Q = 3600 e L v \delta_c \qquad (3-17)$$

式中 Q——高压辊磨机处理量,t/h;

e——辊面间距,m;

L——压辊宽度,m;

v——辊面速度,m/s;

δ_c——料饼的容积密度,t/m³。

在保持物料压缩程度不变的情况下,处理量与压辊间距、压辊宽度及辊面速度成正比,而压辊间距又与压辊直径成正比。为设备选型计算方便,可引入如下的比处理量 $\dot m$ 作为物料的高压辊磨处理量特性参数:

$$\dot m = \frac{Q}{DLv} \qquad (3-18)$$

其中,$\dot m$ 的单位为 ts/(m³·h),符号 Q、D、L 和 v 的含义和单位与式(3-17)相同。$\dot m$ 在数值上等于采用一台辊径1 m、辊宽1 m 的高压辊磨机在辊速为1 m/s 条件下粉碎该给矿物料时的设备处理量(t/h)。

由式(3-17)和式(3-18)可得

$$\dot m = 3600 \frac{e}{D} \delta_c \qquad (3-19)$$

若取辊面间隙为辊径的2.5%、料饼容积密度为3.0 t/m³,则由式(3-19)可算得比处理量 $\dot m$ 值为 270 ts/m³h。

由式(3-18)可得到根据中小型设备的试验结果进行工业设备选型的处理量计算

$$Q = \dot m D L v \qquad (3-20)$$

理论上 $\dot m$ 不受设备几何尺寸影响,也与辊速 v(辊面线速度)无关。若工业设备的压辊转速(角速度)不超过试验设备的压辊转速,可由试验设备上获得的 Q、D、L 和 v 数据用式(3-18)求出 $\dot m$,并根据这个 $\dot m$ 值和为工业设备选定的 D、L、v 值,用式(3-20)进行工业设备处理量的计算。当工业设备的压辊转速(角速度)相对较高时,需考虑处理量的增幅会随着辊速的增大而变小,或者说比处理量 $\dot m$ 会随着辊速的增大而变小的情况,为此需要在试验设备上进行不同压辊转速下的处理量试验并根据试验结果通过插值或适度的外推求出目标转速所对应的 $\dot m$ 值,再将这个 $\dot m$ 值用于工业设备处理量的计算。

高压辊磨机的驱动功率可计算为

$$P = 2\sin\beta Fv \tag{3-21}$$

式中　P——高压辊磨机驱动功率，kW；

　　　β——总反力作用角，其含义为压辊克服物料对其反力的作用而稳定转动时，辊面圆周上等效总反力的作用位置与最小辊面间距位置的夹角（图3-20），其值通常约为压缩角的一半或更小；

　　　F——由液压系统提供的总压力，kN；可根据式（2-16）由比压力 f、辊径 D 和辊宽 L 算得；

　　　v——辊面线速度，m/s。

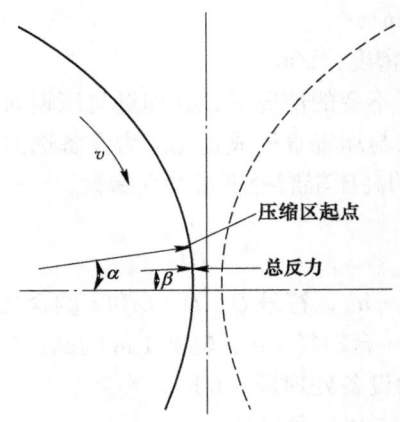

图 3-20　总反力作用角 β

此外，还可根据设备的处理量和比能耗采用式（3-3）来估算驱动功率。经验表明，高压辊磨机用于矿石细碎和超细碎时比能耗一般为 1.0~2.5 kW·h/t，用于细磨时比能耗会更高。高压辊磨机粉碎比能耗是比压力的函数，比能耗随比压力的增大而增加且两者呈正比关系。实际上，由式（3-3）、式（3-16）、式（3-17）和式（3-21）可推导出高压辊磨机的比能耗 E(kW·h/t) 与比压力 f(N/mm²) 的关系为：

$$E = \frac{\sin\beta}{1.8\dfrac{e}{D}\delta_c}f \tag{3-22}$$

在假设总反力作用角 β 为 4°、辊面间距 e 与辊径 D 的比值为 0.03、料饼容积密度 δ_c 为 3.0 t/m³ 的条件下，可估算出当比压力在 3~5 N/mm² 范围内变化时，比能耗的变化范围为 1.3~2.2 kW·h/t。此估算结果与业界的经验规则"比能耗的数值一般为比压力数值的 1/2 到 1/3"基本一致。实际的比能耗会因给料性质的不同而异，准确数值需通过试验来确定。

采用上述两种方法确定设备装机功率时应注意留有适当的余量。设备稳定运行时实际消耗的功率一般为装机功率的 60%~70%。

3.7 滚筒式磨矿机

滚筒式磨矿机是选矿厂最常用的磨矿设备，其磨矿功能是通过筒体内装载的松散磨矿介质（也称研磨体）对被磨物料的冲击、挤压和磨剥作用实现的。按磨矿介质种类的不同，滚筒式磨矿机可分为球磨机、棒磨机、自磨机、半自磨机和砾磨机。球磨机以钢球为磨矿介质；棒磨以钢棒为磨矿介质；自磨机以大块矿石为磨矿介质（即磨矿介质来自给矿物料自身）；半自磨机同时以大块矿石及钢球为磨矿介质；砾磨机以砾石为磨矿介质。

3.7.1 滚筒式磨矿机工作原理

滚筒式磨矿机主要由筒体及其驱动装置、轴承及润滑装置、给料装置、排料装置等部分组成。

图 3-21 所示为滚筒式磨矿机的工作原理。磨矿机筒体是一个水平安装的空心圆筒，此圆筒通过设置在其两端端盖之外的中空轴颈支撑在主轴承上。筒体内壁上安装有可更换的衬板。筒内预装有适量的磨矿介质（自磨机例外）。磨矿机工作时，电动机通过驱动装置带动筒体转动，被磨物料通过给料装置从筒体的一端给入筒体内，筒内底部的料荷（包括磨矿介质及被磨物料）由于惯性离心力的作用会贴附在筒体内壁衬板（或相邻的外层料荷）上随筒体一起围绕筒体轴心作回转运动而被提升。被提升到一定高度位置后，因其回转运动的惯性离心力不能完全抵消其自身所受重力的作用，这部分料荷会脱离筒体内壁衬板（或相邻的外层料荷）并开始以某种运动状态落下；落到下方的料荷又会随着筒体的转动被提升，到达一定高度后再落下，等等。如此周而复始，机内的料荷随着筒体的转动始终处于不断的运动中。在此过程中，位于介质之间或者介质与筒体内壁衬板之间的物料受到运动介质的冲击、挤压或磨剥作用而被粉碎。磨矿产物从筒体的另一端通过排料装置排出（湿式磨矿或干式磨矿），或被流动的气流带走（仅适用于干式磨矿）。选矿厂大多采用湿式磨矿，即磨矿机给料端除了给入固体物料外还给入适量的水，磨矿机的排料为由固体颗粒与水混合而成的矿浆。

滚筒式磨矿机内介质的运动状态主要由滚筒转速和介质充填量决定，其他作业条件如机内物料保有量、筒体内壁衬板形状等对介质的运动状态也有一定的影响。依滚筒转速的不同，机内的磨矿介质可呈现三种典型的运动状态，如图 3-22 所示：（1）当滚筒转速较低时，料荷被提升到较低的高度便开始向下滚动或滑动，磨矿介质呈泻落式运动状态（图 3-22（a）），向下滚动或滑动的介质对物料

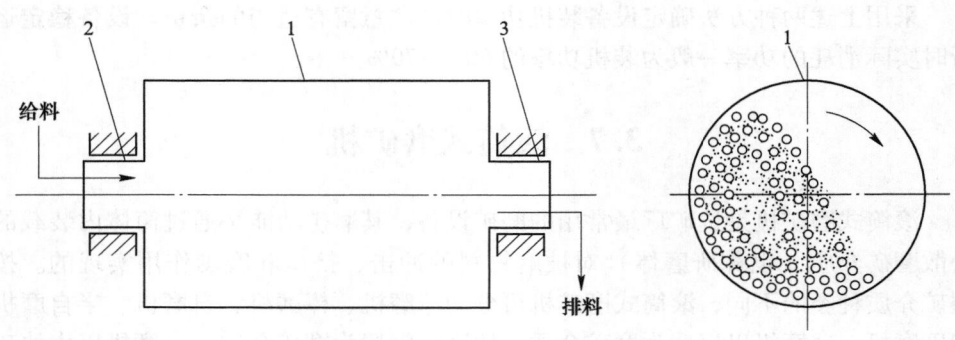

图 3-21　滚筒式磨矿机工作原理
1—筒体；2，3—空心耳轴

的作用以挤压与磨剥为主，冲击作用次之。（2）当滚筒转速较高时，料荷可被提升到较高的位置后抛出，磨矿介质呈抛落式运动状态（图 3-22（b）），被抛出后落下的介质对物料的作用以冲击与挤压为主，磨剥为次。（3）当滚筒转速超过某个临界转速时，与磨机内壁衬板直接接触的最外层料荷开始随筒体作回转运动而不落下，该层的磨矿介质呈离心运动状态。若在此基础上继续提高筒体转速，则从次外层至最里层的料荷也都会依次开始作回转运动，极端情况是机内所有的料荷都随筒体作回转运动而不落下，此时所有磨矿介质均呈离心运动状态（图 3-22（c）），此状态下介质与物料之间无相对运动，因而没有磨矿作用。在实际工业生产上，滚筒式磨矿机的转速通常都低于临界转速，机内介质的运动状态依设备类型、给矿性质及作业目标而异。棒磨机和细磨用球磨机的磨矿介质一般在泻落式运动状态下工作；自磨机、半自磨机和粗磨用球磨机的磨矿介质一般在抛落运动和泻落运动兼有的混杂状态或过渡状态下工作，即一部分介质作抛落式运动，另一部分介质作泻落运动。

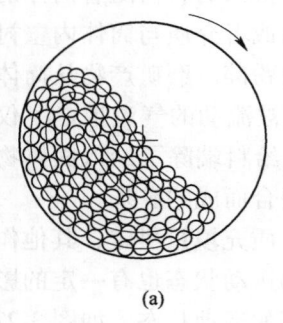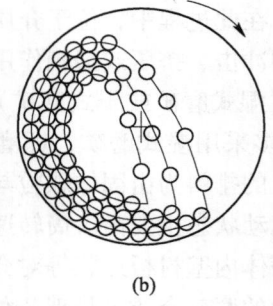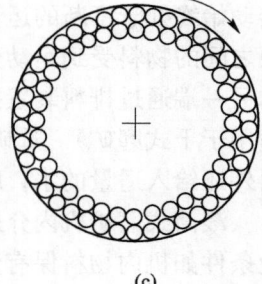

(a)　　　　　　　　　(b)　　　　　　　　　(c)

图 3-22　磨矿介质运动状态
（a）泻落；（b）抛落；（c）离心

　　滚筒式磨矿机通常采用低速同步电机通过连轴节带动与筒体上的大齿轮相啮合的小齿轮来驱动。小型磨矿机可采用高速异步电机与减速器驱动，现代大型磨矿机可采用环形电机驱动（即无齿轮驱动）来克服齿轮传动在功率上的限制。磨矿机的主轴承一般采用稀油站润滑，油箱中的稀油通过油泵压入主轴承和传动轴承中，再经排油管道流回油箱。中小磨矿机可采用油杯或油环自动润滑，小型磨矿机还可用油脂润滑。

　　给料装置的配套主要取决于磨矿机类型及其作业模式（是干式作业还是湿式作业，是开路作业还是闭路作业）。给矿物料的粒度和流量也是需要考虑的因素。干式磨矿通常采用某种类型的振动给矿机通过插入中空轴颈的溜管装置直接将物料给到中空轴颈的锥形套筒内，物料沿套筒内壁自行滑入磨机滚筒内。湿式磨矿除了采用的溜管（溜槽）装置给料外，还有鼓式给料器、勺式给料器和鼓勺联合给料器可选用。后三种给料器都是固定于磨矿机的中空轴颈外方并随中空轴颈一起转动的装置。溜管给料器是最为简单的给料器，物料依靠自身重力作用通过溜管直接被送到中空轴颈的锥形套筒内。这种给料器多用于自磨机、半自磨机和开路作业的棒磨机，也可用于与水力旋流器构成闭路作业的球磨机。当磨矿机给料端上方空间有限时可采用鼓式给料器，其给料位置略高于磨矿机的中轴线。物料给入圆鼓后通过隔板的扇形孔进入给料器筒体，由筒体内的螺旋形隔板将物料通过中空轴颈的锥形套筒送入磨矿机内。这种给料器一般用于球磨机开路磨矿，给料粒度可达 70 mm。勺式给料器设置有蜗形舀勺，用于挖取位于球磨机中轴线下方的物料，挖入勺中的物料随着磨矿机的转动被提升后经侧壁孔进入中空轴颈的锥形套筒内。这种给料器一般用于给矿粒度较细的磨矿机，如两段磨矿的第二段。鼓勺联合给料器是鼓式给料器和勺式给料器的组合，适用于与螺旋分级机或耙式分级机构成闭路作业的磨矿机。新给料给入圆鼓，经隔板的扇形孔和的螺旋状形板进入磨矿机；返砂则由蜗形舀勺从返砂槽中舀起，被提升后经螺旋形隔板的输送进入磨矿机。

　　滚筒式磨矿机的排料方式主要有溢流排料和格子板排料两种，如图 3-23 所示。溢流排料磨矿机排料端中空轴颈内径略大于给料端中空轴颈内径，给料端与排料端之间存在一个料流液面的高度差，进入磨矿机内的料流得以在排料端通过溢出的方式排出。排料端中空轴颈内设有与磨矿机旋转方向相反的螺旋状叶片，在溢流带出已被磨细的细颗粒物料的同时，反向旋转的螺旋状叶片会将随溢流一起排出后沉积在叶片之间的粗颗粒物料及小尺寸磨矿介质送回磨矿机内。格子板排料磨矿机排料端设有将排料腔与磨矿腔分隔开来的格子板，粒度小于格子板上排料孔尺寸的物料可从位于磨矿腔内下方的排料孔进入到排料腔，随着磨矿机的转动被排料端盖内侧上的放射状或螺旋状提升筋条提升到高于排料口的位置后从排料口排出，粒度大于排料孔尺寸的物料和磨矿介质则被格子板阻挡而留在磨矿腔中。因为磨矿腔内排料的位置较低，给料端与排料端之间存在一个较大的料位高差，物料在磨矿腔内的滞留时间较短，所以这种磨矿机具有强迫排料作用。除了溢流排料和格子板排料外，还有沿滚筒周边开孔排料的磨矿机，这种排料方式主要用于目标产物粒度较粗的棒磨磨矿机。

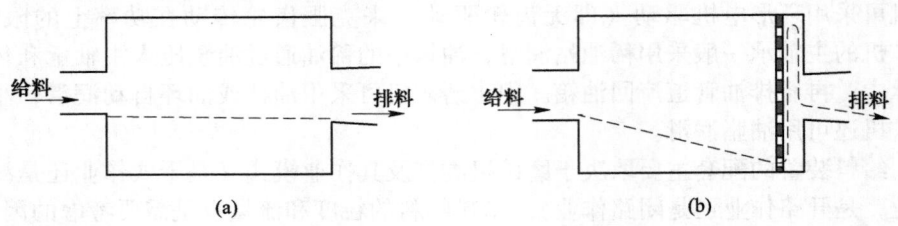

图 3-23　滚筒式磨矿机两种常见的排料方式
(a) 溢流排料；(b) 格子板排料

　　磨矿机的筒体内壁安装有可更换的衬板。磨机衬板的除了保护筒体外，还具有在磨矿机转动过程中提升钢球及物料的功能，从而可在一定程度上影响磨矿介质的运动状态及其对物料的施载作用。衬板通常采用耐冲击和耐磨蚀的合金钢、铸铁或橡胶等材料制成。衬板的形状多种多样（一些不同形状衬板的断面，如图3-24 所示，大体上可分为平滑型和不平滑型两大类。不平滑型衬板可增强磨矿机筒壁对钢球的提升作用，增加抛落钢球所占的比例及钢球对物料的冲击作用强度；平滑型衬板会使机内呈滑动状态的钢球比例增加，有利于钢球对物料颗粒的剥磨作用。一般认为不平滑型衬板对粉碎较硬的物料有利，平滑型衬板适合于研

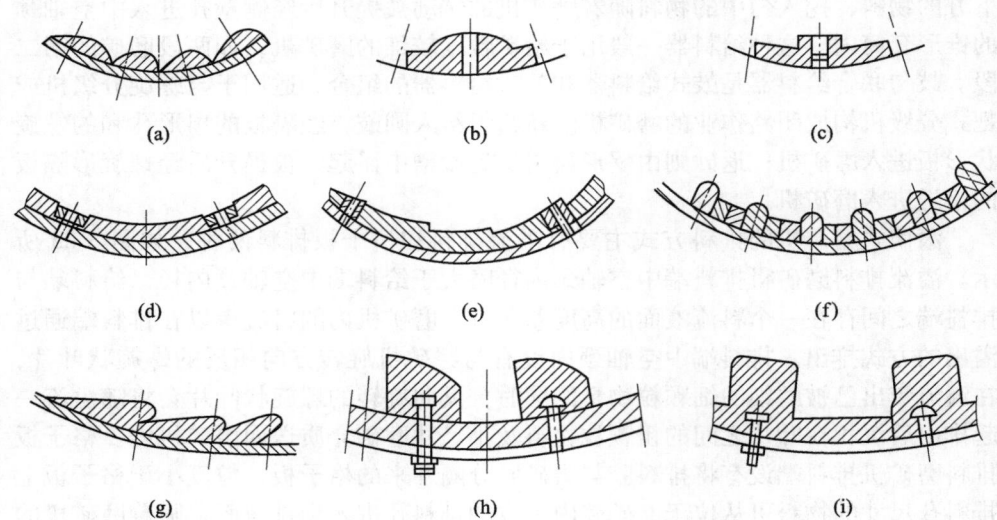

图 3-24　滚筒式磨矿机筒体衬板常见形状
(a) 楔形衬板；(b) 波形衬板；(c) 平凸形衬板；(d) 平形衬板；(e) 阶梯形衬板；
(f) 长条形衬板；(g) 船舵形衬板；(h) K形香蕉衬板；(i) B形橡胶衬板

磨较软的物料；不平滑型衬板适宜于粗磨，平滑型衬板适宜于细磨。衬板是磨机运行的消耗部件之一，其寿命取决于衬板材质和形状、矿石性质及磨矿机的工作状况，一般为半年左右。橡胶衬板寿命比钢铁衬板的寿命长。在黑色金属矿石的细磨上，有不少厂家采用一种具有磁性的金属材质衬板，这种磁性衬板可将一部分磁性物料和介质碎屑吸在衬板表面上，形成一个保护层，减轻介质对衬板的冲击及磨损，从而可大幅度延长衬板寿命。与传统的锰钢衬板相比，磁性衬板具有寿命长、重量轻、厚度薄、安装方便等优点，但也有抗冲击能力较差、易碎裂的弱点，一般只适合于使用较小钢球作为介质的细磨场合。

3.7.2　球磨机类型和主要工作参数

球磨机以钢球作为磨矿介质，机内装载的球荷一般为磨机筒体容积的 25%～45%。磨机工作时给矿物料从转动筒体的一端给入，在机内受到众多钢球的冲击、挤压和磨剥作用而被粉碎，磨矿产物从筒体另一端排出。

3.7.2.1　球磨机类型

选矿厂常用的球磨机通常按其排矿方式分为格子型和溢流型两种类型。格子型球磨机（图 3-25）在其筒体和排矿轴颈之间设有排矿格子板，矿浆物料在排矿端下方经格子板上的孔口流出，随筒体的转动被提升到中空轴颈排料口位置的上方后排出。溢流型球磨机（图 3-26）不设排矿格子板，其排矿机制是靠机内矿浆液面高出中空轴颈下边缘位置而自行溢出。

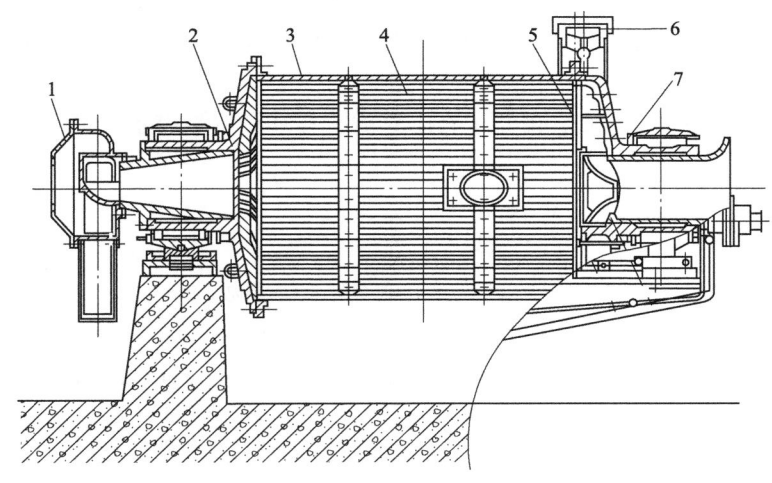

图 3-25　格子型球磨机构造

1—给料器；2—进料端中空轴颈；3—筒体；4—衬板；

5—格子板；6—大齿轮圈；7—出料端中空轴颈

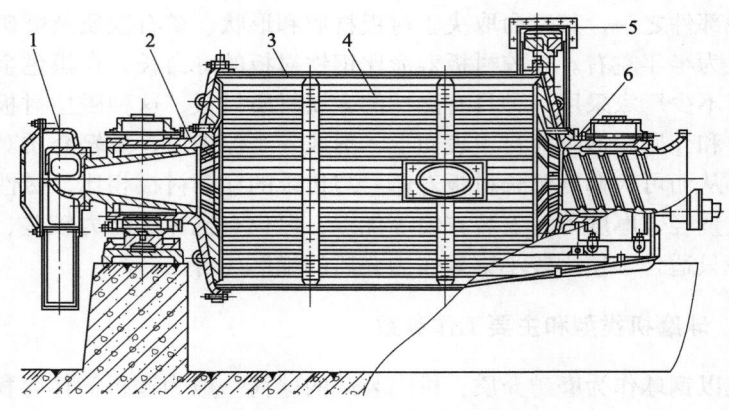

图 3-26　溢流型球磨机构造

1—给料器；2—进料端中空轴颈；3—筒体；4—衬板；5—大齿轮圈；6—出料端中空轴颈

　　格子型球磨机内矿浆的液面位置比溢流型的低，被磨物料在机内的滞留时间相对较短，这对减少过粉碎有利。格子型球磨机适用于产物粒度较粗的磨矿。溢流型球磨机构造较简单，维护较方便，价格也较低，应用范围很广。因不具备格子型球磨机那种强制排矿机制，溢流型球磨机内矿浆液面的位置较高，矿石物料在机内的滞留时间较长，磨机生产能力较低，磨矿产物较细。一般认为，当需要粗磨时，采用格子型较好；当需要细磨时，采用溢流型较合适。需要进行两段磨矿时，第一段用格子型，第二段用溢流型。粗精矿再磨磨矿一般用溢流型球磨机。

　　球磨机的规格通常采用磨机（筒体）的直径和长度来表示，国产设备型号规格的标准标记方法为：

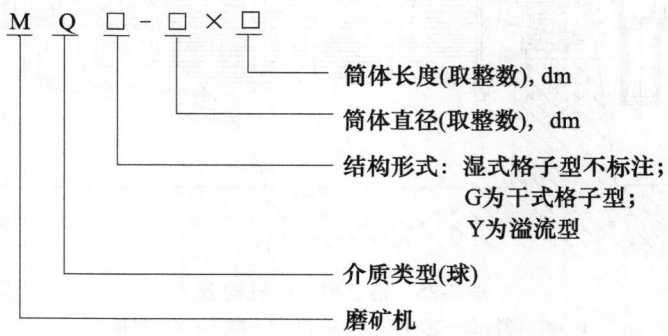

　　表 3-17~表 3-19 分别列出国内厂家制造的溢流型、湿式格子型和干式格子型球磨机产品的技术规格。除了磨机直径与磨机长度这两个主要几何参数外，影响

球磨机工作效能的技术参数还有磨机转速、磨矿介质的填充量、机内被磨物料量、介质尺寸及其级配、磨矿浓度、给料速率等。

表 3-17　溢流型球磨机的技术规格

型　号	筒体直径 /mm	筒体长度 /mm	筒体有效容积 /m³	最大装球量 /t	筒体转速 /r·min⁻¹	主电动机 功率/kW
MQY-09×□	900	1100~2100	0.6~1.2	1~2	34.8~39.5	11~15
MQY-12×□	1200	1600~2900	1.6~2.8	3~5	29.8~33.9	22~45
MQY-15×□	1500	2000~3600	3.2~5.7	6~11	26.5~30.1	55~110
MQY-21×□	2100	2700~5000	9~16	17~30	22.3~25.3	160~315
MQY-24×□	2400	3100~5800	13~24	24~45	20.8~23.6	250~460
MQY-27×□	2700	3500~6500	19~34	35~65	19.6~22.2	380~710
MQY-32×□	3200	4200~7700	32~58	58~108	17.9~20.4	700~1300
MQY-36×□	3600	4500~8600	45~83	84~154	16.9~19.2	1000~1900
MQY-40×□	4000	5100~8800	61~103	108~182	15.6~17.3	1400~2400
MQY-43×□	4300	5500~9400	80~132	141~233	15.0~16.7	1900~3100
MQY-45×□	4500	5800~9800	92~151	163~267	14.7~16.3	2200~3600
MQY-48×□	4800	6100~10400	111~184	196~325	14.2~15.8	2700~4500
MQY-50×□	5000	6400~11000	126~210	223~370	13.9~15.5	3100~5200
MQY-52×□	5200	6700~11300	142~232	250~410	13.5~15.2	3600~6000
MQY-55×□	5500	7100~11500	169~266	298~469	12.9~14.0	4000~6300
MQY-58×□	5800	7400~12000	196~310	319~504	12.6~13.6	4800~7600
MQY-60×□	6000	7700~12500	219~345	356~561	12.3~13.4	5400~8600
MQY-62×□	6200	8000~12600	242~372	371~571	12.1~13.2	5900~9200
MQY-64×□	6400	8200~13000	264~409	406~628	11.9~13.0	6500~10100
MQY-67×□	6700	8600~13500	304~467	467~716	11.7~12.7	7700~11900
MQY-70×□	7000	9000~13600	348~515	485~718	11.4~12.4	8600~12800
MQY-73×□	7300	9400~14000	395~577	570~832	11.2~12.1	10000~14700
MQY-76×□	7600	9800~14600	447~653	644~941	10.9~11.9	11500~17000
MQY-79×□	7900	10200~15000	501~724	675~977	10.7~11.7	12700~18400
MQY-82×□	8200	10600~15500	561~807	756~1088	10.5~11.4	14500~20800
MQY-85×□	8500	11000~16000	625~895	843~1207	10.3~11.2	16400~23600

注：1. 筒体直径指筒体内径，筒体长度指筒体有效长度。

　　2. 给料粒度不应大于 25 mm。

表 3-18　　湿式格子型球磨机的技术规格

型　号	筒体直径 /mm	筒体长度 /mm	筒体有效容积 /m³	最大装球量 /t	筒体转速 /r·min⁻¹	主电动机 功率/kW
MQ-09×□	900	900~1800	0.45~0.9	0.96~1.9	34.8~39.5	7.5~15
MQ-12×□	1200	1200~2400	1.1~2.2	2.4~4.7	29.8~33.9	22~45
MQ-15×□	1500	1500~3000	2.2~4.5	4.7~9.7	26.5~30.1	55~90
MQ-21×□	2100	2200~4000	7~12	15~27	22.3~25.3	140~250
MQ-24×□	2400	2400~4500	10~18	21~39	20.8~23.6	210~355
MQ-27×□	2700	2100~5400	11~28	23~59	19.6~22.2	260~630
MQ-32×□	3200	3000~6400	22~47	46~98	17.9~20.4	500~1120
MQ-36×□	3600	3900~7000	36~64	75~135	16.9~19.2	1000~1800
MQ-40×□	4000	4500~7200	52~83	103~165	15.6~17.3	1400~2200
MQ-43×□	4300	4700~7500	63~100	125~200	15.0~16.7	1600~2500
MQ-45×□	4500	5000~7700	73~113	147~226	14.7~16.3	2000~3100
MQ-48×□	4800	5300~7900	89~132	178~265	14.2~15.8	2200~3300
MQ-50×□	5000	5500~8100	100~147	199~293	13.9~15.5	2600~3800
MQ-52×□	5200	5700~8300	112~163	224~326	13.5~15.2	3000~4300
MQ-55×□	5500	6000~8500	132~187	265~375	12.9~14.0	3700~5200

注：1. 筒体直径指筒体内径，筒体长度指筒体有效长度。

　　　2. 给料粒度不应大于 25 mm。

表 3-19　　干式格子型球磨机的技术规格

型　号	筒体直径 /mm	筒体长度 /mm	筒体有效容积 /m³	最大装球量 /t	筒体转速 /r·min⁻¹	主电动机 功率/kW
MQG-09×□	900	900~1800	0.45~0.9	0.96~1.9	34.8~39.5	7.5~15
MQG-12×□	1200	1200~2400	1.1~2.2	2.4~4.7	29.8~33.9	22~45
MQG-15×□	1500	1500~3000	2.2~4.5	4.7~9.7	26.5~30.1	55~90
MQG-21×□	2100	2200~4000	7~12	15~27	22.3~25.3	140~250
MQG-24×□	2400	2400~4500	10~18	21~39	20.8~23.6	210~355
MQG-27×□	2700	2100~5400	11~28	23~59	19.6~22.2	260~630
MQG-32×□	3200	3000~6400	22~47	46~98	17.9~20.4	500~1120
MQG-36×□	3600	3900~7000	36~64	75~135	16.9~19.2	1000~1800
MQG-40×□	4000	4500~7200	52~83	103~165	15.6~17.3	1400~2200
MQG-43×□	4300	4700~7500	63~100	125~200	15.0~16.7	1600~2500
MQG-45×□	4500	5000~7700	73~113	147~226	14.7~16.3	2000~3100

注：1. 筒体直径指筒体内径，筒体长度指筒体有效长度。

　　　2. 给料粒度不应大于 25 mm。

3.7.2.2　磨机直径和磨机长度

磨机直径和磨机长度是球磨机最基本的规格参数，两者一起决定了磨机的有效容积、装球量以及单位时间可处理的物料量，从而决定了所需要的驱动功率及磨机的生产能力。磨机直径越大，机内作抛落运动之钢球的下落高度越大，对物料的冲击作用强度越大。从入磨物料的输运流动过程看，可将连续作业的球磨机视为一个具有固定容量的容器。在相同的给料流量条件下，磨机的容积越大，物料在磨机内的平均滞留时间越长，磨矿产物越细。对于相同的有效容积，磨机的长径比越大，给料中未经充分滞留而短路排出的物料比例越少，磨矿产物越细。选矿厂用的球磨机筒体长径比通常为 1~1.5，一般不大于 2.5。水泥行业用的长径比大于 3 的球磨机也称管磨机，这种球磨机的筒体往往被隔仓板分隔出 2~4 个工作仓，在一台设备上可分段完成水泥原料或产品从粗磨到细磨的整个粉磨过程。

3.7.2.3　磨机转速

球磨机筒体的转速直接影响机内钢球介质和被磨物料的运动状态（图 3-22）。当筒体转速较低时，磨机内的钢球作泻落式运动，对被磨物料的冲击能量较小，粉碎作用以压剪剥磨为主。随着筒体转速的增加，钢球被提升的高度增加。当筒体转速增加到一定程度时，被提升到料荷顶部的钢球不再沿料荷表面下滑或滚动落下，而是被抛出后落下。作抛落式运动的钢球对物料具有较大的冲击能量，对物料的冲击作用较强。随着筒体转速的继续增加，钢球被抛出的位置不断上移。当筒体转速增加到某个临界值时，最外层的钢球会由于离心作用不再被抛出，而是紧贴筒体内壁并随筒体一起回转，但位于内层的钢球仍在作抛落式运动。若在此基础上继续增加筒体转速，则内层的钢球也会逐层地不再被抛出。当筒体转速很高时，所有钢球会由于离心作用紧贴在其外层的筒壁、钢球或物料上并随筒体一起回转。在工业生产实践中，球磨机通常在抛落式运动状态下工作。

磨机转速对磨矿介质在机内运动状况的影响可通过简单的力学分析来认识和理解。图 3-27（a）所示为球磨机内料荷最外层上单个钢球的运动轨迹示意图。钢球的轨迹由两个部分组成，即被筒壁提升阶段的圆周运动轨迹和脱离筒壁被抛落阶段的抛物线运动轨迹。钢球脱离筒壁被抛出时刻的位置是这两个阶段的过渡点，称为脱离点。在脱离点位置钢球的受力分析，如图 3-27（b）所示。此刻钢球作圆周运动的惯性离心力恰好与钢球所受重力在法向方向的分量相平衡，即有

$$mR\omega^2 = mg\cos\alpha \tag{3-23}$$

其中，m 为钢球质量，g 为重力加速度，ω 为钢球作圆周运动的角速度，R 为圆周半径，α 为脱离点和圆心的连线与过圆心垂直轴的夹角，称为脱离角。

将钢球做圆周运动的角速度 ω（rad/s）与磨机转速 n（r/min）的关系 $\omega = 2\pi \cdot n/60$ 代入式（3-23）并整理可得

$$\cos\alpha = \frac{4\pi^2}{3600} \cdot \frac{n^2 R}{g} \tag{3-24a}$$

或

$$n = \frac{60}{2\pi}\sqrt{\frac{g\cos\alpha}{R}}$$ 　　　　　　　　（3-24b）

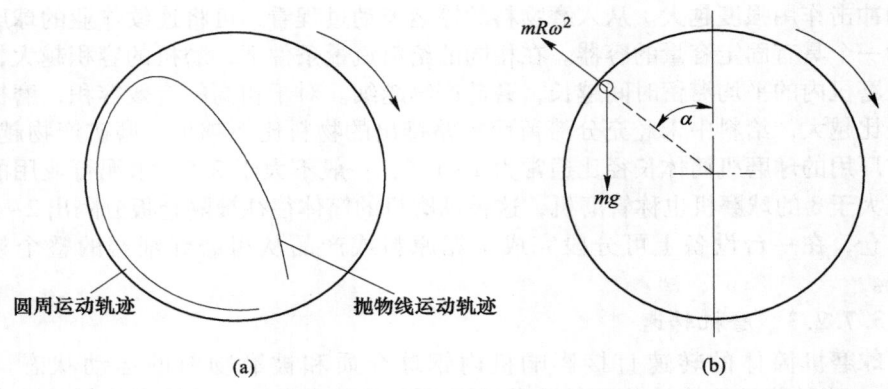

图 3-27　球磨机内钢球运动状况分析
（a）钢球运动轨迹；（b）钢球受力分析

　　由式（3-24a）可以看出，最外层钢球开始脱离筒壁的位置既取决于磨机转速，也与钢球作圆周运动时的圆周半径有关。随着磨机转速 n 的增加，$\cos\alpha$ 数值增加，脱离角 α 减小。当磨机转速增大到某个临界值使得脱离角 $\alpha = 0$ 时，钢球开始进入离心式运动状态。这个使处于料荷最外层的钢球开始作离心式运动的磨机转速被定义为磨机的临界转速，用 n_C 表示。将 $\alpha = 0$ 代入式（3-24b）得

$$n_C = \frac{60}{2\pi}\sqrt{\frac{g}{R}}$$ 　　　　　　　　（3-25）

　　位于料荷最外层的钢球做圆周运动时的圆周半径 $R = (D - d)/2$，这里 D 为磨机直径（内径），d 为钢球直径。取 $g = 9.81\ \mathrm{m/s^2}$，则由式（3-25）可得

$$n_C = \frac{42.3}{\sqrt{D - d}}$$ 　　　　　　　　（3-26）

　　钢球直径 d 与磨机内径 D 比较小很多，在上式中可忽略不计，因此有

$$n_C = \frac{42.3}{\sqrt{D}}$$ 　　　　　　　　（3-27）

　　式（3-27）表明，磨机临界转速取决于磨机直径。磨机直径越大，使最外层钢球进入离心式运动状态所需的磨机转速越小。表 3-20 列出由式（3-27）算出的不同磨机直径 D 所对应的临界转速 n_C。可以看出，直径为 2.1 m、3.6 m 和 5.5 m 磨机的临界转速分别为 29.2 r/min、22.3 r/min 和 18.0 r/min。

表 3-20 球磨机筒体直径与临界转速的关系

筒体直径/m	0.9	1.2	1.5	2.1	2.7	3.2	3.6	4.5	5.5	6.7	7.6	8.5
临界转速/r·min^{-1}	44.6	38.6	34.5	29.2	25.7	23.6	22.3	19.9	18.0	16.3	15.3	14.5

工业磨机一般都在低于临界转速的条件下工作，业界通常采用转速率来表示磨机的工作转速。转速率 ψ 的定义为磨机工作转速与临界转速的比值，即

$$\psi = \frac{n}{n_C} \tag{3-28}$$

在实际应用中一般以百分数来表示 ψ 值。

将式（3-24b）和式（3-25）代入式（3-28）可得

$$\psi^2 = \cos\alpha \tag{3-29}$$

式（3-29）表明，转速率与最外层介质开始脱离筒壁的位置具有一一对应的关系。表 3-21 列出了根据此式算出的不同转速率所对应的最外层介质运动的脱离角。综合考虑这个脱离角大小和机内磨矿介质的充填率等其他工作参数，就可大致推断机内介质的运动状况。可以看到，转速率为 65%、75% 和 85% 的球磨机中最外层钢球运动的脱离角分别为 65°、55.8° 和 43.7°。

表 3-21 磨机转速率与最外层介质运动脱离角的关系

转速率/%	50	55	60	65	70	75	80	85	90	95	100
脱离角/(°)	75.5	72.4	68.9	65.0	60.7	55.8	50.2	43.7	35.9	25.5	0.0

作抛落运动的钢球撞击物料的动能取决于钢球的质量和它下落的高度，后者又与磨机的直径和转速有关。由对磨机内最外层作抛落运动钢球的运动学分析可推导出被抛出的钢球从抛物线顶点落回到磨机对侧内壁上时下落的相对高度（H/D）作为脱离角 α 的函数的关系式为

$$\frac{H}{D} = \frac{9}{4} \cdot \cos\alpha \cdot \sin^2\alpha \tag{3-30}$$

其中，H 为钢球下落高度，D 为磨机直径。把式（3-29）代入式（3-30）可得到作为转速率函数的下落相对高度表达式为

$$\frac{H}{D} = \frac{9}{4} \cdot \psi^2 \cdot (1 - \psi^4) \tag{3-31}$$

将式（3-31）对 ψ 求导并令它等于 0，可求得使下落相对高度（H/D）有极大值的最佳转速率为 $\psi=76\%$。将这个 ψ 值代回上式可算得下落相对高度（H/D）的最大值为 0.87，即最大下落高度为磨机直径的 87%。由式（3-29）可求出这个转速率所对应的脱离角为 54.7°。

上述分析只着眼于使最外层钢球的获得最佳工作状态的转速率。显然这个转速率对位于其他球层的钢球运动状态来说并不是最佳的。另一种分析方法是假设

将磨机内全部球荷的质量集中于中间的某一球层上，该球层被称为"缩聚层"。通过使该层位置上的钢球具有最大的下落高度来确定最佳磨机转速。由这种方法求得的磨机最佳转速率为 $\psi = 88\%$。此转速率所对应的最外层钢球的脱离角为 39.2°。

以上根据钢球的受力分析和运动学规律所建立的简单模型以及由此出发对最佳转速所做的分析和求解都是建立在对机内钢球的运动状态做出一些理想化假设基础之上的，并未考虑到钢球之间相互作用的影响、钢球与筒壁之间和（或）各层球荷之间可能的滑动所带来的影响、滚筒内壁不平滑衬板提升作用的影响以及被磨物料的存在所带来的影响等因素。实际上，在磨机正常工作的作业条件范围内，抛落下来的钢球大多是落在位于下方的料荷之上而不是磨机的内壁上。因此，通过上述理论分析所得到的定量结论对实际磨机转速的选择和优化只具有参考意义。尽管如此，在此基础上引入的临界转速概念以及建立的临界转速与磨机直径的联系都很有实用意义。采用以临界转速为基准的相对转速（即转速率）来定量描述磨机转动的快慢，可绕开采用绝对转速描述时还需要同时考虑磨机直径影响的不方便之处。转速率与机内介质运动状态的对应关系基本上不受磨机直径的影响。在工业球磨机作业参数表征与分析时，一般都采用转速率而不是绝对转速来表示磨机转速大小。

在实际生产中，球磨机转速率的选择与磨机类型、作业目标、其他作业条件以及磨矿费用等因素有关。一般来说，在料荷充填率恒定的条件下，随着转速率的增加，介质的运动状态由泻落式过渡到抛落式。球磨机的功耗先是随着转速的增加而增加，但在达到一个最高点后就开始下降；此最高点的位置与料荷充填率的大小有关。在球磨机正常工作范围内增大转速可提高磨机处理量。粗磨及难磨物料的磨矿一般用较高的转速，细磨及易磨物料的磨矿则以较低的转速较为有利。转速太高会使衬板和钢球磨损加剧，磨矿费用增加。湿式磨矿由于矿浆的存在会导致在提升料荷时滑动的加剧，一般要选择比干式磨矿高一些的转速。工业球磨机的转速率一般为 65%~80%。表 3-22 列出不同滚筒直径的球磨机在转速率为 75% 时所对应的滚筒转速。

表 3-22　不同滚筒直径的球磨机在转速率为 75% 时所对应的滚筒转速

滚筒直径/m	0.9	1.2	1.5	2.1	2.7	3.2	3.6	4.5	5.5	6.7	7.6	8.5
滚筒转速/r·min^{-1}	33.4	29.0	25.9	21.9	19.3	17.7	16.7	15.0	13.5	12.3	11.5	10.9
筒面线速度/m·s^{-1}	1.58	1.82	2.03	2.41	2.73	2.97	3.15	3.52	3.90	4.30	4.58	4.84

由于实际存在的料荷与筒壁间的滑动（尤其是在湿式磨矿时），球磨机在由式（2-27）定义的临界转速条件下运转时，位于最外层的料荷（包括介质和物料）实际上并未开始做离心式运动。研究表明，利用这个现象使球机在一定范围

内超临界转速运行，可强化介质对物料的研磨作用，但也会有衬板和介质磨耗加剧的问题。在工业生产实践中很少以超临界转速运行球磨机。

3.7.2.4　磨矿介质充填量

磨矿机内介质的充填量一般用介质充填率 φ 来表示，对球磨机而言也称为装球率。介质充填率的定义是磨机内介质堆体积 $V_{介堆}$（含介质间的空隙在内）与磨机有效容积 $V_{磨机}$ 的比值，一般用百分数表示。即有

$$\varphi = \frac{V_{介堆}}{V_{磨机}} = \frac{M_{介}}{\delta_{介}(1 - \varepsilon_{介堆})V_{磨机}} \tag{3-32}$$

其中，$M_{介}$ 和 $\delta_{介}$ 为介质的质量和密度；$\varepsilon_{介堆}$ 为介质堆的空隙度，即介质堆内部的空隙体积与介质堆总体积的比值。

介质充填率和转速率一起是影响磨机筒体转动所需的驱动功率大小的关键因素，而驱动功率的大小直接影响磨机的生产能力大小。在磨机转速恒定的条件下，磨机的功率消耗先是随着介质充填率的增加而增加，但是在达到某个极大值后就开始随着介质充填率的继续增加而减少。一般将使磨机功耗有最大值的充填率视为最佳充填率。这个最佳充填率随磨机转速的不同而有所不同。在工业磨机通常的转速率条件下，最佳介质充填率一般在40%左右。然而，在确定磨机工作条件时除了考虑生产能力之外还需考虑对磨矿效果、能量效率、钢耗多少、运行总费用等方面的影响。一般来说，格子型球磨机的装球率高于溢流型球磨机；粗磨球磨机的装球率高于细磨球磨机。工业球磨机较为合理的装球率为：溢流型球磨机35%~40%；湿式格子型球磨机40%~45%；干式格子型球磨机和管磨机25%~35%。

由式（3-32）可得

$$M_{介} = \varphi\delta_{介}(1 - \varepsilon_{介堆})V_{磨机} = \varphi\delta_{介堆}V_{磨机} \tag{3-33}$$

其中，$\delta_{介堆} = \delta_{介}(1 - \varepsilon_{介堆})$ 为介质的堆密度。给定要求的装球率 φ，可用此式计算有效容积为 $V_{磨机}$ 的磨机所需的装球量 $M_{介}$。

由于磨矿过程中介质的磨损消耗，在工业生产上需要定期向球磨机中添补新的钢球以维持机内装球率的稳定和平衡。工业磨球机的装球率可利用机内料位高度和充填率之间的关系来间接测量，如图3-28所示，在球磨机停车静止后清理料荷表层的物料，测量筒体中轴到球荷表层的垂直距离，再通过经验公式

$$\varphi = 50 - 127\frac{b}{D} \tag{3-34a}$$

计算出以百分数表示的装球率 φ，这里 b 是筒体中轴到球荷表层的垂直距离，D 为磨机直径。通常 b 不好直接测量，可通过测量筒体内最高位置到球荷表层的垂直距离 a 来间接求得，两者关系为 $b = a - D/2$。此经验公式在装球率较小时误差较大，准确计算为

$$\varphi = \frac{1}{\pi}\left(\arccos\left(\frac{b}{R}\right) - \frac{b}{R}\sqrt{1 - \left(\frac{b}{R}\right)^2}\right) \times 100\% \qquad (3\text{-}34\text{b})$$

其中，R 为磨机半径（$R = D/2$）。

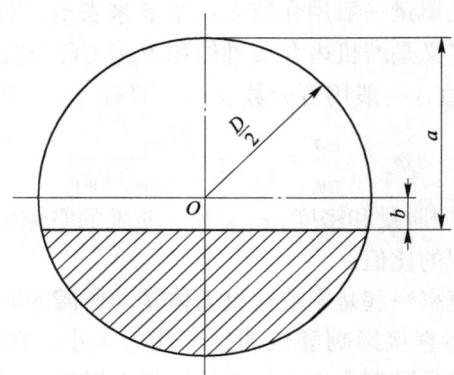

图 3-28　计算装球率所需的测量数据

3.7.2.5　被磨物料充填量

类似于对钢球充填量的定量描述，也可以用物料在球磨机内部整个空间的充填率 $\varphi_{料}$ 来表示机内被磨物料量的多少，其定义是球磨机内被磨物料的堆体积 $V_{料堆}$（含颗粒间的空隙在内）与球磨机有效容积 $V_{磨机}$ 的比值，即

$$\varphi_{料} = \frac{V_{料堆}}{V_{磨机}} = \frac{M_{料}}{\delta_{料}(1 - \varepsilon_{料堆})V_{磨机}} \qquad (3\text{-}35)$$

其中，$M_{料}$ 和 $\delta_{料}$ 为被磨物料的质量和密度；$\varepsilon_{料堆}$ 为料堆孔隙度，即料堆内颗粒间空隙与料堆总体积的比值。然而，考虑到磨机正常工作时被磨物料通常是分散地充填于钢球之间的空隙内而受到运动钢球的施载作用的，一种更有意义的表示机内物料充填量的方法是采用物料对介质间隙的充填率 λ 这个指标：

$$\lambda = \frac{V_{料堆}}{V_{介堆} \cdot \varepsilon_{介堆}} \qquad (3\text{-}36)$$

其中，λ 的含义是被磨物料的堆体积与介质之间空隙所占体积的比值，简称物料充填率，常用百分数表示。

通常认为球磨机内介质之间所有的空隙都应被物料所充填，即较合理的物料充填率应为 100% 左右。考虑到料荷运动导致的松散作用，可将物料充填率的上限上调 10% ~ 15% 而不太影响磨矿效果。一般情况下滚筒式磨机的物料充填率范围是 60% ~ 110%。若物料充填率以 100% 计，对球磨机磨矿 $\varepsilon_{介堆}$ 取值 0.4、$\varepsilon_{料堆}$ 取值 0.5，则可估算得被磨物料体积与磨矿介质体积的比值为 0.67；再取被磨物料与磨矿介质的密度比值为 0.25 ~ 0.35，可算得被磨物料质量与磨矿介质质量的比值为 0.17~0.23。也就是说，球磨机内被磨物料量一般仅为磨矿介质量的 1/5 左右。

在磨矿机连续作业条件下，物料充填率大小是给矿速率和排矿速率之间动态平衡的结果。在正常生产过程中，磨机的给矿和排矿都应连续均匀。若排矿机构的几何参数及磨机其他工作条件恒定，排矿速率在很大程度上由磨矿速率（合格产物的生成速率）决定。当给矿性质变化的而使磨矿速率变化，并影响到排矿速率时，就需要通过调节给矿速率来维持机内物料充填率的恒定。否则就会出现物料充填率过高或过低的情况。物料充填率过低时，机内磨矿介质的空击现象增多，介质磨损加剧，过粉碎严重；物料充填率过高时，就出现所谓的"涨肚"现象，磨矿效率降低。在闭路磨矿的情况下，磨机给矿一般包括新给矿和分级返砂两大部分，改变返砂流量需要对分级作业进行调节，往往会影响回路的稳定工作及最终磨矿产物的细度，所以通常是通过改变新给矿流量来调节给矿速率。

3.7.2.6 磨矿介质尺寸

磨矿介质的尺寸应与被磨物料的粒度相匹配。一方面，磨粗颗粒需要用大钢球，磨细颗粒应该用小钢球。球磨机内装球量一定时，球径越小则钢球数目越多、钢球总表面积越大。对物料施载的作用面范围越大。但是，另一方面，球径越小其运动的动能越小，过小的钢球无法提供使较大颗粒碎裂所需的作用强度。所以确定磨矿介质的尺寸的原则是在保障物料中最大、最硬的颗粒能被磨碎的前提下，尽量地选择尺寸小的介质。为避免磨机运行中出现球荷过度滑动或振荡，钢球直径一般不应超过磨机直径的 1/20。工业球磨机常用的钢球尺寸范围为 20~120 mm（粗磨 50~120 mm；细磨 20~50 mm）。适宜的钢球尺寸与诸多影响因素有关。迄今为止，已有一些确定磨矿介质尺寸的经验方法和公式见诸于专业文献，有的较复杂、需要考虑的影响因素较多；有的较简单，只考虑最基本的影响因素，或将其他因素的影响隐含到经验常数中。下面是两个较为简单的估算合适钢球尺寸的经验计算

$$d = 25.4\sqrt{F_{80}} \tag{3-37}$$

$$d = 6\ln(P_{95})\sqrt{F_{95}} \tag{3-38}$$

其中，d 为钢球直径，mm；F_{80} 为使给矿的 80% 进入筛下的筛分粒度，mm；F_{95} 为使给矿的 95% 进入筛下的筛分粒度，mm；P_{95} 为使产物的 95% 进入筛下的筛分粒度，μm。

式（3-37）仅反映给矿粒度因素的影响；式（3-38）不仅包含最基本的给矿粒度因素，而且还考虑磨矿产物细度。欧美业界通常采用包含更多影响因素的经验计算公式，较为典型的一个计算公式为

$$d = 25.4 \cdot \left(\frac{F_{80}}{k}\right)^{1/2} \cdot \left(\frac{0.907W_i \cdot \delta}{\psi \cdot \sqrt{3.281D}}\right)^{1/3} \tag{3-39}$$

其中，d 为钢球直径，mm；F_{80} 为使给矿的 80% 进入筛下的筛分粒度，μm；W_i 为给矿物料功指数，kW·h/t；δ 为给矿物料密度，t/m³；ψ 为磨机转速率，%；D 为磨机内径，m；k 为经验常数，其值为 350（溢流型，湿式磨矿）或 330（格子型，湿式磨矿）或 335（格子型，干式磨矿）。

　　根据我国选矿厂长期积累的生产实践经验，将适用于中硬或较硬矿石磨矿的钢球直径与给矿粒度的对应关系列于表 3-23。

表 3-23　钢球尺寸与给矿粒度之间的关系

钢球直径/mm	40	50	60	70	80	90	100	120
给矿粒度/mm	0.3~1.0	1~2	2~4	4~6	6~8	8~10	10~12	12~18

　　工业球磨机的给矿物料都具有一定的粒度分布，在球磨机中配入不同尺寸的介质可以提高磨矿效率。不同尺寸介质的配入量比例往往根据给矿物料特性和磨矿要求来确定。工业球磨机常用的配球方法是将磨机总给料中需要磨碎的那部分物料（即从总给料中扣除合格细粒级后的那部分物料）分为若干个粒级，再根据各粒级的平均粒度用上面所列的经验公式或其他适当的方法确定与各粒级对应的钢球尺寸，而各尺寸钢球的配入量比例则可按照与相应粒级物料的含量成比例的原则来确定。

　　随着磨矿过程的进行，磨机内的介质不断地被磨损消耗，各介质的尺寸都会逐渐经历一个由大变小的过程。介质的磨耗与矿石硬度、给矿粒度、磨矿细度、磨机工作参数及介质的材质等诸多因素有关。工业球磨机钢球的消耗量大致为每吨矿石 0.5~1.5 kg。球磨机内的钢球小到一定程度后会随磨矿产物一起排出。为保持机内磨矿介质量的稳定，需要根据介质的消耗速率定期补加一定量的新介质。较为简单的补加方法是定期补加单一尺寸的粗棒或大球。根据给矿物料特性和对磨矿产物要求的不同也可按不同比例补加多种尺寸的钢棒或钢球。不同的补加方法与机内的介质磨损机制共同作用的结果是在机内形成特定的不同尺寸介质的平衡配比。使磨矿效果最佳的平衡配比需要通过试验才能确定，而合理的介质补加制度则需要通过综合考虑磨矿效果及实施操作的方便性来确定。

3.7.2.7　磨矿浓度

　　磨矿浓度指的是湿式磨矿时磨机内矿浆的固体浓度，通常采用矿浆中固体矿石的质量占矿浆整体质量的百分数来表示，也可采用液体质量与固体质量的比值来表示。磨矿浓度影响机内物料的流动性，从而影响被磨物料在机内的滞留时间和磨矿介质对物料颗粒的施载作用。固体浓度越大，矿浆的黏性越大、流动性越差，固体物料在机内的滞留时间越长，介质单次施载所捕获的物料量越多。对溢流型磨机，磨矿浓度过高会使粗颗粒粒物料沉降变慢，排矿产品的粒度偏粗；磨矿浓度过低则细颗粒下沉的比例偏大，排矿产品的粒度偏细，易产生过粉碎。因此，磨矿浓度过高或过低都不好。工业生产上球磨机的磨矿浓度通常控制在65%~80%范围内（粗磨75%~80%，细磨65%~75%）。合适的磨矿浓度应根据给矿特性及对产品的要求来确定。一般而言，粒度粗、密度大、硬度大的物料磨矿浓度可高一些；粒度细、密度小、易碎的物料磨矿浓度应小一些。磨矿浓度一般通过调节磨机的补加水量来调控。

3.7.2.8 给料速率

给料速率指的是单位时间内给入的固体物料量，常以固体物料的质量流量（t/h）来表示。这里需要区分磨矿机给料速率和磨矿回路给料速率，当磨矿回路包含分级作业或物料返回时两者是不同的。磨矿机给料速率是磨矿过程中进入磨矿机的固体物料（包括返砂）的流量，也称磨矿设备处理量。一般来说，固体物料在机内的平均滞留时间与磨矿机容积和磨矿机给料速率有关。在其他条件不变的情况下，磨矿机给料速率越小，固体物料在磨矿机内的平均滞留时间越长，磨矿机排料就越细。磨矿回路给料速率则代表磨矿回路的生产能力，也称磨矿回路处理量或磨矿机生产能力。对于给定的球磨机，其生产能力与目标产物细度是相互制约的。在其他条件不变的情况下，加大回路给料速率会导致目标产物变粗。

3.7.2.9 磨矿机功耗

球磨机的选型计算是选矿厂设计的关键环节之一，其任务就是为既定的给矿物料确定能够同时满足回路处理量要求和目标产物细度要求的球磨机规格型号及所需的驱动功率。

滚筒式磨矿机的功耗可借助于一个简化的力学模型来分析，如图 3-29 所示，磨矿机稳定工作时，在滚筒圆截面上呈不对称分布的料荷（包括钢球和被磨物料）不断地被匀速转动的滚筒提升至一定的高度后回落。料荷整体的重心位于滚筒内部提升侧偏离磨矿机中心线的某个位置。料荷的总质量 G 乘以其重心对磨矿机中心点的力臂 a 就是料荷抵抗磨矿机转动的力矩大小。所以，维持滚筒以角速度 ω 匀速转动所需的驱动功率为

$$P = G \cdot a \cdot \omega = M \cdot g \cdot a \cdot \omega \tag{3-40}$$

其中，M 为料荷总质量；g 为重力加速度。这里料荷重心对转动轴的偏离量即力臂 a 是个未知量，其大小受诸多因素影响。就球磨机磨矿而言，磨机直径、装球率和转速率是影响力臂 a 大小的主要因素，物料充填率、钢球大小及衬板提升能力等也有一定的影响。引入无量纲量 a/D 来表达料荷重心的偏离程度并将转速用转速率 $\psi = \omega/\omega_c$ 来表达，这里 D 为磨机内径，$\omega_c = \sqrt{2g/D}$ 为临界角速度，则式（3-40）可写成

$$P = M \cdot g \cdot \frac{a}{D} \cdot D \cdot \frac{\omega}{\omega_c} \cdot \omega_c = M \cdot g \cdot \frac{a}{D} \cdot D \cdot \psi \cdot \sqrt{\frac{2g}{D}} \tag{3-41}$$

其中，相对偏离量 a/D 的大小主要由装球率和转速率决定。这两个参数对 a/D

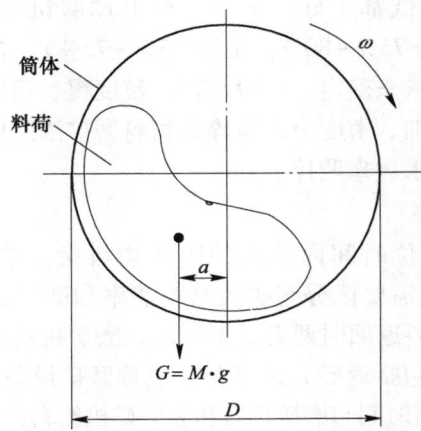

图 3-29　关于滚筒式磨矿机运行功耗的简化模型

的影响趋势为：（1）在转速率不变的情况下，随着装球率的增加，a/D 会从空载状态（装球率=0）时的 0 值开始增大，达到某个极大值后开始减小，在完全充填状态（装球率=1）时又减小到 0；（2）在装球率不变的情况下，随着转速率的增加，a/D 会从静止（转速率=0）时的 0 值开始增大，达到某个极大值后开始减小，在完全离心状态（一般为转速率>2，具体数值受充填率等其他因素影响）时又减小到 0。可将式（4-41）表示成如下形式

$$P = K \cdot \psi \cdot M \cdot \sqrt{D} \qquad (3\text{-}42)$$

其中，系数 $K = \sqrt{2} \cdot g^{1.5} \cdot (a/D)$ 是球磨机作业条件的函数。研究表明，当转速率为 0.75 时 K 的取值范围为 6~9，相当于比值 a/D 为 0.14~0.21，具体取值与球磨机的其他作业条件有关。当转速率用小数计算、料荷质量 M 的单位用 t、磨机直径 D 的单位用 m 时，功率 P 的单位为 kW。考虑到在球磨机正常作业条件下料荷质量 M 与球磨机容积 V 成正比，而后者与球磨机直径 D 和球磨机长度 L 的关系为 $V = (\pi/4)D^2 L$，式（3-42）又可以表示为

$$P = K' \cdot \psi \cdot V \cdot D^{0.5} = K'' \cdot \psi \cdot L \cdot D^{2.5} \qquad (3\text{-}43)$$

其中，K' 和 K'' 是与 K 不同的与球磨机作业条件有关的系数。需要注意的是，以上两式反映的功率 P 与转速率 ψ 呈正比的关系仅适用于转速率不超出某个界限值（一般为 0.68~0.75）的情况，在这个界限内转速率通过影响 a/D 而影响功耗的效果与式中 ψ 项对功耗的正比性影响相比可以忽略。超出这个界限后由于钢球作离心运动导致 a/D 急剧减小，它对功耗的影响开始超过式中 ψ 项的影响，总效果是功耗随转速的继续增加而减小，如图 3-30（a）所示。在转速率及其他作业条件不变的情况下，球磨机功耗随装球率的变化关系如图 3-30（b）所示，功耗耗的极大值点通常位于装球率在 0.4 附近。

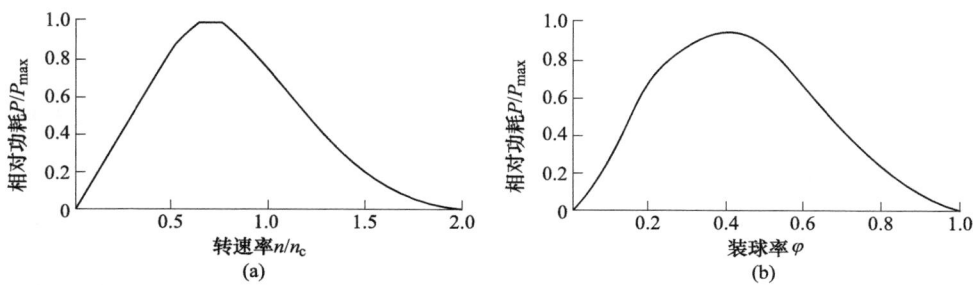

图 3-30　球磨机功耗随转速率和装球率变化

（a）转速率对球磨机功耗的影响；（b）装球率对球磨机功耗的影响

选矿厂设计上常用的一个计算球磨机单位质量钢球所需功率的公式为

$$K_{wb} = 4.879 \cdot D^{0.3} \cdot (3.2 - 3 \cdot \varphi) \cdot \psi \cdot \left(1 - \frac{0.1}{2^{9-10 \cdot \psi}}\right) + S_s \qquad (3\text{-}44)$$

式中　K_{wb}——单位质量钢球所需功率，kW/t；

　　　D——球磨机内径，m；

　　　φ——装球率，以小数形式计算；

　　　ψ——转速率，以小数形式计算；

　　　S_s——当球磨机内径 $D > 3.3$ m 时考虑钢球直径影响的修正项，kW/t；按下式计算

$$S_s = 1.102 \cdot \frac{B - 12.5 \cdot D}{50.8} \qquad (3\text{-}45)$$

　　　B——最大钢球直径，mm；

　　　D——磨机内径，m。

由此算出的 K_{wb} 适用于溢流型球磨机；对于湿式格子型球磨机，K_{wb} 应乘以修正系数 1.16；对于干式格子型球磨机，K_{wb} 应乘以修正系数 1.08。

理论分析及试验研究均表明，球磨机直径 D 对球磨机功耗及生产能力的影响要大于它对球磨机容积 V 的影响（V 与 D^2 成正比）。在正常的作业条件（装球率、物料充填率、转速率等作业参数保持恒定）下，球磨机功耗 P 与球磨机基本尺寸（D 和 L）的关系可表示为

$$P = K_1 \cdot V \cdot D^{n_1} = K_1' \cdot L \cdot D^{2+n_1} \qquad (3\text{-}46)$$

而生产能力 Q 与球磨机基本尺寸的关系也可表示为

$$Q = K_2 \cdot V \cdot D^{n_2} = K_2' \cdot L \cdot D^{2+n_2} \qquad (3\text{-}47)$$

其中，K_1、K_2、K_1' 和 K_2' 是与球磨机作业条件有关的常数；$n_1 = 0.3 \sim 0.5$；$n_2 \approx 0.5$。

根据以上两式，球磨机的单位容积功耗（也称功耗密度）p 和单位容积生产能力（也称比生产能力）q 分别为

$$p = \frac{P}{V} = K_1 \cdot D^{n_1} \tag{3-48}$$

$$q = \frac{Q}{V} = K_2 \cdot D^{n_2} \tag{3-49}$$

而单位质量能耗（也称比能耗）W 为

$$W = \frac{P}{Q} = \frac{K}{D^{n_2-n_1}} \tag{3-50}$$

其中，$K = (K_1/K_2)$ 是与球磨机作业条件有关的常数；指数项 $n_2 - n_1$ 的取值范围为 0~0.2。根据式（3-50），当且仅当 $n_2 - n_1 = 0$（即 $n_2 = n_1$）时球磨机的单位质量能耗不受磨矿机直径影响；当 $n_2 - n_1 > 0$（即 $n_2 > n_1$）时生产单位质量产物所需的能耗会随球磨机直径的增加而有所降低，即大直径球磨机的能量效率较高。

选矿厂设计上常用的球磨机选型计算方法主要有容积法和功耗法两种（见3.7.4 节）。容积法以球磨机单位容积的生产能力为依据计算所需球磨机的容积，此方法采用的指标通常是按某指定粒级（一般为 -0.074 mm 粒级）新产生量计的单位容积生产能力 q'，它与式（3-49）表示的按物料处理量计的单位容积生产能力 q 的关系为 $q' = q \cdot (\beta - \alpha)$，其中 α 和 β 分别为给料和产物中指定粒级的含量。由此关系及式（2-48）可知，按指定粒级新产生量计的单位容积生产能力也是与球磨机直径的 0.5 次方成正比，球磨机直径差异的影响显著。所以，计算时需要根据设计球磨机与基准球磨机在磨机直径上的差异对单位容积生产能力进行必要的修正。功耗法以生产单位质量磨矿产物所需的能耗为依据计算球磨机所需的驱动功率。根据式（3-50），单位质量能耗与球磨机直径的 0~0.2 次方成正比，球磨机直径对单位质量能耗无影响（$n_2 - n_1 = 0$ 时）或影响较小（极端情况是与球磨机直径的 0.2 次方成反比），所以一般不必修正或仅作小幅修正即可。由此也可以看出，对于大型球磨机选型计算，功耗法比容积法更准确可靠。

3.7.3 棒磨机类型和主要工作参数

棒磨机的构造和工作原理与球磨机基本相同，特殊之处在于：（1）棒磨机以钢棒而不是钢球作为磨矿介质；（2）棒磨机的筒体长度一般为筒体直径的 1.5 至 2.5 倍，且端盖衬板的内表面多设计成接近垂直的平面；（3）棒磨机通常不采用格子板的方式排料，目前选矿厂使用的棒磨机大多是溢流型棒磨机。

作为磨矿介质的钢棒一般用含碳量（质量分数）为 0.8%~1.0% 的高碳钢制造。随着筒体的转动，钢棒以大致平行于筒体长度方向的取向不断地被提升后滑落或翻滚下落。处于钢棒与钢棒之间或钢棒与筒体之间的被磨物料颗粒受到钢棒的冲击、挤压或磨剥作用而被粉碎。图 3-31 所示为钢棒对物料颗粒施载作用。钢棒与被磨物料呈线接触，粗颗粒物料大多在给矿端以单层受载条件的方式被钢棒夹住，细颗粒则多在排矿端以颗粒床或单层受载的方式被钢棒压挤。相对而言，粗颗粒较易受到钢棒的施载，而位于粗颗粒之间的细颗粒容易被粗颗粒屏蔽而逃脱钢棒的施载作用。因此棒磨机对物料中的粗颗粒有选择性磨矿作用，磨矿产物中细泥的含量较少。

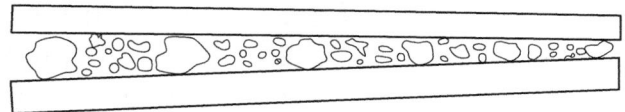

图 3-31　钢棒对物料颗粒的施载作用

棒磨机的内衬通常采用波形、阶梯形或楔形等非光滑衬板。

按排料方式可将棒磨机分为溢流型和周边排料型，后者又分末端周边排料型和中部周边排料型两种，如图 3-32 所示。

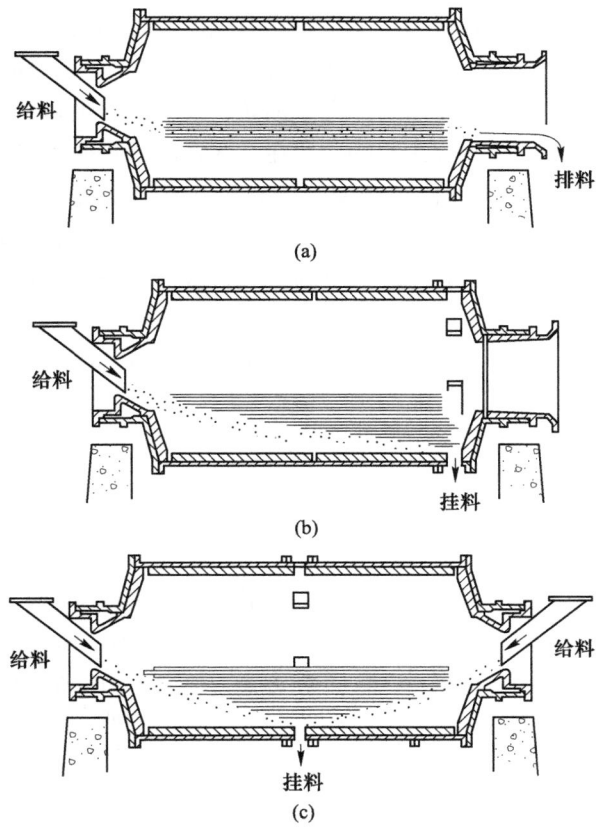

图 3-32　棒磨机类型

（a）溢流型；（b）末端周边排料型；（c）中部周边排料型

溢流型棒磨机通过排料端耳轴以溢流方式排料，如图 3-32（a）所示。这种棒磨机仅用于湿式磨矿，其排料端耳轴的内径要大于给料端耳轴的内径，以形成维持矿浆在机内从给料端向排料端流动所需的料位高差。入磨物料从给料端耳轴进入棒磨机，磨矿产物从排料端耳轴通过溢流方式排出。溢流排料口通常设置螺旋筛以隔除夹杂的物料。当需要获得粒度较粗的产物时，可采用周边排料型棒磨机。这种棒磨机通过在筒体周边开设的排料口的排料，既可用于湿磨也可用于干磨，按排料口的设置位置不同又可分为末端周边排料型（图 3-32（b））和中部周边排料型（图 3-32（c））。前者的作业方式仍为在筒体的一端给料，另一端排料；而后者则是在筒体的两端同时给料，产物汇集于筒体中部排出。在设备尺寸相同且给料速率相同的情况下，给矿物料在棒磨机内的滞留时间长短顺序为溢流型>末端周边排料型>中部周边排料型，产物粒度大小顺序为溢流型<末端周边排料型<中部周边排料型。

棒磨机一般用于钨锡矿石和其他需要避免过度粉碎的脆性物料的磨矿，或用粘湿物料的细碎。棒磨磨矿常被用作两段磨矿流程的第一段。棒磨机的给料粒度一般不大于 25 mm。因为钢棒的质量大于钢球，棒磨机可处理的最大给矿粒度要高于球磨机，给矿最大粒度可达 50 mm，在某些情况下可作为细碎设备。棒磨磨矿的破碎比一般为 5~20。选矿领域用的棒磨机几乎都是溢流型棒磨机。周边排料型棒磨机多用在非选矿领域，例如，用于建筑领域制备符合特定粒度要求的矿砂。由于磨矿产物大多集中分布在较窄的粒度范围内，棒磨磨矿通常不需要闭路作业。

棒磨机的规格采用磨机（筒体）的直径和长度来表示，国产设备型号规格的标记方法为：

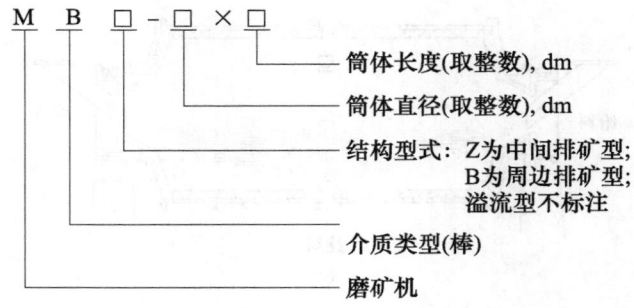

表 3-24 列出国产湿式棒磨机产品的技术规格。除了磨机直径与长度这两个主要几何参数外，影响棒磨机工作效能的技术参数还有磨机转速率、钢棒介质填充量率、机内被磨物料保有量、钢棒直径及其级配、磨矿浓度、给料速率等。这些技术参数的定义及对磨矿效果的影响与球磨机磨矿的情况相同或者相似，这里不再赘述。需要注意的是棒磨磨矿与球磨磨矿相比在最佳作业条件及各技术参数取值上的异同。

表 3-24 湿式棒磨机的技术规格

型 号	筒体直径 /mm	筒体长度 /mm	筒体有效容积 /m³	最大装球量 /t	筒体转速 /r·min⁻¹	主电动机 功率/kW
MB-09×□	900	1400~2200	0.7~1.1	1.7~2.8	29.0~31.3	11~15
MB-12×□	1200	1800~2500	1.6~2.2	4.1~5.6	25.2~28.0	30~37
MB-15×□	1500	2100~3000	3.3~4.5	8.4~11.5	23.0~25.0	30~38
MB-21×□	2100	3000~3600	9.2~11	24~28	19.0~21.0	30~39
MB-27×□	2700	3600~4500	18~23	47~59	17.2~18.5	360~450
MB-32×□	3200	4500~5400	33~39	82~99	14.7~17.1	630~800
MB-36×□	3600	4500~6000	41~55	104~140	13.7~16.0	1000~1250
MB-40×□	4000	5000~6000	63~74	144~170	13.0~15.2	1250~1500
MB-43×□	4300	5000~6000	74~87	169~199	12.5~14.6	1400~1800
MB-45×□	4500	5000~6000	80~95	183~217	12.2~14.3	1600~2000
MB-47×□	4700	5500~6500	87~103	192~227	12.0~13.6	1800~2200

注：1. 筒体直径指筒体内径，筒体长度指筒体有效长度。

2. 给料粒度不应大于 25 mm。

棒磨机筒体的直径与长度决定棒磨机的有效容积、装棒量、所需的驱动功率以及棒磨机的生产能力。在相同的给料速率下，磨机的容积越大，物料在磨机内的平均滞留时间越长，磨矿产物越细。棒磨机筒体长度决定了所用钢棒的长度，棒长通常应比筒体短 25~50 mm。棒磨机的长径比一般为 1.5~2.5。长径比太小容易导致缠棒现象（钢棒过多地偏离正常的与筒体轴向基本一致的取向），而过长的钢棒又容易发生弯曲变形或断裂。一般认为棒磨磨矿用的钢棒长度上限为 6 m 左右，这也决定了大型棒磨机筒体的长度上限（大约为 6.5 m）和直径上限（大约为 4.5 m）。

在工业生产应用中，棒磨机的转速率一般为 50%~65%，机内的钢棒通常呈泻落式运动状态。也有将转速率提高到接近 80% 的应用实践。钢棒充填率通常为棒磨机有效容积的 35%~45%。溢流型棒磨机的磨矿浓度一般为 65%~85%。

棒磨磨矿可使用直径为 25~150 mm 的钢棒，常用钢棒的直径范围为 40~100 mm。合适的钢棒直径主要根据给料粒度确定，有时还综合考虑其他因素的

影响。给料粒度越大，所需的钢棒直径越大。下面是两个常用的确定所需钢棒直径的经验公式

$$d = (15 \sim 20)\sqrt{F_{95}} \tag{3-51}$$

其中，d 为钢棒直径，mm；F_{95} 为使给矿的 95% 进入筛下的筛分粒度，mm。

$$d = 25.4 \cdot \frac{F_{80}^{0.75}}{160} \cdot \left(\frac{0.907W_i \cdot \delta}{\psi \cdot \sqrt{3.281D}} \right)^{1/2} \tag{3-52}$$

其中，d 为钢棒直径，mm；F_{80} 为使给矿的 80% 进入筛下的筛分粒度，μm；W_i 为给矿物料功指数，kW·h/t；δ 为给矿物料密度，t/m³；ψ 为磨机转速率，%；D 为磨机内径，m。

式 (3-51) 仅反映给矿粒度的影响；式 (3-52) 除了反映最基本的给矿粒度影响外，还考虑被磨物料特性、磨机直径及转速率等因素的影响。

装入磨机的棒荷通常由不同直径的钢棒构成。最大的棒径应满足破碎给矿中最大颗粒所需的尺寸要求，而棒荷中不同棒径的配比大多根据经验确定。棒荷的孔隙度一般为 0.20~0.25，远小于球磨机球荷的孔隙度。钢棒的磨耗速率一般为每吨矿石 0.1~1.0 kg。湿式磨矿的钢耗要高于干式磨矿。钢棒磨耗至直径小到一定程度 (25~40 mm) 后容易折断，应定期清出。为了将磨机内的介质充填率维持在适宜的范围内，需要定期添加新棒以补充磨损的棒荷。

用于粗磨 (产物粒度为 1~3 mm) 时，棒磨机的生产能力大于同规格的球磨机；用于细磨 (产物粒度在 0.5 mm 以下) 时，棒磨机的生产能力不如同规格的球磨机，比同规格的格子型球磨机小 15% 左右，比同规格的溢流型球磨机小 5% 左右。与球磨机一样，在设备选型时棒磨机的规格是按驱动功率而不是按处理量来表示的。

选矿厂设计上常用的计算棒磨机单位质量钢棒所需功率的计算为

$$K_{wr} = 1.752 \cdot D^{1/3} \cdot (6.3 - 5.4 \cdot \varphi) \cdot \psi \tag{3-53}$$

式中　K_{wr}——单位质量钢棒所需功率，kW/t；

　　　D——棒磨机内径，m；

　　　φ——钢棒充填率，以小数形式计算；

　　　ψ——转速率，以小数形式计算。

选矿厂设计上常用的棒磨机生产能力计算方法见 3.7.4 节内容。

3.7.4　球磨机和棒磨机生产能力计算

磨矿机的生产能力受诸多因素影响，目前还很难用一套可靠的理论公式来准确计算，实用上一般都是采用经验方法进行近似计算，即以已有实际生产指标的磨矿机为基准，把待算磨矿机的作业条件与基准磨矿机进行比较并根据经验对生产指标加以校正，从而得到待算磨矿机生产指标的近似值。磨矿机生产能力计算

的目的是根据要求的处理量及磨矿细度确定所需磨矿机的规格型号和台数。选矿厂设计上常用的球磨机及棒磨机选型计算方法有容积法和功耗法两种。容积法以磨矿机单位容积生产某指定粒级的能力为依据计算所需的磨矿机容积，从而确定磨矿机尺寸；功耗法则以磨矿机处理单位质量给矿所需的能量消耗为依据计算磨矿机所需的驱动功率，并在此基础上确定磨矿机尺寸。

3.7.4.1 基于单位容积生产能力的计算方法（容积法）

磨矿机单位容积生产能力指磨矿机单位时间、单位有效容积新产出的合格粒级量（通常以 -0.074 mm 粒级作为合格粒级）。容积法选型计算的基本要点是以一台在较佳作业条件下运行的处理类似矿石的工业磨矿机的单位容积生产能力为基准，根据设计磨矿机与基准磨矿机在给矿物料可磨度、磨矿机类型、磨矿机直径、给矿及产物粒度等方面的差异对单位容积生产能力进行修正，求出设计磨矿机的单位容积生产能力及按给矿量计的生产能力，再根据设计要求的处理量计算所需的磨矿机台数。计算为

$$q = K_1 K_2 K_3 K_4 q_0 \tag{3-54}$$

及

$$Q = \frac{qV}{\beta - \alpha} \tag{3-55}$$

式中　q——设计磨矿机单位容积生产能力，$t/(m^3 \cdot h)$；

　　Q——设计磨矿机按磨矿段给矿计的物料处理量，t/h；

　　q_0——基准磨矿机单位容积生产能力，$t/(m^3 \cdot h)$；

　　K_1——物料可磨度校正系数；

　　K_2——磨矿机类型校正系数；

　　K_3——磨矿机直径校正系数；

　　K_4——给矿粒度和产物粒度校正系数；

　　β——磨矿段产物中合格粒级的含量（质量分数）；

　　α——磨矿段给矿中合格粒级的含量（质量分数）；

　　V——磨矿机有效容积，m^3。

这里的基准磨矿机单位容积生产能力 q_0 值由对该矿石物料的工业试验结果或处理类似矿石的工业磨矿机的实际生产数据求出，计算为

$$q_0 = \frac{Q_0(\beta_0 - \alpha_0)}{V_0} \tag{3-56}$$

式中　q_0——基准磨矿机单位容积生产能力，$t/(m^3 \cdot h)$；

　　Q_0——基准磨矿机按磨矿段给矿计的物料处理量，t/h；

　　β_0——基准磨矿机产物中合格粒级的含量（质量分数）；

　　α_0——基准磨矿机给矿中合格粒级的含量（质量分数）；

V_0——基准磨矿机有效容积，m^3。

物料可磨度校正系数 K_1 由物料的相对可磨度试验确定，无试验数据时可参考表 3-25 确定。磨矿机类型校正系数 K_2 按表 3-26 确定。磨矿机直径校正系数 K_3 的计算为

$$K_3 = \left(\frac{D - 2b}{D_0 - 2b_0} \right)^{0.5} \tag{3-57}$$

其中，D 和 b 分别为设计磨矿机的筒体直径和衬板厚度，m；D_0 和 b_0 分别为基准磨矿机的筒体直径和衬板厚度，m。给矿粒度和产物粒度校正系数 K_4 可计算为

$$K_4 = \frac{m}{m_0} \tag{3-58}$$

其中，m 和 m_0 分别为设计磨矿机和基准磨矿机的相对生产能力，其取值可查表 3-27。

表 3-25　矿石相对可磨度系数 K_1

矿石性质	普氏硬度值	K_1 值
易碎性矿石	5 以下	1.25 ~ 1.4
中等可碎性矿石	5 ~ 10	1.0
难碎性矿石	10 以上	0.85 ~ 0.70

表 3-26　磨矿机类型校正系数 K_2

基准磨机	设计磨机		
	格子型球磨机	溢流型球磨机	棒磨机
格子型球磨机	1.00	0.91 ~ 0.87	
溢流型球磨机	1.10 ~ 1.15	1.00	
棒磨机			1.00

表 3-27　不同给矿粒度和产物粒度下磨矿机的相对生产能力（m 值）

给矿粒度 /mm	产物粒度/mm						
	0.5	0.4	0.3	0.2	0.15	0.1	0.074
	产物中 -0.074 mm 粒级的含量/%						
	30	40	48	60	72	85	95
40 ~ 0	0.68	0.77	0.81	0.83	0.81	0.80	0.78
30 ~ 0	0.74	0.83	0.86	0.87	0.85	0.83	0.8
20 ~ 0	0.81	0.89	0.92	0.92	0.88	0.86	0.82

给矿粒度 /mm	产物粒度/mm						
	0.5	0.4	0.3	0.2	0.15	0.1	0.074
	产物中-0.074 mm 粒级的含量/%						
	30	40	48	60	72	85	95
10~0	0.95	1.02	1.03	1.00	0.93	0.90	0.85
5~0	1.11	1.15	1.13	1.05	0.95	0.91	0.85
3~0	1.17	1.19	1.16	1.06	0.95	0.91	0.85

容积法选型计算一般包括如下步骤：（1）选定基准磨矿机，根据工业试验或流程考查结果利用式（3-56）计算基准磨矿机的单位容积生产能力 q_0 值。（2）预选某种规格型号磨矿机作为设计磨矿机，根据它与基准磨矿机在物料可磨度、磨矿机类型、磨矿机直径、给矿及产物粒度等方面的异同通过查表 3-25~表 3-27 及计算确定相应的 4 个校正系数 K_1、K_2、K_3 和 K_4。（3）利用式（3-54）和式（3-55）计算磨矿机的单位容积生产能力 q 值及按给矿量计的生产能力 Q 值。（4）根据设计要求的总处理量和磨矿机生产能力（Q 值）计算所需磨矿机台数。（5）磨矿机所需的驱动功率可从磨矿机技术规格表（厂家可提供）查得。在设计实践上往往是预选多种规格型号的磨矿机作为待定方案分别进行上述的选型计算，再通过比较选出较佳方案。

对于两段磨矿流程，基于容积法的磨矿机选型计算可分为一次计算法和分段计算法两种。

一次计算法适用于对第一段磨矿产物无特定要求的连续磨矿流程。计算步骤是先算出两段磨矿所需的总容积，然后在两段之间进行磨矿机容积分配，最后计算各段磨矿所需的磨矿机台数和规格。两段磨矿所需磨矿机总容积的计算为

$$V = \frac{Q(\beta_2 - \alpha)}{q} \tag{3-59}$$

式中　V——两段磨矿所需的磨矿机总容积，m^3；

　　　Q——设计流程按给矿计的处理量，t/h；

　　　β_2——第二段磨矿产物中合格粒级的含量（质量分数）；

　　　α——第一段磨矿给矿中合格粒级的含量（质量分数）；

　　　q——设计磨矿机的单位容积生产能力，$t/(m^3 \cdot h)$，按式（3-53）计算。

设 V_1 为第一段磨矿机的容积、V_2 为第二段磨矿机的容积，则 $V_1 + V_2 = V$。将磨矿机总容积在两段之间进行分配时一般遵循如下经验规则：

（1）当两段磨矿均为闭路，且选用的磨矿机类型相同时可选取 $V_2/V_1 = 1$，即 $V_1 = V_2 = V/2$。

（2）当两段磨矿均为闭路，且第一段为格子型球磨机、第二段为溢流型球

磨机时比值 V_2/V_1 可计算为

$$\frac{V_2}{V_1} = K\left(\frac{D_1 - 0.15}{D_2 - 0.15}\right)^{0.5} \tag{3-60}$$

其中，K 为磨矿机类型差异系数，K 的取值范围为 1.10~1.15；D_1 和 D_2 分别为第一段和第二段磨矿机的直径。

（3）当第一段磨矿为开路、第二段磨矿为闭路时 V_2/V_1 的合理取值范围大致为 2~3。

（4）当第一段为棒磨开路、第二段为球磨闭路时 V_2/V_1 的取值范围为 1.5~2。

求出 V_1 和 V_2 后，由 V_1 与选用的第一段磨矿机有效容积比值确定第一段磨矿所需的磨矿机台数；由 V_2 与选用的第二段磨矿机有效容积的比值确定第二段磨矿所需的磨矿机台数。第一段磨矿产物的细度（合格粒级含量）可估算为

$$\beta_1 = \alpha + \frac{\beta_2 - \alpha}{1 + K_q K_V} \tag{3-61}$$

式中　β_1——第一段磨矿产物中合格粒级的含量（质量分数）；

　　　β_2——第二段磨矿产物中合格粒级的含量（质量分数）；

　　　α——第一段磨矿给矿中合格粒级的含量（质量分数）；

　　　K_q——第二段磨矿机与第一段磨矿机单位容积生产能力的比值，K_q 的取值范围一般为 0.80~0.85；

　　　K_V——第二段磨矿机与第一段磨矿机容积的比值，两段均为闭路时 $K_V = 1$；第一段为开路、第二段为闭路时 $K_V = 2$~3。

分段计算法适用于矿石泥化程度较高，选别作业对第一段磨矿产物细度有一定要求的两段磨矿。计算步骤是先根据工业试验结果或类似选矿厂生产指标确定第一段和第二段磨矿的单位容积生产能力 q_1 和 q_2，然后根据设计要求的原矿处理量 Q 及第一段和第二段磨矿产物细度 β_1 和 β_2 计算第一段和第二段磨矿所需的磨矿机容积 V_1 和 V_2，计算为

$$V_1 = \frac{Q(\beta_1 - \alpha)}{q_1} \tag{3-62}$$

$$V_2 = \frac{Q(\beta_2 - \beta_1)}{q_2} \tag{3-63}$$

最后，根据 V_1 与所选磨矿机有效容积的比值确定第一段磨矿所需的磨矿机台数，根据 V_2 与所选磨矿机有效容积的比值确定第二段磨矿所需的磨矿机台数。

对于用于选矿中间产物（如粗精矿、混合精矿、中矿、富尾矿等）再磨作业的磨矿机，一般应根据具体物料的可磨度试验结果或类似选矿厂同类物料的生产指标进行计算。缺乏试验或生产数据时可在假定再磨给矿物料的可磨度与原矿

可磨度相同的基础上采用下式计算再磨所需的磨矿机容积

$$V_b = \gamma_b(V_2 - V_1) \tag{3-64}$$

式中　V_b——再磨所需的磨矿机容积，m^3；

　　　γ_b——再磨给矿占原矿的质量分数，即再磨给矿产率；

　　　V_1——把原矿全部磨至再磨给矿细度所需的磨矿机容积，m^3；

　　　V_2——把原矿全部磨至再磨产物细度所需的磨矿机容积，m^3。

若再磨给矿与原矿的可磨度存在差异，此计算仅为近似计算。当再磨给矿产率较大时（如尾矿再磨时）计算结果误差较小，当再磨给矿产率较小时（如精矿再磨时）计算结果误差较大。

3.7.4.2　基于单位质量物料能耗的计算方法（功耗法）

这里单位质量物料能耗指磨矿机将单位质量矿石物料从指定给矿粒度粉碎至指定产物粒度所需的能耗，也称磨矿比能耗。功耗法选型计算以磨矿功指数作为物料的可磨度参数，以使 80% 物料透筛通过的筛孔尺寸代表物料粒度。此计算方法的基本要点是先根据物料的磨矿功指数计算在基准磨矿条件下将该矿石物料从指定给矿粒度磨至指定产物粒度所需的磨矿比能耗；再用一系列校正系数对此比能耗值进行修正，得到在选定磨矿条件下的磨矿比能耗；最后根据此磨矿比能耗和设计要求的处理量计算磨矿所需的总功率，从而可根据设备制造厂家提供的磨矿机型号与技术规格确定所选用磨矿机的规格和台数。基本计算为

$$W = W_i \left(\frac{10}{\sqrt{P}} - \frac{10}{\sqrt{F}} \right) \tag{3-65}$$

$$W_c = K_1 K_2 K_3 K_4 K_5 K_6 K_7 K_8 W \tag{3-66}$$

$$N = Q W_c \tag{3-67}$$

式中　W——基准磨矿条件下磨矿所需的比能耗，$kW \cdot h/t$；

　　　W_c——设计磨矿机磨矿所需的比能耗，$kW \cdot h/t$；

　　　W_i——被磨物料的磨矿功指数，$kW \cdot h/t$；

　　　N——设计磨矿机磨矿所需的总功率，kW；

　　　P——产物粒度，指产物中 80% 物料能透筛通过的筛孔尺寸，μm；

　　　F——给矿粒度，指给矿中 80% 物料能透筛通过的筛孔尺寸，μm；

　　　K_1——干式磨矿系数；

　　　K_2——开路球磨系数；

　　　K_3——磨矿机直径系数；

　　　K_4——过大给矿粒度系数；

　　　K_5——磨矿细度系数；

　　　K_6——棒磨磨碎比系数；

　　　K_7——球磨磨碎比系数；

K_8——棒磨回路类型系数；

Q——设计磨矿机按给矿计的处理量，t/h。

这里的基准磨矿条件指的是内径为 2.44 m 的溢流型工业球磨机在正常作业条件下的湿式闭路磨矿。在此磨矿条件下，将单位质量邦德功指数为 W_i 的矿石物料从给矿粒度 F 粉碎至产物粒度 P 所需的能耗为 W（式（3-65））。采用功耗法进行工业磨矿机的选型和功率计算时，需要通过各种校正系数对此能耗数值进行修正，以反映偏离基准条件的各种因素对磨矿能耗的影响（式（3-66））。

干式磨矿系数 K_1：干式球磨时 $K_1 = 1.3$；湿式球磨或棒磨时 $K_1 = 1.0$。

开路磨矿系数 K_2：开路磨矿时按表 3-28 选取；闭路磨矿时 $K_2 = 1.0$。

表 3-28　开路球磨系数 K_2

产物中小于控制粒度的含量/%	50	60	70	80	90	92	95	98
K_2值	1.035	1.05	1.10	1.20	1.40	1.46	1.57	1.70

磨矿机直径系数 K_3：磨矿机有效直径 D 等于磨矿机筒体内径减去两倍衬板厚度；当 $D \leqslant 2.44$ m 时，$K_3 = 1.0$（即不需要修正）；当 2.44 m$<D<$3.81 m 时按

$$K_3 = \left(\frac{2.44}{D}\right)^{0.2} \tag{3-68}$$

计算；当 $D \geqslant 3.81$ m 时，取 $K_3 = 0.914$。

过大给矿粒度系数 K_4：过大给矿粒度系数按下式计算

$$K_4 = \frac{R + (W_i \times 0.907 - 7)\dfrac{F - F_0}{F_0}}{R} \tag{3-69}$$

其中，R 为磨碎比，$R = F/P$；W_i、F 和 P 的意义同前；F_0 为最佳给矿粒度，μm。

棒磨磨矿的最佳给矿粒度为

$$F_0 = 16000\sqrt{\frac{13}{W_i \times 0.907}} \tag{3-70}$$

球磨磨矿的最佳给矿粒度为

$$F_0 = 4000\sqrt{\frac{13}{W_i \times 0.907}} \tag{3-71}$$

当给矿粒度小于 F_0 时不需要修正；当大于 F_0 时按式（3-69）算出的 K_4 值进行修正。采用砾石作为磨矿介质时，应考虑砾石自身磨碎所消耗的能量，此时取 $K_4 = 2.0$。

磨矿细度系数 K_5：此系数用于细磨或再磨磨矿。当产物粒度 $P \leqslant 75$ μm 时需要算出的 K_5 值对能耗进行修正

$$K_5 = \frac{P + 10.3}{1.145P} \tag{3-72}$$

产物粒度 P 大于 75 μm 时 $K_5 = 1.0$（即不需要修正）。

棒磨磨碎比系数 K_6：棒磨磨碎比系数求得

$$K_6 = 1 + \frac{(R - R_0)^2}{150} \tag{3-73}$$

其中，R 和 R_0 分别为棒磨机的磨碎比和最佳磨碎比，后者可计算为

$$R_0 = 8 + \frac{5L}{D} \tag{3-74}$$

其中，L 为钢棒长度，m；D 为棒磨机有效直径，m。

球磨磨碎比系数 K_7：当球磨磨碎比 $R<6$ 时，需要计算为

$$K_7 = \frac{2(R - 1.35) + 0.26}{2(R - 1.35)} \tag{3-75}$$

引入球磨磨碎比系数 K_7；$R>6$ 时不需要修正（即 $K_7 = 1.0$）。

棒磨回路类型系数 K_8：对于单一棒磨回路，棒磨机给矿为开路破碎产物时取 $K_8 = 1.4$；棒磨机给矿为闭路破碎产物时取 $K_8 = 1.2$。对于棒磨-球磨回路，棒磨机给矿为开路破碎产物时取 $K_8 = 1.2$；棒磨机给矿为闭路破碎产物时取 $K_8 = 1.0$。

功耗法磨矿机选型计算一般包括如下步骤：（1）对具体矿石进行邦德可磨度试验（磨矿功指数测定），获得该矿石的磨矿功指数 W_i。（2）根据矿石的磨矿功指数和设计要求的给矿粒度及产物粒度，计算基准磨矿条件下所需的磨矿比能耗 W（式（3-65））。（3）用一系列校正系数对此比能耗值进行修正（式（3-66）），求出选定磨矿条件下所需的磨矿比能耗 W_c。（4）根据此磨矿比能耗和设计要求的处理量计算磨矿所需的总功率 N（式（3-67））。（5）根据设备制造厂家提供的各种规格磨矿机在正常作业条件下的小齿轮轴功率数据确定所选磨矿机规格和台数。（6）根据磨矿机小齿轮轴功率和电机机械传动效率计算电机功率并按电机系列选驱动电机。

根据磨矿机工作功率来选择磨矿机规格时，除了直接查阅磨矿机产品目录外，还可计算为

$$N_m = K_w V \varphi \delta_m \tag{3-76}$$

式中　N_m——磨矿机小齿轮轴功率，kW；

　　　K_w——单位质量磨矿介质需用功率，kW/t；

　　　　　　对于球磨机 $K_w = K_{wb}$，采用式（3-44）计算；

　　　　　　对于球磨机 $K_w = K_{wr}$，采用式（3-53）计算；

　　　V——磨矿机有效容积，m^3；

　　　φ——磨矿机介质充填率（体积分数）；

　　　δ_m——磨矿介质松散密度，t/m^3。

由 N_m 和 K_w 值可求出磨矿机应装入的磨矿介质质量，再根据介质充填率和磨

矿介质松散密度求出所需的磨矿机有效容积，依此选定磨矿机规格。

　　在磨矿机规格固定成系列的情况下，可先选择磨矿机规格型号，再根据上述计算结果确定磨矿机台数。若流程设计对平行作业的磨矿系列数有要求，则可先确定磨矿机台数（即平行作业的磨矿系列数），再根据每台磨矿机所需的工作功率来选择磨矿机规格。从固定规格系列的磨矿机中通常只能选择工作功率比较接近设计要求的规格型号。在磨矿机直径有固定系列、磨矿机长度可在一定范围内按一定长度单位变动的情况下，可先按上述方法初选磨矿机规格，再利用磨矿功率与磨矿机长度成正比的关系对磨矿机长度进行调整，使选定的磨矿机规格正好满足对磨矿功率的要求。在确定球磨机规格时应注意其长度与直径的比值符合表 3-29 的要求。

表 3-29　球磨机的长径比范围

给矿粒度[①]$F/\mu m$	最大球径 B/mm	长径比 L/D
5000~10000	60~90	1~1.25
90~4000	40~50	1.25~1.75
细粒给矿（再磨给矿）	20~30	1.5~2.5

①使 80%给矿物料透筛通过的筛孔尺寸。

　　对于多段磨矿流程，可按上述计算方法逐段进行磨矿机的选型。选型计算的关键是需要为各段磨矿确定合适物料可磨度参数（磨矿功指数）W_i、给矿粒度 F 和产物粒度 P。

　　功耗法用于再磨作业的磨矿机选型时，应考虑再磨给矿与原矿在可磨度上的差异，采用再磨给矿的磨矿功指数测定值进行计算。此外，在计算再磨机功率时应考虑钢球尺寸较小对磨矿功率的影响并对之进行修正。计算再磨机小齿轮输入功率的公式为

$$N_r = N - GS \tag{3-77}$$

式中　N_r——再磨机小齿轮轴输入功率，kW；

　　　N——按一般球磨机计算再磨给矿、产物粒度条件下所需的输入功率，kW；

　　　G——再磨机的装球量，t；

　　　S——钢球直径差异对每吨钢球功率值的影响幅度，kW/t，计算为

$$S = S_1 - S_2 \tag{3-78}$$

　　　S_1——按一般球磨机所用钢球直径（大钢球）计算的每吨钢球的影响幅度，kW/t；S_1 等于以大钢球直径与再磨机内径代入式（3-45）算得的 S_s 值；

　　　S_2——按再磨机所用钢球直径（小钢球）计算的每吨钢球的影响幅度，kW/t；

S_2 等于以小钢球直径与再磨机内径代入式（3-45）算得的 S_s 值。

求出再磨机所需的小齿轮输入功率后可根据设备厂家产品样本选择不同规格的再磨机进行比较，再按再磨机长度与直径之比大于 1.5 的关系确定适当的规格和台数。

再磨机的生产能力计算目前尚无完善的方法。除上述方法外，还有一些基于比能耗的经验方法可用于计算物料细磨所需的功耗，在国外已有所应用的方法包括：

（1）在邦德可磨度试验磨机上对再磨物料进行一组不同磨矿细度的开路磨矿试验，测定各产物细度后用插值法求出将质量为 m（单位：g）的给定物料磨至指定产物细度所需的转数 n，则将每吨该物料细磨至该细度所需的能耗为 $19.8 \times (n/m)$ kW·h。

（2）再磨作业每吨新生成 -45 mm 物料需要消耗 25~33 kW·h 的能量。

（3）再磨作业功耗取粗磨功耗的 2.5%~12.5%，一般设计应用上取粗磨功耗的 10%。

3.7.5　自磨机、半自磨机和砾磨机

自磨机是利用给矿物料中的大块矿石作为磨矿介质的磨矿机。作为滚筒式磨矿机的一种特殊形式，自磨磨矿也称无介质磨矿；半自磨磨矿则是指除了以大块矿石作为介质外，还在磨矿机中加入一些钢球介质的磨矿方式。添加钢球作为辅助介质的自磨称为半自磨。

图 3-33 所示为自磨机的构造和工作原理。矿石物料从筒体给矿端进入磨机内部。随着筒体的转动，机内的料荷不断地进行着被筒壁提升到一定位置后沿料荷表面的泻落或脱离料荷表面的抛落运动。在这个过程中，大块矿石一方面对其他矿石颗粒施加冲撞压挤或压剪剥磨作用，另一方面本身也会受到其他矿块的冲击或磨剥而被碎。机内的细粒物料从排矿端排出。对于自磨磨矿，给矿物料中作为磨矿介质的大块矿石的硬度及含量多少对磨矿效果有很大的影响。为了扩大自磨磨矿对不同类型矿石的适用性，并且更好地适应原矿性质波动及给矿粒度分布变化的影响，往往在自磨机中加入少量的钢球作为辅助介质以弥补大块矿石作为介质的不足，从而成为半自磨磨矿。自磨与半自磨之间并没有严格的分界，通常将装球率超过 3% 的自磨机视为半自磨机。

自磨机和半自磨机按其作业模式有干式和湿式之分。干式作业需要配套较为复杂的风力分级和除尘系统，操作与控制难度较大，而且不适合于处理黏性物料。相比之下，湿式作业有诸多优势。因此，除了用于一些需要干磨的物料如石棉、滑石、云母等工业矿物原料或用于缺水地区之外，自磨和半自磨一般都采用湿式作业。

与湿式球磨机比较，湿式自磨/半自磨机在构造上具有以下特点：（1）筒体

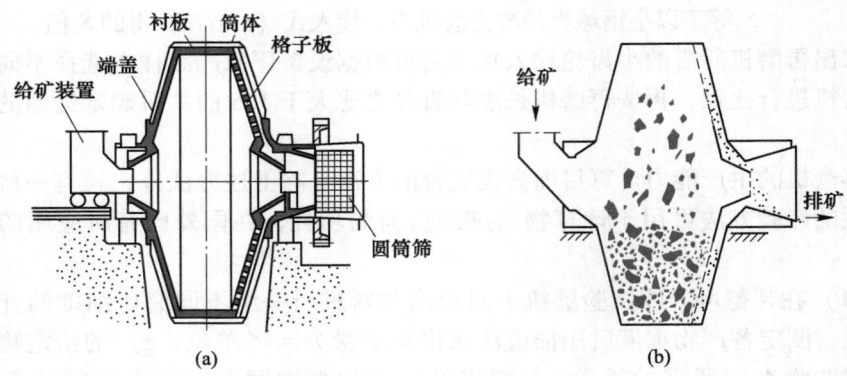

图 3-33 自磨机构造与工作原理
(a) 自磨机构造；(b) 自磨磨矿原理

直径较大，筒体长度一般较短；（2）给矿端中空耳轴的直径较大，便于大块矿石的给入；（3）筒体内壁上除了铺有耐磨衬板外，还安装有提升条，以便将物料提升到足够的高度后抛落；（4）采用与格子型球磨机类似的格子板排矿。当需要排出粒度较大的砾石（顽石）时，格子板上除了设有细粒物料排出孔外还开设有尺寸较大的砾石排出孔。

自磨/半自磨磨矿的特点是破碎比大、单机处理量高、钢耗低、铁质污染轻、泥化作用小。自磨磨矿给矿中大块矿石的最大粒度可达 300 mm 以上，产品细度可达 0.1 mm 以下。用一台自磨机就可以完成传统碎磨流程中的中碎、细碎和粗磨三段作业，取得简化流程、减少碎磨流程投资和运行费用的效果。近几十年来，带有自磨/半自磨的碎磨工艺流程已在许多选矿厂得以应用，它突破了传统的三段碎矿加磨矿的碎磨流程模式，已成为大型矿山建设时需要加以考虑、并且越来越多地被采用的新常规流程，尽管自磨/半自磨磨矿本身也存在比能耗偏高、对物料性质波动敏感、对一些矿石类型不适用等问题，并不能完全取代传统的碎磨流程。

自磨/半自磨机的规格采用磨机（筒体）的直径和长度来表示，国产设备型号规格的标准标记方法为：

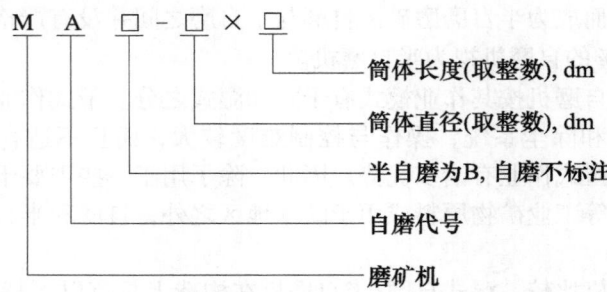

表 3-30 和表 3-31 列出国产自磨机和半自磨机产品的技术规格。影响自磨/半自磨机生产能力和磨矿效果的因素除了磨机筒体尺寸、格子板排矿孔口尺寸等设备结构参数外还包括转速率、装球率、最大钢球尺寸、矿石硬度、给矿粒度分布、给矿速率、给水速率等作业参数。

表 3-30 湿式自磨机的技术规格

型　号	筒体直径 /mm	筒体长度 /mm	筒体有效容积/m³	最大装球量 /t	筒体转速 /r·min⁻¹	主电动机功率/kW
MA-40×□（AG-40×□）	4000	1400~3600	17~42	2~6	16.2	220~540
MA-45×□（AG-45×□）	4500	1600~4100	24~61	3~9	15.3	320~830
MA-50×□（AG-50×□）	5000	1800~4500	34~83	5~12	14.5	500~1200
MA-55×□（AG-55×□）	5500	1800~5000	42~112	6~16	13.8	630~1700
MA-61×□（AG-61×□）	6100	2400~5500	69~152	10~21	13.1	1050~2400
MA-67×□（AG-67×□）	6700	2600~6000	93~201	13~28	12.5	1500~3300
MA-73×□（AG-73×□）	7300	2800~6600	120~264	17~37	12.0	2000~4500
MA-80×□（AG-80×□）	8000	3200~7200	160~347	22~48	11.4	2800~6200
MA-86×□（AG-86×□）	8600	3400~7700	197~429	27~60	11.0	3500~7900
MA-92×□（AG-92×□）	9200	3700~8300	246~530	34~74	10.7	4500~10000
MA-98×□（AG-98×□）	9800	3900~8800	296~640	41~89	10.3	5600~12500
MA-104×□（AG-104×□）	10400	4200~9400	359~770	50~107	10.0	7000~15400
MA-110×□（AG-110×□）	11000	4400~9900	422~909	59~127	9.8	8400~19000
MA-116×□（AG-116×□）	11600	4600~10400	492~1064	69~148	9.5	10000~22000
MA-122×□（AG-122×□）	12200	4900~11000	580~1246	81~174	9.2	12000~27000

注：1. 筒体直径指筒体内径，筒体长度指筒体两端法兰之间的距离，有效长度需根据端衬板、格子板的尺寸确定，有效容积指筒体、端盖去除衬板后的容积，包括锥体容积。

2. 给料粒度不应大于 350 mm。

3. 最大装球量按有效容积的 3%计算。

4. 筒体转速为临界转速的 75%，变频调速时按照额定转速的 5%~10%浮动。

5. 括号内的型号为习惯用型号。

表 3-31 湿式半自磨机的技术规格

型　号	筒体直径 /mm	筒体长度 /mm	筒体有效容积/m³	最大装球量 /t	筒体转速 /r·min⁻¹	主电动机功率/kW
MAB-40×□（SAG-40×□）	4000	1600~3600	19~42	13~29	16.2	310~710
MAB-45×□（SAG-45×□）	4500	1800~4100	27~61	19~43	15.3	470~1100
MAB-50×□（SAG-50×□）	5000	2000~4500	38~83	27~58	14.5	700~1500

续表 3-31

型　号	筒体直径 /mm	筒体长度 /mm	筒体有效 容积/m³	最大装球量 /t	筒体转速 /r·min⁻¹	主电动机 功率/kW
MAB-55×□（SAG-55×□）	5500	2200~5000	51~112	36~78	13.8	960~2200
MAB-61×□（SAG-61×□）	6100	2400~5500	69~152	48~106	13.1	1400~3100
MAB-67×□（SAG-67×□）	6700	2700~6000	93~201	65~140	12.5	2000~4300
MAB-73×□（SAG-73×□）	7300	2900~6600	120~264	84~184	12.0	2600~5900
MAB-80×□（SAG-80×□）	8000	3200~7200	160~347	112~242	11.4	3600~8100
MAB-86×□（SAG-86×□）	8600	3400~7700	197~429	137~299	11.0	4600~10000
MAB-92×□（SAG-92×□）	9200	3700~8300	246~530	172~370	10.7	5900~13000
MAB-98×□（SAG-98×□）	9800	3900~8800	296~640	206~446	10.3	7300~16000
MAB-104×□（SAG-104×□）	10400	4200~9400	359~770	250~537	10.0	9100~20000
MAB-110×□（SAG-110×□）	11000	4400~9900	422~909	294~634	9.8	11000~25000
MAB-116×□（SAG-116×□）	11600	4600~10400	492~1064	343~742	9.5	13000~30000
MAB-122×□（SAG-122×□）	12200	4900~11000	580~1246	405~869	9.2	16000~36000

注：1. 筒体直径指筒体内径，筒体长度指筒体两端法兰之间的距离，有效长度需根据端衬板、格子板的尺寸确定，有效容积指筒体、端盖去除衬板后的容积，包括锥体容积。

2. 给料粒度不应大于 350 mm。

3. 最大装球量按有效容积的 15% 计算。

4. 筒体转速为临界转速的 75%，变频调速时按照额定转速的 5%~10% 浮动。

5. 括号内的型号为习惯用型号。

　　筒体的直径与长度是决定磨矿机生产能力和驱动功率的主要因素。自磨/半自磨机筒体直径通常比球磨机大，且长径比一般小于 1，即自磨/半自磨机绝大多数都是筒体长度小于筒体直径的"短磨"。筒体直径大是为了使密度比钢铁小的矿块落下时能有足够的冲击力，筒体长度短可有效避免机内物料沿筒体轴线方向发生粒度离析现象。在北欧和南非也可见到筒径较小（小于 5 m）、长径比较大的"长磨"型自磨/半自磨机在一些矿山运行。与"短磨"型设备相比，"长磨"型自磨/半自磨机通常在较高的装球率和转速率条件下运行，生产能力低，单位能耗高，在当今新建矿山选厂中很少采用。

　　排矿格子板上开设有尺寸为 10~40 mm 的排矿孔口用于排出磨机内的细粒物料，孔口形状可为长条形、方形或圆形等。对于需要排出中等粒度砾石的自磨/半自磨机，在格子板上还带有孔口尺寸为 40~100 mm 的砾石排出孔。格子板总开孔面积一般为圆筒截面的 2%~12%。在磨机运行过程中，筒体内的细粒物料随矿浆透过格子板进入排料腔，再通过矿浆提升器提升至中空轴颈排出。排矿格子板的开孔尺寸、开孔形状和开孔面积与格子板外侧矿浆提升器的形状、宽度和排布等设备结构参数一起决定磨机正常作业时的排料粒度和排料速率，从而影响磨机的作业效果。

自磨/半自磨磨矿的转速率通常为 70%~85%。现代自磨/半自磨机大多采用变速驱动，磨机运行的转速可随时根据矿石性质变化和衬板及提升条磨损状况加以调整。合适的转速率和筒体内壁衬板及提升条的设置应使得磨机运行时筒体内至少有一部分料荷呈泻落式运动状态。半自磨磨矿通常添加尺寸为 100~140 mm 的钢球作为补充介质，钢球充填率一般为磨机容积的 5%~15%。当给矿中充当介质的大块物料不足时，需要加大钢球充填。实际上自磨/半自磨机中的钢球充填率可在较大范围内变化。因为，矿石本身也是介质，因此自磨/半自磨机的充填率是指料荷整体（包括矿石物料和补充介质）在磨机内的充填率，也称综合充填率或总充填率。自磨/半自磨机的总充填率一般为磨机容积的 20%~35%。因磨矿介质与被磨物料界限难定，湿式自磨/半自磨磨矿的矿浆浓度难于定义。根据给矿量和给水量计算的固体浓度可高于球磨和棒磨的磨矿浓度。

给矿粒度和硬度对自磨/半自磨作业效果的影响远远大于对球磨与棒磨的影响。球磨/棒磨机内钢球/钢棒的质量一般占磨机总料荷的 80% 以上，是影响磨机能耗与磨矿效果的主要因素；而自磨机的磨矿介质直接来自给矿，半自磨机的磨矿介质也有很大一部分来自给矿，给矿粗粒端粒度分布的任何变化都会引起机内磨矿介质尺寸分布的变化，给矿硬度的变化也会影响矿石的破碎效果并导致磨矿介质尺寸分布的变化。磨矿介质尺寸分布的变化直接影响磨矿效果，由此也会带来磨机负荷的变化，从而影响磨机功耗。与驱动功耗基本稳定的球磨/棒磨磨矿比较，自磨/半自磨机运行的驱动功耗更易于波动且波幅较大。为应对给矿粒度和硬度的变化，一般需要配置合适的自动控制系统，对给矿速率或磨机转速进行调控。

自磨磨矿与半自磨磨矿对给矿粒度变化的响应有所不同。纯自磨磨矿利用大块矿石作为介质来破碎小块矿石，需要有足够数量的大块矿石来维持足够高的冲击破碎频率/破碎速率，因此给矿粒度变粗一般会有利于改善磨矿效果。而对于装球率较高的半自磨磨矿，钢球介质起主要作用，大块矿石作为介质的贡献是次要的，给矿粒度变粗反而会增加磨矿负担。在这种情况下减少给矿中粗粒的含量可减少磨矿负担。中等粒度（25~50 mm）矿石颗粒的情况较为特别：一方面因其动能比大块矿石小，作为磨矿介质的功效有限；另一方面因其粒度比细粒物料大，更难于被大块矿石或钢球磨碎。在自磨/半自磨磨矿过程中，有时会出现中等粒度的矿石颗粒（砾石）在磨机内不断增多的情况，即所谓的"顽石"累积现象，导致磨机产能下降、比能耗增加、磨矿效率降低。对此除了通过配矿调整给料的粒度组成或适当增加钢球充填率来强化对中等粒度物料的碎磨作用之外，还可以通过在格子板上开设砾石排出孔的办法将此粒级物料从磨机中排出，再进行单独破碎或作为下一段砾磨磨矿的介质。

　　一般来说，自磨/半自磨磨矿的影响因素较多且一些因素之间存在较为复杂的相互作用，入磨矿石既是磨矿介质又是被磨物料，因此，在工业生产上维持自磨/半自磨机稳定运行的难度比维持球磨机或棒磨机稳定运行的难度要大。在选矿厂设计设备选型上也是如此，对于自磨/半自磨磨矿，目前，尚无一个公认的方法能像球磨或棒磨磨矿那样仅根据实验室小型试验（如相对可磨度试验或邦德功指数试验）的结果就能可靠地进行设备选型。在新矿山开发时一般需要通过半工业试验来评估自磨/半自磨磨矿的适用性，确定合适的工艺流程及获得目标细度产物所需的比能耗，并在此基础上确定满足产能要求所需的磨机尺寸和驱动功率。然而开展半工业试验的耗费较大，尽管可采用将半工业试验与数学建模及过程模拟相结合的方法来缩小试验规模，在一定程度上减少试验费用。通过小型试验方法来测定矿石物料在自磨/半自磨磨矿环境下的粉碎特性并将之用于自磨/半自磨磨矿的工艺设计和设备选型一直是业界的研发热点。近几十年来国外一些公司或机构相继推出各种不同的物料参数及其测定方法，有些已得到不同程度的推广应用，包括麦佛森（MacPherson）自磨可磨度试验，介质适用性试验，MinnovEX 半自磨功率指数（SPI）试验，标准自磨设计（SAGDesign）试验，JK落重试验和磨剥试验，半自磨机粉碎（SMC）试验等。关于这些物料参数及其测定方法的进一步介绍可参见第 7 章。这些方法获得的物料参数既有将特定粒度的给矿粉碎至给定细度所需的磨矿比能耗，也有进行工业磨矿过程模拟计算所需的矿石粉碎特性参数。每种方法各有其长处和短处，对设计的可靠性要求较高时，一般推荐将不同的试验和设计方法联用，通过相互验证和补充来减小预测风险。经验表明，在缺乏半工业试验数据的情况下采用小型试验与过程模拟相结合的方法也能足够准确地预测大型工业磨机的性能。小型试验加过程模拟的方法已越来越多地用于自磨/半自磨磨矿的流程设计、设备选型和过程优化研究。

　　图 3-29 所示为关于滚筒式磨矿机功耗的理论分析模型（式（3-40）~式（3-43）），原理上也适用于自磨/半自磨机，其中料荷重心对转动轴的相对偏离量以及公式中与之相关的比例系数仍是磨机作业条件的函数。理论及试验研究表明，在相似的作业条件下，自磨/半自磨机功耗 P 与磨机尺寸的关系可表示为

$$P = K_1 \cdot L \cdot D^{n_1} \tag{3-79}$$

　　而生产能力 Q 与磨机尺寸的关系也可表示为

$$Q = K_2 \cdot L \cdot D^{n_2} \tag{3-80}$$

其中，D 和 L 分别为自磨/半自磨机筒体的直径和长度；K_1 和 K_2 是与磨矿作业条件有关的常数；指数 n_1 和 n_2 的取值非常接近，一般可认为两者相等，即 $n_1 = n_2 = n$，对于湿式磨矿 $n = 2.5 \sim 2.7$，对于干式磨矿 $n = 2.8 \sim 3.1$。由此两式可推导出在相似的作业条件下磨矿比能耗 $E = P/Q = K_1/K_2$ 是个常数。将磨矿比能耗视为

不变量是大多数磨机尺度放大（即根据小型或半工业试验结果进行工业磨机选型）方法的原理和计算依据。

砾磨机指的是以砾石为介质的滚筒式磨矿机。砾磨机的构造与格子型球磨机相似，实际上早期的砾磨就是在格子型球磨机中进行的，只是用砾石代替了钢球作为磨矿介质。砾磨机中用的介质可以是与被磨物料不同的卵石，也可以是从流程上游某个碎磨作业的产物中筛出的粒级。后一种情况下的砾磨实质上仍是矿石的自磨，砾石介质一般来自中碎产物或粗碎产物，也可利用自磨磨矿的"顽石"作为介质。

砾磨机可用于粗磨，处理最大粒度为 10~20 mm 的细碎产物；也可用于细磨，处理经棒磨机、球磨机或自磨机粗磨后的产物，这些产物的粒度通常为 3~0.2 mm。因为砾石的密度比钢球低，所以为取得相同磨矿效果需要更大的介质尺寸。用于粗磨的砾石粒度一般为 80~250 mm，用于细磨的砾石粒度一般为 30~100 mm。经验表明，砾石介质的粒度范围越窄，磨矿效果越好。

砾磨机的长径比一般为 1.3~1.5，转速率 75%~90%，介质充填率 40%~50%，磨矿浓度通比球磨机低 5%~10%。砾石介质的消耗量与矿石物料性质有关，处理铁矿石时砾石的消耗量通常为矿石处理量的 2%~7%，处理有色金属矿石时砾石的消耗量一般会更高。

通常情况下，磨矿机的生产能力与磨矿机运行功耗成正比。由于砾石密度小于钢球密度，砾磨机的生产能力小于相同尺寸的球磨机，或者说达到同样产能需要更大的磨机。砾磨机的破碎比与球磨机相近，单位容积的处理能力比球磨机小，但随着要求的磨矿细度的增加，两者的差距变小。砾磨机一般用在棒磨机或自磨机之后作为第二段磨机。在细磨作业中采用砾磨代替球磨可取得节省钢耗和减轻铁质对磨矿产物污染的效果。

采用砾磨并不能简化流程，反而需要增加一套砾石介质供应系统。砾磨机在选矿工业中很少用，但在磨矿产品需要进行化工处理的铀矿加工中得到较多的应用，因为减轻铁质污染可减少后续化工处理的酸耗。表 3-32 列出两种国产砾磨机型号的技术规格。

表 3-32 砾磨机技术规格

型 号	筒体直径 /mm	筒体长度 /mm	筒体有效容积 /m³	砾石装入量 /t	筒体转速 /r·min⁻¹	主电动机功率 /kW
φ3600×5500	3600	5500	51	30	16.4	650
φ4600×6000	4600	6000	83	55	14.6	1600

3.8　搅拌式磨机

　　搅拌式磨机简称搅拌磨，起源于以天然砂或玻璃珠为研磨介质的砂磨机，早期主要用于涂料、染料等物料的研磨、混合与分散，单机处理量不大。经过多年的改进和发展，搅拌式磨矿现已广泛用于化工、食品、建材、矿物加工等行业物料的细磨和超细磨，设备的单机处理量也在不断提高。

　　与滚筒式磨矿机一样，搅拌式磨机也是依靠研磨介质的冲击、挤压和磨剥作用来粉碎物料。与通过筒体转动驱动研磨介质运动的滚筒式磨矿机不同的是，搅拌式磨机的筒体固定不动，研磨介质的运动是通过磨机筒体内的搅拌器来驱动的。搅拌磨采用的研磨介质通常比球磨机的研磨介质要小，但在高强度搅拌下可实现比球磨机更高的能量输入密度，从而可更高效地用于通常需要较高比能耗的细粒物料研磨。

　　搅拌磨的型式种类较多，各设备制造厂家给设备的命名也尚未统一。通常按筒体的布置取向将搅拌磨分为立式和卧式两大类，立式搅拌磨的研磨腔多为敞开型，卧式搅拌磨的研磨腔均为封闭型。按搅拌器种类的不同有圆盘式、环式、销棒式、叶片式、螺旋式等类型之分。按工作模式可分为间歇式、连续式和循环式。按作业条件又可分为湿式和干式。实际应用上以湿式研磨居多，尤其是选矿领域应用的搅拌磨均为湿式磨矿。

　　搅拌磨的主要构件包括筒体、搅拌器、电动机及传动装置。需要控制研磨温度时，圆筒壁内设置有可让冷却流体通过的冷却夹套。图 3-34 所示为搅拌磨的结构。搅拌磨研磨腔内充填有大量的研磨介质。设备工作时，搅拌器的搅动带动腔内研磨介质和物料运动，物料颗粒在研磨介质之间、研磨介质与搅拌机构之间及研磨介质与筒壁内侧之间受到研磨介质的高强度冲击、摩擦和剪切作用而被粉碎。间歇式搅拌磨采用批次作业模式，各批次作业的给料和排料都需要停机操作；连续式搅拌磨则不断地从进料口给料，在出料口排料。从其工作原理可以看到，搅拌磨不仅有研磨作用，而且还具有混合和分散作用。

　　搅拌磨使用的研磨介质一般为球形，合适的研磨介质尺寸视给料粒度和要求的产品细度而定。用于一般细磨时通常使用尺寸小于 20 mm 的研磨介质；用于超细研磨时介质尺寸甚至可小于 1 mm。通常选用的研磨介质尺寸应该比给料粒度大 10 倍以上。研磨介质的密度对研磨效率有很大影响，介质密度越大，获得所需产物细度所需的研磨时间越短。为避免介质磨耗过快及产物污染，研磨介质硬度应该高于被磨物料的硬度。常用的研磨介质有天然砂砾、玻璃珠、氧化铝球、硅酸锆球、氧化锆球、钢球等。研磨腔内研磨介质的充填量对研磨效率有直接影响。敞开型立式搅拌磨研磨介质的充填量通常为研磨腔有效容积的 50% ~ 70%；

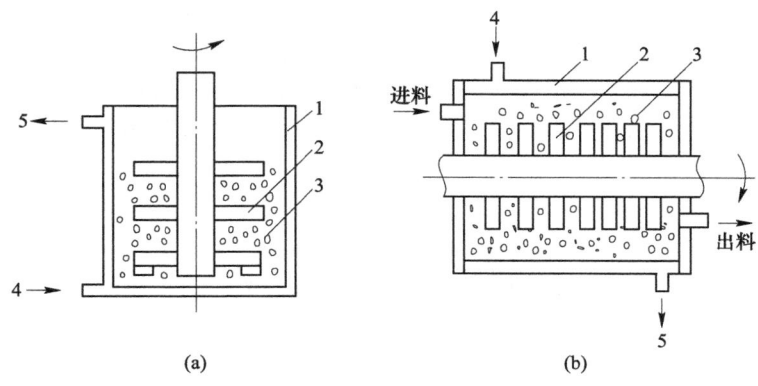

图 3-34 搅拌磨结构
（a）立式（敞开型，间歇式）；（b）卧式（封闭型，连续式）
1—冷却夹套；2—搅拌器；3—研磨介质；4—冷却液入口；5—冷却液出口

密闭型立式和卧式搅拌磨的研磨介质充填量通常为研磨腔有效容积的 70%~90%（常取 80%~85%）。搅拌磨的搅拌强度由搅拌器转速决定。搅拌磨主轴的转速及搅拌部件的结构和尺寸是影响搅拌磨运行所需功耗的主要因素。搅拌强度越大，功耗越大，研磨作用越强，但研磨介质和搅拌器部件及筒体衬板的磨耗也越大。最佳搅拌强度的确定往往需要在研磨效果和研磨介质及设备部件磨耗之间寻找平衡点。一般来说，立式搅拌磨使用的介质尺寸较大，主轴转速较低，适用于产物粒度小于 40 μm 的一般细磨；卧式搅拌磨使用的介质尺寸较小，主轴转速高，适用于产物粒度于 20 μm 的超细研磨。高搅拌强度的超细研磨甚至可获得微米和亚微米级的产物。一般细磨时搅拌器外端圆周运动的线速度通常取值范围为 1~5 m/s；超细研磨时搅拌器外端圆周运动的线速度可达 8~20 m/s。

选矿领域常用的搅拌磨主要有采用螺旋搅拌的立式搅拌磨和采用圆盘搅拌的卧式搅拌磨（艾萨磨）。

立式（螺旋）搅拌磨也称塔磨机或立式磨。它主要由筒体、螺旋搅拌器、电机及传动装置、机架以及润滑系统组成。立式搅拌磨的工作原理，如图 3-35 所示。设备工作时，螺旋搅拌器在电机及传动装置的驱动下匀速转动，带动研磨介质和矿浆在筒体内作多维循环运动。筒体内部可分为上下两个区域，上部为分级区，中下部为研磨区。给矿物料从顶部给入，较细的颗粒在分级区内被上升流携带从筒体上方溢流进入圆锥分离器；较粗的颗粒在重力的作用下沉降到中下部的研磨区，在研磨介质的挤压、摩擦和剪切作用下被粉碎。流入圆锥分离器的矿浆因流动方向的改变形成涡流，矿浆中较粗的颗粒受到涡流的分级作用沉降到分离器的底部，这部分物料由循环泵送回到磨机的底部继续研磨；矿浆中较细的颗粒作为搅拌磨产品从顶部溢流排出。通过调节循环泵流量可控制筒体内矿浆的上升流速，从而影响产品的粒度分布。立式搅拌磨常与外部的水力旋流器组成闭合循环回路，在这种情况下搅拌磨溢流产品再经旋流器分级，旋流器溢流为最终磨矿产物，旋流器底流返回搅拌磨的给矿浆池。搅拌磨本身通过圆锥分离器和循环泵实现的矿浆内部循环可有效地减少来自旋流器底流的外部循环负荷。

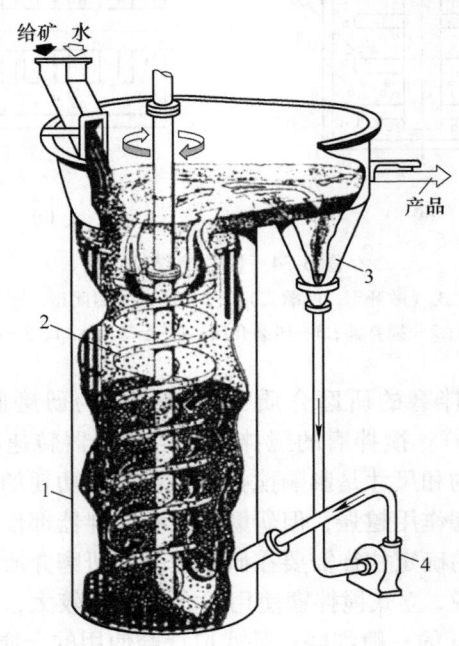

图 3-35　立式搅拌磨工作原理
1—筒体；2—螺旋搅拌器；3—圆锥分离器；4—循环泵

表 3-33 列出国产立式（螺旋）搅拌磨的技术规格。立式搅拌磨最关键的部件为螺旋搅拌器，其结构参数与转速一起决定设备的工作性能。除了设备结构参数和磨机容积外，影响立式搅拌磨磨矿效率的可操作因素还包括研磨介质大小、介质充填率、给矿粒度、给矿压力、磨矿浓度等。对于给定的给矿物料，最终产物粒度主要取决于磨矿比能耗，生产能力主要由设备容积、给矿矿浆流速和固体浓度等因素决定。

艾萨磨是一种具有高搅拌强度的卧式搅拌磨，其结构如图 3-36 所示。平行安装在悬臂轴上的一组带有流通孔的搅拌圆盘将筒体内部划分为多段相互连通的研磨腔，电动机通过变速箱带动搅拌圆盘高速旋转，驱动磨机内的研磨介质和被磨物料在磨机内运动。矿浆物料由给矿端进入筒体内，在向排料端运动的过程中流经各段研磨腔。在搅拌圆盘高速旋转的离心作用下，各研磨腔内的研磨介质在作绕轴圆周运动的同时被甩向筒壁方向，在此过程中由于沿圆盘径向方向存在的速度梯度而在各腔室内形成研磨介质的内部循环运动。运动中的研磨介质通过对

表 3-33 立式搅拌磨技术规格

型号①	主电动机功率/kW	筒体直径/mm	筒体长度/mm	筒体容积/m³	螺旋转速/r·min⁻¹	参考处理量/t·h⁻¹
JU-60	60	1250	3500	3.89	58.1	2~6
JU-100	100	1680		7.79	45.6	4~9
JU-150	150	1830	3810	9.30	42.5	6~14
JU-200	200	1980		10.94	39.8	8~19
JU-250	250	2100		12.36	36.2	10~24
JU-300	300	2290		17.50	35.2	11~28
JU-350	350	2470	4510	20.04	31.7	13~33
JU-400	400	2590		22.50	31.7	15~38
JU-500	500	2900		30.26	30.5	19~47
JU-600	600	3050		33.60	30.5	23~57
JU-750	750	3500		44.69	27.0	29~71
JU-850	850	3660		49.03	27.0	33~80
JU-950	950	3900		55.94	22.3	36~90
JU-1120	1120	4220		65.87	20.3	43~106
JU-1200	1200	4220	4780	65.87	20.3	46~113
JU-1500	1500	4880		89.03	18.5	57~141
JU-2000	2000	5500		114.05	16.7	77~189
JU-2250	2250	5790		126.84	16.2	86~212
JU-2500	2500	6100		141.28	15.4	96~236
JU-3000	3000	6550		163.64	14.6	115~283
JU-3500	3500	7010		188.21	13.8	134~330
JU-4000	4000	7470		214.49	13.2	153~377

注：处理量以新给料粒度 $F_{80}=75\sim125$ μm、最终产物粒度 $P_{80}=20\sim30$ μm、物料的标准邦德球磨功指数 $W_{ib}=16\sim19$ kW·h/t 为基准。

①标记符号：J—搅拌磨（立式）；U—螺旋搅拌式。

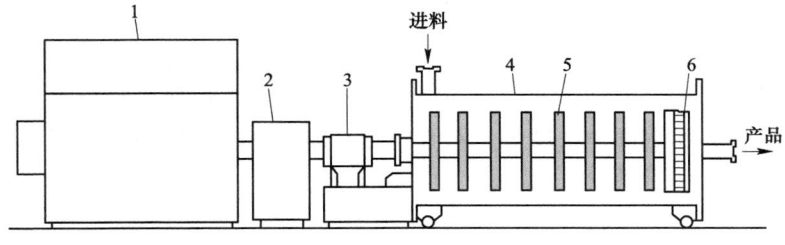

图 3-36 艾萨磨结构

1—电动机；2—齿轮箱；3—轴承；4—筒体；5—搅拌圆盘；6—分级轮

其周边物料颗粒的挤压、剪切和磨剥作用而磨碎物料。在排矿端，细粒物料穿过安装在悬臂轴末端的分级圆轮，从产品出口排出；研磨介质和粗粒物料因受到较强的离心力作用而被甩向筒壁方向，被由分级圆轮驱动的回流矿浆携带向给矿端回流。

　　使用小尺寸研磨介质和高强度搅拌是艾萨磨能够有效地研磨细粒物料的关键。艾萨磨通常采用尺寸为 1~6 mm 陶瓷珠、河砂、冶炼炉渣或矿石本身的某个粒级作为研磨介质。设备工作时搅拌圆盘末端的线速度可高达 20 m/s 左右，磨机的功率密度（单位容积所消耗的功率）可达 300 kW/m^3。相比之下，球磨机和立式搅拌磨的功率密度一般为 20~40 kW/m^3。矿浆物料从给料端进入磨机后需要经过多个研磨区才能到达分级区，因此，给料中的粗粒物料未经研磨就进入分级区并且"短路"混进产品料流中的几率很小。在排料端，分级圆轮依靠离心力场作用在实现粗细物料分级的同时将研磨介质保留在机内。磨机内部自带的分级功能使得艾萨磨可直接产出粒度合格的产品而不需要配置外部分级作业。艾萨磨特别适用于矿石物料的超细磨作业，是目前在选矿厂生产应用中能够将矿石物料研磨至 P_{80} 小于 10 μm 的唯一设备类型。表 3-34 列出工业生产应用的艾萨磨的技术规格。

表 3-34　艾萨磨技术规格

型　　号	研磨腔体容积/L	电动机功率/kW	参考处理量/t·h^{-1}
M500	500	250	6~8
M1000	1000	500	12~17
M3000	3000	800~1120	20~37
M5000	5000	1120~1500	28~50
M7500	7500	1600~2200	40~73
M10000	10000	3000	75~100
M50000	46000	8000	200~267

注：参考处理量以研磨比能耗 30~40 kW·h/t 计。

　　搅拌磨作业所消耗的功率受诸多因素影响，包括设备构造型式，筒体与搅拌器结构尺寸，研磨介质种类及尺寸，以及设备的工作参数如研磨介质充填率，搅拌器转速、给料矿浆固体浓度等。对于一定几何结构的搅拌磨，搅拌器运行所需的驱动功率 P 可计算为

$$P = K\rho n^3 D^5 \tag{3-81}$$

其中，ρ 为磨机内料荷（包括研磨介质和料浆）的综合密度；n 为搅拌器转速；D 为搅拌器直径；系数 K 称为功率准数，它是机内介质和料浆运动状态的函数，

通常依设备型式和结构不同而异。在实际应用中 K 的数值还与式中各物理量采用的单位有关。

粉碎比能耗是搅拌磨选型设计的重要参数。对于各种类型的搅拌磨，将给定物料粉碎至目标细度所需的比能耗一般都需要通过相应小型设备上的研磨试验来确定。粉碎比能耗与目标处理量一起是决定搅拌磨所需功率。在利用相似性原理进行密闭型搅拌磨尺度放大时需要考虑的是，虽然增大磨机容积也会使热交换面积的增加，但热交换面积不是与磨机容积而是与磨机容积的 2/3 次方成比例。为了维持研磨温度不变，输入功率只能按与热交换面积成比例的幅度增加，也就是按与磨机容积的 2/3 次方成比例的幅度增加。另外，相同的研磨效果是以相同的比能耗为前提的，因此磨机容积增加时，驱动功率与处理量均应以与磨机容积的 2/3 次方成比例的幅度增加。对于敞开型低搅拌强度的搅拌磨，一般可不考虑热交换面积的影响，驱动功率与处理量均可按与磨机容积成比例的幅度增加。

3.9 立式辊磨机

立式辊磨机又称辊式磨、盘磨机，习惯上也称为立式磨（简称立磨），它依靠滚动的磨辊对位于磨辊和磨轨之间的物料层的碾压作用来粉碎物料，其粉碎机制基本上属于中低压强下的颗粒床压载粉碎。立式辊磨机设备种类较多，但工作原理基本相同。粉碎机构由位于磨盘（或磨环）上的环形磨轨和多个磨辊构成。各种设备类型的主要差别在于磨辊和磨盘的形状及其组合形式。磨辊按几何形状分有圆柱形、截头圆锥形、鼓形、球形等，其工作面可以是圆柱面、圆锥面、球面或其他形状的凸出曲面；与磨辊相匹配的环形磨轨的工作面可以是平面、圆环内侧面或其他形状的凹入曲面。此外，各种设备类型的差异还在于碾压机构的驱动方式和对物料的压力来源。立式辊磨机可分为磨盘（磨环）驱动型和磨辊驱动型。碾压力可以来自磨辊本身自重，磨辊系统旋转产生的离心力，或者是由弹簧或液压系统提供的外力。立式辊磨机属干式研磨设备，大多与风力分级机（选粉机）集成在一起，在机内实现粉碎与分级的连续闭路循环作业。风力分级机构一般配置在粉碎机构的上方，两者通过竖立的圆筒状机壳与外部分隔，因而被称为立式磨。分级的细粒产物作为最终产物排出，粗粒产物作为研磨给料返回。立式辊磨机集固体物料的破碎、粉磨、分级、干燥、输送等功能于一身，是水泥、化工、煤炭、电力等部门广泛应用的一种粉磨设备，但在湿法作业占主导地位的金属矿选矿领域鲜有应用。

图 3-37 所示为几种典型的立式辊磨机类型的粉碎机构配置示意图。其中，图 3-37（a）所示的轮碾机是最古老的辊磨机型式。一对磨辊在环绕磨盘中轴的磨轨上滚动，依靠磨辊自身的重量碾压磨轨上的物料。磨辊滚动时辊面各点的线

速度相同，而磨盘上各点的线速度因旋转半径不同而异。沿磨盘径向方向不同位置上辊面与盘面的速度差异导致位于辊面与磨轨之间的物料在受到挤压作用的同时还受到剪切作用。轮碾机既有磨辊驱动类型也有磨盘驱动类型。这种设备早期曾在智利用于金矿石的研磨（因此也被称为智利磨），当今主要用于陶瓷行业塑性物料的研磨和混匀以及橄榄油的压榨。图 3-37（b）所示的磨盘驱动的辊磨机是应用范围最广的辊磨机类型，通常说的立式辊磨机多指这种类型。磨机内部有一个由电动机与减速箱驱动的磨盘，磨盘上方配有多个（一般 3~5 个）辊轴位置固定的磨辊。给料从上方落入转动磨盘的中部，在离心力作用下沿径向向外移动进入磨轨，在磨轨上受到多次碾压后从磨盘外缘离开磨盘，被上升的分级气流带走。这种辊磨机可用于研磨水泥生料和熟料、煤炭、石灰石、菱镁矿、烧石灰、滑石、磷酸盐矿物等莫氏硬度不大于 7 的固体物料。图 3-37（c）所示的是悬辊摆式辊磨机的粉碎机构，它由一个静止圆环和多个（一般 2~5 个）悬挂摆动磨辊组成。电动机与减速箱驱动磨辊系统主轴转动，磨辊因离心作用压向磨环，研磨压力由磨辊系统绕主轴回转产生的离心力决定。磨环上设有限位装置防止磨辊与磨环直接接触。给料靠重力作用从磨辊前方给入，各磨辊前方都设有一个犁式铲片将给料从下方翻起送入磨轨。产品由上升气流带走。此设备适用于研

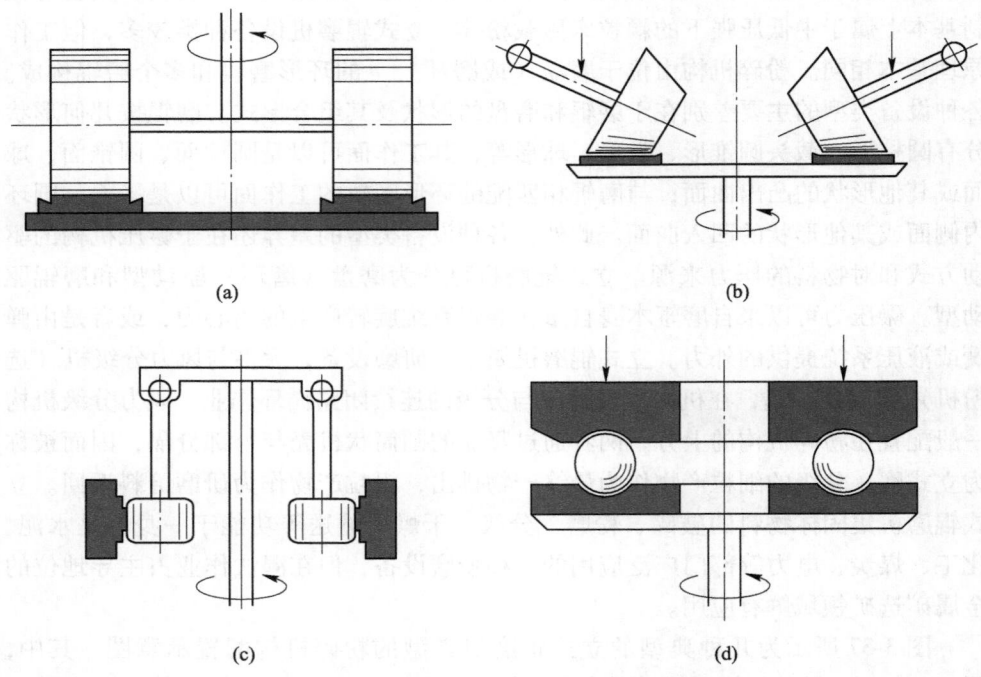

(a)　　　　　　　　　　(b)

(c)　　　　　　　　　　(d)

图 3-37　几种典型的立式辊磨机粉碎机构设计型式

磨软到中硬物料，尤其是黏性、温度敏感或密度低的物料。图 3-37（d）所示的是盘球型碾磨机的粉碎机构，其结构类似于大型轴向球轴承。它有上下两个环形磨轨，置于两磨轨之间的磨球密集排列，可相互接触。上磨轨所在上磨盘静止不动，下磨轨所在的下磨盘由电动机与减速箱驱动。磨机工作时自由滚动的磨球在磨轨内研磨物料，研磨压力由与上磨盘相连的一组弹簧或液压装置提供。这种类型的设备大多用于燃煤的粉磨。

立式辊磨机目前尚无统一的分类与命名规则。国外不同厂家制造的不同类型设备常被业界以其制造公司名称来加以区分，如雷蒙磨（悬辊摆式辊磨机）、莱歇磨（锥辊-平盘式辊磨机）、伯利休斯磨（双鼓辊-碗盘式辊磨机）等。国内厂家在引进国外技术的基础上研制的设备一般都会给出相应的类型名称。在实用上往往还根据所处理物料的不同来划分不同的设备类型，如水泥生料磨、水泥熟料磨、炉渣水泥磨、石灰石磨、盘式磨煤机、碗式磨煤机等。

立式辊磨机设备结构和工作原理，如图 3-38 所示。电动机通过减速机带动磨盘转动。入磨物料通过锁风给料机构从磨机中部给入，下落到磨盘中央的物料在离心力作用下被甩向磨盘边缘，进入粉磨轨道。液压装置对磨辊施以压力，挤压位于磨辊与粉磨轨道之间的物料层。由于摩擦力作用，空间位置固定的磨辊在

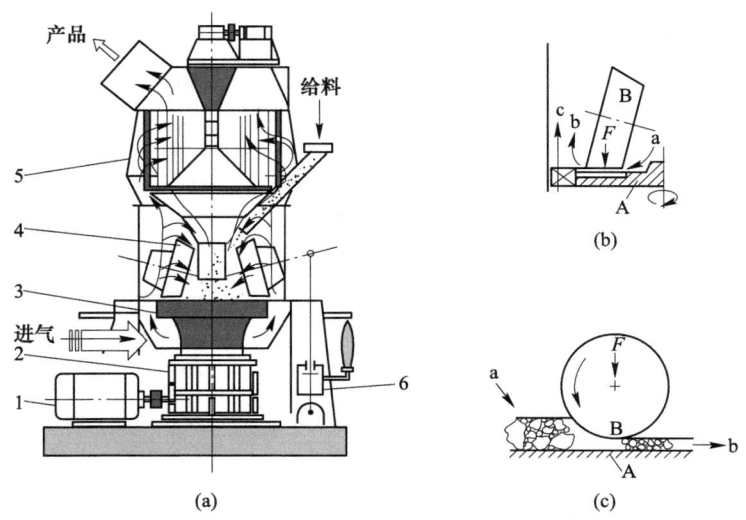

图 3-38　立式辊磨机结构和工作原理

（a）设备结构与工作原理；（b）辊磨机制-磨盘圆周方向；（c）辊磨机制-磨辊辊轴方向

1—电动机；2—减速箱；3—磨盘；4—磨辊；5—分级器；6—液压机构；

A—磨盘；B—磨辊；F—压力；a—入料；b—出料；c—气流

转动磨盘的带动下绕磨辊中轴辊动，使得从磨盘中部向磨盘边缘运动的物料被不断地咬入磨辊与磨盘之间，受到挤压、研磨和剪切作用。在磨辊不断重复地碾压进入到磨轨的物料过程中，大颗粒物料以单粒粉碎的作用机制被粉碎成小颗粒，小颗粒以颗粒床粉碎的作用机制被进一步粉碎。设备上方配置的风力分级机（选粉机）用于分离出合格的研磨产物。空气流从设备下部侧面进入磨机，经过磨盘周围的风环高速均匀向上流动。被研磨过的物料在离心力作用下，越过磨盘周围的挡料圈溢出，受到上升气流向上的作用力。较小颗粒的物料被上升气流带到风力分级区分级，其中的粗粉在风力分级作用下落回到磨盘上与新给入的物料一起重新粉磨（内循环物料）；细粉被气流带出机外成为研磨产物。少量粗大颗粒物料从挡料圈溢出后直接下落，被固定在磨盘底部的刮料装置带出机外，这部分物料称为吐渣，经吐渣提升机送回立式磨机继续粉磨（外循环物料）。

　　立式辊磨机的规格通常采用磨盘直径和磨辊直径来表示。表 3-35 列出一些国产立式辊磨机型号和技术规格。

表 3-35　立式辊磨机技术规格

型号[①]	磨盘直径 /mm	磨辊直径 /mm	磨辊数量 /个	给料粒度 /mm	主电动机 功率/kW	磨盘转速 /r·min⁻¹	参考处理量 /t·h⁻¹
MLS-1411	1400	1158	3	35	225	37.9	18
MLS-2215	2250	1570	3	65	500	31.0	52
MLS-2417	2450	1750	3	80	630	29.5	75
MLS-2619	2650	1900	3	80	710	28.1	90
MLS-3123	3150	2300	3	80	1120	25.0	150
MLS-3424	3450	2430	3	90	1300	24.5	180
MLS-3626	3600	2650	3	90	1950	25.2	190
MLS-3726	3750	2650	3	95	2200	24.5	210
MLSQ-4018	4000	1800	4	100	1800	29.3	200
MLS-4028	4000	2850	3	100	3100	22.9	310
MLSQ-4521	4500	2100	4	100	2800	27.5	300
MLS-4531	4500	3150	3	110	3400	21.6	400
MLSQ-5024	5000	2400	4	110	3800	24.3	400
MLSQ-5426	5400	2600	4	110	4600	23.5	500

型号[①]	磨盘直径 /mm	磨辊直径 /mm	磨辊数量 /个	给料粒度 /mm	主电动机功率/kW	磨盘转速 /r·min^{-1}	参考处理量 /t·h^{-1}
MLN-1613	1600	1300	3	40	300	35.0	10
MLN-2417	2450	1750	3	40	870	29.2	32
MLN-2619	2650	1900	3	40	970	28.1	45
MLN-3424	3450	2430	3	40	1800	24.5	94

注：主电动机功率和参考处理量以下列条件为基础：

1. 物料的比功耗（位于联轴器端）：生料磨不大于 7 kW·h/t；熟料磨不大于 16 kW·h/t；
2. 入磨物料含水量：生料磨不大于 12%，熟料磨不大于 4%；
3. 出磨生料细度不大于 12%R0.08 mm，出磨熟料比表面积为 3200~3500 cm^2/g；
4. 生料磨产品残留水分不大于 1%。

①标记符号：M—磨机；L—立式；S—生料磨；N—熟料磨；Q—曲臂加载。

　　除了磨盘直径与磨辊直径这两个主要几何参数外，影响磨盘驱动型立式辊磨机生产能力、工作效能和功率消耗的技术参数还有磨辊压力、磨盘转速、给料粒度、给料速率、物料的易磨性、料层厚度，以及配套风力分级系统的作业参数包括风量、风速、风温等。

　　磨辊压力是影响粉碎能耗与研磨效果的重要技术参数。立式辊磨机磨辊对物料的平均压强一般在 10~35 MPa 范围内，相当于比压力（单位磨辊投影面积上的压力）0.5~1.8 MPa。随着磨辊压力的增大，粉碎能耗和碾磨产物中合格粒级的含量增加，但压力超过某个界限值后合格粒级含量增加的幅度变小，辊面磨损显著增加。此界限值与被磨物料的特性和粒度有关。粉磨水泥生料时磨辊的压力通常约为粉磨水泥熟料和炉渣时压力的一半。

　　磨盘转速决定物料磨盘上的运动速度和停留时间，它需要与物料的粉磨速度相平衡，不同型式的立式辊磨机其磨辊和磨盘的结构型式不同，要求的磨盘转速也不尽相同。同一型式不同规格的系列设备一般按相同质量颗粒受到相同离心力的要求来设计，磨盘转速与磨盘直径有如下关系

$$n = K_1 \cdot D^{-0.5} \tag{3-82}$$

式中　n——磨盘转速，r/min；

　　　D——磨盘直径，m；

　　　K_1——系数，不同型式设备 K_1 的取值范围一般为 45~60。

　　最大给料粒度与磨辊直径有关。采用与估算双辊破碎机最大给料粒度类似的力学分析方法可求出，当物料与辊面及盘面的摩擦系数为 0.3 左右时单颗粒球形物料能够在辊面与水平盘面之间被咬入（不打滑）的条件是磨辊直径应为颗粒直径的 11 倍以上。实际上辊磨机的磨辊直径与给料粒度的比值一般都为 20~40，从而保证了在正常作业条件下，给到磨道上的物料能够顺利地被磨辊咬入。

　　立式辊磨机的给料速率需要与物料的粉碎速率及合格产物排出速率相匹配。磨轨上物料层的厚度可通过调整挡料圈的高度来实现。料层厚度影响既影响磨辊对物料咬入状况也影响磨辊与磨轨对物料的挤压效果，从而影响粉碎机构的产能和作业效率。一般来说在给定的设备条件下，物料难磨时应适当减小料层厚度。

　　在给定的压力下，立式辊磨机粉碎机构的生产能力与磨辊数量及在单位时间内磨辊碾压的物料量有关，后者取决于磨辊辊面宽度、料层厚度及磨盘转动时磨轨运动线速度的乘积。磨辊宽度和料层厚度均与磨盘直径成正比，离心力恒定时磨轨线速度与磨盘直径的 0.5 次方成正比，因此磨机粉碎机构的生产能力 Q 与磨盘直径 D 有如下关系

$$Q = K_2 \cdot D^{2.5} \tag{3-83}$$

其中，K_2 为比例系数，其取值与设备型式及 Q 和 D 采用的单位有关。

　　采用类似于高压辊磨机驱动功率（式（3-21））的分析方法，立式辊磨机粉碎所需驱动功率可表示为

$$P = N \cdot \sin\beta \cdot F \cdot v \tag{3-84}$$

式中　P——立式辊磨机粉碎机构所需驱动功率；
　　　　N——磨辊数；
　　　　β——磨辊稳定工作时物料对磨辊反力的作用角；
　　　　F——单个磨辊的工作压力，$F = f \cdot d \cdot l$，这里 f 为磨辊比压力（单位投影面积的压力），d 为磨辊直径，l 为辊面宽度；
　　　　v——辊面线速度。

　　对于同一型式不同规格的设备，磨辊直径 d 和辊面宽度 l 均与磨盘直径 D 成正比，所以，在比压力不变时磨辊工作压力 F 与磨盘直径 D 的 2 次方成正比。另外，离心力恒定条件下辊面线速度 v 与磨盘直径 D 的 0.5 次方成正比。由此可得立式辊磨机粉碎机构所需驱动功率与磨盘直径 D 的 2.5 次方成正比，即有

$$P = K_3 \cdot D^{2.5} \tag{3-85}$$

其中，K_3 为比例系数，其取值与设备型式及 P 和 D 采用的单位有关。

　　由式（3-83）和式（3-85）可知，粉碎比能耗 $E = P/Q$ 是个常数，与磨机大小无关。在设备选型时可根据要求的生产能力（处理量）和获得目标细度产物所需的粉碎比能耗来估算所需的主电动机功率，确定所需的设备规格。粉碎比能耗取决于设备型式和物料特性，后者包括给料粒度、产物粒度及物料的易磨性（可磨度）。用于表征物料易磨性的指标因用途不同而异，除了应用较广的邦德功指数和主要用于煤炭粉磨的哈式指数外，一般采用某种相对可磨度指标来表征立式辊磨机粉磨时物料的易磨性。各设备制造公司大都采用本系列磨机中规格最小的磨机来进行某作业条件下的物料易磨性试验，并将试验物料在试验磨机上的产量与某中等易磨性物料在该磨机上的产量之比定义为试验物料的易磨性指

数。易磨性指数越小的物料越难磨。

立式辊磨机一般都与风力分级机集成为一体,粉磨作业和分级作业在同一设备内部构成闭路循环系统,分级作业的细粒产物作为最终产物排出,分级作业的粗粒产物作为给料返回粉磨作业。最终产物的细度由分级机决定,其 P_{80} 粒度可小于 $40~\mu m$。内部循环负荷通常为 $3\sim 6$,但也可以很高,取决于最终产物细度。用于水泥生料粉磨的立式辊磨机的循环负荷可高达 18。总能耗的很大一部分(约 40%)消耗在物料循环上。尽管如此,总比能耗仍然比采用球磨机(管磨机)粉磨低约 25%。

4 常用分级设备

分级的目的是将松散颗粒群中的颗粒按其大小分成两个或多个产物。常见的分级方法有手选分级、筛分分级和沉降分级。工业生产中除了手选分级是采用人工来挑出大块物料外，筛分分级和沉降分级均是利用相应的分级设备来完成。从分级原理看，筛分分级是纯粹基于固体颗粒几何尺寸差异的分离，沉降分级则是基于固体颗粒在流体介质中沉降速度差异的分离。沉降分级又可分为水力分级和风力分级，前者以水为介质，后者以空气为介质。选矿厂使用的分级设备主要是筛分设备和水力分级设备。本章介绍选矿厂常用的分级设备及其用途、构造、工作原理、主要技术参数、生产能力和常规设备选型计算方法，并在此基础上讨论分级效率的评价指标。

4.1 筛 分 设 备

筛分设备的工作部件是带有筛孔的筛面（平面或曲面）。筛分的原理很简单：在松散颗粒群物料与筛面作相对运动过程中，小于筛孔尺寸的颗粒穿过筛孔成为筛下产物；大于筛孔的颗粒保留在筛面之上，随着物料的运动从筛面的一端排出，成为筛上产物。从筛分原理上看，筛分结果与颗粒的粒度和形状有关，与颗粒密度无关。

工业筛分作业需要在给定的处理量条件下从松散颗粒群物料中分离出粒度小于筛孔尺寸的颗粒作为筛下产物。筛分作业给料中的颗粒进入筛下产物需要经过两个过程：（1）穿过筛上物料层到达筛面；（2）透过筛孔。要实现这两个过程，筛上物料应当维持有适当的运动状态，一方面使得筛上物料不断地处于松散状态，有利于料层中的小颗粒离析到下层，另一方面促使堵在筛孔上的大颗粒离开筛孔，增加小颗粒的透筛机会。在正常情况下粒度大于筛孔尺寸的颗粒无法透过筛孔进入筛下，只有粒度小于筛孔尺寸的颗粒才有机会透过筛孔。在所有粒度小于筛孔尺寸的颗粒中，粒度越小的越容易透过筛孔，粒度越接近筛孔尺寸的越难于透过筛孔。通常将粒度小于筛孔尺寸但大于筛孔尺寸 3/4 的颗粒称为"难筛颗粒"，物料中难筛颗粒的含量越高，筛分的难度越大。工业筛分作业的基本过程，如图 4-1 所示。

工业筛分设备种类很多，按筛面的运动方式可分为固定筛、滚轴筛、滚筒筛、摇动筛和振动筛。

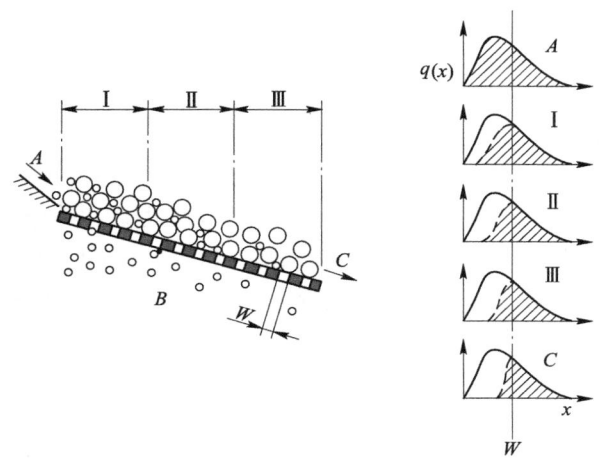

图 4-1 工业筛分过程

A—给料；B—筛下产物；C—筛上产物；W—筛孔尺寸；x—颗粒粒度；q(x)—给料粒度分布密度

固定筛由平行排列的钢条或钢棒构成，其特点是筛面固定不动。给到筛面的物料因重力或流体携带作用在筛面上运动，一部分物料透过筛孔成为筛下产物，另一部分留在筛面上成为筛上产物。选矿厂常用的固定筛包括用于大块物料筛分的固定格筛、固定条筛和悬臂条筛，以及用于细粒物料筛分的弧形筛和旋流筛等。

滚轴筛工作面由一系列横向平行排列的滚轴组成，滚轴上安装有交错布置的转盘，转盘可以是圆盘也可以是异形盘。设备工作时滚轴在链轮或齿轮的驱动下转动，其转动方向与物料运动方向相同。给料中的小块物料通过滚轴或转盘间的缝隙进入筛下，大块物料由滚轴带动向另一端移动并从末端排出。滚轴的转动有助于物料在筛上的运输、松散及难筛物料透过筛孔进入筛下。这种设备主要用于粗粒物料的筛分，适用于筛分大块原煤、焦炭、石灰石和页岩，也可作为洗矿机或给矿机使用。与棒条筛相比它的分级效率高，被筛物料过粉碎少，安装高度低；缺点是设备构造复杂，筛分硬物料时滚轴转盘易磨损。目前，在金属矿山已很少使用滚轴筛，其功能大多被重型振动筛所取代。

滚筒筛包括圆筒筛、圆锥筛、角柱筛和角锥筛。其工作部件是由筛网或筛板构成的回转筛面。随着滚筒的转动，筒内的物料由于摩擦作用被提升至一定高度后沿筛面向下滚动或滑动，然后又被提升。在此过程中细颗粒通过筒壁上的筛孔成为筛下产物，留在筛面上物料则从筛筒的末端排出。多角筒筛内的物料在筛面回转过程中还会经受一定程度的翻倒作用，因而筛分效率会比圆筒筛高一些。滚筒筛多用于建筑行业砂石的筛分清洗，在选矿厂可用于中细碎产物的筛分分级，也可用于洗矿脱泥作业。滚筒筛构造简单、运行平稳，但单位面积处理量低，有效工作面积只占全部筛面的 $1/8 \sim 1/6$。与振动筛相比筛分效率低，筛孔易堵塞，能耗高。

摇动筛通过曲柄连杆机构带动筛箱及筛面沿一定方向做往复摆动，促使筛面上的物料逐渐向排料端移动，在此过程中，物料主要是作平行于筛面的运动，粒度小于筛孔尺寸的物料透过筛孔进入筛下。与振动筛的振动频率和振幅相比，摇动筛的摇动频率较低，摇动幅度较大。摇动筛的单位面积处理量和筛分效率高于固定筛，但不如结构更为合理、动力平衡更好的振动筛。当今的选矿厂很少使用摇动筛。

振动筛是目前选矿厂应用最广泛的筛分机械。振动筛通过筛面振动使物料在筛面上做跳跃运动并以一定的速率从给料端向排料端移动，在此过程中不断有粒度小于筛孔尺寸的颗粒穿过筛孔进入筛下。它与摇动筛的区别在于振动筛筛面的运动方向与筛面呈一定角度，而摇动筛筛面的运动方向基本上是平行于筛面的。摇动筛筛上的物料主要作相对于筛面的滑动，而振动筛筛上的物料在筛面上主要作抛落运动。依其工作频率是否接近振动系统的固有频率可将振动筛分为共振筛和惯性振动筛。共振筛的工作频率接近振动系统的固有频率。虽然共振筛具有所需激振力小、动力消耗小、筛分效率高等优点，但也存在设备总质量大、结构复杂、操作与维护不易等缺点，目前在选矿厂已很少使用。惯性振动筛是工作频率远超振动系统固有频率的振动筛。通常振动筛指的就是惯性振动筛，它依靠不平衡转子转动产生的惯性离心力激发筛箱以一定的频率和振幅振动。按筛面运动轨迹的不同，一般将惯性振动筛分为圆运动振动筛（简称圆振动筛）和直线运动振动筛（简称直线振动筛）两大类，前者筛面的运动轨迹为圆或椭圆，后者筛面的运动轨迹为与筛面成一定角度的直线。在实际应用中振动筛还有一些其他的分类，如按支撑方法分为座式和吊式，按可承受负荷分为普通型和重型，按振动频率分为高频和低频，按筛面层数分为单层、双层和多层，按用途分为矿用、煤用、烧结冷矿用、烧结热矿用、温热物料用等类型。

工业筛分设备最常用的筛面形式有筛格、穿孔筛板、编织筛网、波浪形筛条和条缝筛面等。

筛格由格条（钢条或钢棒）平行排列而成，常用于固定筛上，很少用于振动筛。格条之间的距离决定了筛分粒度的大小。格条可以有不同类型的截面形状，常见的格条截面形状，如图 4-2 所示。倒放梯形截面形状的格条筛孔向下扩大，有利于减少筛孔堵塞。格条之间通常采用横向连接件相互固定分隔。

穿孔筛板为带有许多筛孔的钢板、橡胶板或聚氨酯板。筛孔的形状可以是圆形、方形或长方形等（图 4-3）。与圆形或方形筛孔的筛面相比，长方形筛孔的筛面一般具有较高的有效筛分面积、较大的生产能力和防堵塞能力，但分离精度较差。穿孔筛板一般用于粒度较大物料的筛分。与钢质筛板相比，橡胶筛板与聚氨酯筛板通常有更好的耐磨损性和抗冲击性。

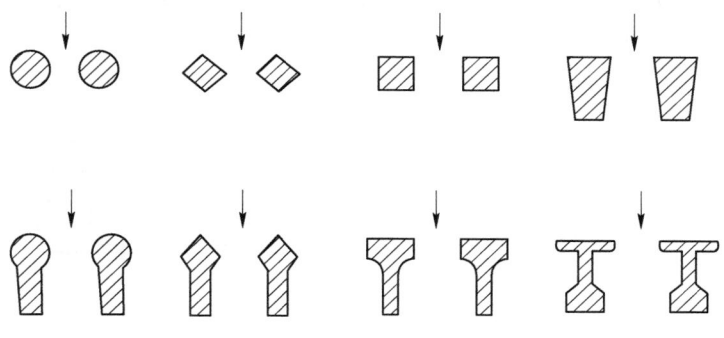

图 4-2 格条截面形状

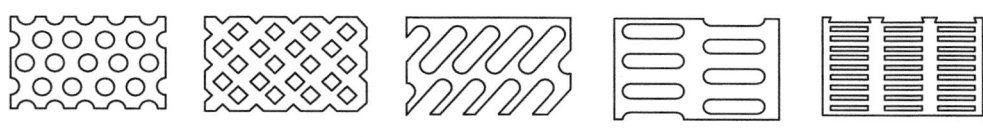

图 4-3 冲孔筛面

编织筛网由金属或尼龙丝线编织而成（图 4-4（a））。这种筛面的优点是有效筛分面积大，质量轻，便于制造，缺点是耐用性较差，使用寿命较短。编织筛网适用于中细粒物料的筛分。

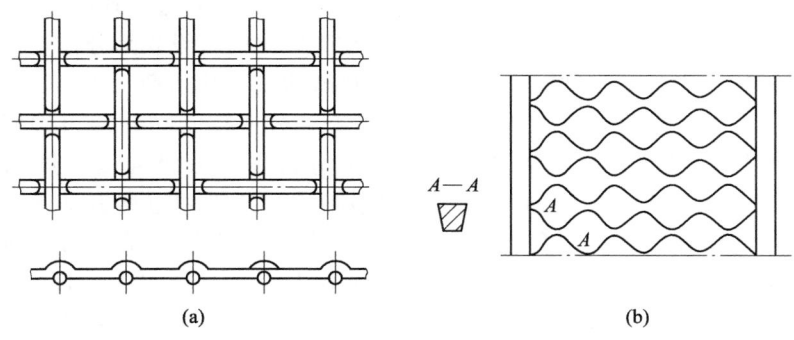

(a)   (b)

图 4-4 编织筛网和波浪形筛条

（a）编织筛网；（b）波浪形筛条

波浪形筛条筛面由一系列沿横向排列（或纵向排列）的波浪形筛条构成（图 4-4（b）），相邻的两筛条组合构成筛孔。波浪形筛条通常采用富有弹性的锰钢制成，能产生振幅较小的二次振动，由此可减少细粒黏性物料的黏附及难筛颗粒的堵塞现象。

条缝筛面由不锈钢筛条穿合、焊接或编织而成（图 4-5）。缝宽规格有

0. 25 mm、0. 5 mm、0. 75 mm、1 mm 和 2 mm 等。条缝筛面适用于中细粒物料的筛分及脱水、脱泥和脱介作业。

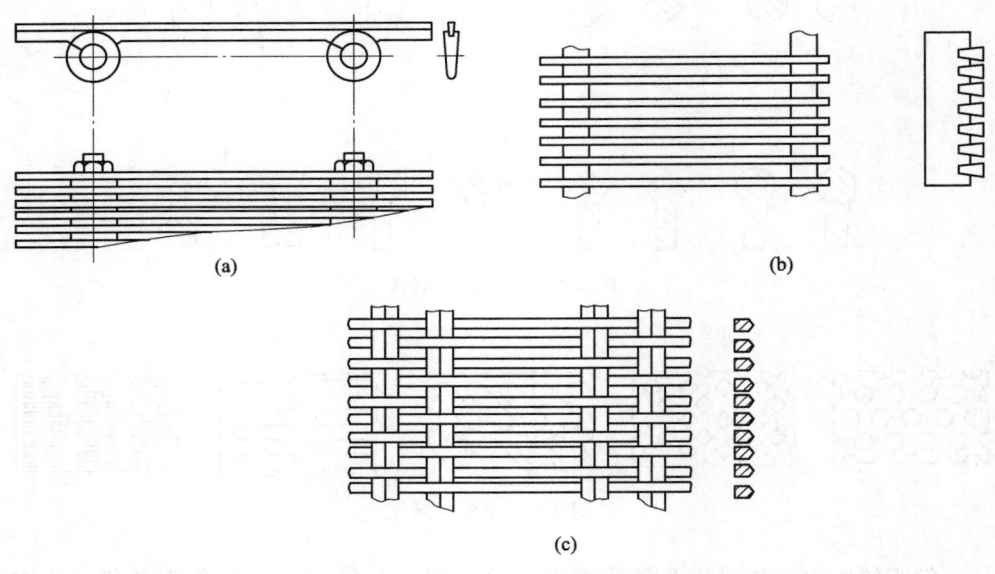

图 4-5   条缝筛面的结构形式

(a) 穿条式；(b) 焊接式；(c) 编织式

  在选矿厂生产流程中筛分设备常用于辅助各段破碎机完成既定的破碎任务。当破碎给矿中含有较高比例的细粒物料时，在破碎机前端设立筛分作业（预先筛分）从给矿中预先分离出细粒物料，可减少破碎机的工作负荷，提高流程整体的生产能力。在破碎机后端设立筛分作业（检查筛分或控制筛分）可确保破碎产物满足下游作业对给料粒度的要求。工业筛分设备的分级粒度一般为 0. 04 ~ 300 mm。筛分大块矿石常用的设备有固定格筛、棒条筛和重型振动筛。中细碎流程中使用的筛分设备大都是各种振动筛，包括圆运动振动筛和直线运动振动筛。磨矿机虽然大多是与水力分级设备而不是筛分设备配合作业，但在一些特定的应用场合中采用细筛设备代替水力分级设备会取得更好的工艺效果。一般来说，筛分作业的分级效率随筛分粒度（筛孔尺寸）的降低而降低，湿式筛分有助于改善细粒物料的筛分效率。筛分粒度在 5 mm 以上时通常可采用干式筛分，而湿式筛分可将筛分粒度降低至 0. 25 mm 甚至更低。筛分设备除了用于矿石物料的分级外，还常用于矿石物料的脱水、洗矿脱泥以及重介质选矿产物的脱介作业。

4.1.1   固定筛

  选矿厂用于大块物料筛分的固定筛主要有格筛和条筛两种。固定筛的优点是构造简单、制造成本低、无运动部件、不消耗动力；缺点是筛分效率低，需要较大的安装高度，处理黏性或潮湿物料时筛孔容易堵塞。

格筛由多根钢质格条借助横杆连接固定在一起构成，大多配置在选矿厂原矿仓及粗碎矿仓的顶部。格筛筛面多为水平安装，筛孔形状一般为方格，相邻两格条之间的距离即为筛孔尺寸。格筛的筛孔尺寸通常应为粗碎机给矿口宽度的0.8~0.85倍。格筛的作用是控制粗碎机的给矿粒度上限，筛上的大块矿石需要采用人工锤碎或其他方法破碎到能够通过筛孔。

条筛由多根纵向排列的棒条借助横杆固定在一起构成，主要用于粗碎或中碎前物料的预先筛分。条筛的筛孔形状为长方形，相邻两棒条之间的距离即为筛孔尺寸。条筛的筛孔尺寸一般应为要求的筛下粒度上限的1.1~1.2倍，通常不小于50 mm，个别情况允许小于25 mm。条筛一般是倾斜安装，倾角的大小应能使物料沿筛面自动下滑，即筛面的倾角应稍大于物料对筛面的摩擦角。安装在粗碎机前的条筛的倾角一般为40°~50°，对于大块矿石，倾角可小一些；对于黏性矿石，倾角应稍大一些；矿石含泥较多时倾角可加大5°~10°。粗碎前通常采用固定条筛；中碎前则多用棒条呈半固定安装的悬臂条筛，棒条末端由于物料冲击作用而产生的振动可以减少筛孔堵塞的可能性。

条筛的生产能力计算式为

$$Q = qS \tag{4-1}$$

式中　Q——条筛的生产能力，t/h；

　　　q——单位筛面面积生产能力，其数值可按表4-1选取；

　　　S——筛面面积，m^2。

选矿厂设计上可用式（4-1）由目标生产能力和q值反算所需的筛面面积。算出筛分面积后应根据给矿最大粒度确定筛面的宽度，再按筛面宽度选定筛面的长度。为避免大块矿石在筛面上的堵塞，筛面宽度至少应为给矿最大粒度的2.5~3倍。确定筛面宽度时还应兼顾给矿机、运输机以及破碎机给矿口的宽度。筛面的长度应为筛面宽度的2~3倍，一般为3~6 m。

表4-1　固定条筛单位面积处理量 q 值

筛孔尺寸/mm	20	25	30	40	50	75	100	150	200
$q/t \cdot (m^2 \cdot h)^{-1}$	24	27	30	34	38	40	40	40	40

4.1.2　振动筛

振动筛是选矿厂最常用的筛分设备，它通过筛面的低振幅、高频率振动促进物料在筛面上的输运、增加细颗粒在筛上料层中透析并穿过筛孔进入筛下的机会。与其他类型的筛分设备相比，振动筛具有单位面积生产能力大、筛分效率高、不易堵塞、应用范围广等优点，广泛用于选矿厂中细碎作业前后的预先筛分和检查筛分。

　　惯性振动筛主要由机架、筛箱、激振器、隔振装置及电动机等组成。筛面固定安装在筛箱内，筛箱通过隔振装置悬挂（吊式安装）或支撑（座式安装）在机架上，支撑激振器转轴两端的两个滚动轴承固定在筛箱上。振动筛工作时，电动机带动配置有不平衡转子的激振器的转轴旋转，由此产生的惯性离心力激发筛箱振动。不同类型的振动筛在激振器配置和筛面安装方向上有所不同。圆运动振动筛一般配备单轴激振器，筛面倾斜安装，因此，也常被称为单轴振动筛或倾斜振动筛。若激振器转轴的安装位置与振动筛重心重合，整个筛面作运动轨迹为圆的振动；若主轴位于振动筛重心之上方或下方，则给料端筛面作前倾椭圆运动，中部筛面作圆运动，排料端筛面作后倾椭圆运动，如图 4-6（a）所示。在给料端，前倾椭圆运动促使物料向前抛落，有助于筛上物料向排料端的输运及细颗粒的透析和透筛。在筛面中部，椭圆运动逐渐过渡到圆运动，输运速度变慢。在排料端，后倾椭圆运动使物料向后抛落，粗粒和难筛颗粒的输运受到一定程度的阻滞，难筛颗粒可有更多的透筛机会。直线运动振动筛采用双轴激振器，筛面水平或接近水平安装，因此，也常被称为双轴振动筛或水平振动筛。在激振器两个对称且同步反向旋转的偏心转轴的共同作用下，筛箱沿一定方向作运动轨迹为直线的振动，如图 4-6（b）所示。水平筛面上物料的输运主要是依靠筛面振动激发的向前抛落运动而不是重力影响下颗粒群物料流沿斜面向下的流动，因此直线振动筛的生产能力低于相同筛分面积的圆振动筛。

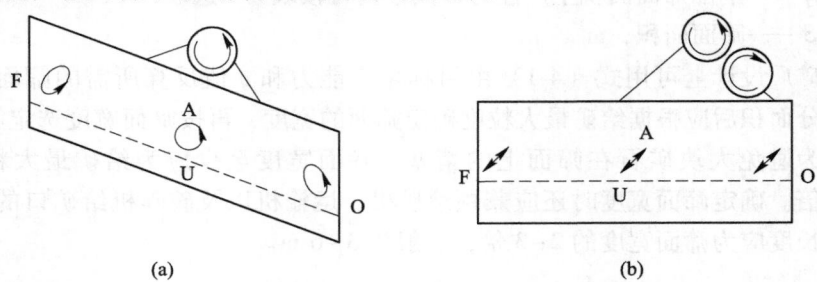

图 4-6　振动筛振动模式

（a）圆振动筛；（b）直线振动筛

F—给料端；O—粗粒排料端；U—细粒汇集区；A—振动筛重心位置

　　普通圆振动筛的构造和激振原理，如图 4-7 所示。激振器主轴安装在固定于筛箱的滚动轴承上，主轴上配有两个带偏心重块的偏重轮，主轴中心线与皮带轮中心线一致。通过调节偏心重块在偏重轮上的位置可调整激振惯性力大小和筛箱振幅。振动筛工作时，安装在固定基座上的电动机通过皮带轮带动激振器主轴旋转，从而使得偏重轮上的偏心重块绕主轴中心线作回转运动，由此产生的惯性离心力驱动筛箱作运动轨迹为圆的振动。这种振动筛的缺点是设备运行时皮带轮几何中心会随筛箱在空间作周期性的圆运动，致使传动皮带时松时紧并造成驱动电机的负荷波动，影响电机和皮带的寿命。为减小这种不利影响，普通惯性振动筛的振幅一般都不太大，只适用于筛分中细粒物料，给料最大粒度一般不超过100 mm。设备规格一般也比较小。

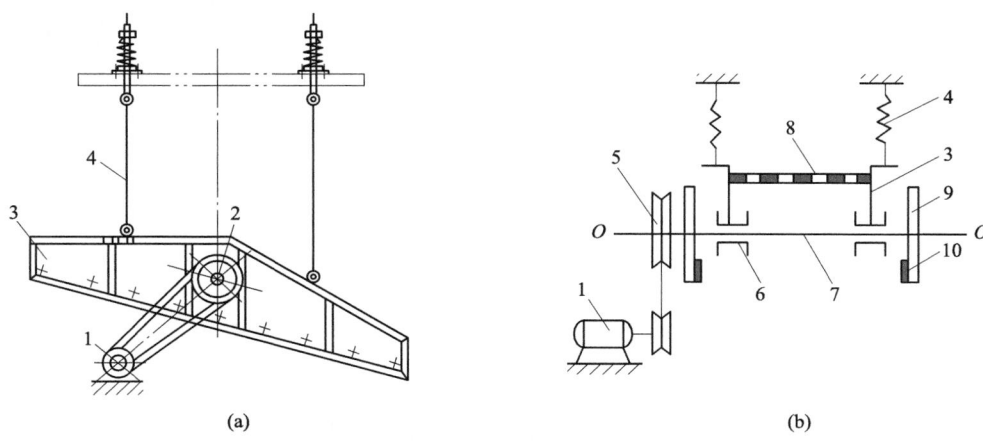

图 4-7 圆振动筛构造和工作原理
（a）构造；（b）工作原理
1—电动机；2—激振器；3—筛箱；4—弹簧吊杆；5—皮带轮；6—轴承；
7—主轴；8—筛网；9—偏重轮；10—偏心重块

自定中心振动筛是通过采用特殊的机构设计来自动维持皮带轮几何中心位置不随筛箱振动而变化的惯性振动筛。按工作原理可分为皮带轮偏心式自定中心振动筛和轴承偏心式自定中心振动筛两种类型，如图4-8所示。

皮带轮偏心式自定中心振动筛与普通圆振动筛的区别在于皮带轮上设置的用于联接主轴的轴孔中心与皮带轮的几何中心不重合，而是处于偏心重块重心的对侧且离主轴中心线的距离恰好等于筛箱振幅的位置。振动筛工作时筛箱的圆运动与偏心重块回转运动有一个180°的相位角滞后，不管筛箱和主轴在运动中处于任何位置，皮带轮几何中心总是能保持与振动中心线重合，从而实现皮带轮几何中心的空间位置在振动筛工作过程中保持不动，主轴的中心线绕皮带轮几何中心回转的效果。采用这种较为简单的机构设计虽然能够实现皮带轮中心位置固定不变，但固定在筛箱上的主轴以及固定在主轴上的皮带轮都参与振动，致使振动系统总质量较大，动力消耗较大。

轴承偏心式自定中心振动筛采用回转主轴设计，皮带轮与偏重轮被固定轴承限定在固定位置，仅可绕主轴回转中心线 O-O 旋转但不参与振动。主轴中心线对回转中心线的偏心距等于筛箱振幅。振动筛工作时，皮带轮驱动偏重轮旋转并带

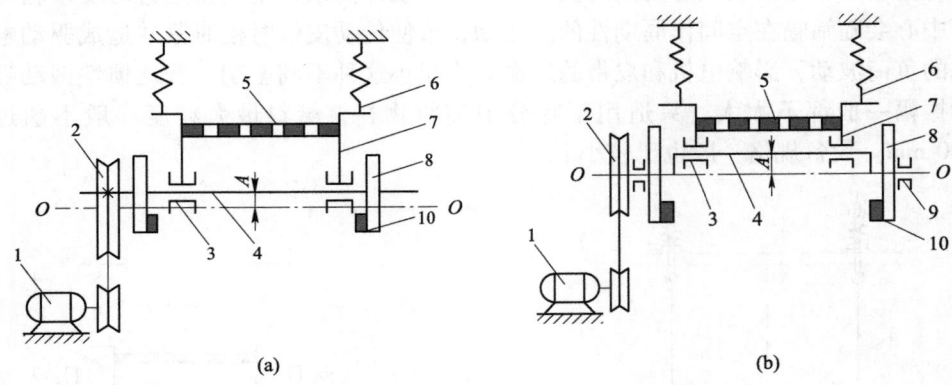

图 4-8　自定中心振动筛工作原理

(a) 皮带轮偏心式；(b) 轴承偏心式

1—电动机；2—皮带轮；3—轴承；4—主轴；5—筛网；6—弹簧吊杆；
7—筛箱；8—偏重轮；9—固定轴承；10—偏心重块

动偏心主轴作回转运动，从而驱使筛箱作运动轨迹为圆的振动。合适的机构设计使得偏心主轴作回转运动所产生的惯性离心力能够被偏重轮上偏心块作回转运动所产生的反向的惯性离心力抵消，由此可减轻甚至消除固定轴承的负荷。在振动过程中，主轴中心线的空间位置虽然在不断地变化，但皮带轮中心的位置始终固定不变。这种机构的优点是可有效减少振动系统的总质量，能耗低，且可实现较大的振幅，缺点是机械设计较为复杂，制造成本较高。与普通圆振动筛相比，自定中心振动筛电动机运行的稳定性较好，筛箱振幅可以大一些，给料最大粒度相应可提高到 150 mm，设备规格也可以做得更大一些。自定中心振动筛已在选矿厂生产中获得广泛应用，目前工业上用的各种圆振动筛基本上都是自定中心振动筛。

　　圆振动筛的筛面通常是倾斜安装的，便于筛分过程中筛上物料向排料端运动。筛面倾角越大，物料在筛面上运动速度越大，生产能力越大，但筛分效率越低。筛箱振动频率取决于电动机转速和皮带轮传动比。筛箱振幅受诸多因素影响，为简化分析起见，可将偏心重块的质量和筛箱振动体的质量都视为集中在各自的重心上。质量为 m 的偏心重块以回转半径 a 和角速度 ω 作等速圆周运动，产生的惯性离心力为 $F_{重块} = m \cdot a \cdot \omega^2$；总质量为 M 的筛箱振动体以振幅 A 和角速度 ω 作圆运动，产生的惯性离心力为 $F_{筛箱} = M \cdot A \cdot \omega^2$。由 $F_{重块} = F_{筛箱}$ 可得

$$A = a \cdot \frac{m}{M} \tag{4-2}$$

　　由式 (4-2) 可见，筛箱振幅不但取决于偏心重块的质量及其回转半径，还

与振动体总质量有关。偏心重块的质量虽小，但其回转半径比筛箱振幅大，所以它回转所产生的惯性离心力可以平衡筛箱运动所产生的惯性离心力。筛箱振动体总质量越大筛箱振幅越小。这里振动体的总质量包括筛箱、筛网、主轴、偏重轮及筛上物料的质量。给料流量的波动导致的筛上物料量变化会影响筛箱振幅。实际上，筛上物料量变化还会影响振动体重心的位置，从而影响箱体前后端的筛面振动模式。因此，圆振动筛正常工作时需要维持给料的均匀及筛箱负荷的稳定。

惯性振动筛的转速一般都选定在远离共振区的频率范围，其工作转速比共振转速高很多。振动筛正常工作时振幅稳定，隔振系统工作稳定，传导到机架及地基的动载荷不大。但惯性振动筛在启动或停车时转速由慢到快或由快到慢，都会经过共振区，从而引发短时间的系统共振。此时筛箱振幅急剧增大，机架及地基承受的动载荷变大，过大的动态负荷甚至会损坏支撑弹簧。为应对这种共振现象，可采用能够自动调整偏心重块位置的激振器。

图 4-9 所示为一种具有自动共振保护功能的重型圆振动筛，其激振器可根据转速大小自行调整偏心重块的位置，从而改变激振力的大小，如图 4-9（b）所示，装有偏心重块的重锤 6 由卡板 7 支撑在压缩弹簧 8 上，重锤可绕小轴 9 自由转动。当主轴转速低于某个临界转速（大致等于或者略大于共振转速）时，重锤的偏心距很小，其回转产生的惯性力不足以克服弹簧力的作用，重锤的位置保持不变，此时产生的激振力很小，不足以带动筛箱振动，从而避免了共振现象的影响。无论是启动还是停车，只有在主轴转速大于临界转速的时候，重锤回转的惯性力才会大于弹簧力，此时弹簧受到压缩，重锤偏离回转中心，从而产生足够大的激振力带动筛箱振动。通过这种重锤位置调节机制可使振动筛在启动及停车时平稳地通过共振区。停车时主轴转速从工作转速急剧减小到零，重锤的偏心距急速减小，撞铁 10 用于缓冲停机时重锤的冲击力。

重型振动筛结构坚固，能承受较大的冲击负荷，适用于块度大、密度大的矿石物料的筛分，筛箱一般采用座式弹簧支撑。重型振动筛主要用于粗中碎前的预先筛分，可替代筛分效率低、易于堵塞的棒条筛，也可作为含泥较多的大块物料的洗矿脱泥设备。重型振动筛给料最大粒度可达 300 mm 甚至更大。

直线振动筛的工作原理，如图 4-10 所示。这种振动筛的激振器有两根主轴，两主轴上对称安装有质量相同的偏心重块。当电动机驱动激振器工作时，两根主轴上的偏心重块作速度相同、方向相反的回转运动。所产生的惯性离心力在两回转中心连线方向（图中的 y 轴方向）的分量因大小相等方向相反而相互抵消；在与之垂直的方向（图中的 x 轴方向，即直线振动筛的振动方向）的分量则相互叠加，其结果是在此方向上产生一个往复的激振力，激发筛箱在此方向上作运动轨迹为直线的往复振动。直线振动筛的筛面一般为水平安装或者小坡度安装。物料在直线振动筛筛面上的输运不是依靠筛面的倾角，而是取决

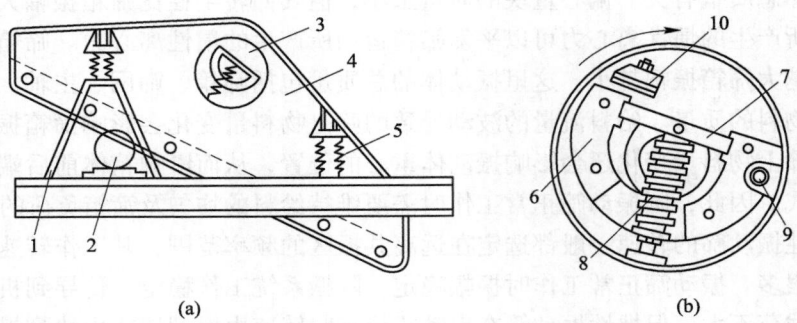

(a)

图 4-9　重型振动筛构造与工作原理

(a) 构造；(b) 激振器工作原理

1—机架；2—电动机；3—激振器；4—筛箱；5—座式弹簧；

6—重锤；7—卡板；8—弹簧；9—小轴；10—撞铁

于筛面抛掷物料的角度，即直线振动的方向角。振动方向角大，物料抛掷高度大，筛分效率高，适合处理难筛物料；振动方向角小，物料输运速度快，生产能力大，适合于处理易筛物料。工业用直线振动筛的筛箱振动方向通常与水平面成 30°~60°，常用的方向角是 45°，处理难筛物料如碎石、焦炭、烧结矿等物料时振动方向角可高达 60°。

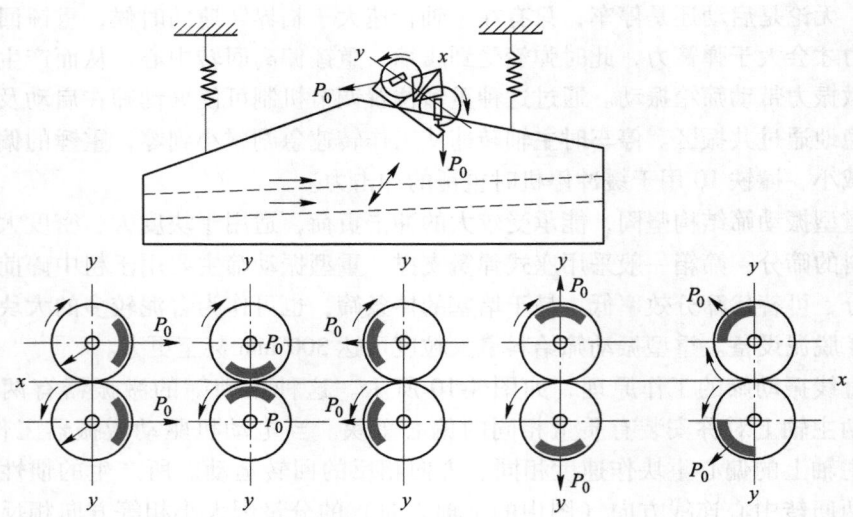

图 4-10　直线振动筛工作原理

直线振动筛激振器两主轴的反向同步运行有两种实现方式。一种是采用齿轮传动连接两主轴，其中一轴为主动轴，另一轴为从动轴，两者之间通过速比为 1

的齿轮传动实现反向等速同步转动，这种振动筛称为强迫同步型直线振动筛。另一种是两偏心轴之间无任何直接连接，而是分别由两台电动机驱动，依靠力学原理自动保持同步反向运行，这种振动筛称为自同步型直线振动筛。按主轴的长短和偏心重块的形式可将激振器分为箱式和筒式两种。箱式激振器采用带偏心重块的短轴激振，结构紧凑，便于吊式安装，但需要较大断面的支撑横梁，设备制造较复杂。筒式激振器采用长偏心轴激振，筛机总高度小，重心低，便于座式安装，但主轴长度较大，轴承润滑要求高，维护工作量较大。

　　与圆振动筛相比，直线振动筛安装高度小，激振力大，振幅大，筛分效率较高；既可筛分粗粒物料，也可筛分细粒物料；筛面的水平或小坡度安装有利于粗粒物料脱水脱泥及重介质选矿流程中的脱介；但激振器较复杂，制造精度和润滑要求高，振幅不易调整。直线振动筛广泛应用于选矿厂破碎流程各阶段中物料的分级及铁矿石选别流程中精矿的降杂提质。

　　振动筛筛面可设计成多倾角的形式，如图 4-11 所示，香蕉筛（又称多倾角筛）是一种筛面倾角沿料流方向由大变小的振动筛，筛面倾角可从给料端的 30°~40° 逐渐减小到排料端的 0°~15°，筛面振动轨迹一般为直线或椭圆。给料端物料流动速度快所导致的料层变薄有利于易筛细颗粒的快速透析和透筛，排料端倾角逐渐降低可减缓筛上所剩物料的流速，使难筛颗粒有更多的机会穿过筛孔进入筛下。香蕉筛生产能力大（可达常规振动筛的 3~4 倍），筛分效率高，是应用广泛的大处理量重型筛分设备。

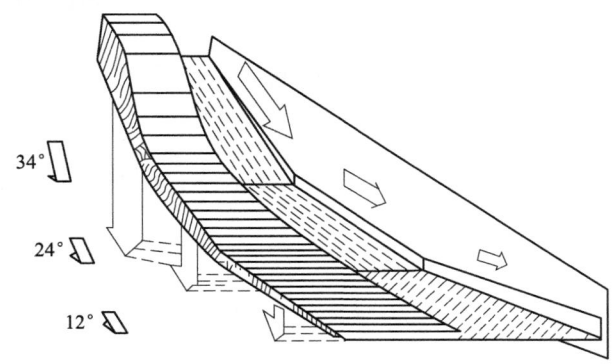

图 4-11　香蕉筛多倾角筛面

　　概率筛（也称摩根森筛）是一种特殊构造的多层振动筛，其工作原理有别于普通振动筛，如图 4-12 所示，这种振动筛的筛框上安装有 3~6 层筛面，筛面倾角自上而下递增，筛孔尺寸自上而下递减，最下层筛孔尺寸为目标筛分粒度的 1~2 倍。振动筛工作时，入筛物料从上方给到最上层筛面，其中的细颗粒逐层穿过各级筛孔成为筛下产物，各级筛上产物在筛面末端合并为粗粒产物。最上层筛板主要起物料疏散作用，中间筛板起粗粒物料预筛作用，最下层筛板进行细粒级的筛分。此筛分设备充分利用了小颗粒透筛的机会与筛孔面积有关的筛分概率原理，一方面使小颗粒有较大的机会透过筛孔，另一方面使大颗粒能被其中的一个筛面隔出。由于有多层筛面分摊料荷，每一个筛面上的料层厚度相对薄，使得概率筛的处理量比常规振动筛高。在同等规模条件下概率筛占地面积小，不易堵塞，筛面磨损低；缺点是筛分精度较低。在工业上得到广泛应用的概率筛有自同步式概率筛和惯性共振式概率筛。两者的区别主要在于激振器的形式和振动系统的动力学状态，前者采用双轴惯性激振器激振，在远离共振区的振动状态下工作，后者采用单轴惯性激振器激振，在接近共振的状态下工作。

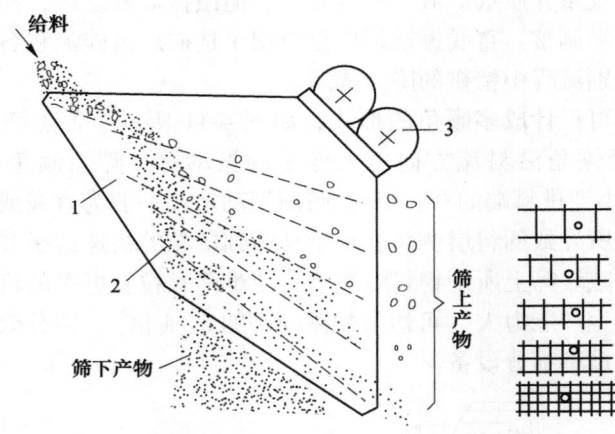

图 4-12　概率筛结构与工作原理
1—筛箱；2—筛面；3—惯性激振器

　　振动筛的规格通常用筛面宽度与筛面长度表示，例如，轴偏心式圆振动筛的型号规格标记为：

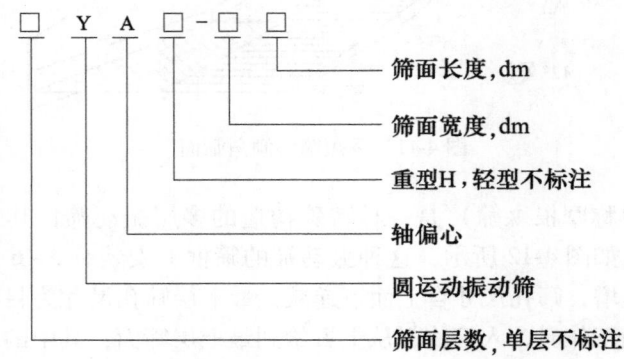

　　而块偏心式箱式激振型直线振动筛的型号规格标记为：

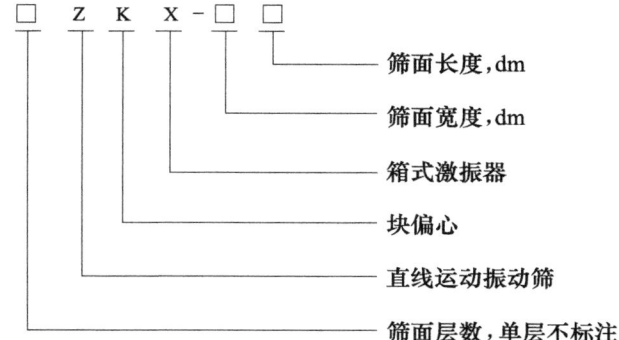

表 4-2 和表 4-3 列出国产 YA 型圆振动筛和 ZKX 型直线振动筛定型产品的技术规格。除了筛面宽度与筛面长度这两个参数外，影响振动筛处理量和筛分效果的设备几何参数及作业条件参数还包括筛孔尺寸、筛孔形状、筛面开孔面积分数、筛面倾角、振动模式及振动强度（振幅与频率的组合）等。振动筛的几何参数和作业条件应与所处理物料的特性及筛分作业的目的要求相匹配。

表 4-2 圆运动振动筛技术规格

型号规格	筛网层数 /层	工作面积 /m²	给料粒度 /mm	筛孔尺寸 /mm	振次 /min⁻¹	双振幅 /mm	参考处理量 /t·h⁻¹
YA1236	1	4.3	≤200	6~50	845	9.5	80~240
2YA1236	2	4.3	≤200	6~50	845	9.5	80~240
YA1530	1	4.5	≤200	6~50	845	9.5	80~240
YA1536	1	5.4	≤200	6~50	845	9.5	100~350
2YA1536	2	5.4	≤400	6~50	845	9.5	100~350
YAH1536	1	5.4	≤400	30~150	755	9.5	160~650
2YAH1536	2	5.4	≤400	30~150	755	11	160~650
YA1542	1	6.5	≤200	6~50	845	9.5	110~385
2YA1542	2	6.5	≤200	6~50	845	9.5	110~385
YA1548	1	7.2	≤200	6~50	845	9.5	120~420
2YA1548	2	7.2	≤200	6~50	845	9.5	100~350
YAH1548	1	7.2	≤400	30~150	755	11	200~780
2YAH1548	2	7.2	≤400	30~150	755	11	200~780
YA1836	1	6.5	≤200	6~50	845	9.5	140~200
2YA1836	2	6.5	≤200	6~50	845	9.5	140~200
YAH1836	1	6.5	≤400	30~150	755	11	220~910
2YAH1836	2	6.5	≤400	30~150	755	11	220~910
YA1842	1	7.6	≤200	6~50	845	9.5	140~490

型号规格	筛网层数 /层	工作面积 /m²	给料粒度 /mm	筛孔尺寸 /mm	振次 /min⁻¹	双振幅 /mm	参考处理量 /t·h⁻¹
2YA1842	2	7.6	≤200	6~50	845	9.5	140~490
YAH1842	1	7.6	≤400	30~150	755	11	340~900
2YAH1842	2	7.6	≤400	30~150	755	11	340~900
YA1848	1	8.6	≤200	6~50	845	9.5	150~525
2YA1848	2	8.6	≤200	6~50	845	9.5	150~525
YAH1848	1	8.6	≤400	30~150	755	11	250~1000
2YAH1848	2	8.6	≤400	30~150	755	11	250~1000
YA2148	1	10	≤200	6~50	748	9.5	180~630
2YA2148	2	10	≤200	6~50	748	9.5	180~630
YAH2148	1	10	≤400	30~150	708	11	270~1200
2YAH2148	2	10	≤400	30~150	708	11	270~1200
YA2160	1	12.6	≤200	6~50	748	9.5	230~715
2YA2160	2	12.6	≤200	6~50	748	9.5	230~715
YAH2160	1	12.6	≤400	30~150	708	11	350~1500
2YAH2160	2	12.6	≤400	30~150	708	11	350~1500
YA2448	1	11.5	≤200	6~50	748	9.5	200~700
YAH2448	1	11.5	≤400	30~150	708	11	310~1300
2YAH2448	2	11.5	≤400	30~150	708	11	310~1300
YA2460	1	14.4	≤200	6~50	748	9.5	260~810
2YA2460	2	14.4	≤200	6~50	748	9.5	260~810
YAH2460	1	14.4	≤400	30~150	708	11	400~1700
2YAH2460	2	14.4	≤400	30~150	708	11	400~1700

注：处理量按松散密度为 0.85~0.90 t/m³ 的煤计算。

表 4-3　直线运动振动筛技术规格

型号规格	筛网层数 /层	工作面积 /m²	给料粒度 /mm	筛孔尺寸/mm	振次 /min⁻¹	双振幅 /mm	参考处理量 /t·h⁻¹
ZKX936	1	3	≤300	0.5~13	890	8.5~11	20~35
2ZKX936	2	3	≤300	上 3~80，下 0.5~13	890	8.5~11	20~35
ZKX1236	1	4	≤300	0.5~13	890	8.5~11	30~50
2ZKX1236	2	4	≤300	上层 3~80，下层 0.5~13	890	8.5~11	30~50
ZKX1248	1	4.5	≤300	0.5~13	890	8.5~11	33~53

续表 4-3

型号规格	筛网层数 /层	工作面积 /m²	给料粒度 /mm	筛孔尺寸/mm	振次 /min⁻¹	双振幅 /mm	参考处理量 /t·h⁻¹
2ZKX1248	2	4.5	≤300	上层 3~80，下层 0.5~13	890	8.5~11	33~53
ZKX1536	1	5	≤300	0.5~13	890	8.5~11	35~55
2ZKX1536	2	5	≤300	上层 3~80，下层 0.5~13	890	8.5~11	35~55
2ZKX1542	2	5.5	≤300	上层 3~80，下层 0.5~13	890	8.5~11	40~65
ZKX1548	1	6	≤300	0.5~13	890	8.5~11	42~70
2ZKX1548	2	6	≤300	上层 3~80，下层 0.5~13	890	8.5~11	42~70
ZKX1836	1	7	≤300	0.5~13	890	8.5~11	45~85
2ZKX1836	2	7	≤300	上层 3~80，下层 0.5~13	890	8.5~11	45~85
2ZKX1842	2	7.5	≤300	上层 3~80，下层 0.5~13	890	8.5~11	50~90
ZKX1848	1	8	≤300	0.5~13	890	8.5~11	60~100
2ZKX1848	2	8	≤300	上层 3~80，下层 0.5~13	890	8.5~11	60~100
ZKX2148	1	9	≤300	0.5~13	890	8.5~11	70~110
2ZKX2148	2	9	≤300	上层 3~80，下层 0.5~13	890	8.5~11	70~110
ZKX2448	1	11	≤300	0.5~13	890	8.5~11	85~125
2ZKX2448	2	11	≤300	上层 3~80，下层 0.5~13	890	8.5~11	85~125
ZKX2460	1	14	≤300	0.5~13	890	8.5~11	95~170
2ZKX2460	2	14	≤300	上层 3~80，下层 0.5~13	890	8.5~11	95~170

注：处理量按松散密度为 0.85~0.90 t/m³ 的煤计算。

筛孔尺寸是决定分级粒度的重要参数。在筛面无破损的情况下粒度大于筛孔尺寸的颗粒无法穿过筛孔；只有粒度小于筛孔尺寸的颗粒有机会穿过筛孔进入筛下产物中，其中粒度接近筛网尺寸的颗粒（难筛颗粒）较难穿过筛孔。在工艺设计及设备选型时，筛孔尺寸的选择应该与工艺要求的分级粒度相匹配。

筛孔形状会在一定程度上影响筛下产物的粒度分布。一般可将筛下产物最大粒度 d_{max} 与筛孔名义尺寸 s 的关系表示为 $d_{max} = k \cdot s$，这里系数 k 取决于筛孔形状：圆形筛孔 $k = 0.7$，正方形筛孔 $k = 0.9$，长方形筛孔 k 为 1.2~1.7（板状或长条状颗粒取大值）。

筛面宽度和筛面长度决定筛分面积，是决定设备处理量的重要参数。在处理量及筛上料流运动速度恒定的情况下，筛面宽度越大料层厚度越小，筛面长度越大筛分时间越长。料层厚度减小和筛分时间延长都有利于提高筛分效率。通常振动筛筛面的长度与宽度之比为 2~3。除了筛面宽度与筛面长度外，筛孔形状、筛面开孔面积分数和筛面倾角等几何参数也影响设备处理量。一般来说，随着筛孔尺寸的降低，筛面开孔面积分数减小，单位筛面面积的生产能力减少。

　　筛面倾角通过影响物料在筛面的运动速度影响设备处理量。它还通过影响颗粒趋近筛孔时的角度影响穿过给定尺寸筛孔的概率，从而影响实际的分级粒度。筛面倾角越大，生产能力越大，但筛分效率越低。圆振动筛筛面的倾角一般设定在 12°~25° 范围。直线振动筛的筛面一般为水平安装或者小坡度下坡或上坡安装，用于筛分作业时筛面倾角通常为 0°~10°，用于脱水、脱泥、脱介作业时筛面倾角通常为 -5°~0°。

　　惯性振动筛的振动强度可以用惯性离心加速度与重力加速度的比值 $A\omega^2/g$ 来表征，这里 A 为振幅，ω 为圆频率（$\omega = 2\pi f$，f 为频率），g 为重力加速度。一般工业振动筛工作在惯性离心加速度为重力加速度的 3~7 倍范围内。较高的振动强度对提高筛上物料的输运速度和防止筛孔堵塞有利。可以看出，振动筛的振动强度由其振幅和频率共同决定。工业筛分时采用的振幅和频率组合应与入筛物料的特性相匹配。典型的振动筛工作频率取值范围为 12~25 Hz（或 700~1500 r/min）；振幅取值范围为 2.5~6 mm（或双振幅 5~12 mm）。一般而言，处理粗粒物料的大筛孔尺寸筛分宜采用较大的振幅和较低的频率；处理细粒物料的小筛孔尺寸筛分宜采用较小的振幅和较高的频率。

　　振动筛可以干式作业也可以湿式作业，粗粒物料的筛分（筛孔尺寸大于 5 mm）一般采用干式作业。筛分细粒物料时可通过湿式作业来减少细小颗粒的团聚和黏附，减轻筛孔堵塞，提高分级效率。湿式筛分可将有效分级粒度降低至 0.25 mm 甚至更低。此外，振动筛用于矿石物料的洗矿、脱泥、脱水以及重介质选矿产物的脱介时也是湿式作业。

　　振动筛的生产能力与筛孔尺寸、设备几何参数和作业条件、筛面种类和筛孔形状、入筛物料的粒度组成、颗粒形状、入筛物料的种类和含水量、筛分效率等诸多影响因素有关。常用的振动筛生产能力经验公式为

$$Q = \varphi F V \delta_0 K_1 K_2 K_3 K_4 K_5 K_6 K_7 K_8 \tag{4-3}$$

式中　Q——振动筛处理量，t/h；

　　　φ——筛面的有效筛分面积系数：单层筛或多层筛上层筛面 $\varphi = 0.9 \sim 0.8$；双层筛作单层筛使用时下层筛面 $\varphi = 0.7 \sim 0.6$，作双层筛使用时下层筛面 $\varphi = 0.7 \sim 0.65$；三层筛的第三层筛面 $\varphi = 0.6 \sim 0.5$；

　　　F——筛面名义面积，m²；

　　　V——单位筛分面积的容积处理量，m³/(m²·h)，具体取值见表 4-4；

　　　δ_0——物料容积密度，t/m³；

　$K_1 \sim K_8$——各因素影响系数，具体取值见表 4-5~表 4-12。

　　在流程设计和设备选型计算时常利用此公式根据给定的生产能力要求（Q 值）计算所需的筛面面积（F 值）。

表 4-4 振动筛单位面积容积处理量 V 值

筛孔尺寸	0.15	0.2	0.3	0.5	0.8	1	2	3	4	5	6	8
$V/m^3 \cdot (m^2 \cdot h)^{-1}$	1.1	1.6	2.3	3.2	4.0	4.4	5.6	6.3	8.7	11.0	12.9	15.9
筛孔尺寸	10	12	14	16	20	25	30	40	50	60	80	100
$V/m^3 \cdot (m^2 \cdot h)^{-1}$	18.2	20.1	21.7	23.1	25.4	27.8	29.6	32.6	37.6	41.6	48.0	53.0

表 4-5 细粒含量影响系数 K_1

给矿中小于筛孔尺寸之半的颗粒含量/%	<10	10	20	30	40	50	60	70	80	90
K_1	0.2	0.4	0.6	0.8	1.0	1.2	1.4	1.6	1.8	2.0

表 4-6 粗粒含量影响系数 K_2

给矿中大于筛孔尺寸的颗粒含量/%	<10	10	20	30	40	50	60	70	80	90
K_2	0.2	0.4	0.6	0.8	1.0	1.2	1.4	1.6	1.8	2.0

表 4-7 筛分效率影响系数 K_3

筛分效率 E/%	85	87.5	90	92	92.5	93	94	95	96
$K_3 = (100 - E)/8$	1.87	1.56	1.25	1.00	0.94	0.88	0.75	0.63	0.50

表 4-8 物料种类及颗粒形状影响系数 K_4

物料种类及颗粒形状	破碎后矿石	圆形颗粒物料	煤
K_4	1.0	1.25	1.5

表 4-9 物料湿度影响系数 K_5

筛孔尺寸/mm	<25			>25
物料湿度	干矿石	湿矿石	黏结矿石	0.9~1.0
K_5	1.0	0.25~0.75	0.2~0.6	视湿度而定

表 4-10 筛分方法影响系数 K_6

筛孔尺寸/mm	<25		>25
物料湿度	干筛	湿筛（喷水）	1.0
K_6	1.0	1.25~1.4	

表 4-11　筛子运动参数影响系数 K_7

$2 \cdot r \cdot n$ 乘积值[①]	6000	8000	10000	12000
K_7	0.65~0.70	0.75~0.80	0.85~0.90	0.95~1.0

①r—筛子的振幅（双振幅不乘2），mm；n—工作频率，r/min。

表 4-12　筛网种类及筛孔形状影响系数 K_8

筛面种类	编织筛网		冲孔筛板		橡胶筛网	
筛孔形状	方形	长方形	方形	圆形	方形	条缝
K_8	1.0	0.85	0.85	0.70	0.90	1.20

　　多层振动筛的选择计算原则上需要依次逐层进行，求出各层筛网所需的面积后，根据其最大值来确定振筛机的规格。对于工业生产中常用的双层振动筛，其上层筛的筛下产物即为下层筛的给矿。双层振动筛上层筛网面积的计算方法与单层振动筛相同，下层筛网的处理量和面积的计算是先由上层筛给矿量、上层筛给矿中粒度小于上层筛筛孔尺寸的颗粒含量和上层筛的筛分效率估算下层筛给矿量，再由根据给矿粒度特性预估的下层筛给矿中粒度小于下层筛筛孔尺寸之半的颗粒含量、下层筛给矿中粒度大于下层筛筛孔尺寸的颗粒含量和下层筛的筛分效率查表 4-5~表 4-7 得到系数 K_1、K_2 和 K_3，再根据式（4-3）求出下层筛网的面积。

　　工业生产中常将双层筛作为单层筛使用，此举既可提高筛机处理量，又能保护下层筛网，延长下层筛网使用寿命。双层筛作为单层筛使用时需要通过选定上下层筛网的筛孔尺寸来合理分配上下层筛网的负荷。下层筛网的筛孔尺寸取决于要求的筛分粒度，上层筛网的筛孔尺寸则根据给矿粒度特性确定，一般可按上层筛网的筛下产物量为筛机给矿量的 55%~65%，或是使上下层筛网的负荷率大致相等的原则来确定上层筛网的筛孔尺寸。

　　选择振动筛时还需要考虑筛面上物料层的厚度。一般来说，筛分矿石时排料端允许的料层厚度为筛孔尺寸的 4 倍，且不应超过 100 mm；筛煤时排料端允许的料层厚度为筛孔尺寸的 3 倍，且不能超过 150 mm。如果料层厚度超过上述限度，即使筛网面积已满足处理量要求，筛分效率也会降低。若给矿中小于筛孔尺寸的颗粒含量较大，给料端物料层可以厚一些。排料端筛面上物料层的厚度可根据排料端筛上物料流量、物料的松散密度、筛面宽度和物料沿筛面的运动速度来估算。这里物料沿筛面的运动速度与筛机工作参数和物料性质等因素有关，其参考值为：当振动筛振动次数为 700~900 次/min、双振幅为 8~11 mm、筛面倾角为 20°、物料含水量小于 3%时，物料沿筛面的运动速度为 0.5~0.63 m/s；当振动筛振动次数为 850~900 次/min、双振幅为 16 mm、筛面水平安装时，物料沿筛面的运动速度为 0.2~0.23 m/s。

4.1.3 细筛

细筛一般指筛孔尺寸为 0.1~3 mm 的工业筛分设备，用于实现分离粒度为 0.045~2 mm 的筛分分级。通常筛孔尺寸越小，筛分机单位筛分面积的生产能力越小，筛分作业成本越高。选矿厂的磨矿机大多是与水力分级设备而不是与筛分设备一起组成磨矿-分级闭路作业系统。然而当矿石中目的矿物的密度高出脉石矿物密度较多时，水力分级效果受颗粒密度效应的影响较为显著，会导致有较多的高密度的较小颗粒与低密度的大颗粒一同作为返砂返回磨矿作业。这不仅会影响磨矿回路的生产能力，而且还容易造成目的矿物的过粉碎，影响后续的选别效果。在这种情况下采用细筛作为分级设备较为有利，因为细筛是严格按颗粒几何尺寸将物料分级的，分级结果不受颗粒密度影响。此外，当物料中的目的矿物在细粒级中有较大程度的富集时，也可用细筛作分选设备，通过筛分得到目的矿物含量较高的筛下产物。这方面典型的应用是在铁矿选矿厂利用细筛进行铁精矿的提质降杂处理，即利用细筛从铁精矿中去除粒度较粗的连生体颗粒，提高铁精矿品位。

细筛可分为固定细筛和振动细筛两大类。目前工业生产上用的固定细筛可分为平面细筛和弧形细筛。振动细筛按频率可分为中频振动细筛（频率 13~25 Hz）和高频振动细筛（频率 25~50 Hz）。

固定细筛的筛面通常是由不锈钢、尼龙或聚氨酯材料制成的条缝筛板。平面细筛（图 4-13（a））的筛面一般以较大的倾角安装（倾角 45°~65°），筛条的排列方向与物料的流动方向垂直，筛条之间的缝宽通常约为 0.1~0.5 mm。筛框背面通常设有击打装置，用于周期性地击打筛框，防止筛孔堵塞。弧形细筛（图 4-13（b））的筛面沿物料流动方向呈圆弧形状，筛面倾角逐渐由大变小，筛条的排列方向与物料的流动方向垂直，筛条之间的缝宽通常约为 0.1~3 mm。固定细筛的工作原理与振动筛有所不同：振动筛工作时物料垂直给入筛面，筛孔尺寸是筛下产物的粒度上限；而固定细筛工作时矿浆物料沿筛面的平行或切向方向给入，在流体的拖曳力和重力的作用下只有粒度小于一定界限的颗粒才能被筛条编棱切割而改变运动方向，经过筛孔进入筛下。通常固定细筛分离粒度为筛孔尺寸的 1/3~2/3 倍。弧形细筛是一种利用物料沿弧形筛面运动时产生的惯性离心力来提高筛分效率的细粒筛分设备。它具有结构简单，工作可靠，占地面积小，筛分效率高于平面细筛等优点，可用于重选作业前物料的预筛准备，水力旋流器沉砂或溢流的脱水，与磨矿机组成闭路磨矿系统，以及重介质选矿的脱介等。总的来说，固定细筛的筛分效率和抗堵塞能力均不及振动细筛。

常规中频惯性振动筛可用于细粒物料的筛分，但能实现的分离粒度受各类设备的筛孔尺寸下限制约。通常单轴圆振动筛的最小筛孔尺寸为 1 mm，三轴椭圆

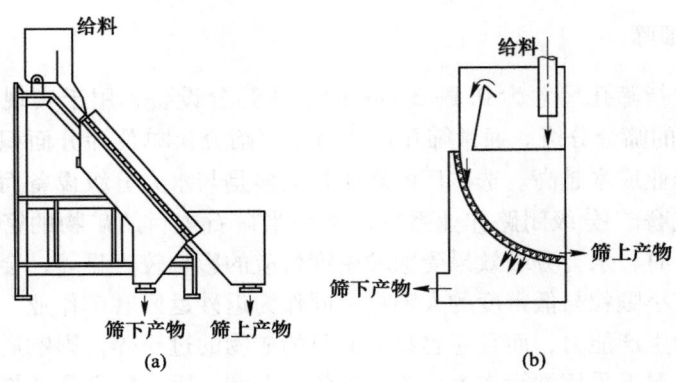

图 4-13　固定细筛
(a) 平面细筛；(b) 弧形细筛

振动筛的最小筛孔尺寸为 0.5 mm，双轴直线振动筛的最小筛孔尺寸为 0.25 mm。为了高效筛分细粒物料需要采用小振幅高频率的振动筛。高频细筛的筛孔尺寸可小到 0.1 mm，振幅一般为 0.5~2 mm。与常规振动筛通常小于 20 Hz（1200 r/min）的振动频率相比，高频细筛的振动频率一般高于 25 Hz（1500 r/min），用于分离粒度为 0.1 mm 或更低的细粒筛分时可高达 60 Hz（3600 r/min）。筛面的高频振动通过电动机带动偏心轴激振或者通过电磁线圈直接激发产生。为在满足产能要求的同时尽量减少占地面积，高频细筛一般都采用重叠式多路给料设计。目前，在工业生产上得到较广泛应用的高频细筛主要有德瑞克高频细筛和 MVS 高频振网筛。

德瑞克高频细筛是美国德瑞克（Derrick）公司研制的一种细粒筛分设备。采用多路给料方式以提高单机生产能力，德瑞克三路给料高频细筛和德瑞克重叠式五路给料高频细筛的结构，如图 4-14 所示。耐磨防堵的聚氨酯筛网安装在筛框上，筛面倾角通常为 15°~25°，筛孔尺寸通常为 0.15 mm 或 0.10 mm。设备工作时，筛框由电动机与偏心激振器驱动作高频率小振幅的振动，入筛物料平行给到各筛面上，每个筛面都是一个独立的筛分单元。在各路物料通过各自筛面的过程中细颗粒透过筛孔进入筛下，留在筛上的物料在末端汇集。各路的筛上物料和筛下物料分别汇入统一的集料斗中，由筛上产物排料口和筛下产物排料口排出。由于湿筛的筛分效率在矿浆脱除大部分水分后迅速降低，德瑞克的再造浆式筛面在单路筛面上分段配置多个造浆槽，借助喷水装置可在各段造浆槽内清洗筛上物料并重新造浆，从而提高筛分效率。

MVS 高频振网筛（图 4-15）是一种筛网振动、筛框不动的高频振动筛。这种振动筛采用电磁激振器直接激发筛网作高频振动，频率 50 Hz，振幅 1~2 mm，振动强度为一般振动筛的 2~3 倍。振动系统设计在近共振状态工作，动力消耗

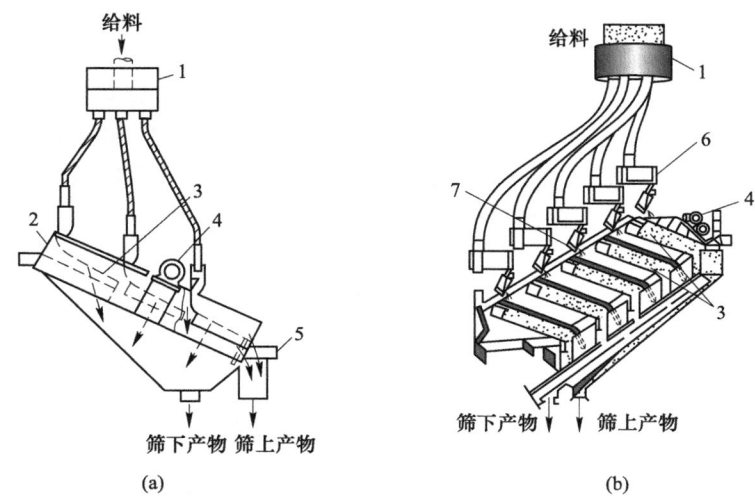

图 4-14 德瑞克细筛

（a）德瑞克三路给料细筛；（b）德瑞克重叠式五路给料细筛

1—矿浆分配器；2—筛箱；3—筛面；4—激振电动机；

5—机架；6—给矿箱；7—层间空间

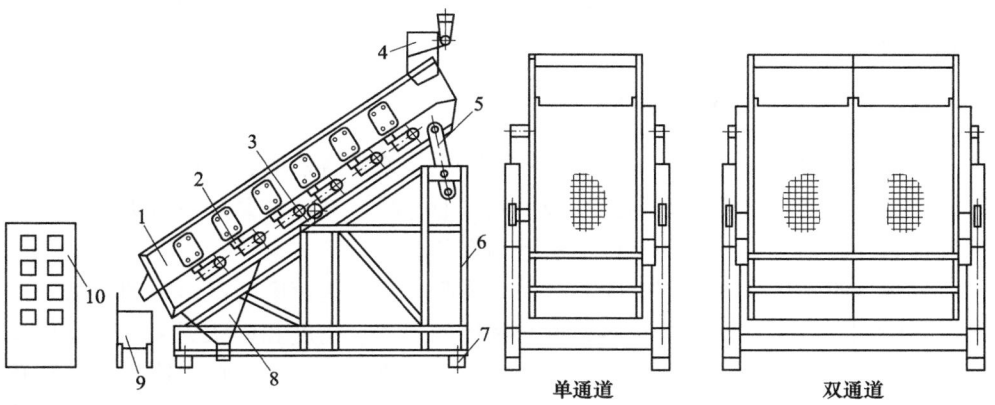

图 4-15 MVS 振网筛

1—筛箱；2—筛面；3—激振器；4—给料箱；5—传动装置；6—机架；

7—减震橡胶；8—筛下料斗；9—筛上料槽；10—控制柜

较小。筛面的安装角度可根据物料性质和作业要求加以调节，筛孔尺寸最小可达
0.09 mm。每台设备沿纵向布置有多组电磁激振器及传动系统。各激振器由控制
柜集中控制，振动参数可分别调节。设备工作时，设置在筛箱外侧的电磁激振器
通过传动系统将振动传导到筛箱内的筛网托件上使筛网振动。从上方给到筛面的
矿浆物料在高频振动的作用下沿筛面流动，在此过程中细颗粒透过筛孔进入筛

下，由筛下产物集料斗汇集排出，筛上剩余物料在筛面末端由筛上产物集料斗收集排出。这种振网筛有多种型式规格，有单通道和双通道、单层和多层之分，采用模块化设计，可灵活配置。多层型设备的主体结构与德瑞克高频细筛相似：多层筛箱叠加布置，每层筛箱独立工作，互不影响；筛上产物和筛下产物分别收集，汇集排出。作为 MVS 振网筛升级型的 FMVS 复振筛采用筛箱中频振动与筛网高频振动相结合的复合振动设计，筛面振动由筛箱振动与筛网振动复合而成。筛箱作频率中等、振幅较大的直线振动，强度适当的抛掷作用有利于筛上物料的松散和输运；筛网作高频小幅振动有利于细粒物料透筛。这种振动组合比单纯的高频振动有更高的筛分效率。

4.2 水力分级设备

在工业生产流程中磨矿机通常与分级机一起组成磨矿—分级系统。选矿厂一般采用水力分级设备与湿式作业的磨矿机一起构成磨矿—分级回路，尽管近年来细筛在磨矿流程中也有所应用。螺旋分级机和水力旋流器仍是选矿厂最常用的水力分级设备。此外还有一些其他类型的水力分级设备，诸如各式各样的槽形分级机和圆锥形分级机，主要用于从宽粒级物料中分离出若干个较窄的粒级作为后续重选作业的给料。

4.2.1 水力分级基本原理

水力分级是基于固体颗粒在水中的沉降速度差异将松散颗粒群物料按颗粒粒度大小分离为两个或多个产物的一种单元作业过程。其基本原理与重力场作用下的固体颗粒在流体介质中的自由下落运动有关。

物体在真空中自由下落时因不存在介质阻力，下落速度会以恒定的重力加速度 g 随时间无限地增加，且下落速度与物体的尺寸、密度和形状无关。若物体是在黏性流体介质（例如水或空气）中下落（一般称为沉降），则物体除了受到重力和介质浮力作用之外，还会受到流体介质对运动物体的阻力，此阻力随沉降速度的增加而增大。当流体阻力大到足以与浮力一起抗衡重力的作用时，颗粒受到的合力为零，沉降速度不再增加，此时的沉降速度称为沉降末速。此后物体以此沉降末速恒速沉降。

流体介质对固体颗粒运动的阻力又称介质的绕流阻力，其方向始终与颗粒相对介质的运动方向相反，其大小与介质绕流的流态有关（图 4-16）。当颗粒与介质间的相对速度较小时为层流绕流，颗粒在介质中平稳运动，与颗粒表面直接接触的介质层随颗粒一起运动，而与颗粒表面有一定距离的介质静止不动。在这两个位置之间围绕运动颗粒的介质有一个剪切作用区域，此区域内各流层间存在速

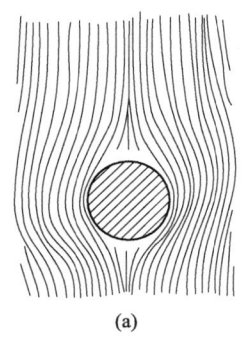 

(a)　　　　　　　　　　　　(b)

图 4-16　介质绕流球体的流态

（a）层流；（b）紊流

度梯度，介质阻力基本上都是由黏性流体流层间的剪切作用引起的，这种介质阻力称为黏性阻力或层流阻力。当颗粒与介质间的相对速度较大时发生紊流绕流，颗粒快速排开周边介质导致边界层分离，在颗粒后方形成旋涡，导致颗粒前后流体区域出现压强差。此时的介质阻力主要是由这个压强差引起的，黏性阻力的占比相对较小，这种由颗粒前后流体压强差引起的阻力称为压差阻力或紊流阻力。介质绕流的流态一般用雷诺数 Re 来判断

$$Re = \frac{dv\rho}{\eta} \tag{4-4}$$

其中，d 为颗粒直径，v 为颗粒对介质的平均相对速度，ρ 为介质密度，η 为介质的动力黏度。雷诺数是一个无量纲准数，它表征介质绕颗粒流动时惯性力与黏性力的比值。当 $Re<1$ 时，流动阻力以黏性阻力为主，压差阻力可以忽略；当 $Re>10^3$ 时，流动阻力以压差阻力为主，黏性阻力可以忽略；$Re=1\sim10^3$ 范围为流态的过渡段，黏性阻力和压差阻力都占有相当的比例，均不可忽略。

　　无论是黏性阻力还是压差阻力起主导作用，在水力分级处理的粒度范围内，颗粒沉降开始时作为过渡过程的加速运动阶段一般都相对短暂，即颗粒沉降速度从零开始增加直至达到沉降末速所需的时间很短。颗粒在分级过程中的行为基本上是由沉降末速决定的。颗粒沉降末速通常也简称颗粒沉降速度。

　　一般而言，固体颗粒在流体介质中的沉降末速大小与颗粒粒度、颗粒密度、颗粒形状。流体密度、流体黏度等因素有关。在其他条件不变的情况下，沉降末速与颗粒粒度存在对应关系是按沉降末速差异实现颗粒分级的基本依据。

　　假设一个直径为 d、密度为 δ 的球形颗粒在密度为 ρ 的流体中自由沉降。它受到 3 个力的作用：方向向下的重力 F_g，方向向上的浮力 F_b，以及方向向上的流体阻力 F_r。当颗粒速度达到沉降末速时有 $F_g - F_b - F_r = 0$，由此可得流体阻

力为

$$F_r = F_g - F_b = \frac{\pi}{6}gd^3(\delta - \rho) \tag{4-5}$$

其中，g 为重力加速度。

斯托克斯（Stokes）导出的层流绕流条件下介质对球形颗粒的黏性阻力公式为

$$F_r = 3\pi d\eta v \tag{4-6}$$

其中，η 为介质的动力黏度，v 为沉降末速。将式（4-6）代入式（4-5）可得

$$v = \frac{gd^2(\delta - \rho)}{18\eta} \tag{4-7}$$

此式称为斯托克斯沉降公式，用于黏性阻力占主导地位时球形颗粒的自由沉降，适用的雷诺数范围为 $10^{-3}<Re<1$。

牛顿（Newton）导出的紊流绕流条件下介质对球形颗粒的压差阻力公式为

$$F_r = \left(\frac{\pi}{20} \sim \frac{\pi}{16}\right) d^2v^2\rho \tag{4-8}$$

在等号右边括号项取值 $\frac{\pi}{18}$ 时将式（4-8）代入式（4-5），可得

$$v = \left[\frac{3gd(\delta - \rho)}{\rho}\right]^{1/2} \tag{4-9}$$

此式称为牛顿沉降公式，用于压差阻力占主导地位时球形颗粒的自由沉降，适用的雷诺数范围为 $10^3<Re<10^5$。

对于 $Re=1\sim10^3$ 的阻力过渡区，目前还没有一个通用公式能够全面反映介质阻力的变化规律。需要时可从专业文献或教科书上找到一些按雷诺数进一步分段的经验公式，这里不再赘述。

颗粒沉降时周边介质的流态以及应该采用哪个公式计算沉降末速由表征惯性力与黏性力比值的雷诺数确定。雷诺数分别与颗粒粒度和沉降末速成正比，而后者仍是颗粒粒度的单增函数。因此颗粒粒度越大，沉降末速越大，雷诺数越大，绕流的紊流程度越高。根据式（4-7）和式（4-4）可为给定密度的物料估算斯托克斯沉降公式适用的粒度上限。表 4-13 列出为四种典型矿物颗粒在常温水介质中沉降的估算结果。可以看出，除了密度较小的煤之外，斯托克斯沉降公式适用的粒度均在 0.1 mm 以下。同样地，根据式（4-9）和式（4-4）可估算牛顿沉降公式适用的粒度范围。估算结果表明，对于典型矿物石英这个粒度范围大致是 2.75~60 mm。由此可知，在两个理论公式的适用范围之间存在一个粒度区间，在此粒度区间内两个公式都不适用。此粒度区间依颗粒密度不同而异，对石英来说大致是 0.1~2.75 mm。此区间的细粒端与工业水力分级常见粒度范围的粗粒端部分重合。

表 4-13　斯托克斯沉降公式适用的最大颗粒粒度

最大雷诺数 Re		0.5	0.6	0.75	1
物料	密度/g·cm^{-3}	最大颗粒粒度/mm			
煤	1.3	0.145	0.154	0.166	0.183
石英	2.65	0.082	0.087	0.094	0.104
磁铁矿	5.1	0.061	0.065	0.069	0.076
方铅矿	7.5	0.052	0.055	0.060	0.066

固体颗粒在流体中的沉降末速不仅取决于颗粒粒度，还与颗粒密度有关。对于给定流体，式（4-7）和式（4-9）可写成

$$v = k_1 d^2 (\delta - \rho) \tag{4-10}$$

$$v = k_2 \left[d(\delta - \rho) \right]^{1/2} \tag{4-11}$$

其中，k_1 和 k_2 为常数；$\delta - \rho$ 被称为密度为 δ 的颗粒在密度为 ρ 的流体中的有效密度。可以看出：

（1）若两颗粒密度相同，则粒度较大的颗粒沉降末速较大；

（2）若两颗粒粒度相同，则密度较大的颗粒沉降末速较大。

如果粒度分别为 d_1 和 d_2、密度分别为 δ_1 和 δ_2 的两个颗粒在密度为 δ_f 的流体中的沉降末速分别为 v_1 和 v_2，当 $v_1 = v_2$ 时，对于符合斯托克斯公式的沉降有

$$\frac{d_1}{d_2} = \left(\frac{\delta_2 - \rho}{\delta_1 - \rho} \right)^{1/2} \tag{4-12}$$

此式即为使两个不同密度颗粒具有相同的自由沉降末速所需的粒度比值，也称自由沉降等降比。类似地，当 $v_1 = v_2$ 时，对于符合牛顿公式的沉降，自由沉降等降比为

$$\frac{d_1}{d_2} = \frac{\delta_2 - \rho}{\delta_1 - \rho} \tag{4-13}$$

以石英（密度 2.65 g/cm^3）和方铅矿（密度 7.5 g/cm^3）颗粒在常温水介质（密度 1.0 g/cm^3）中沉降为例：对于符合斯托克斯公式的小颗粒沉降，由式（4-11）算得自由沉降等降比为 1.99，即方铅矿颗粒的沉降速度与粒度为其 1.99 倍的石英颗粒相当；对于符合牛顿公式的大颗粒沉降，由式（4-12）算得自由沉降等降比为 3.94，即方铅矿颗粒的沉降速度与粒度为其 3.94 倍的石英颗粒相当。可以看出，较大的颗粒比较小的颗粒有更大的自由沉降等降比。这意味着颗粒密度效应的影响对于较大颗粒的沉降来说更为显著。

综合式（4-12）和式（4-13），可将自由沉降等降比表示为

$$\frac{d_1}{d_2} = \left(\frac{\delta_2 - \rho}{\delta_1 - \rho} \right)^n \tag{4-14}$$

其中，参数 n 的取值为：对于符合斯托克斯公式的小颗粒 $n = 0.5$；对于符合牛顿沉降公式的大颗粒 $n = 1.0$；对于位于中间粒度区间（物料为石英时大致为 100~2750 μm）的颗粒，$n = 0.5 \sim 1.0$。

除了颗粒的粒度和密度外，颗粒的形状也影响颗粒沉降末速。对于不规则形状颗粒的沉降可以采用形状系数之类的参数来定量表征这种影响，但在实际应用中很少这么做，通常是引入等效粒度的概念，忽视颗粒形状的影响。不管颗粒形状如何都可将与该颗粒具有相同沉降末速的球形颗粒的直径作为该颗粒的名义粒度。水力分级上常用的斯托克斯粒度指的就是满足斯托克斯沉降末速公式的等效球形颗粒的直径。

上述关于固体颗粒沉降的斯托克斯公式和牛顿公式均是以单颗粒在流体介质中的自由沉降为前提导出的，而实际工业分级涉及的是颗粒群在由介质和颗粒群组成的矿浆中的沉降。根据矿浆浓度的大小可将颗粒群沉降分为自由沉降和干涉沉降两种情况。

自由沉降指的是颗粒群在固体浓度较低的矿浆中的沉降，此时颗粒之间的相互影响可忽略不计。一般认为在分散良好的矿浆中当固体体积浓度小于 5%（或固体质量浓度小于 15%）时，矿浆中各单颗粒的沉降可视为自由沉降。在这种情况下，可直接采用斯托克斯公式和牛顿公式计算和分析颗粒沉降末速及自由沉降等降比。

干涉沉降指的是颗粒群在固体浓度较大的矿浆中的沉降。颗粒之间的相互阻碍作用随矿浆浓度的增加而加剧，导致各单颗粒沉降速度变慢。矿浆整体上表现出与原来流体不同的重液行为。由于各颗粒必须在密度和浓度较高的矿浆中沉降，颗粒受到浮力及沉降遭遇的阻力均较大。沉降阻力主要由紊流引起，因此在一定范围内可用矿浆密度取代牛顿公式（4-9）中的介质密度 ρ，即采用下式

$$v = k_2 \left[d (\delta - \rho_p) \right]^{1/2} \tag{4-15}$$

来近似表示颗粒群的干涉沉降速度，其中 ρ_p 为矿浆密度。由此可得两种不同密度颗粒的干涉沉降等降比计算为

$$\frac{d_1}{d_2} = \frac{\delta_2 - \rho_p}{\delta_1 - \rho_p} \tag{4-16}$$

随着矿浆密度 ρ_p 的增加，固体颗粒在矿浆中的有效密度 $(\delta - \rho_p)$ 减小，沉降速度减小。由式（4-16）可知，高密度颗粒有效密度 $(\delta_2 - \rho_p)$ 的减小比例小于低密度颗粒有效密度 $(\delta_1 - \rho_p)$ 的减小比例，总效果是等降比 d_1/d_2 增大。以石英和方铅矿颗粒在密度为 1.5 g/cm³ 的矿浆中的沉降为例，由式（4-16）可算出干涉沉降等降比为 5.22，而根据式（4-13）算出的自由沉降等降比为 3.94。干涉沉降弱化了颗粒粒度对沉降速度的影响，强化了颗粒密度对沉降速度的影响。干

涉沉降的等降比大于自由沉降等降比；矿浆密度越大，等降比越大。因此在水力分级实践中采用较低的固体浓度可强化粒度差异的影响，弱化密度差异的影响，改善分级效果。

根据分级作用区域内水介质的流向可将水力分级的作用机制分为垂直流分级和水平流分级两种。垂直流分级是粗细颗粒在上升水流中的分离。如图 4-17（a）所示，沉降末速大于上升水流流速的颗粒逆流沉降，进入沉砂；沉降末速小于上升水流流速的颗粒被水流携带顺流上升，进入溢流。水平流分级则是粗细颗粒在沿水平方向流动的水流中的分离，给料颗粒在沿垂直方向沉降的同时被水流携带沿水平方向移动，不同粒度的颗粒按其沉降末速的不同有不同的运动轨迹。如图 4-17（b）所示，沉降末速大于水平流流速（H/L）倍的颗粒在水平方向移动距离为 L 所需的时间内沉降的垂直距离大于 H，进入沉砂；沉降末速小于水平流流速（H/L）倍的颗粒在相同的时间内沉降的垂直距离小于 H，被水流携带进入溢流。这里 H 为水平流厚度，L 为沉降区域沿水流方向的长度。实际水力分级设备中这两种分级作用机制可同时存在，但通常是以其中的一种为主。一般来说，水平流分级设备分级作用区域内矿浆的固体浓度较低，颗粒的沉降基本上可视为自由沉降型。垂直流分级设备分级作用区域内矿浆的固体浓度通常较高，颗粒的沉降多属干涉沉降型，颗粒密度差异对分级效果的影响较显著。

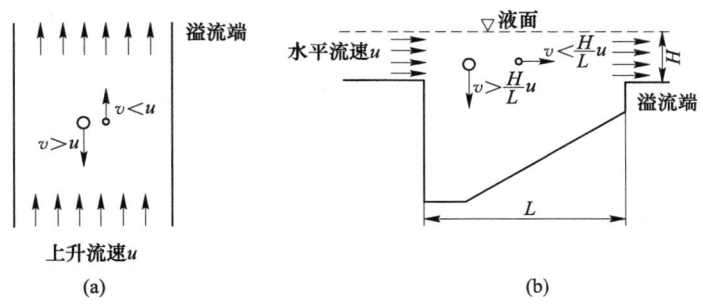

图 4-17　水力分级作用原理
（a）垂直流分级；（b）水平流分级

多室水力分级机用于将粒度分布较宽的物料按需要分为多个粒级。图 4-18 所示为以获得 3 个不同粒级的沉砂产物（粗粒产物、中间产物、细粒产物）和一个溢流产物（矿泥）为例给出多室水力分级机的基本构造和工作原理示意图。给矿中的固体颗粒按其粒度大小在各自沉降室中沉降后分别作为沉砂产物排出，各级沉砂之间的分离机制可以是水平流分级，如图 4-18（a）所示，也可以是垂直流分级，如图 4-18（b）所示，后者可通过调节从沉降室底部给入的补加水量控制上升水流流速，第一个沉降室内的上升水流流速最高，最后一个沉降室内的

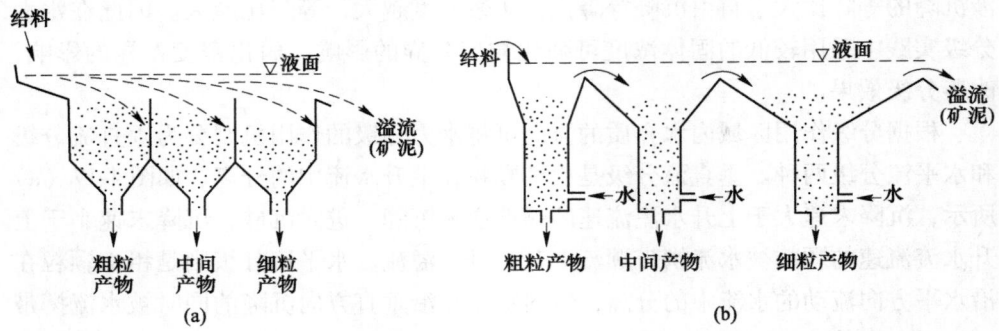

图 4-18　多室水力分级机
（a）水平流分级与脱泥；（b）垂直流分级，水平流脱泥

上升水流流速最低。无论各级沉砂之间的分离机制如何，粒度最细的矿泥与沉砂之间的分离机制基本上都是水平流分级。多室水力分级机的最主要应用是对宽粒级重选给矿进行预先分级，将其分为若干个较窄的粒级后分别入选可以减轻粒度效应对按密度分选的影响。多室水力分级机在磨矿工艺上鲜有应用。

　　在选矿厂磨矿工艺流程中水力分级设备一般是用于与磨矿机一起构成磨矿回路，从回路给矿或磨矿机排矿中分离出满足后续作业要求的细粒产物作为回路产物，分级的粗粒产物通常返回磨矿机继续研磨。选矿厂最常用的水力分级设备是螺旋分级机和水力旋流器。从分级原理上看，前者利用的是颗粒在重力场中沉降末速的差异，而后者利用的是颗粒在离心力场中沉降末速的差异。

4.2.2　螺旋分级机

　　螺旋分级机利用重力作用下颗粒在水中的沉降原理实现物料的分级。螺旋分级机是一种机械分级机，分级机制以水平流分级为主。机械分级机主要由一个倾斜放置的槽体加上用于提升输运槽底沉砂的机械装置构成，依沉砂提升输运装置的不同有耙式分级机和螺旋分级机之分。耙式分级机采用机械耙装置将沉砂从槽体低位端沿斜槽一步步地提升至高位端的排砂口排出，这种分级机因存在许多缺点已基本上被淘汰。螺旋分级机采用连续旋转的螺旋装置将沉砂从槽体低位端沿斜槽逐渐地提升至高位端的排砂口排出，这种分级机构造简单、工作稳定，特别适合于与直径小于 3.2 m 的磨矿机组成自流连接的闭路作业系统，是中小型选矿厂常用的水力分级设备。

　　螺旋分级机主要由底部呈半圆形的长槽，提升输运沉砂的螺旋装置，支撑螺旋轴的上、下轴承，螺旋轴的驱动传动装置和升降机构等部件组成。螺旋分级机的结构和工作原理，如图 4-19 所示。倾斜安装的长槽内安装有 1~2 个纵长的转

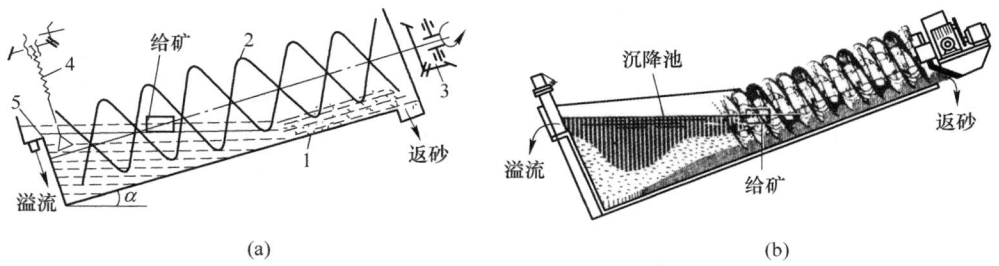

图 4-19 螺旋分级机构造与工作原理
(a) 螺旋分级机构造示意图; (b) 螺旋分级机工作原理
1—长槽; 2—螺旋; 3—螺旋驱动装置; 4—螺旋升降装置; 5—溢流堰口; α—槽体倾角

轴,转轴上固定有连续安置的螺旋状叶片。转轴的两端支撑在上下轴承座中,由位于槽子上端的电动机及传动装置带动作低速旋转。下端轴承安装在升降机构的底部,通过升降机构可调节螺旋轴及螺旋叶片下端至槽底的距离,从而调节返砂量。停机时将螺旋轴抬起,可避免重新开机时因螺旋叶片被沉砂埋压而造成的启动负荷过大。设备工作时,给矿矿浆从斜槽中部给入后向槽的低位端溢流堰方向流动,在斜槽下端形成一个沉降池,给矿中沉降速度快的粗砂颗粒快速下沉到槽底,形成粗砂沉积层。沉积层之上是一个固体浓度较大的干涉沉降层,此层的深度和形状取决于分级机的作用和给矿固体浓度。干涉沉降层的上方基本上是自由沉降区,携带悬浮细粒的矿浆在此区内沿水平方向从给矿位置向溢流堰方向流动并作为溢流排出。在此过程中槽内缓慢旋转的螺旋不断地将沉砂提升输运至斜槽顶部的排砂口排出。沉降池内螺旋叶片的轻度搅拌作用有助于细粒在矿浆中悬浮,螺旋叶片对沉砂的缓慢翻动作用可使沉砂中夹带的细泥重新悬浮到矿浆中。向刚从池中捞出的沉砂喷水也可将夹带的细泥冲回沉降池中。

螺旋分级机按螺旋轴的数目可分为单螺旋和双螺旋分级机,按溢流堰的高度可分为沉没式、高堰式和低堰式三种类型。

沉没式螺旋分级机溢流端的螺旋叶片完全浸没在液面之下,沉降区面积大,适用于分级粒度小于 0.15 mm 的细粒分级作业,常用于与第二段磨矿的磨矿机配合作业。

高堰式螺旋分级机的溢流堰位置高于下端螺旋轴的中心,但低于螺旋叶片的上边缘,适用于分级粒度大于 0.15 mm 的粗粒分级作业,常用于与第一段磨矿的磨矿机配合作业。

低堰式螺旋分级机的溢流堰位置低于下端螺旋轴的中心,沉降区面积小,溢流生产能力低,多用于洗矿脱泥作业,一般不用于分级作业。

螺旋分级机的规格以螺旋直径来表示,国产螺旋分级机的主要技术规格见表 4-14。

表 4-14 螺旋分级机技术规格

类型	型号规格	螺旋直径 /mm	螺旋转速 /r·min⁻¹	生产能力/t·d⁻¹		驱动电机功率 /kW
				返砂	溢流	
高堰式单螺旋	FG-3	300	8~18	44~73	13.0	1.1
	FG-5	500	8~12.5	135~210	32	1.1
	FG-7	750	6~10	340~570	65	3
	FG-10	1000	5~8	675~1080	110	5.5
	FG-12	1200	5~7	1170~1870	155	5.5
	FG-12	1200	5~7	1170~1870	155	5.5
	FG-15	1500	2.5~6	1830~2740	235	7.5
	FG-20	2000	3.6~5.5	3290~5940	400	11
	FG-24	2400	3.64	6800	580	13
高堰式双螺旋	2FG-12	1200	6	2340~3740	310	5.5×2
	2FG-15	1500	2.5~6	2280~5480	470	7.5×2
	2FG-20	2000	3.6~5.5	7780~11880	800	22, 30
	2FG-24	2400	3.67	13600	1160	30
	2FG-30	3000	3.2	23300	1785	40
沉没式单螺旋	FC-10	1000	5~8	675~1080	85	5.5
	FC-12	1200	5~7	1170~1870	120	7.5
	FC-15	1500	2.5~6	1830~2740	185	7.5
	FC-20	2000	3.6~5.5	3290~5940	320	13, 10
	FC-24	2400	3.64	6800	400	17
沉没式双螺旋	2FC-12	1200	6	2340~3740	240	5.5×2
	2FC-15	1500	2.5~6	2280~5480	370	7.5×2
	2FC-20	2000	3.6~5.5	7780~11880	640	22, 30
	2FC-24	2400	3.67	13700	910	30
	2FC-30	3000	3.2	23300	1410	40

　　影响螺旋分级机作业性能的因素基本上可分为设备结构及运行参数、给矿性质因素和作业条件因素三个方面。

　　在设备结构及运行参数方面，沉降池分级面积是影响分级机处理量和分级粒度的决定性因素。分级面积大小取决于分级槽体宽度和分级液面长度，前者主要由螺旋直径决定，后者与溢流堰高度及槽底倾角有关。槽底倾角主要取决于返砂所需的提升高度，并且以返砂在提升输运过程中不过度下滑为其上限，其取值通常为 12°~18.5°。槽底倾角越小，沉降面积越大，溢流粒度越细，但返砂中细粒含量也越多。分级机安装后槽底倾角是不变的，只能通过调整作业条件来适应已定的倾角。溢流堰高度习惯上指从螺旋轴中心线到溢流堰顶端的斜高。加高溢流堰可增大沉降面积，减弱螺旋叶片对矿浆液面的搅动程度，使溢流粒度变细。当要求较粗的溢流粒度时，则应降低溢流堰高度。

螺旋转速不仅决定螺旋叶片对沉砂的输运速率，也影响溢流细度。螺旋转速越快，按返砂计的生产能力越大，但由于它对矿浆的搅动程度也随之加大，溢流中夹带的粗颗粒量也会增多。合适的转速应在使得返砂能及时返回磨机的同时不至于引发过强的搅拌作用，以确保获得能够满足工艺要求的溢流细度。螺旋轴的转速通常为 3~12 r/min，螺旋直径较大者取较小值。一般来说，大转速适用溢流粒度较粗的分级，小转速适用于溢流粒度较细的分级。

分级机的合适作业条件由给矿性质及对分级产物的要求决定。影响分级效果的给矿性质因素包括固体颗粒粒度分布及细泥含量，固体密度、颗粒形状等方面。给矿中细泥含量越多，则矿浆黏度越大，固体颗粒的沉降速度越慢，溢流产物越粗。给矿中含泥量较大时为获得细度合格的溢流产品，应增大补加水以降低矿浆浓度。若给料中含泥较少，则可适当提高矿浆浓度，以减少返砂中夹带的细粒物料。矿石密度越大，矿浆黏度越小，颗粒沉降得越快，溢流产物越细，返砂中细粒含量越多。处理密度大的矿石时，可适当提高分级浓度；而处理密度小的矿石时，应适当降低分级浓度。扁平状颗粒比球形颗粒沉降慢，处理扁平状颗粒时应适当降低矿浆浓度，或加快溢流的排出速率。

给矿固体浓度是分级机作业运行时最重要的调控参数。给矿浓度影响分级粒度及该粒度下的处理能力。在选矿厂磨矿—分级闭路循环作业中，磨矿机的排矿浓度很少低于65%，而螺旋分级机的作业浓度通常不能大于50%，因此，磨矿机排矿在给入分级机之前需要补加一定量的水，也可通过在斜槽上端向捞出的沉砂喷水来补加水。磨矿机排矿浓度与补加水量一起决定分级给矿浓度，从而影响沉降池矿浆中固体颗粒的沉降速度。降低给矿浓度不仅导致溢流浓度降低，也使矿浆中固体颗粒的沉降速度增大，使得小颗粒更容易沉降下来而不是被水平流带走，从而可获得更细的分离粒度。但是当给矿被稀释过度以至于溢流浓度低于某个临界值（这个临界值通常在10%左右）时，稀释矿浆所带来的增加上升水流速的效应会变得比减少矿浆浓度所导致的增加颗粒沉降速度的效应更为显著，使得分离粒度及溢流产物粒度随着矿浆的稀释而变得更粗。不过在选矿工艺上，溢流浓度低于临界浓度的情况很少见。

螺旋分级机的生产能力主要与分级机的规格、分级粒度、给矿物料的密度和粒度组成、给矿浓度等因素有关，一般采用经验公式进行计算。按溢流中固体量计的螺旋分级机生产能力计算为

高堰式： $$Q_1 = mk_1k_2(94D^2 + 16D) \tag{4-17}$$

沉没式：
$$Q_1 = mk_1k_2(75D^2 + 10D) \tag{4-18}$$
根据溢流固体流量求所需分级机螺旋直径的计算为

高堰式：
$$D = 0.103\sqrt{Q_1/(mk_1k_2)} - 0.08 \tag{4-19}$$

沉没式：
$$D = 0.115\sqrt{Q_1/(mk_1k_2)} - 0.07 \tag{4-20}$$
按返砂固体量计的螺旋分级机生产能力计算为
$$Q_2 = 135mk_1D^3n \tag{4-21}$$

式中　Q_1——按溢流固体量计的螺旋分级机处理量，t/d；

　　　Q_2——按返砂固体量计的螺旋分级机处理量，t/d；

　　　D——螺旋直径，m；

　　　m——螺旋个数；

　　　n——螺旋转速，r/min；

　　　k_1——矿石密度修正系数，见表 4-15，或按 $k_1 = 1 + 0.5(\delta - 2.7)$ 计算，这里 δ 为矿石密度，t/m^3；

　　　k_2——分级粒度修正系数，见表 4-16。

表 4-15　矿石密度修正系数 k_1

矿石密度/t · m^{-3}	2.00	2.30	2.50	2.70	2.80	3.00	3.30	3.50	4.00	4.50
k_1	0.65	0.80	0.90	1.00	1.05	1.15	1.30	1.40	1.65	1.90

表 4-16　分级粒度修正系数 k_2

	溢流粒度/mm	1.17	0.83	0.59	0.42	0.30	0.20	0.15	0.10	0.074	0.061	0.053	0.044
k_2	高堰式	2.50	2.37	2.19	1.96	1.70	1.41	1.00	0.67	0.46			
	沉没式						3.00	2.30	1.61	1.00	0.72	0.55	0.36

　　在磨矿回路设计及设备选型时，通常是根据设计要求的回路处理量由式 (4-19) 或式 (4-20) 计算所需的分级机规格，再用式 (4-21) 校核按返砂量计的生产能力是否满足设计要求，不满足时可通过改变其他参数（如螺旋转速）来调整循环负荷。

　　螺旋分级机的主要缺点是生产过程中溢流细度的调节只能是通过改变给矿浓度，也就是控制补加水量来实现，而其他影响因素如螺旋转速、溢流堰高度、斜槽倾角等并不能随时随意地调节。螺旋分级机一般不适用于溢流粒度很细的细粒分级，因为，细粒分级需要在较低的矿浆浓度下进行才有较好的效果，而获得的低浓度溢流又需要经过脱水浓缩才能作为后续作业的给料。这不但会增加投资和运行成本，在处理硫化矿石时还会使已细磨的目标矿物因浓缩过程受到较多的氧化作用而影响后续选别作业的分选效果。相比之下，水力旋流器在这方面有其优势。

4.2.3 水力旋流器

水力旋流器是在回转流动的流体中利用惯性离心力来加速颗粒沉降的一种分级设备。与机械式分级机相比,它具有占地面积小、处理能力大、操作简便等优点,是矿物加工行业最常用的设备之一。在选矿厂主要用于分级作业,也可用于脱泥、脱水、浓密、选别等作业。

典型的水力旋流器的结构和工作原理,如图 4-20 所示,其主体由一个圆柱筒体和一个与之相通的倒置圆锥筒体构成,圆柱筒体顶端中部设有一个穿过顶盖插入筒体内的溢流管,倒锥筒体下端是敞开的沉沙口。圆柱筒体侧面上部设有切向给矿口。旋流器工作时,以一定压强沿切向方向紧贴筒壁给入筒体的矿浆在筒壁的限制下作螺旋向下运动,形成外侧回转旋流。下行的外侧旋流从圆筒段进入圆锥段,在筒体的下部受到尖缩倒锥筒体的限制,有一部分矿浆通过下端的沉沙口排出,另一部分矿浆则在靠近筒体中心处继续做旋流运动的同时向上运动形成内侧旋流,经上端的溢流管排出。由于外侧区域的矿浆向下运动而内侧区域的矿

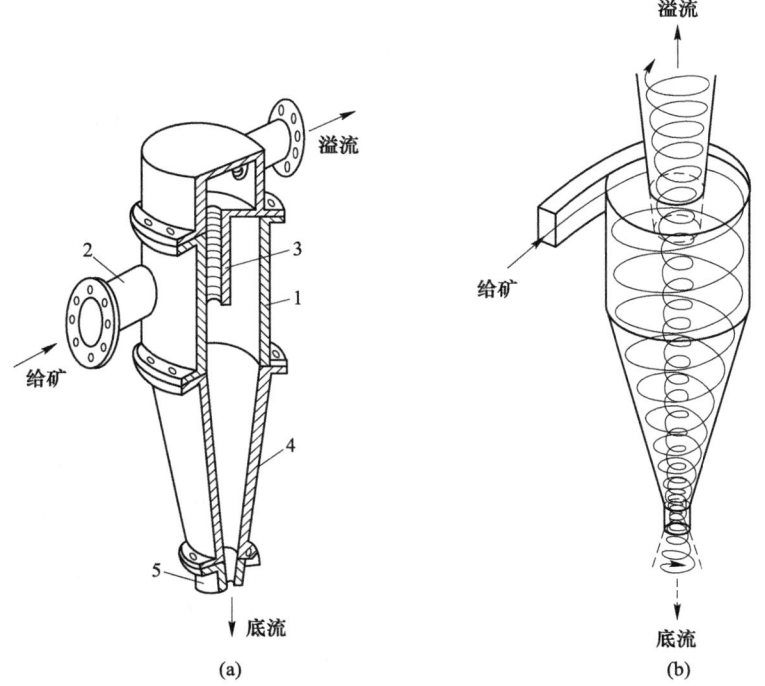

(a)   (b)

图 4-20 水力旋流器构造与工作原理

(a)水力旋流器构造;(b)水力旋流器工作原理

1—圆筒部分;2—给矿管;3—溢流管;4—圆锥部分;5—沉砂口

浆向上运动，在这两个空间区域之间应存在一个轴向速度为零的包络面，如图
4-21（a）所示。此外，矿浆的旋流运动导致筒体内中轴线位置附近形成一个低
压区，致使在筒体内沿中轴线方向产生一个空气柱，通常此空气柱在沉沙口与外
部大气相通。矿浆中的固体颗粒在随流体作回转旋流运动的过程中在径向方向受
到惯性离心力和流体阻力（流体拖曳力）的作用，如图 4-21（b）所示。粗颗粒
因受到的惯性离心力大于流体阻力而被抛向筒壁方向（离心沉降作用），进入轴
向零速包络面的外侧区域，随下降的旋流矿浆一起逐渐向下运动，经由底部沉沙
口排出成为沉砂产物（也称底流产物）。细颗粒因受到的惯性离心力小于流体拖
曳力而被流体携带向中心方向运动，进入轴向零速包络面的内侧区域，随上升的
内侧旋流矿浆一起经由溢流管排出，成为溢流产物。

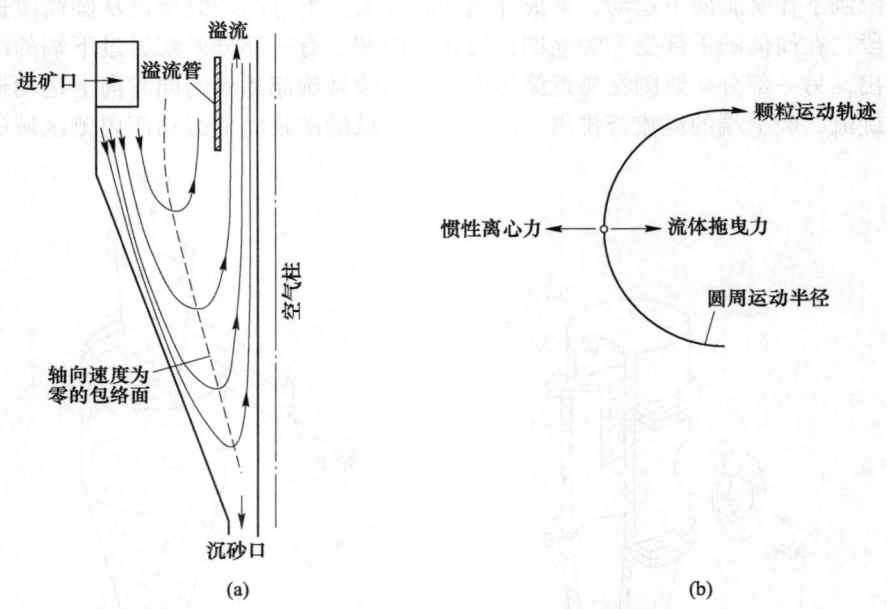

图 4-21　矿浆在旋流器内的轴向运动和离心沉降颗粒的径向受力
(a) 矿浆的轴向流速分布；(b) 离心沉降颗粒径向受力

　　与颗粒在重力场中的沉降不同，水力旋流器中的分级涉及颗粒在离心力场作
用下沿径向方向的沉降，即颗粒的离心沉降。固体颗粒作回转运动的惯性离心加
速度与其切向运动速度的平方成正比，与其回转半径成反比。普通水力旋流器正
常工作时此惯性离心力加速度通常为重力加速度的几十倍乃至上百倍，因此重力
的影响可以忽略不计。正是由于受到远远大于重力的惯性离心力的作用，旋流器
中颗粒的离心力沉降速度明显大于该颗粒在重力作用下的沉降速度，从而使得有
效分离粒度下限得以降低，分级效率得以提高。

对水力旋流器内不同位置的矿浆进行快速取样及粒度
分析的实验室试验研究表明，水力旋流器内的分级过程并
不是如同经典的水力旋流器分级理论所假设的那样发生在
整个筒体内部。筒体内部空间按物料粒度分布的明显差异
可划分为4个区域，如图4-22所示。在靠近圆柱体内壁及
顶盖下方的窄小区域内（A区）各处的物料粒度分布相同
且基本上与未经分级的给矿一致，在占圆锥体绝大部分空
间的沉砂区内（B区）各处的物料粒度分布相同且基本上
与分级后的沉砂产物一致，在溢流管周边及其下方的一个
窄小范围内（C区）各处的物料粒度分布相同且基本上与
分级后的溢流产物一致。分级过程似只发生在中间一个不
太大的环状空间区域内（D区），在此区域内固体颗粒沿
径向方向按其粒度大小分布，粒度越小至中轴线的距离越
小。此试验结果是在低压给矿条件下获得的，实际工业生
产用的旋流器内D区的范围可能会更大一些。

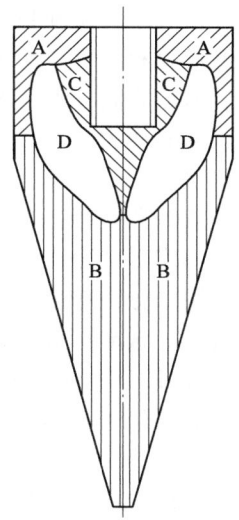

图 4-22 旋流器内粒度
分布相似区域

水力旋流器的规格通常用其圆柱筒体的内径来表示，
简称旋流器直径。旋流器直径范围一般为10~1000 mm，其中最为常用的是直径
为100~500 mm的旋流器。选矿厂常用水力旋流器的技术规格见表4-17。

表 4-17 水力旋流器主要技术规格

型号规格	筒体直径 /mm	给矿口直径 /mm	溢流管直径 /mm	沉砂口直径 /mm	最大给矿粒度 /mm	给矿压强 /MPa	处理能力 /m³·h⁻¹	分离粒度 /μm
FX-660	660	187, 167	180~240	80~150	16	0.03~0.4	250~360	74~220
FX-500	500	130, 120	130~220	35~100	10	0.03~0.4	140~220	74~220
FX-350	350	80	80~120	35~100	6	0.03~0.4	60~105	50~150
FX-300	300	75, 64	65~120	20~40	5	0.03~0.4	45~90	40~150
FX-250	250	80, 74, 55	60~120	16~40	3	0.05~0.4	40~65	30~100
FX-200	200	48	40~65	16~32	2	0.05~0.4	25~40	30~100
FX-150	150	36	30~45	8~22	1.5	0.05~0.4	11~20	20~74
FX-125	125	26	25~40	8~18	1	0.05~0.4	8~15	20~100
FX-100	100	23	20~40	8~18	1	0.05~0.4	5~12	10~100
FX-75	75	13	15~20	6~12	0.6	0.1~0.5	2~5	5~74
FX-50	50	9	11~18	3~12	0.3	0.1~0.5	1.5~3	5~74
FX-25	25	5	5~8	2~5	0.2	0.1~0.5	0.3~1	2~10
FX-10	10	2	2~4	1~2	0.1	0.1~0.6	0.05~0.1	1~5

影响水力旋流器作业效果的因素较多，可分为设备结构参数、作业条件参数和给矿物料特性3个方面。设备结构参数主要有旋流器直径、给矿口尺寸及其形状、溢流管直径及其插入深度、沉砂口直径、锥角等；作业条件参数包括给矿流量、给矿压力、给矿浓度等；给矿物料特性包括给矿粒度分布、固体密度、颗粒形状等。

旋流器直径是最重要的设备结构参数，它影响其他结构参数的取值，决定设备能够实现的分离粒度和生产能力。分离粒度很大程度上由旋流器直径决定。一般来说，分离粒度大时宜采用较大直径的旋流器，分离粒度小时采用较小直径的旋流器。选矿厂分级作业采用的大多是直径为 50~1000 mm 的旋流器，其中直径 100 mm 以下的旋流器用于分离粒度为 10~20 μm 的分级，直径为 100~500 mm 的旋流器用于分离粒度为 20~74 μm 的分级，直径为 500 mm 以上的旋流器用于分离粒度为 74~200 μm 的分级。旋流器的处理量随旋流器直径的减小而减小，对于分离粒度小的分级作业，可采用多个旋流器并联配置来满足大处理量要求。由于小旋流器沉砂口易堵塞，在满足分离粒度要求的前提下，应尽可能采用大直径的旋流器。圆柱筒体的长度通常为旋流器直径的 0.6~1 倍。筒体长度影响矿浆在旋流器内的滞留时间，从而影响分级效果。

给矿管与圆柱筒体的连接方式有渐开线型和切线型两种（图 4-23），与切线型相比，渐开线型给矿可最大限度地降低紊流程度并减少磨损。给矿口截面多呈矩形或椭圆形，一般以等面积圆的直径（即当量直径）来表示给矿口大小，简称给矿口直径。给矿口直径通常为旋流器直径的 0.15~0.25 倍。增大给矿口直径可提高处理量，但分级效率随之降低。

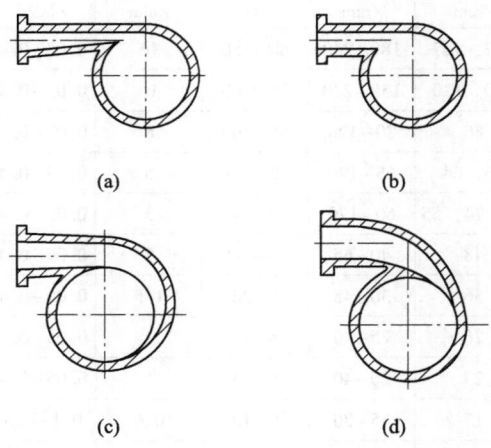

(a)　　　　　　　　　　(b)

(c)　　　　　　　　　　(d)

图 4-23　水力旋流器给矿口型式

溢流管直径一般为旋流器直径的 0.2~0.4 倍。其他条件不变时，通过改变溢流管直径可调节溢流和沉砂的相对产率。随着溢流管直径的增大，溢流量增加，溢流粒度变粗，沉砂中细粒减少，底流浓度增大。溢流管的插入深度一般为圆柱筒体长度的 0.7~0.8 倍，插入过浅或过深都会使给矿中的粗粒混入溢流的概率增加，从而影响分级效果。

　　沉砂口直径是影响旋流器工作状态及分级效果的重要参数。沉砂口直径与溢流管直径的比值一般为 0.15~0.8，对于分级用旋流器通常为 0.3~0.5，这个比值影响给入的水量在溢流和底流之间的分配。给入旋流器的水量在两产物料流之间的分配对分级效果的影响称为旋流器的分配效应。沉砂口直径与溢流管直径的比值越大则分配效应越大，即给矿中的细粒物料因底流的携带而从沉砂口排出的比例越大。在其他条件不变时增大沉砂口直径，会使溢流流量减少，溢流粒度变细，底流流量增加，底流固体浓度降低，进入底流的细粒量增加，但对处理量无明显影响。工业生产上往往对底流浓度有一定的要求，为了不使底流浓度过低并尽量减小分配效应的影响，沉砂口直径应当尽可能地小。另外，过小的沉砂口直径又容易造成粗粒物料在锥体内累积，容易出现溢流跑粗和底流堵塞现象。通常可通过调整沉砂口直径来调节底流浓度。在正常工作条件下，底流呈小锥角（20°~30°）空心伞状喷流从沉砂口散开排出，如图 4-24 所示，外部空气与旋流器内空气柱连通，粗颗粒物料能够从沉砂口自由排出，底流固体质量浓度可达 50%以上。当沉砂口直径太小时底流呈绳状从沉砂口直泻排出，中部空气柱消失，底流浓度较高，溢流跑粗加剧；当沉砂口直径过大时底流呈大锥角（大于30°）中空伞状喷流从沉砂口排出，底流浓度较低，较多的细粒物料被底流夹带从沉砂口排出。

　　旋流器锥体的作用是促使粗粒物料向中心聚集以取得浓度较高的沉砂产物。分级用旋流器的锥角通常为 10°~45°，以10°~20°较为普遍。减小锥角可增加物料在旋流器内的滞留时间，减小分离粒度。用于细粒分级以及用于浓缩脱水脱泥时一般采用较小的锥角；用于粗粒分级时可采用较大的锥角，但锥角过大会影响分级效率。

　　给矿压力直接影响处理量，并在一定程度上影响分级粒度。在其他条件不变的情况下，增大给矿压力可增加处理量并降低分级粒度，但也会增加设备动力消耗和磨损。旋流器给矿压力一般为 0.03~0.3 MPa。一般来说，处理粗粒物料宜采用

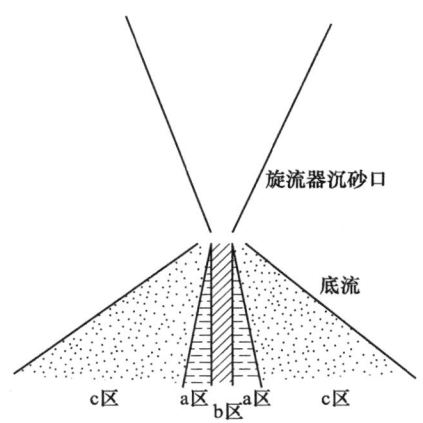

图 4-24　水力旋流器底流排料状态

a 区—正常排料；b 区—绳状排料；

c 区—排料浓度过稀

较大直径的旋流器和较低的给矿压力，处理细粒物料及矿泥应采用较小直径的旋流器和较高的给矿压力。旋流器工作过程中给矿压力应保持稳定。

给矿固体浓度是分级作业的重要操作参数，它影响设备的生产能力、分级效率和产物浓度。给矿流量与给矿浓度一起决定设备的固体处理量。给矿浓度对分级效果的影响较为复杂：随着给矿浓度的增大，矿浆有效黏度及干涉沉降程度增大，分级精度减小，分级粒度因紊流阻力的加大而增大。一般来说，增大给矿浓度可提高设备生产能力，但分级效率降低。通常分级粒度越小，给矿浓度应该越低。在给矿压力足够高时，给矿浓度主要影响溢流浓度，对底流浓度的影响较小。较小的分级粒度只有在较小的给矿浓度和较大的给矿压力下才能实现。旋流器分级的给矿固体质量浓度一般不大于30%，但在分级粒度较粗的闭路磨矿应用中也常采用高浓度（质量浓度可高达60%左右）低压力（低于0.1 MPa）给矿来减少设备磨损和动力消耗。在高给矿浓度下作业时，分级粒度对给矿浓度的变化较为敏感，给矿浓度的小幅度增加会导致分级粒度显著增大。

旋流器结构参数和作业条件的选择主要取决于分级粒度和处理量，也与给矿物料特性有关。旋流器给矿粒度分布对分级效果有很大的影响，矿石密度和颗粒形状也影响分级效果。具体给矿物料的分级效果通常需要经过试验确定。在由磨矿机与旋流器构成的磨矿回路中，旋流器给料的粒度分布很大程度上取决于磨矿效果，后者不仅与磨矿机作业条件有关，也受回路给矿粒度和矿石硬度变化的影响。因给矿粒度变粗或矿石硬度变大而导致的磨矿机排料粒度变粗往往会造成旋流器给料中细粒含量减少、粗粒含量增加，使得进入旋流器溢流的合格细粒量减少，回路循环负荷增加。对此除了可适当调整回路给矿量外，有时还可通过调整磨矿作业参数来维持旋流器给料粒度分布的基本稳定，从而保持旋流器分级作业条件和分级效果的稳定。

分级粒度是水力旋流器作业最重要的技术指标。就水力分级而言，分级粒度有着不同的定义。工业生产上一般用溢流产物的细度来表示分级粒度，采用的溢流产物细度指标可以是溢流产物中小于某一特定粒度（d_T）的物料所占的百分比（例如 -0.074 mm 占 70%），或是使溢流产物的 80% 进入筛下的筛孔尺寸（d_{80}），或是溢流最大粒度（也称溢流分离粒度，通常定义为使溢流产物的 95% 进入筛下的筛孔尺寸，d_{95}）等。对于水力旋流器分级，业界常将分级过程中进入溢流和进入沉砂概率相等（各为 50%）的颗粒粒度（d_{50}）作为分级粒度，也称分离粒度。d_{50} 粒度常用于水力旋流器分离粒度的分析计算及分级作业的数学建模。对于叠加有分配效应的水力旋流器分级，经常采用校正分级粒度 d_{50C} 来表示扣除分配效应后纯粹分级作用所对应的 d_{50} 粒度。一般来说，溢流产物细度不仅取决于分级的 d_{50} 粒度，还与给矿物料粒度特性和分级效率有关。通常溢流产物最大粒度约为分离粒度的 $1.5 \sim 2.0$ 倍。在流程设计及设备选型上常采用如下经验关系式由溢流细度估算分离粒度 d_{50C}：

$$d_{50C} = K_T d_T \tag{4-22}$$

式中，d_T 为用于表示溢流细度的某一特定粒度；K_T 为比例系数，其取值从表 4-18 查得。例如：由溢流细度为 -0.074 mm 占 70% 可算得相应的分离粒度 $d_{50C} = 0.074$ mm×1.67 = 0.124 mm。

表 4-18　水力旋流器溢流细度与分离粒度的关系

溢流中小于 d_T 的含量/%	98.8	95.0	90.0	80.0	70.0	60.0	50.0
比值 $K_T = d_{50C}/d_T$	0.54	0.73	0.91	1.25	1.67	2.08	2.78

关于分级粒度与旋流器几何参数及作业条件的关系有一些经验公式可用。在流程设计及设备选型上较常用的溢流最大粒度 d_{95} 计算公式和分离粒度 d_{50C} 计算为

$$d_{95} = 1.5\sqrt{\frac{D \cdot D_O \cdot C_M}{D_U \cdot K_D \cdot P^{0.5}(\delta-1)}} \tag{4-23}$$

式中　d_{95}——溢流最大粒度，μm；

$\quad\quad D$——旋流器直径，cm；

$\quad\quad D_O$——旋流器溢流管直径，cm；

$\quad\quad D_U$——旋流器沉砂口直径，cm；

$\quad\quad C_M$——给矿固体质量浓度，%；

$\quad\quad P$——旋流器给矿压力，MPa；

$\quad\quad \delta$——矿石密度，t/m³；

$\quad\quad K_D$——旋流器直径校正系数，$K_D = 0.8 + \dfrac{1.2}{1+0.1D}$。

$$d_{50C} = \frac{11.93D^{0.66}}{P^{0.28}(\delta-1)^{0.5}}\exp(-0.301 + 0.0945C_V - 0.00356C_V^2 + 0.0000684C_V^3) \tag{4-24}$$

式中　d_{50C}——分离粒度（校正分级粒度），μm；

$\quad\quad D$——旋流器直径，cm；

$\quad\quad C_V$——给矿固体体积浓度，%；

$\quad\quad P$——旋流器给矿压力，kPa；

$\quad\quad \delta$——矿石密度，t/m³。

水力旋流器的生产能力一般指单位时间内一台设备处理的矿浆体积量。以给矿矿浆体积计的水力旋流器处理量可按以下经验式计算为

$$Q_V = 3K_\alpha K_D D_O D_F \sqrt{P} \tag{4-25}$$

式中　Q_V——旋流器给矿体积流量，m³/h；

D_O——旋流器溢流管直径，cm；

D_F——旋流器给矿口等效直径，cm；$D_F = \sqrt{\dfrac{4bh}{\pi}}$；

b——给矿口宽度，cm；

h——给矿口高度，cm；

P——旋流器给矿压力，MPa；

K_α——锥角校正系数，$K_\alpha = 0.79 + \dfrac{0.044}{0.0379 + \tan(\alpha/2)}$；

α——旋流器圆锥体锥角，(°)；

K_D——旋流器直径校正系数，$K_D = 0.8 + \dfrac{1.2}{1 + 0.1D}$。

鉴于给矿口直径 D_F 和溢流管直径 D_O 均与旋流器直径 D 成正比，由式（4-25）可看出旋流器的处理量与旋流器直径的平方成正比，与给矿压力的平方根成正比。

4.2.4　其他水力分级设备

除了磨矿—分级回路常用的螺旋分级机和水力旋流器外，选矿厂使用的水力分级设备还有各种槽形分级机和圆锥形分级机。

槽形分级机主要用于重选前物料的准备，将物料分成若干个粒度范围较窄的级别分别入选，以减少颗粒粒度对按颗粒密度分选效果的影响。这类分级机一般采用多个分级槽（室）串联的构造或配置，各分级室下方分别设有给水装置以控制各室的上升水流速。矿浆由给矿端槽体上侧给入，大部分细微粒（矿泥）随上层液流向槽体另一端运动成为溢流，其余的颗粒按其沉降速度的不同依次落入不同的分级室中。各分级室内的物料在下沉浓缩过程中发生干涉沉降分级，夹带的小颗粒随上升水流溢出进入下一个分级室，沉降速度大于上升水流速的颗粒下沉后经沉砂口排出。通过设定各分级室的上升水流速使得各室的分级粒度由大到小递减，便可获得由粗到细多个沉砂产物。工业生产中应用的多室水力分级机有水力分级箱（云锡式分级箱）、机械搅拌式水力分级机、筛板式槽型水力分级机等类型。这些设备均采用水平流自由沉降脱泥与垂直流干涉沉降分级相结合的工作原理（图 4-18（b）），然而不同类型设备中形成干涉沉降的条件有所不同：有的是利用自上而下逐渐减小的过流面积形成不同粒级颗粒的悬浮层，或是通过过流面积的突变来改变上升水速以支撑某个粒级颗粒的悬浮，有的还利用设置筛板来辅助支撑颗粒群的悬浮。此外，不同类型的设备在槽体结构、辅助装置、沉砂排出控制方面等方面也各不相同。云锡式分级箱在箱体上部安装有阻砂条以减少给矿引起的扰动。机械搅拌式水力分级机则通过在分级管上方设置慢速搅动叶片来均匀分散聚集的颗粒。槽形分级机在选矿领域应用较少，主要在钨锡等有色金属矿石选矿厂中使用。这种设备的给料粒度一般小于 3 mm。

分泥斗是一种最简单的圆锥形分级机，其外形为一倒立圆锥体，锥角一般为 55°~60°，无传动部件，其工作原理如图 4-25 所示。矿浆从中部上方的给矿筒管进入分级机，底部的沉砂排料阀门一开始是关闭的。在槽内充满矿浆后，水和细粒开始从周边溢出，形成溢流。在此过程中沉降速度大于溢流上升分速度的颗粒向下沉降并在槽底累积，当累积的物料层达到某个厚度时，打开沉砂口排料阀门排出沉砂并控制排料速率使得排料速率与给料速率保持动态平衡。如此就可使

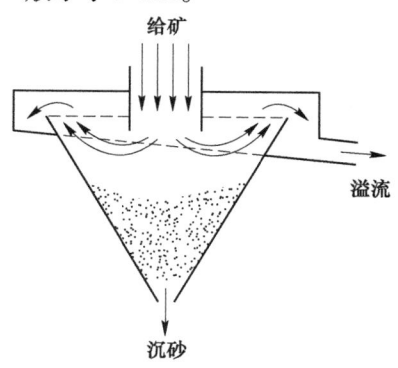

图 4-25 分泥斗（圆锥分级机）工作原理

得给入的矿浆液体在槽内上部形成从中部向周边溢流堰的流动。在此过程中，沉降速度较快的粗颗粒向槽底聚集，沉降速度较慢的细粒物料随溢流溢出。这种分级机的主要操作难点在于不易控制矿砂沉积量与排出量的平衡，因为，在实际应用中很难仅通过敞开的排料口实现矿砂的稳定排出。为应对沉砂口阻塞，底部一般都装有压力水管。安装在厂房内的分泥斗表面直径一般不超过 3 m，规格更大的须安装在厂房外。其他类型的圆锥分级机虽然在设备结构和机构设置上比分泥斗复杂，但在工作原理上仍与分泥斗相同：给矿物料从上方中部给入倒锥形槽体内，微细颗粒随溢流向周边溢出，沉砂由底部沉砂口排出。不同设备类型的差别主要体现在结构细节以及给料装置、沉砂低速搅动装置、沉砂口排料控制机构、冲洗水给入装置的配备等方面。圆锥分级机的给料粒度一般小于 3 mm，溢流分离粒度一般为 74 μm 或者更细。此类设备多用于选别作业之前或是选别产物再磨之前对物料进行脱泥和浓缩，减少入选物料的含泥量，提高磨机给矿的固体浓度，同时还能起到缓冲料仓作用，在一定程度上维持后续作业供矿流量和浓度的稳定。圆锥分级机对粗粒物料的分级效率低，在选矿厂应用中主要偏重于发挥其脱泥和浓缩脱水功能。

复合流化分级机是一种富有特色的双室水力分级设备，其构造和工作原理，如图 4-26 所示。粗粒分级室位于设备中央，其上部呈圆柱状，下部呈倒置圆锥状；中粒分级室环绕在粗粒分级室周边外围。粗粒分级室的圆柱状腔体与倒锥状腔体之间有一个分配盘，分配盘外缘与分级室内壁之间有一环形间隙。给矿矿浆由管道从粗粒分级室上方中部垂直给到分配盘上，来自分配盘下方的上升水经环形间隙进入粗粒分级室上部。矿浆中的固体颗粒在上升水作用下发生干涉沉降分级，沉降速度大于上升水垂直方向流速的颗粒通过环形间隙进入倒锥状腔体后从

底部中心排料口排出，成为粗粒产物；沉降速度小于上升水垂直方向流速的颗粒被水流携带从周边溢出，进入中粒分级室。中粒分级室的上升水给水网均匀分布在整个分级室的底部，上升水流速可通过调控上升水供水量来调整。从粗粒分级室溢流进入中粒分级室的固体物料下沉浓缩后在分级室下部形成一个悬浮在给水网上方的液固流化床，沉降速度大于上升水流速的颗粒沉降到流化床底部后经沿圆周方向均匀分布的阀门排出，成为中粒产物；沉降速度小于上升水流速的颗粒随溢流从环形分级室的外侧周边溢出，成为细粒产物。复合流化分级机在一台设备上完成两段分级作业，获得三种产物。两个分级室的分级粒度可通过改变上升水量及流化床高度来调节。所有沉砂排料阀门的开闭及排料流量均通过矿浆密度的在线测量结果来调控。粗粒和中粒分级室沉砂产物的固体浓度可保持在 65% 以上，而且可以根据需要加以调整。设备的单机处理量依不同规格型号而异，固体处理量一般为 10~1000 t/h，矿浆处理量为 20~2500 m³/h。给矿粒度上限一般为 8 mm。

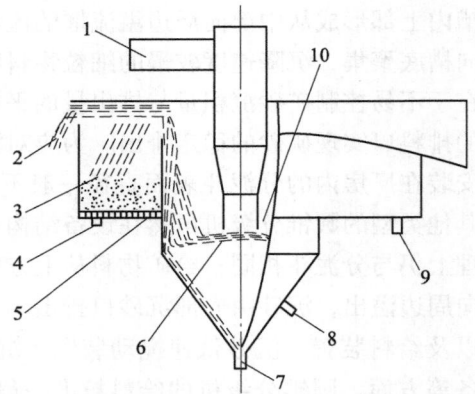

图 4-26　复合流化分级机构造和工作原理
1—给矿口；2—细粒产物出口；3—中粒分级室；4—中粒产物出口；5—流化床给水网；6—分配盘；
7—粗粒产物出口；8—粗粒分级室供水口；9—中粒分级室供水口；10—粗粒分级室

4.3　分级效率的评价

对分级设备作业功效的评价应包括单位时间处理量和分级效率两个方面，前者反映设备的生产能力，后者反映按粒度分离的完善程度。

4.3.1　常用的分级效率指标

对于一个分离粒度为 x_t 的双产物分级作业来说，作业目标是使得给矿中粒度小于 x_t 的颗粒（细颗粒）尽可能多地进入细粒产物，粒度大于 x_t 的颗粒（粗颗粒）尽可能多地进入粗粒产物。理想的分级结果是所有细颗粒都进入细粒产物，所有粗颗粒都进入粗粒产物。而实际的分级结果是不仅会有一部细颗粒进入到粗粒产物中，而且还可能会有一些粗颗粒混入细粒产物中。

图 4-27 所示为双产物分级作业的物料平衡。这里 A、B 和 C 分别代表给矿料流、细粒产物料流和粗粒产物料流的固体流量（单位：t/h）；α、β 和 θ 分别代表给矿料流、细粒产物料流和粗粒产物料流中尺寸小于某给定粒度的颗粒的含量，以质量分数（纯小数）表示。比值 B/A 和 C/A 分别称为细粒产物和粗粒产物的产率。根据整体物料质量平衡表达式

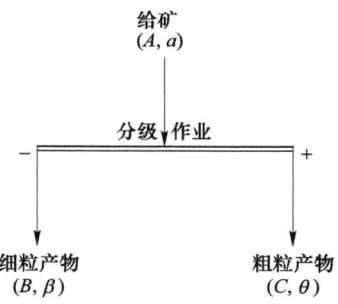

图 4-27　工业分级作业物料平衡

$$A = B + C \qquad (4-26)$$

和细颗粒质量平衡表达式

$$A \cdot \alpha = B \cdot \beta + C \cdot \theta \qquad (4-27)$$

可求得细粒产物的产率 γ 为

$$\gamma = \frac{B}{A} = \frac{\alpha - \theta}{\beta - \theta} \qquad (4-28)$$

显然，粗粒产物的产率为 $1 - \gamma$。

为表述简洁，这里将尺寸小于给定粒度的颗粒简称为细颗粒，尺寸大于给定粒度的颗粒简称为粗颗粒。分级效率应该是一个能够表达给矿中所含的细颗粒和粗颗粒在两个分级产物间的定量分配的指标。将单位质量给矿拥有的细颗粒量和粗颗粒量的分别记为 m_1 和 m_2；细粒产物获得的细颗粒量和粗颗粒量的分别记为 m_3 和 m_4；粗粒产物获得的细颗粒量和粗颗粒量的分别记为 m_5 和 m_6。表 4-19 列出 3 个料流中细颗粒和粗颗粒的占有量表达式（以单位质量给矿为基准）。

表 4-19　分级作业料流中细颗粒和粗颗粒的占有量

料流名称	细颗粒占有量	粗颗粒占有量
给矿 （产率 = 1）	$m_1 = \alpha$	$m_2 = 1 - \alpha$
细粒产物 （产率 = γ）	$m_3 = \gamma\beta$	$m_4 = \gamma(1 - \beta)$
粗粒产物 （产率 = $1 - \gamma$）	$m_5 = (1 - \gamma)\theta$	$m_6 = (1 - \gamma)(1 - \theta)$

选矿领域常用的分级效率指标分为量效率和质效率两种。

分级量效率 E_1 定义为给矿中的细颗粒在细粒产物中的回收率，即

$$E_1 = \frac{m_3}{m_1} \qquad (4-29)$$

将表 4-19 中的 m_1 和 m_3 表达式及式 (4-28) 代入式 (4-29), 经整理可得

$$E_1 = \frac{\beta(\alpha - \theta)}{\alpha(\beta - \theta)} \tag{4-30}$$

量效率仅考虑给矿中的细颗粒经过分级后进入细粒产物的比例, 未考虑给矿中粗颗粒的走向。对于以筛孔尺寸为分离粒度的筛分分级, 若无筛网破损, 可假定细粒产物中不含有粒度大于筛孔尺寸的颗粒, 即认为细粒产物中细颗粒的含量 (β 值) 为 1, 此时式 (4-30) 可简化为

$$E_1 = \frac{\alpha - \theta}{\alpha(1 - \theta)} \tag{4-31}$$

分级质效率 E_2 定义为给矿中的细颗粒在细粒产物中的回收率减去给矿中的粗颗粒在细粒产物中的回收率, 即

$$E_2 = \frac{m_3}{m_1} - \frac{m_4}{m_2} \tag{4-32}$$

将表 4-18 中的 m_1、m_2、m_3 和 m_4 表达式及式 (4-28) 代入式 (4-32), 经整理可得

$$E_2 = \frac{(\beta - \alpha)(\alpha - \theta)}{\alpha(\beta - \theta)(1 - \alpha)} \tag{4-33}$$

质效率不仅取决于给矿中的细颗粒经过分级后进入细粒产物的相对量, 还与给矿中的粗颗粒混入细粒产物的相对量有关。

以上两个分级效率指标适用于以获得合格细粒产物为目标的分级作业。对于以获得合格粗粒产物为目标的脱泥作业, 可类似地用比值 m_6/m_2 来定义脱泥的量效率, 用比值 m_6/m_2 与比值 m_5/m_1 之差来定义脱泥的质效率。

上述分级效率指标均是基于将物料颗粒简单地划分为粗颗粒和细颗粒, 考察这两种颗粒在两个分级产物中的回收率而得到的评价整体物料分级效果的指标。这种整体效率指标的不足之处是未能反映颗粒粒度对分级效果的决定性影响。一般来说, 粒度是影响颗粒在分级过程中行为 (是进入细粒产物还是进入粗粒产物) 的首要因素, 粒度越大越容易进入粗粒产物, 粒度越小越容易进入细粒产物。因此, 与采用整体效率指标相比, 将物料颗粒按其粒度划分为多个粒级, 逐粒级考察各粒级物料在两个分级产物中的回收率及其与颗粒粒度的关系, 可更为全面地表征分级效果。实际上, 质量平衡方程式 (4-26) 与式 (4-27) 及细粒产物产率计算式 (4-28) 在 α、β 和 θ 分别代表给矿、细粒产物和粗粒产物中任意一个给定粒级的含量时也是成立的。在这种情况下, 由式 (4-30) 算得的 E_1 值的涵义是该粒级物料在细粒产物中的回收率, 而该粒级颗粒在粗粒产物中的回收率则为 $1 - E_1$。描述给矿中各粒级颗粒在分级产物中的回收率与颗粒粒度关系的曲线称为分级效率曲线。

4.3.2 分级效率曲线

分级效率曲线是表示给矿中各粒级物料在粗粒产物或者细粒产物中的质量分配率随粒度变化的曲线。由于给矿物料在这两个产物中的分配率之和为 1（即100%）对任意一个粒级都成立，采用在粗粒产物中的分配率或是在细粒产物中的分配率来描述分级结果是等效的。业界迄今以采用前者为多，即以各粒级物料在粗粒产物中的分配率来定义分级效率曲线。此分级效率曲线也被称为分配曲线或特龙普（Tromp）曲线，其基本形状，如图 4-28 所示。

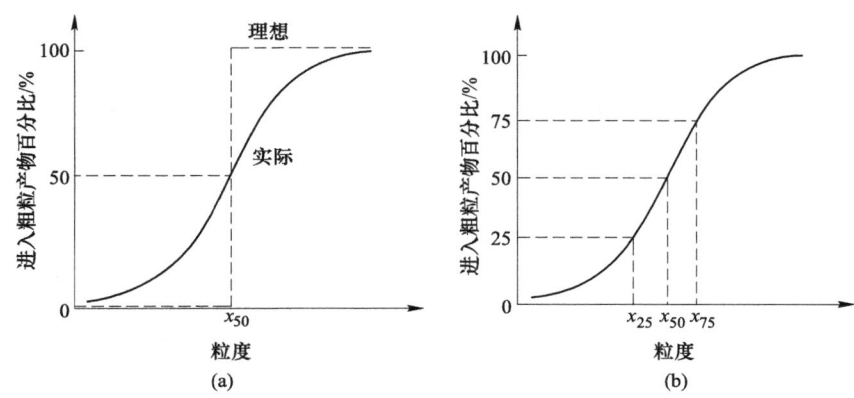

图 4-28　分级效率曲线
（a）理想分级与实际分级；（b）3 个特性粒度值的定义

将分级效率曲线上与分配率为 50% 对应的粒度记为 x_{50}，此粒度的颗粒在粗粒产物与细粒产物的分配率各为 50%，通常也被称为分级粒度或分离粒度。粒度大于 x_{50} 的粒级在粗粒产物中的分配率大于 50%，即该粒级以进入粗粒产物主；粒度小于 x_{50} 的粒级在粗粒产物中的分配率小于 50%，即该粒级以进入细粒产物主。理想分级的分配曲线，如图 4-28（a）中的虚线所示，它在 x_{50} 处是一条垂直于横轴的直线，所有粒度大于 x_{50} 粒级的粗粒产物分配率均为 100%，所有粒度小于 x_{50} 粒级的粗粒产物分配率均为 0。一般可根据实际分配曲线对理想分配曲线的偏离程度来评价分级效率：曲线中间段越陡，越接近理想分级的分配曲线，分级效率越高。在实用中通常取分配率为 75% 所对应的粒度值 x_{75} 与分配率为 25% 的所对应的粒度值 x_{25} 为基本数据来定义分级效率评价指标，例如，用陡度指数

$$\chi = \frac{x_{25}}{x_{75}} \tag{4-34}$$

或是用分配偏差

$$E_T = \frac{x_{75} - x_{25}}{2} \tag{4-35}$$

来作为评价指标：陡度指数越大（越趋近于 1）或是分配偏差越小（越趋近于
0），分级效率越高。

下面将分级效率曲线所代表的给矿各粒级物料在粗粒产物中的质量分配率随
粒度变化的函数关系称为粒级质量分配函数，简称分配函数，标记为 $T(x)$。表
4-20 以筛孔尺寸为 1 mm、粗粒产物产率为 35.3% 的某筛分作业为例，给出根据
给矿和粗粒产物的粒度组成及粗粒产物的产率数据计算各粒级分配函数值（质量
分配率）的结果。表中第 2 列数据确定粒级划分；第 3 列和第 4 列数据分别为给
矿和粗粒产物的粒度组成；第 5 列是算得的质量分配率数据，它等于第 4 列数据
与粗粒产物产率（这里为 0.353）的乘积除以第 3 列数据。根据计算结果绘制的
质量分配率直方图及分级效率曲线，如图 4-29 所示。

表 4-20　某筛分作业分级效率曲线计算（筛孔尺寸 1 mm，粗粒产物产率 35.3%）

粒级序号	粒级/mm	粒度组成/%		粗粒产物分配率/%
		给矿	粗粒产物	
1	+2.5	5.5	15.6	100
2	2.0~2.5	8.1	23.0	100
3	1.6~2.0	6.8	19.2	99.7
4	1.25~1.6	5.6	15.8	99.6
5	1.00~1.25	5.0	14.1	99.5
6	0.80~1.00	3.8	9.4	87.3
7	0.63~0.80	10.1	2.2	7.7
8	0.25~0.63	23.8	0.5	0.7
9	0.10~0.25	18.2	0.2	0.4
10	-0.10	13.1	—	0
合计		100.0	100.0	

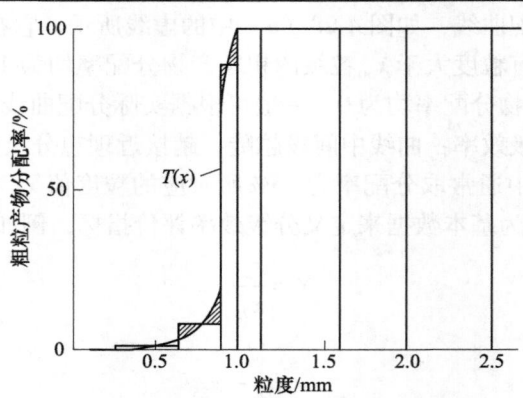

图 4-29　某筛分作业的分级效率曲线

显然，如此算得的质量分配率多少受粒级划分的影响，划分的粒级宽度越小，得到的结果越准确。若以 $Q(x)$ 和 $q(x)$ 分别表示物料的粒度分布函数和分布密度函数，并采用下标 A、B 和 C 分别代表给矿、细粒产物和粗粒产物，则对于微分粒级 $(x, x+\mathrm{d}x)$ 而言，其粒级质量分配函数 $T(x)$ 为

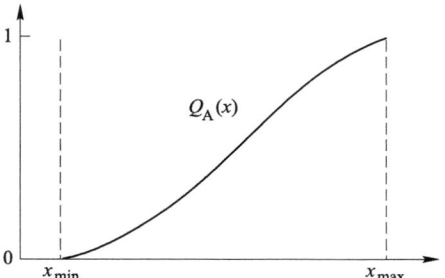

$$
\begin{aligned}
T(x) &= \gamma_\mathrm{C} \cdot \frac{\mathrm{d}Q_\mathrm{C}(x)}{\mathrm{d}Q_\mathrm{A}(x)} \\
&= \gamma_\mathrm{C} \cdot \frac{q_\mathrm{C}(x) \cdot \mathrm{d}x}{q_\mathrm{A}(x) \cdot \mathrm{d}x} \\
&= \gamma_\mathrm{C} \cdot \frac{q_\mathrm{C}(x)}{q_\mathrm{A}(x)} \qquad (4\text{-}36)
\end{aligned}
$$

式中，γ_C 为粗粒产物产率。式（4-36）表明不同粒度下的分配函数值理论上可由粗粒产物与给矿的分布密度函数比值乘粗粒产物的产率算得。但由于分布密度函数本身较难求得，通常还是采用将物料划分为多个粒级后计算各粒级质量分配率的方法来获得满足实用要求的分级效率曲线。

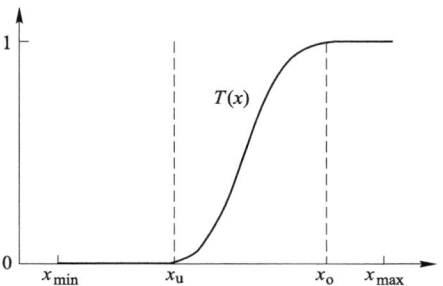

确定分级效率曲线的意义不仅在于可由此推导出于若干个评价分级效果的综合指标，理论上此曲线是对分级作业效果的完整描述。对于任何已知的给矿粒度分布，可由给定的分级效率曲线计算两个分级产物的产率和粒度分布，如图 4-30 所示。

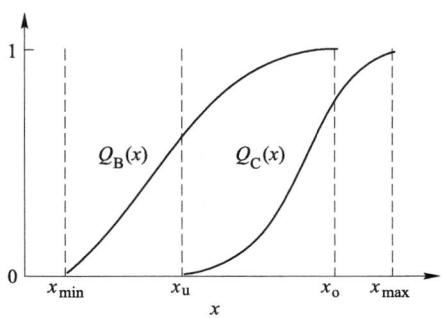

图 4-30　给矿粒度分布与分级效率
曲线决定产物粒度分布

$Q_\mathrm{A}(x)$—给矿粒度分布；

$T(x)$—分级效率曲线；

$Q_\mathrm{B}(x)$—细粒产物粒度分布；

$Q_\mathrm{C}(x)$—粗粒产物粒度分布

以筛分作业为例简要说明计算过程，计算列表见表 4-21，在假设给矿粒度分布（第 2 列数据和第 3 列数据）及粗粒产物质量分配率（第 4 列数据）为已知的条件下计算两产物的产率和粒度分布。此表中，细粒产物质量分配率（第 5 列数据）等于 1 减去第 4 列数据（注：表中以百分数形式表示的数据均转换为分数形式后参与计算，下同）；粗粒产物各粒级占给矿的分数（第 6 列数据）等于第

3 列数据乘第 4 列数据；细粒产物各粒级占给矿的分数（第 7 列数据）等于第 3 列数据乘第 5 列数据；粗粒产物产率等于第 6 列所有粒级数据的合计值；细粒产物产率等于第 7 列所有粒级数据的合计值；粗粒产物粒度分布（第 8 列数据）等于第 6 列各粒级数据除以该列所有粒级数据的合计值；细粒产物粒度分布（第 9 列数据）等于第 7 列各粒级数据除以该列所有粒级数据的合计值。

表 4-21　根据给矿粒度分布和质量分配函数计算分级结果

粒级序号	粒级/mm	给矿含量/%	质量分配率/%		占给矿分数/%		产物含量/%	
			粗粒产物	细粒产物	粗粒产物	细粒产物	粗粒产物	细粒产物
1	+2.5	5.5	100	0	5.50	0.00	15.6	0.0
2	2.0~2.5	8.1	100	0	8.10	0.00	23.0	0.0
3	1.6~2.0	6.8	99.7	0.3	6.78	0.02	19.2	0.0
4	1.25~1.6	5.6	99.6	0.4	5.58	0.02	15.8	0.0
5	1.00~1.25	5.0	99.5	0.5	4.98	0.03	14.1	0.0
6	0.80~1.00	3.8	87.3	12.7	3.32	0.48	9.4	0.8
7	0.63~0.80	10.1	7.7	92.3	0.78	9.32	2.2	14.4
8	0.25~0.63	23.8	0.7	99.3	0.17	23.63	0.5	36.5
9	0.10~0.25	18.2	0.4	99.3	0.07	18.13	0.2	28.0
10	-0.10	13.1	0	100	0.00	13.10	0.0	20.3
合计		100.0			35.3	64.7	100.0	100.0

图 4-31 所示为典型的筛分作业和水力旋流器作业的分级效率曲线。与水力旋流器分级相比，筛分分级的效率曲线中间段斜率通常较大，表明筛分分级的整

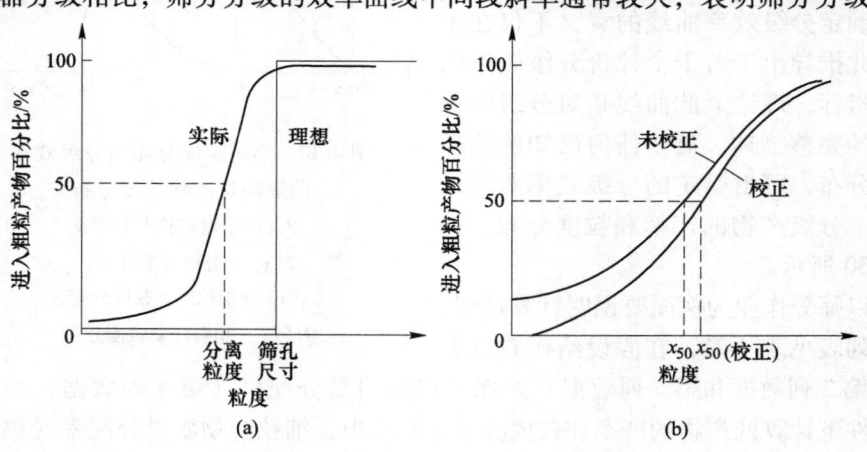

图 4-31　典型的分级效率曲线

(a) 筛分分级；(b) 水力旋流器分级

体效率较高。

　　筛分分级的分离粒度（x_{50}）一般小于筛孔尺寸，分离粒度越接近筛孔尺寸，效率曲线中间段斜率越大，分级效率越高。理想筛分的效率曲线中间段为粒度轴筛孔尺寸处的垂直线（分离粒度与筛孔尺寸重合），或某分离粒度处的垂直线（分离粒度与筛孔尺寸不重合时），尺寸大于分离粒度的颗粒全部进入粗粒产物、尺寸小于分离粒度的颗粒全部进入细粒产物。

　　水力旋流器分级的特点是除了真正的离心沉降分级效应外，还可能叠加有溢流端的短路效应和底流端的携带效应。短路效应使得给矿料流中的一部分物料未经分级直接从溢流口排出，造成溢流产物跑粗，从而影响分配曲线粗粒端的走向。通过优化旋流器结构参数和操作条件可减少短路效应的影响。携带效应（也称分配效应）导致给矿料流中有一部分物料实际上不受作用于颗粒上的离心力的影响而随底流从沉砂口排出，导致沉砂产物总是带有细粒物料，从而影响分配曲线细粒端的走向。许多水力旋流器模型使用的校正分离粒度参数 x_{50C} 来自扣除携带效应影响后的校正分配曲线。实测分级效率曲线需用下式进行校正以获得校正分级效率曲线

$$T_C(x) = \frac{T(x) - T_0}{1 - T_0} \tag{4-37}$$

其中，$T_C(x)$ 是校正分配曲线所代表的分配函数在粒度 x 处的值；$T(x)$ 是实测分配曲线所代表的分配函数在粒度 x 处的值；T_0 为受携带效应影响的物料占给矿物料的比率，一般认为它近似地等于给矿料流中的水在沉砂料流中的分配率。

5 碎磨工艺流程

从矿山开采出来的矿石一般需要经过多段粉碎才能达到分选作业要求的粒度。选矿厂的碎磨工艺流程是由粉碎设备、分级设备及其他辅助设备协同作业构成的矿石物料加工程序。各粉碎段的粉碎设备可单独作业，也可和分级设备配合作业。整个流程的粉碎段数、分级作业的设置，以及粉碎作业与分级作业的组合方式等均可有不同的选择，从而构成各种各样的碎磨工艺流程。一般来说，选矿厂碎磨流程的选择与采矿方法、矿山规模、矿体的赋存状态、矿石的矿物组成和结构构造、矿石硬度、选矿方法等诸多因素有关，通常需要通过对多个流程方案进行技术经济比较来确定。当今，常用的碎磨流程可大致地分为常规碎磨流程和自磨（半自磨）流程两大类。

5.1 碎磨工艺流程的表示方法

碎磨工艺流程的表示有多种方法，最常见的是形象流程图和线式流程图。形象流程图将流程中用到的主要设备（粉碎设备和分级设备，有时也包括料堆/料仓、给矿机、物料输运机、矿浆池和砂泵等辅助设施）用简单的形象图表示，再用代表物料流的带箭头线条连接各设备形象图，形成形象流程图。这种流程图的特点是形象化，能表示各设备之间的相对位置。线式流程图是流程结构的抽象表示，通常用圆圈代表粉碎作业，用水平双线代表分离作业（分级或分选），用带箭头线条表示物料流及其走向。与形象流程图相比，线式流程图的绘制较为简单，能简洁直观地表达流程中各作业之间的物料流关系。在我国，线式流程图是最常用的表示方法。如果以方框表示各作业或设备并将作业或设备名称标注在方框内，还可将线式流程图转变为方框流程图。方框流程图在西方国家用得较多。

图 5-1 所示为形象流程图，与线式流程图的对比示例。图 5-1（a）所示为一个带预先筛分的开路碎矿作业段的形象流程图，图 5-1（b）所示为该作业段的线式流程图，两图中均只绘出破碎设备与分级设备，未绘出辅助设备；图 5-1（c）所示为一个预先分级与检查分级合一的闭路磨矿作业段的形象流程图，图 5-1（d）所示为该作业段的线式流程图，形象流程图中不仅绘出磨矿设备与水力分级设备，还绘出作为辅助设施的矿浆池和渣浆泵以表达湿法磨矿作业中矿浆物料的混合、存储和输送方式，而线式流程图中仅绘出磨矿作业、分级作业以及两作业之间的物料流向关系。

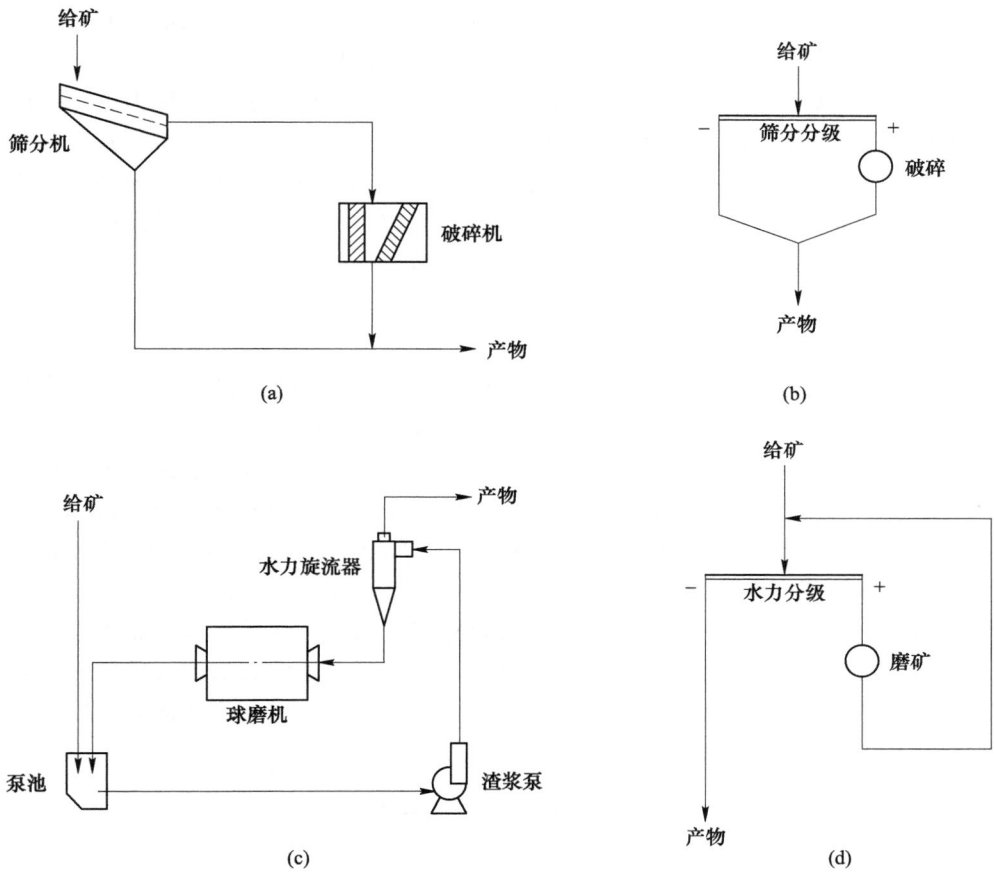

图 5-1 形象流程图与线式流程图比较

　　无论是形象流程图还是线式流程图，在工艺流程图中可通过添加标注的方式来给出作业名称、设备类型与规格、作业条件、料流特性、工艺指标等信息和数据。标注有各物料流固体质量流量、产率及指定粒级含量（或其他细度指标）的流程图称为数质量流程图。对于湿式磨矿流程，标注有各物料流矿浆流量、固体浓度（或液固比）及各作业补加水量的流程图称为矿浆流程图。

5.2　常规碎磨流程

　　常规碎磨流程即传统的碎矿加磨矿流程。从矿山开采出来的矿石先通过碎矿流程（通常为多段作业）破碎至适合于作为后续磨矿作业给矿的粒度，再经磨矿流程（通常为一段或两段作业）粉碎至适合于作为选别作业给矿的粒度。碎矿流程主要由碎矿设备和筛分设备组成，基本上都是干式作业；磨矿流程由磨矿设备和水力分级设备组成，有时也使用细粒筛分设备。除了在缺水地区或后续流程要求干式作业等特殊情况外，磨矿流程一般为湿式作业。

物料被粉碎的程度通常用给矿粒度与产物粒度的比值来表示，称为破碎比或粉碎比。就单个粉碎作业段而言，能够实现的最大破碎比由设备类型及其作业条件决定。各种粉碎设备都有其合适的给矿粒度和可实现的破碎比。一般来说，碎矿作业的破碎比都不大，而磨矿作业的破碎比可以很大。对于由多段碎矿和磨矿作业串联而成的矿石粉碎流程，总破碎比等于各段破碎比的乘积。

5.2.1　常用碎矿流程

碎矿的任务主要是为后续的磨矿作业提供粒度合适的给料，此外也可为自磨/砾磨作业提供合格的磨矿介质，或直接为粗粒分选作业提供给料。矿山开采出来的原矿最大粒度一般为 200~1500 mm，磨矿作业合适的给料粒度一般为球磨 10~25 mm，棒磨 20~40 mm，自磨（半自磨）200~350 mm。适合作为自磨/砾磨机磨矿介质的粒度一般为 40~100 mm。可见为常规磨矿提供给矿的碎矿流程所需的总破碎比范围大致为 10~150。另外，常用碎矿机的破碎比一般都不大。表 5-1 列出各种破碎机在不同作业方式下的破碎比范围。从碎矿流程所需的总破碎比和破碎机单段作业能够实现的破碎比可知，碎矿任务通常无法通过单段破碎完成，一般需要一个两段或三段的破碎流程，特殊情况下（如矿石难碎或破碎比较大时）也有采用四段破碎流程的。

表 5-1　各种破碎机的破碎比范围

破碎段	破碎机类型	作业方式	破碎比范围
粗碎	颚式破碎机和旋回破碎机	开路	3~5
中碎	标准型圆锥破碎机	开路	3~5
中碎	中间型圆锥破碎机	开路	3~6
中碎	中间型圆锥破碎机	闭路	4~8
细碎	短头型圆锥破碎机	开路	3~6
细碎	短头型圆锥破碎机	闭路	4~8
细碎	对辊破碎机	闭路	3~15
中碎、细碎	锤式和反击式破碎机	闭路	8~40

每个破碎段可有如图 1-2 所示的 5 种流程结构类型，通过各结构类型排列组合可实现的两段破碎和三段破碎的流程结构型式有许多。在实际应用中需要根据物料特性、给矿最大粒度、对产物粒度要求来考虑破碎段数划分及预先筛分、检查筛分作业的设置等流程结构细节，确定合适的碎矿流程。

预先筛分是矿石物料进入破碎机之前的筛分作业，其目的是预先筛出物料中的细颗粒，减少破碎机给矿量，以提高设备利用率、防止过粉碎、减少破碎机能耗和衬板磨损。当处理含泥量较高的潮湿矿石时，采用检查筛分对防止破碎机排矿口的堵塞有一定的作用，但矿石含泥含水过高又会堵塞筛孔，需权衡利弊来决定取舍。一般来说，大多数原矿及前段破碎产物中均含有一些细颗粒，所以在各破碎作业前设置预先筛分总是有利的，但设置预先筛分需增加设备和厂房基建投资及生产运行费用。对地形条件不允许、细粒含量较少、或破碎机生产能力有富余等情况，可不设预先筛分。大型旋回破碎机采用挤满给矿时，一般也不设预先筛分。

检查筛分是对破碎机排料的筛分作业，其目的是控制碎矿产物的粒度，将破碎机排料中的大颗粒作为筛上产物筛出并送回到破碎机再破碎，筛下产物即为本破碎段的产物。破碎机排料的粒度与排料口宽度有关，通常破碎机排料中既含有粒度小于排料口宽度的颗粒也含有粒度大于排料口宽度的颗粒。这里将破碎机排料中粒度大于排料口宽度的颗粒称为过大颗粒，其含量用 β 表示；将破碎机排料中最大颗粒粒度与排料口宽度之比称为最大相对粒度，用 Z 表示。表5-2列出常用破碎机的排料中过大颗粒含量和最大相对粒度数值。可以看出，破碎机排料中过大颗粒的含量不低，且最大粒度可达排料口宽度的 1.5～3 倍。虽然在一定程度上可通过减小排矿口来控制碎矿产物的粒度，但排矿口减小的幅度受到破碎机机械设计及生产能力方面的限制。相比之下，采用检查筛分来控制产物粒度更为有效。但设置检查筛分需要添加筛分和物料输运设备，这会增加投资和运行费用并使破碎车间的设备配置复杂化，所以通常只在碎矿流程的最后一段设置检查筛分，而且大多是采用与预先筛分合并构成的预先及检查筛分。

表5-2 破碎机排料中过大颗粒含量 β 和最大相对粒度 Z 值

矿石可碎性	破碎机类型							
	旋回破碎机		颚式破碎机		标准圆锥破碎机		短头圆锥破碎机	
	β/%	Z	β/%	Z	β/%	Z	β/%	Z[1]
难碎性矿石	35	1.65	38	1.75	53	2.4	75	2.9～3.0
中等可碎性矿石	20	1.45	25	1.60	35	1.9	60	2.2～2.7
易碎性矿石	12	1.25	13	1.40	22	1.6	38	1.8～2.2

①闭路作业取小值，开路作业取大值。

检查筛分的筛上产物被送回到本段破碎机中再破碎，破碎机与筛分机一起构成一个闭合的破碎—筛分作业回路，这种作业方式称为"闭路"。而不设检查筛分、无返回物料流、破碎机排料即为本破碎段产物的作业方式称为"开路"。在闭路碎矿流程中，经检查筛分返回的筛上产物流量与破碎机新给矿流量之比称为循环负荷率，简称循环负荷。循环负荷的大小取决于破碎机排料的粒度组成、检查筛分的筛孔尺寸及筛分效率。短头型圆锥破碎机与振动筛闭路作业破碎中等硬度矿石时，循环负荷一般为 100%~200%。

　　工业生产上常用的碎矿流程基本上可分为两段开路、两段一闭路、三段开路及三段一闭路这四种类型，如图 5-2 所示。图 5-2 中各预先筛分作业以虚线绘出，表示需要根据具体情况决定是否设置该作业。不设预先筛分作业时，矿石物料直接给入破碎机破碎。

　　采用两段还是三段碎矿流程需要根据原矿最大粒度、磨矿机对给矿粒度的要求、矿石硬度、选厂规模等条件来确定。一般来说，当矿石较硬、要求的破碎比较大时应采用三段碎矿流程。开路碎矿流程的最终产物粒度较粗，但可简化碎矿车间的设备配置，减少设备和厂房投资。当后续磨矿作业的给矿粒度可以较粗，或是处理含泥含水量较大的矿石时，可采用开路流程。闭路碎矿流程所需的设备台数多、配置较复杂、投资较高，但可保证碎矿产物粒度符合要求。为提高碎磨流程的整体效率，一般都尽量采用末段闭路的碎矿流程。

　　两段开路碎矿流程仅在某些重力选矿厂得到应用，碎矿产物被送到棒磨机中进行磨矿。两段一闭路碎矿流程适用于原矿粒度不太大，或者第二段采用破碎比较大的反击式破碎机的情况及小型选矿厂。三段碎矿流程是大多数选矿厂采用的碎矿流程，尽管流程结构细节不尽相同。三段开路碎矿流程有各段均设置预先筛分的，也有第一段和第二段不设预先筛分的，还有在第一段不设预先筛分、第二段设预先筛分的。三段闭路碎矿流程也有各段全带预先筛分和仅在部分破碎段设有预先筛分的。末段闭路的三段一闭路碎矿流程是最常见的碎矿流程。

　　一段碎矿流程一般只用于自磨（半自磨）机的给矿准备（见 5.3 节）。矿山开采出来的原矿经一段破碎机粗碎至粒度小于 200~350 mm 后可作为自磨（半自磨）机的给矿。

　　当需要获得粒度很细（1.5~3 mm）的碎矿产物或处理极硬矿石时，可采用四段碎矿流程。对已有的三段碎矿流程进行扩产升级改造或希望通过降低磨矿机给矿粒度提高整个碎磨流程的能量效率时，也可考虑采用四段碎矿流程。

　　原矿含泥量和含水量较高时，细粒物料会黏结成团，恶化破碎筛分的作业条件，造成破碎腔和筛孔堵塞。通常原矿中细颗粒（-3 mm）含量超过 5%~10%、水分含量大于 5% 时应考虑在碎矿流程中进行洗矿。洗矿作业可设在粗碎之前，也可设在粗碎之后。洗矿方法的选择与矿石所含细泥的性质及含量有关。易洗的矿泥可采用在筛分作业中加冲洗水筛洗，难洗的矿泥可采用螺旋分级机（槽式洗矿机）通过机械搅动擦洗脱泥。因原矿性质、洗矿方式和细泥处理方法不同，洗矿流程多种多样。图 5-3 所示为典型的带洗矿的碎矿流程的作业配置。某选矿厂处理矽卡岩型铜矿石，原矿含泥 6%~11%、含水 8% 左右，采用带洗矿的三段一闭路碎矿流程。第一次洗矿在格筛上进行，筛上产物进入粗碎，筛下产物进入振

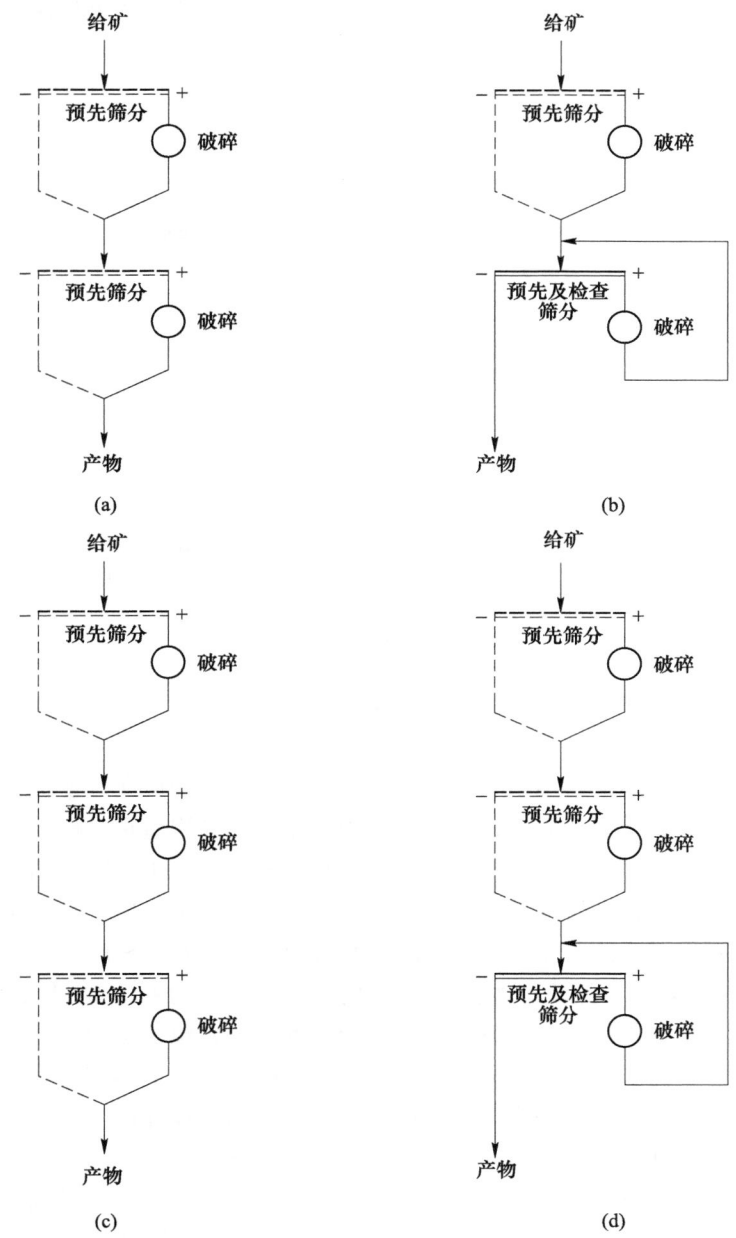

图 5-2　工业生产上常用的碎矿流程
（a）两段开路；（b）两段一闭路；（c）三段开路；（d）三段一闭路

筛机加水冲洗，振筛机的筛上产物与粗碎排矿一同进入中碎，中碎排矿作为第三
段闭路细碎的给矿。振筛机的筛下产物进入螺旋分级机脱泥，分级机粗砂产物与

最终碎矿产物合并作为后续磨矿流程的给矿。分级机溢流经浓缩机脱水浓缩后单独进行矿泥的磨矿和浮选。

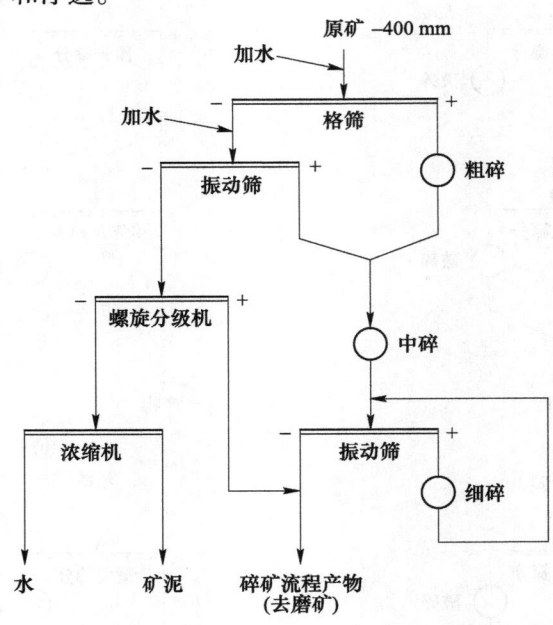

图 5-3　带洗矿作业的碎矿流程

　　对于某些特定的矿石类型，视具体情况和工艺要求还可在碎矿流程中的适当位置或是在碎矿流程与磨矿流程之间设置预选作业，采用重选、磁选、光电拣选或人工手选等方法在粗粒条件下富集目标矿物或剔除混入矿石中的围岩废石。

　　在矿山建设可行性研究及选矿厂设计时需要根据拟定的生产目标确定合理的碎矿工艺流程并进行流程中各料流的质量平衡计算，求出各料流的流量（t/h）及产率（％），即相对流量，为选择合适的破碎机、筛分机及辅助设备的类型、台数及技术参数提供依据。计算所需的原始数据和资料包括按原矿计的选矿厂生产能力和破碎车间工作制度，原矿的粒度特性，碎矿流程最终产物粒度；各破碎机排矿的粒度特性；各筛分作业的筛分效率；矿石的物理性质主要是可碎性、松散密度、含泥量和含水量等。碎矿流程计算步骤如下。

　　（1）确定碎矿流程的给矿流量。根据按原矿计的选矿厂生产能力（t/a 或 t/d）和破碎车间工作制度确定破碎车间每小时原矿处理量，即原矿流量（t/h）。

　　（2）计算总破碎比。由原矿最大粒度和碎矿流程最终产物粒度计算碎矿流程的总破碎比。

　　（3）初步拟定碎矿流程。确定各段破碎比。由总破碎比和拟定的破碎段数计算平均每段破碎比，在此基础上参考各段破碎机可实现的破碎比范围（见

表 5-1）确定各破碎段的破碎比。

（4）计算各段破碎产物的最大粒度。由原矿最大粒度和各破碎段破碎比计算各段破碎产物的最大粒度。

（5）计算各段破碎机的排矿口宽度。破碎机排矿最大粒度与排矿口宽度相关，两者的比值（表 5-2 中的 Z 值）与破碎机类型有关。选定各段采用的破碎机类型后，可由各破碎机排矿的最大粒度和 Z 值计算该破碎机的排矿口宽度。

（6）确定各筛分作业的筛孔尺寸和筛分效率。预先筛分的筛孔尺寸可在本段破碎机排矿口宽度和排矿产物最大粒度之间选取。检查筛分的筛孔尺寸根据所采用的作业模式不同有两种不同的选取方法。采用常规筛分模式时筛孔尺寸与本段破碎机排矿口宽度相等，等于本段最终产物粒度。等值筛分模式则是在此基础上适当增大筛孔尺寸，同时降低破碎机排矿口宽度和筛分效率。研究表明，这两种筛分模式获得的筛下产物的平均粒度相近，对后续作业的生产效率而言是等效的。由于增大筛孔和降低筛分效率（通过加大筛面安装倾角来实现），等值筛分可提高筛分机单位面积处理能力，减少所需的筛分面积，尤其适用于大、中型选矿厂。这里的筛分效率指筛分作业的量效率，即作业给矿中粒度小于筛孔尺寸的颗粒在筛下产物中的回收率。粗碎和中碎前作预先筛分用的固定条筛的筛分效率一般为 50%~60%，中碎和细碎的预先筛分及检查筛分常规作业模式用的振动筛的筛分效率一般为 80%~85%。等值筛分模式的筛孔尺寸通常可以比本段最终产物粒度大 10%~20%、筛分效率比常规筛分模式低 12%~25%，排矿口宽度一般为本段最终产物粒度的 0.8 倍。当等值筛分筛孔尺寸取本段最终产物粒度的 1.1 倍、1.2 倍或 1.3 倍时，相应的筛分效率可分别取 73%、65% 和 60%。

（7）计算各料流的流量和产率。从粗碎段开始按作业顺序逐段计算各料流的质量流量和产率。计算的基本原理及要点是：对于各破碎作业，破碎机排矿流量等于破碎机给矿流量；对于各筛分作业，筛下产物流量由筛分给矿流量、筛分给矿中粒度小于筛孔尺寸的颗粒的含量和筛分效率之乘积算出，筛上产物流量等于给矿流量减去筛下产物流量；对于料流合并，总料流的流量等于各分料流流量之和，总料流中指定粒级的含量等于各分料流中该粒级含量以该料流流量（或产率）为权重的加权平均。各料流的产率等于该料流流量与原矿流量的比值。计算筛分作业筛下产物流量时用到的筛分给矿中粒度小于筛孔尺寸颗粒的含量数据一般是根据该物料的粒度特性来确定，此粒度特性最好是来自对实际矿石的工业试验测定，也可参照类似矿石相应作业的生产数据。若无实测数据或类似矿石的生产数据，则可参考如图 5-4 所示的原矿粒度特性曲线和如图 3-3、图 3-5 及图3-9~图 3-11 所示的各种破碎机产物的粒度特性曲线进行计算。

通常将流程计算结果按一定的规范填写在流程图上，由此得到数质量流程图。对于一般的碎矿流程，只需计算各物料的固体流量和产率，不必为所有作业

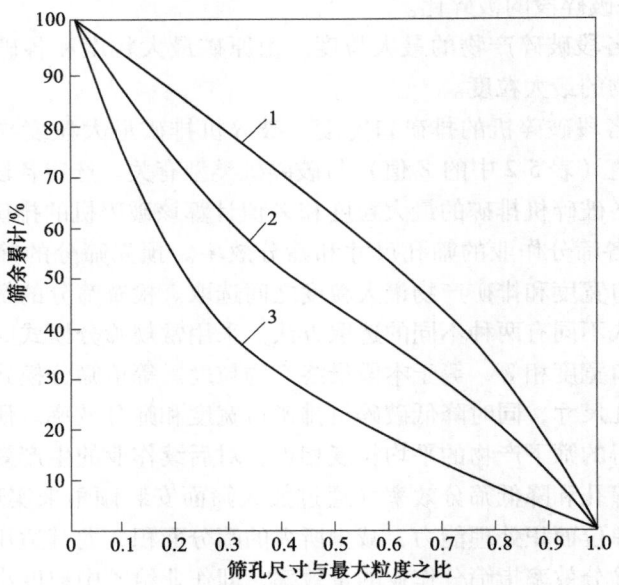

图 5-4　原矿粒度特性曲线

1—难碎性物料；2—中等可碎性物料；3—易碎性物料

进行指定粒级的质量平衡计算。如果碎矿流程中包含洗矿作业，还应根据工艺条件为相关作业和料流进行水量平衡计算，绘出包含加水量、各料流矿浆流量和固体浓度（或液固比）信息的矿浆流程图。如果碎矿流程中包含预选作业，还应根据预选试验结果进行目标组分的质量平衡计算，并在数质量流程图中给出预选作业各料流的流量、产率、目标组分含量和目标组分回收率。

5.2.2　常用磨矿流程

碎矿产物需要经过磨矿才能被粉碎到符合后续分选作业要求的细度。磨矿流程主要由磨矿作业和分级作业组成。常规磨矿流程用球磨机或棒磨机磨矿，用螺旋分级机、水力旋流器或细筛分级。每个磨矿作业和与之配合工作的分级作业构成一个磨矿段。按磨矿段数可将磨矿流程分为一段磨矿、两段磨矿和多段磨矿流程。选矿厂生产上大多采用一段或两段磨矿，特殊情况下可以采用多段磨矿。

在选择磨矿流程时，磨矿段数的确定需要考虑诸多影响因素和限制条件，包括矿石的可磨性、目标矿物在矿石中的嵌布特性、给矿粒度、对产物的细度要求、泥沙分选的必要性、阶段磨矿阶段选别的必要性、选矿厂规模及投资大小等。磨矿流程设计实践中通常是将后续分选作业对入选物料的细度要求作为确定磨矿段数的主要依据。为此需要针对具体矿石进行不同磨矿细度下的分选试验，寻找最佳的磨矿细度，并根据此细度来确定磨矿段数。一般来说，当要求的磨矿细度小于70%-0.074 mm（即磨矿产物粒度大于0.15 mm）时，可采用一段磨矿流程；当要求的磨矿细度大于70%-0.074 mm（即磨矿产物粒度小于0.15 mm）时，或者分选工艺上需要阶段磨矿阶段选别时，应采用两段或多段磨矿流程。

一段磨矿的优点是所需设备少，投资省，设备配置简单，便于操作调节；缺点是一般只适用于目标产物粒度较大的磨矿，用于细磨时磨矿效率降低。两段磨矿流程适用于目标产物粒度较小的磨矿，其优点是可在不同的磨矿段采用不同的作业条件分别进行粗磨和细磨，有利于提高磨矿效率、减少过粉碎，必要时可实现阶段磨矿阶段选别；缺点是使用的设备较多，配置复杂，生产运行时两段负荷不易平衡，运行管理难度较大。

一个磨矿段可以是如图1-2所示的几种基本结构类型之一。从实用的角度看，选矿厂的磨矿流程需要至少在其末端配置检查分级以分离出细度合格的最终产物并将分级的粗粒产物送回磨矿机。开路磨矿仅限于作为两段或多段磨矿流程的第一段，以及重选厂采用棒磨机处理粗粒嵌布的矿石等特殊场合。因此对于一段磨矿流程，有实用意义的流程结构类型主要是如图5-5（a）所示的流程（带检查分级的磨矿流程）、图5-5（b）所示流程（带预先分级和检查分级的磨矿流程）和图5-5（c）所示流程（预先分级与检查分级合一的磨矿流程）。其中图5-5流程（a）不带预先分级，适用于处理合格细粒含量不超过15%的给矿；图5-5流程（b）与流程（c）包含预先分级，适用于处理合格细粒含量高于15%的给矿。图5-5流程（b）与流程（c）的不同之处在于预先分级与检查分级是分开作业还是合并作业。如果给矿中原生矿泥和可溶性盐类的性质与磨矿产物差别不大、没有必要单独处理时，预先分级和检查分级可以合并为一个作业，从而简化流程配置与生产管理，因此，常用的一段磨矿流程主要是图5-5流程（a）和流程（c）。图5-5流程（a）与流程（c）的共同点在于两者都是由磨矿机与

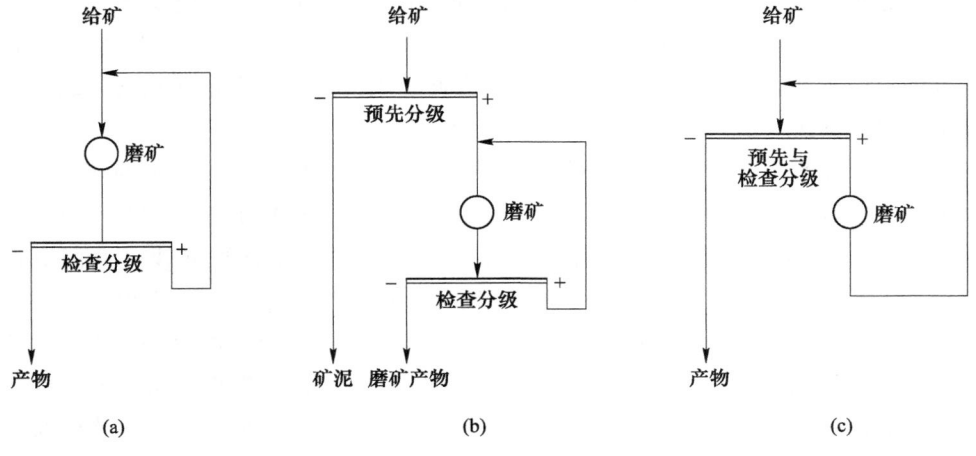

图5-5 一段磨矿流程类型

分级机循环作业构成的磨矿回路，分级的细粒产物为回路产物；区别在于新给矿进入回路的位置。在图5-5流程（a）中新给矿直接进入磨矿机，这种回路类型也被称为"正回路"；在图5-5流程（c）中新给矿首先进入分级机，分级的粗粒产物进入磨矿机，这种回路类型也被称为"逆回路"。一般情况下，一段磨矿以采用正回路为多。正回路给矿的最大粒度可达20~25 mm。逆回路给矿的最大粒度一般应小于6~8 mm。

对于一个由磨矿作业和分级作业构成的磨矿回路，返砂量与回路给矿量的比值称为循环负荷（也称返砂比）。回路稳定运行时回路给矿量等于回路产物量即分级溢流量，因此循环负荷也等于返砂量与溢流量的比值，生产实践中可根据物料平衡原理由分级作业的给矿、溢流和返砂中任一指定粒级的含量数据计算出此比值，计算公式为

$$C = \frac{\beta - \alpha}{\alpha - \theta} \tag{5-1}$$

其中，C 为循环负荷；α 为分级作业给矿中指定粒级的含量；β 为分级溢流中指定粒级的含量；θ 为分级返砂中指定粒级的含量。需要指出的是在传统教科书中，循环负荷往往是以磨矿机总给矿中返砂量与新给矿量的比值来定义的。对于正回路（图5-5（a）），回路给矿就是磨矿机新给矿，传统的循环负荷定义与以回路给矿量为基准的定义是一致的。对于逆回路（图5-5（c）），有学者认为需要先将该流程展开为预先分级与检查分级分开的流程（图5-5（b）），此流程中磨矿机的新给矿是预先分级的沉砂，所以，这里的循环负荷应该是检查分级返砂量与预先分级沉砂量的比值。然而在根据物料平衡原理推导实用的循环负荷计算公式时通常又假设这里的预先分级和检查分级的溢流细度（指定粒级含量）相同、沉砂细度也相同，而在此假设下导出的循环负荷计算公式仍是与式（5-1）完全一致的。所以，直接采用分级返砂量与分级溢流量的比值来定义循环负荷，不仅能对两种回路的情况进行统一表达，方便实用，而且这个定义只与分级结果有关，更能体现分级效果对回路性能的影响。

在磨矿流程中有时还会设置对检查分级的溢流或沉砂进行再分级的作业，此再分级作业称为控制分级。当需要在一段磨矿条件下获得较细的产物时，可采用对检查分级的溢流进行再分级的一段磨矿流程，控制分级的沉砂可返回磨矿机（图5-6（a））也可返回检查分级（图5-6（b））。当磨矿机产能相对富裕时宜采用前者，当分级机产能相对富裕时宜采用后者。这种含溢流再分级作业的流程可获得较细的最终产物（细度可大于70%-0.074 mm），但也会带来回路配置复杂、磨矿效率低、运行时在回路中循环的物料量大、维持回路稳定工作的难度增加等问题，一般只用于小型选矿厂须节省磨矿设备投资的场合。对检查分级的

沉砂进行再分级的流程（图 5-6（c）），可降低返砂中细颗粒的含量，提高分级效率，减少过粉碎。通常所说的两段分级工艺就是这种流程的典型应用：当矿石中目标矿物与脉石宽度的密度差异较大时，采用细筛对检查分级的沉砂进行再分级，可使那些在水力分级过程随粗颗粒进入沉砂的高密度细颗粒经细筛再分级进入筛下成为合格产物，避免被送回磨矿机再磨而造成过粉碎，这不仅能提高磨矿和分级的效率，也有助于改善后续选别作业的工艺指标。

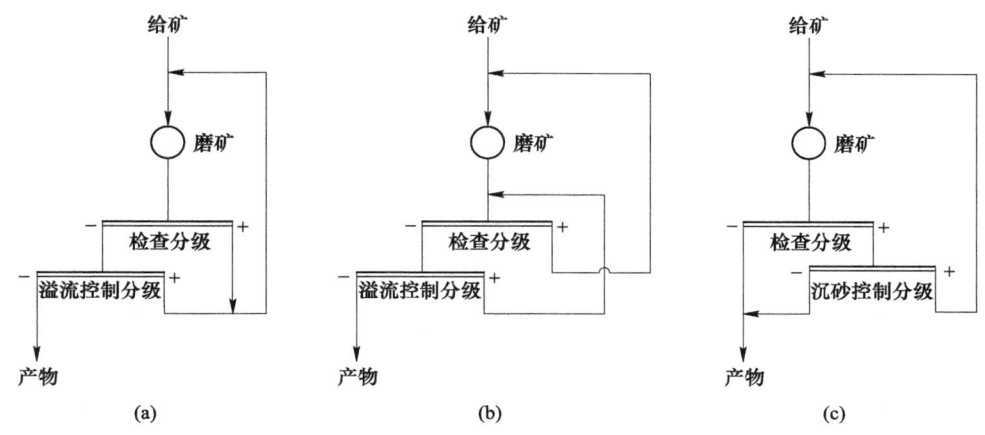

图 5-6　带控制分级的一段磨矿流程

　　两段磨矿流程可视为由两个单段磨矿流程构成。第一段通常为开路或者是正回路型闭路；第二段总是闭路（可以是正回路或逆回路，必要时也可采用预先分级与检查分级分开的回路）。常用的两段磨矿流程如图 5-7 所示。按第一段磨矿中是否有粗砂产物闭路返回磨矿机，可将两段磨矿流程分为三种类型：第一段开路的两段磨矿流程，第一段完全闭路的两段磨矿流程和第一段部分闭路的两段磨矿流程。

　　图 5-7 中的流程（a）和流程（b）均属第一段开路的两段磨矿流程，这两个流程之间的差别在于第二段磨矿回路的类型。流程（a）的第二段为正回路，适用于第一段磨矿机排矿中合格细粒含量较少的场合；流程（b）的第二段为逆回路，适用于第一段磨矿机排矿中合格细粒含量较多的场合。这种流程的特点是流程结构简洁、整个流程只设一个分级作业，第一段磨矿机的排矿直接作为第二段磨矿机的给矿，经第二段磨矿可得到粒度较细的最终产物；缺点是第二段磨矿机的容积需要比第一段磨矿机大很多，而且由于开路磨矿机的排矿粒度较粗且浓度大，为了将第一段磨矿机的排矿输送给第二段，需要配置较陡的自流溜槽或是其他输运设备。这种流程常用于要求磨矿细度为 70%~80%-0.074 mm 的大中型选

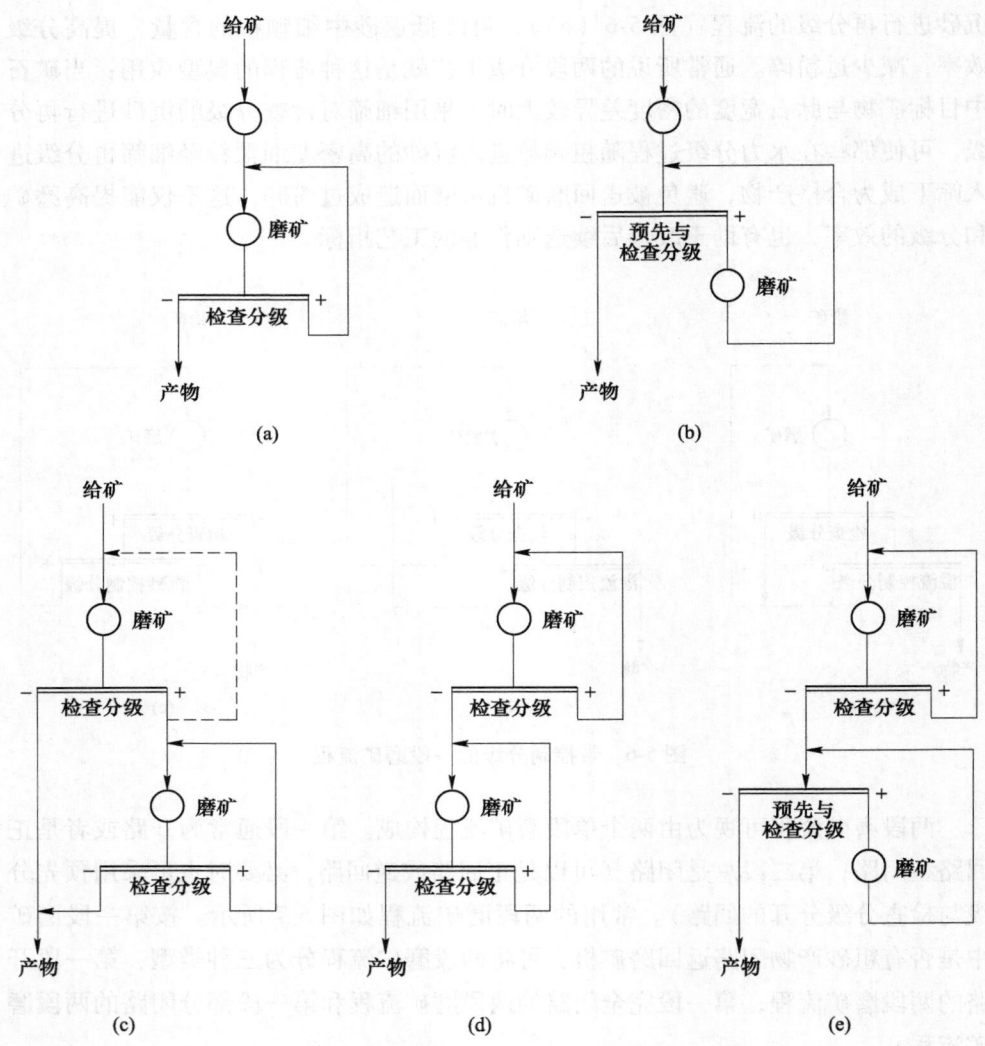

图 5-7　常用的两段磨矿流程类型

矿厂。若以棒磨机作为第一段磨矿设备，给矿粒度可以比球磨机对给矿的要求粗一些。原矿含泥含水较多时用棒磨机磨矿代替细碎可避免细碎机破碎腔的堵塞，棒磨产物经后续球磨回路磨矿分级，可获得细度为 55% ~ 70% - 0.074 mm 的产物。

图 5-7 所示的流程（d）和流程（e）属第一段完全闭路的两段磨矿流程，这两种流程的第一段均为正回路型闭路磨矿，两者的区别在于第二段的回路类型。流程（d）的第二段为正回路，适用于第一段产物中合格细粒含量较少的场合；流程（e）的第二段为逆回路，适用于第一段产物中合格细粒含量较多的场合。

这种流程需要在两段之间合理地分配磨矿负荷，才能使整个流程有最大的生产能力。两个磨矿段之间的负荷分配可通过控制第一段分级的溢流细度来调节。第一段采用螺旋分级机分级时，溢流细度一般只能靠改变溢流浓度来调整，实施起来较为困难。这种流程的优点是可获得细度较高的磨矿产物，设备配置比第一段开路的两段磨矿流程简单，第一段分级的溢流可通过较小坡度的溜槽输送给第二段，必要时两段的磨矿机可安装在同一水平上；缺点是需要的分级作业较多，设备投资高，两段间的负荷调节较为困难。这种流程常用于细磨目标矿物呈细粒嵌布的硬矿石，产物细度可达 80%~85%-0.074 mm；通过在流程中的适当位置设置选别作业可实现粗细不均匀嵌布矿石的阶段磨矿阶段选别。

　　第一段不完全闭路的两段磨矿流程的常见形式，如图 5-7 中的流程（c）所示。此流程的第一个分级作业既是第一段磨矿的检查分级也可视为第二段磨矿的预先分级，此分级的沉砂产物仅有一部分返回第一段磨矿（如图中虚线所示），其余部分作为给矿进入第二段磨矿。此流程的优点是可通过改变返回第一段磨矿的沉砂产物比例来调整两个磨矿段之间的负荷分配，可得到比两段完全闭路磨矿流程产物稍粗的最终产物，减少高密度矿物在第一段磨矿循环中的聚积与泥化；缺点是第一段的沉砂产物输送给第二段时需要配备大坡度溜槽或其他输运装置。当返回第一段的沉砂比例趋于零时（即第一个分级作业的沉砂产物全部作为第二段磨矿的给矿时），此流程等效于流程（b），只不过这里第二段磨矿的预先分级与检查分级是分开的，而在流程（b）中两者是合一的。

　　在上述各种两段磨矿流程中还可根据需要在流程前端设置预先分级来脱除细泥、在流程中的适当位置设置控制分级来控制分级产物粒度，以及在流程的合适位置加入选别作业来富集目标组分或去除脉石组分。工业生产实践应用的两段磨矿流程是多种多样的。

　　两段以上的多段磨矿流程一般用于处理目标矿物嵌布复杂、需要分阶段磨选的矿石，以及目标矿物嵌布粒度极细、需要磨碎至细度超过 90%-0.074 mm 的矿石。在分阶段磨选流程中，磨矿的段数及各段磨矿与分级作业的设置视矿石性质和选别要求而定，没有固定的流程结构。在细磨粗精矿或中矿时，常采用搅拌式磨机而不是滚筒式球磨机作为磨矿设备。

　　磨矿流程计算与碎矿流程计算类似，仍是根据磨矿车间的目标处理量和各单元作业料流的质量平衡计算各料流的流量（t/h）及产率（%），为选择合适的磨矿、分级及辅助设备提供依据。与碎矿流程计算不同的是，磨矿流程中各分级作业给矿与产物的流量关系不是根据分级效率指标来确定，而是根据总流量的平衡及计算粒级量的平衡来确定。此外，一般还需根据磨矿细度要求为闭路磨矿循环确定合适的循环负荷。磨矿流程计算所需的原始数据通常包括如下：

（1）磨矿流程的给矿流量（t/h），即磨矿车间单位时间矿石处理量。

（2）要求的磨矿细度，一般为选矿试验报告推荐的最佳磨矿细度。

（3）合适的循环负荷。最好根据工业试验结果或类似矿石选矿厂的生产数据确定。若无实际试验或类似矿石生产数据，可根据表5-3推荐的数据选取。

表5-3　不同磨矿条件下合适的循环负荷

设备配置	磨矿段	给矿粒度上限 /mm	产物粒度上限 /mm	循环负荷值/%
磨矿机与螺旋分级机 （自流配置）	1		0.5~0.3	150~350
			0.3~0.1	250~600
	2	0.3	0.1以下	200~400
磨矿机与水力旋流器	1		0.4~0.2	200~350
			0.2~0.1	300~500
	2	0.2	0.1以下	150~350

选择合适的循环负荷后还必须用磨矿机允许的最大通过量进行校核。根据经验，当单位容积的固体通过量（包括新给矿和返砂）超过 12 $t/(m^3 \cdot h)$ 时磨矿机不能正常有效工作，此时应减少所选定的循环负荷。

（4）磨矿流程给矿、分级溢流和分级返砂中计算粒级的含量。在选矿厂设计时通常以 -0.074 mm（-200 目）粒级作为计算粒级，细磨时可采用 -0.43 mm（-325 目）或 -0.038 mm（-400 目）作为计算粒级。磨矿流程给矿中计算粒级的含量可通过对实际矿石破碎产物的筛析测得，也可采用对类似矿石破碎产物的实测数据，或根据表5-4选取。分级溢流产物中计算粒级的含量通常就是要求的磨矿细度，一般根据选矿试验报告推荐的最佳磨矿细度确定。若需要采用其他计算粒级进行磨矿流程计算时可参考表5-5，该表给出溢流中 -0.074 mm粒级的含量与其他计算粒级的含量的大致对应关系。分级返砂产物中计算粒级含量与分级溢流产物粒度有关，可参考表5-6来确定。

表5-4　磨矿流程给矿中-0.074 mm 粒级含量

给矿粒度 /mm	给矿中-0.074 mm 粒级含量/%		
	难碎性矿石	中等可碎性矿石	易碎性矿石
40	2	3	5
20	5	6	8
10	8	10	15
5	10	15	20
3	15	23	25

表5-5 分级溢流中各粒级含量之间的对应关系

溢流最大粒度 /mm	溢流中不同粒级的含量/%			
	-0.2 mm	-0.074 mm	-0.04 mm	-0.02 mm
—	—	10	5	—
—	46	20	11	—
—	62	30	17	9
0.43	75	40	24	13
0.32	85	50	32	17
0.24	92	60	40	22
0.18	96	70	48	26
0.14	—	80	58	35
0.091	—	90	72	46
0.074	—	95	80	55

表5-6 分级溢流与返砂中-0.074 mm 粒级含量

分级溢流产物粒度 /mm	分级产物中-0.074 mm 粒级含量/%	
	溢流产物	返砂产物
0.4	35~45	3~5
0.3	45~55	5~7
0.2	55~65	6~9
0.15	70~80	8~12
0.1	80~90	9~15
0.074	95	10~16

注：表中所列的-0.074 mm 粒级的含量数据是对密度为 2.7~3.0 t/m³ 的中等可碎性矿石而言；对于密度大的矿石，返砂中该粒级的含量应增大 1.5~2 倍；若为预先分级或控制分级，当分级给矿中该粒级含量超过 30%~40% 时，返砂中该粒级的含量应取上限；若以旋流器为分级设备，返砂中该粒级的含量应比表中所列数据高 15% 左右。

　　(5) 两段磨矿机按新生计算粒级计的单位容积生产能力之比值。在两段磨矿流程中，第二段磨矿机的单位容积生产能力通常要小于第一段磨矿机的单位容积生产能力，两者的比值与矿石性质、最终磨矿细度等因素有关。无实际生产数据可供参考时，第二段磨矿机与第一段磨矿机的单位容积生产能力比值一般在 0.8~0.85 范围内选取。对于分阶段磨选流程可取更低的数值。

　　(6) 两段磨矿机容积之比值。在两段磨矿流程中，两段磨矿机在单位容积生产能力的差别影响所匹配的磨矿机容积。对于两段一闭路流程（即第一段开路的两段磨矿流程），第二段磨矿机容积与第一段磨矿机容积的比值一般在 2~3 范围内选取；对于两段全闭路流程，可取此比值等于1，即两段磨矿机可有相同的容积。

磨矿流程的计算方法与过程因流程类型及其内部结构的不同而异，没有固定的计算步骤。磨矿流程计算的基本原理及要点如下：

（1）磨矿回路处于稳定运行状态时，回路给矿流量等于回路产物流量。

（2）磨矿作业仅使物料的粒度组成发生变化，物料的流量不变，即磨矿机给矿流量等于磨矿机排矿流量。

（3）磨矿机的给矿流量由回路给矿流量和循环负荷决定，后者需根据磨矿细度要求来合理选定。

（4）分级作业溢流流量与沉砂流量之和等于给矿流量；已知分级作业三料流（给矿、溢流和沉砂）中计算粒级的含量，则可由其中任一料流的流量计算其余两料流的流量。

（5）若有料流合并，则总料流的流量等于各分料流流量之和，总料流中计算粒级的含量等于各分料流中该粒级含量以该料流流量（或产率）为权重的加权平均。

（6）两段磨矿时，磨矿负荷在两个磨矿段之间的分配由两段磨矿机容积的比值以及单位容积生产能力的比值决定。第一段磨矿产物的细度（即计算粒级含量）可根据这两个比值以及整个磨矿流程给矿和最终产物的细度算得。

（7）各料流的产率等于该料流流量与磨矿流程给矿流量的比值。

将计算结果按一定的规范填在磨矿流程图上，得磨矿流程的数质量流程图。由于选矿厂的磨矿流程一般为湿式作业，通常还需进行水量平衡计算，根据各作业适宜的作业浓度和必须保证或不可调节的产物浓度（可根据试验结果、类似矿石生产数据或表5-7所列数据范围确定），计算各料流的矿浆流量、固体浓度（或液固比）及各作业需要的补加水量，并将计算结果按规范填入磨矿流程图，得磨矿流程的矿浆流程图。可将数质量流程图与矿浆流程图合并在同一张图上。

表 5-7　磨矿流程某些作业和产物的固体浓度范围

作业及产物名称		作业浓度/%	产物浓度/%
棒磨机、球磨机磨矿		65~80	—
自磨（半自磨）机磨矿		80~85	—
分级机溢流	0.3 mm 以下	—	28~50
	0.2 mm 以下	—	25~45
	0.15 mm 以下	—	20~35
	0.10 mm 以下	—	15~30

作业及产物名称		作业浓度/%	产物浓度/%
螺旋分级机返砂		—	80~85
耙式分级机返砂		—	75~85
水力旋流器 φ500 mm （分离粒度-74 μm）	溢流	—	15~20
	沉砂	—	50~75
水力旋流器 φ250 mm （分离粒度-37 μm）	溢流	—	10~15
	沉砂	—	40~60
水力旋流器 φ125 mm （分离粒度-19 μm）	溢流	—	5~10
	沉砂	—	35~50
水力旋流器 φ75 mm （分离粒度-10 μm）	溢流	—	3~8
	沉砂	—	30~50
水力旋流器-高浓度作业 （给矿浓度大于30%）	溢流	—	20~45
	沉砂	—	60~80

5.3 自磨（半自磨）流程

与传统（三段碎矿加球磨或棒磨磨矿）的碎磨工艺相比，自磨（半自磨）工艺的应用起步较晚但发展很快。自磨机以大块矿石本身作为磨矿介质来磨碎矿石，为提高磨矿效率，减少原矿性质变化对生产能力的影响，通常会在自磨机中添加少量（一般为磨机容积的3%~15%）的钢球来弥补单纯采用大块矿石作为磨矿介质的不足，这种以少量钢球作为辅助磨矿介质的自磨磨矿称为"半自磨"。工业生产实践表明，将矿石粗碎至粒度不大于200~350 mm后，用一台自磨（半自磨）机就可以完成传统碎磨流程中的中碎、细碎和粗磨三段作业任务，取得简化流程、减少厂房和设备投资、降低磨矿介质消耗的效果。早期的自磨流程大多采用全自磨工艺，20世纪80年代以后新建选矿厂的自磨流程基本上均为半自磨工艺。近年来，随着贫细杂矿产资源开发利用步伐的加快，增大矿山产能和通过设备大型化来降低单位矿石加工成本是大势所趋。在当今大中型选矿厂的新建或改扩建中，采用带有自磨/半自磨的碎磨工艺来代替传统的碎磨工艺的已成为行业的发展趋势之一。

工业实践中常用的采用自磨（半自磨）工艺处理粗碎产物的流程可按磨矿段数分为单段自磨（半自磨）流程和自磨（半自磨）—球磨流程两大类；按自磨（半自磨）回路是否配置有临界粒级（顽石）细碎作业又可分为带细碎作业与不带细碎作业两种类型，如图5-8所示。

单段自磨（半自磨）流程设备配置简单、产物粒度较粗，一般适用于目标

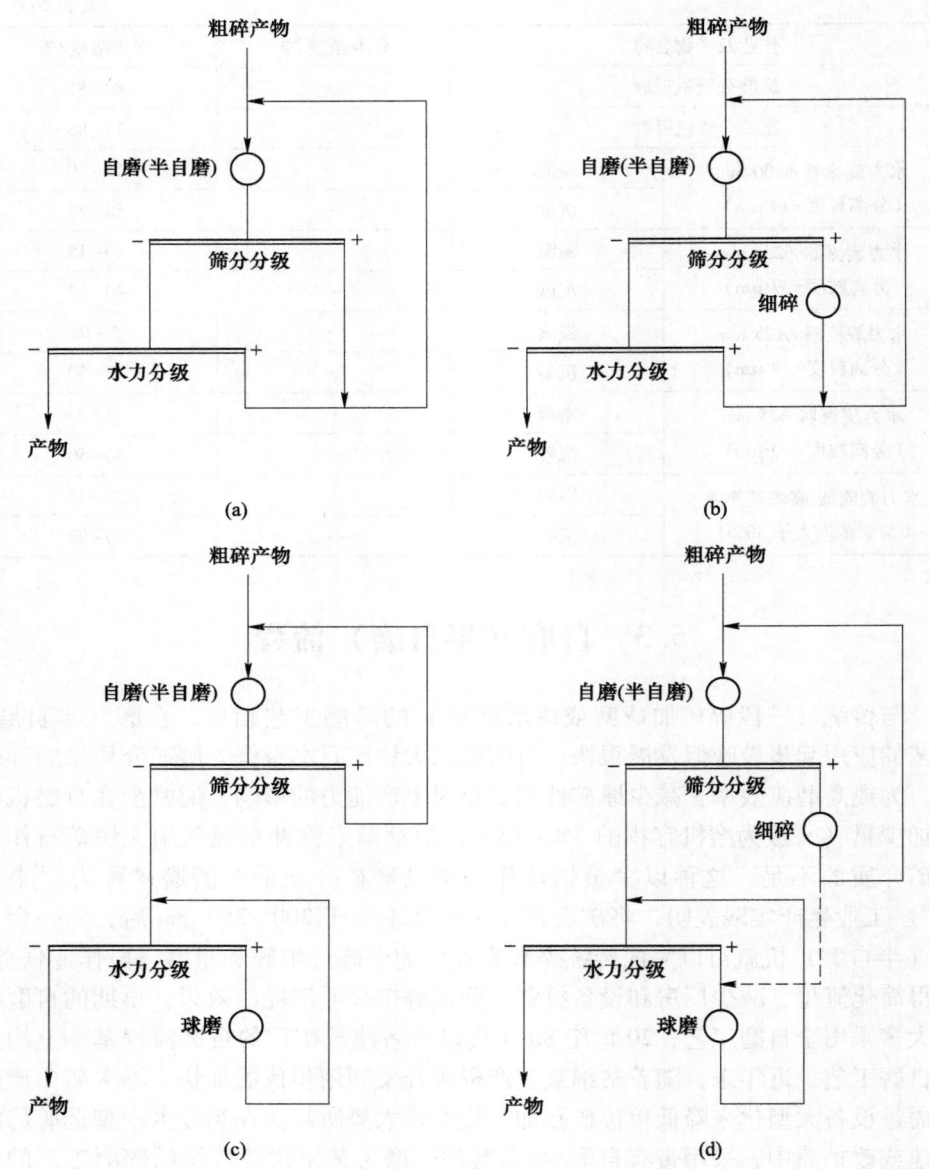

图 5-8　常用的自磨（半自磨）流程

细度不大于 60%-0.074 mm 的磨矿任务。粗碎产物进入自磨（半自磨）机研磨；自磨（半自磨）机排矿经过筛分分级（检查分级）和水力分级（控制分级）获得最终产物；水力分级的粗粒产物返回自磨（半自磨）机；检查分级的粗粒产物可直接返回自磨（半自磨）机（图 5-8（a）），或是经过细碎后返回自磨（半自磨）机，如图 5-8（b）所示。

　　自磨（半自磨）—球磨流程由单段自磨（半自磨）回路与球磨回路串联而成，球磨回路通常采用逆回路类型。这种两段磨矿流程适用于获得较细的产物，一般用于目标细度大于 60%−0.074 mm 的磨矿任务。粗碎产物进入自磨（半自磨）机研磨；自磨（半自磨）机排矿进入筛分分级，筛上产物直接返回自磨（半自磨）机（图 5-8（c）），或者是经过细碎后返回自磨（半自磨）机（图 5-8（d）），筛下产物作为球磨回路的给矿进入预先与检查分级合一的水力分级；水力分级的溢流产物即为流程的最终产物，水力分级的沉砂产物进入球磨机磨矿，球磨机排矿返回水力分级作业。不含细碎作业的自磨（半自磨）—球磨流程常被简称为 AB（SAB）流程；含有细碎作业的自磨（半自磨）—球磨流程常被简称为 ABC（SABC）流程。在含有细碎作业的流程中，视磨矿机负荷情况还可选择将细碎产物送入第二段球磨机继续研磨而不是返回自磨（半自磨）机，如图 5-8（d）中的虚线所示。

　　将自磨—球磨流程中用于细磨的球磨机换成砾磨机，该流程即成为自磨—砾磨流程（AP 流程），又称两段全自磨流程。砾磨机所用的砾石介质可从破碎产物中筛出，也可以是从第一段自磨机排矿中分离出的某个粒级。两段全自磨流程不消耗钢球，运行费用较低，但需要配备砾石介质供应系统，而且因砾石的密度远小于钢球的密度，处理量相同时砾磨机的容积会大于球磨机，投资费用较高。两段全自磨流程尤其适用于需要减轻铁质对磨矿产物污染的场合。

　　与常规碎磨流程一样，在含自磨（半自磨）工艺的碎磨流程中也可根据需要设置选别作业来处理流程的中间产物，分阶段分粒级富集目标组分或抛弃尾矿。实际工业生产上采用的自磨（半自磨）流程可以有不同的内部结构，在设计自磨（半自磨）工艺流程时，应根据矿石性质和试验结果进行多方案技术经济比较，选择最佳方案。

　　自磨（半自磨）流程计算与常规碎磨流程计算类似，仍是根据磨矿车间的目标处理量和物料平衡及水量平衡原理计算流程中各料流的固体流量、产率、矿浆流量、固体浓度以及各作业需要的补加水量，为选择合适的磨矿、分级及辅助设备提供依据，绘制数质量流程图和矿浆流程图。对于单段自磨（半自磨）流程和自磨（半自磨）—球磨流程中的自磨（半自磨）作业段，可按碎矿流程的计算方法进行计算；对于球磨作业段，可按预先与检查分级合一的一段磨矿流程进行计算。

5.4　高压辊磨机在碎磨流程中的应用

　　高压辊磨机的应用主要有两个领域：水泥厂原料、产品的粉磨和选矿厂入选矿石的碎磨。20 世纪 80 年代中期起，高压辊磨机广泛应用于水泥行业原料和产品的粉磨工艺，现已成为该行业常规生产流程的标配设备。在矿物加工领域，高压辊磨机的推广应用因受诸多因素的影响进展相对较慢。20 世纪 90 年代中期开始，随着柱钉辊面技术的成熟，高压辊磨机在铁矿石碎磨流程中的应用越来越多。进入 21 世纪后，高压辊磨机在有色和贵金属矿山的硬质矿石碎磨流程中也得到大规模应用。

　　水泥行业的干式粉磨系统采用风力分级机（选粉机）来控制系统最终产物的细度。图 5-9 所示为几种常见的带高压辊磨作业的干式粉磨工艺的流程结构。在传统的球磨回路前端设置高压辊磨机预磨作业（流程（a）），可在降低粉磨单位能耗的同时提高整个系统的生产能力。此流程结构简单，球磨机在承担粉磨任务的同时兼作辊压料饼的打散设备，是高压辊磨机应用初期最常见的流程配置。为了进一步发挥高压辊磨机的节能优势，可将球磨回路分级的粗粒产物的一部分返回前端的高压辊磨机（流程（b））。返回高压辊磨机的比例越大，整个系统的生产能力越高，节能效果越显著。此流程的另一个优点是可通过改变粗粒产物返回球磨机与返回高压辊磨机的分配比例来调节粉磨系统的生产能力。让高压辊磨机承担全部的粉磨任务，直接与风力分级机组成闭路（流程（c））能取得最大的节能效果。由于取消了球磨，需要用专门的设备进行料饼打散，也可将打散机构设置于分级机中以简化设备配置。此完全取消球磨作业的高压辊磨机终磨流程适用于水泥生料及其他原料的粉磨，在用于水泥熟料的粉磨时为应对因产品粒度分布、颗粒形貌及表面圆滑度等方面的不同而导致的产品性能差异，可先用高压辊磨机将熟料闭路粉磨至接近最终产品要求的细度，再经球磨机研磨获得最终产品（流程（d））。用于终磨的球磨机可开路作业，也可与风力分级机构成闭路。分级的粗粒产物可以返回球磨机，也可返回前端的高压辊磨机。

　　在矿业领域，除了用于金刚石矿的解离破碎和铁精矿球团前的研磨作业外，作为常规碎磨流程中的细碎/超细碎设备是目前高压辊磨机应用的主流。在这类应用中，粒度不超过 20~65 mm 的给矿被高压辊磨机破碎成粒度不大于 3~10 mm 的细碎/超细碎产物。采用细筛闭路，细碎/超细碎产物的粒度上限可降至 1~3 mm。这里"细碎"与"超细碎"之间并无明确的粒度界限，通常是高压辊磨机作为第三段破碎设备时称为细碎，在保留第三段破碎的基础上再增设一段高压辊磨机破碎则称为超细碎（第四段破碎）。细碎/超细碎产物或者直接作为后续球磨回路的给矿，或者经预选作业抛弃一部分粗粒尾矿之后再给入球磨回路。球磨回路将物料继续粉碎至后续选别作业要求的细度。与在水泥行业作为预磨设备的情况类似，高压辊磨机作为细碎/超细碎设备可有效地降低后续球磨作业的给料粒度。让高效节能的高压辊磨机承担一部分原来由球磨机所承担的粉碎任务，可提高碎磨流程整体的能量效率。与水泥行业不同的是选矿厂的磨矿一般是湿式

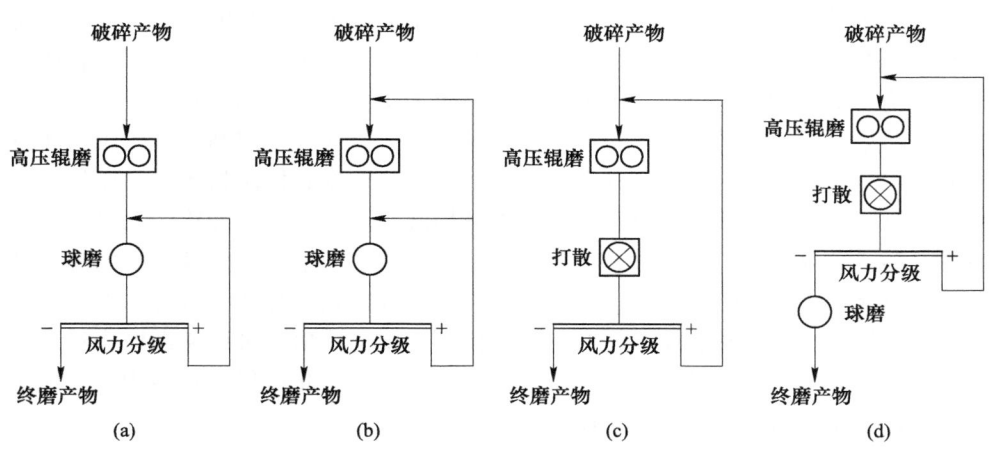

图 5-9 高压辊磨机在干式粉磨工艺中的应用

作业，而高压辊磨机与其他破碎设备一样都是干式作业，因此在矿业领域一般将高压辊磨机粉碎段称为"细碎"或"超细碎"而不是"预磨"。

根据工艺要求及选矿厂具体情况的不同，用于细碎/超细碎的高压辊磨机可开路作业，也可与筛分机一同构成闭路作业循环，将筛上物料返回高压辊磨。此外，还可以采用一种高压辊磨机特有的回路形式，即在排料处分别截取边缘产物和中部产物，将粉碎程度较低的边缘产物返回高压辊磨。

图 5-10 所示为三种典型的采用高压辊磨机作为细碎设备的三段碎矿加单段磨矿流程。流程（a）的中碎段和细碎段均采用逆回路（回路给矿先进入分级作业），磨矿段采用正回路（回路给矿先进入粉碎作业）。中碎用筛分 1 闭路是为了给高压辊磨机给矿设置粒度上限，球磨机的给矿粒度上限由筛分 2 控制，最终产物细度由水力分级控制。两个筛分作业可配置为双层筛。此流程具有设备配置简洁紧凑、所需单元作业及物料输运设备数量较少的特点，适用于处理高压辊磨机排矿料饼结实度不高（可在物料转运和筛分作业中得到松散）的硬质矿石。此流程的缺点一是粗碎产物作为筛分 1 给矿会给筛面带来较大的负荷，在振筛机配置及筛面选择时需要加以考虑；二是将基本上不含细粒的筛分 2 筛上产物作为高压辊磨机给矿会加剧辊面磨损，对此可采取将部分筛下物料返回的方法来降低给矿物料对辊面的磨蚀性。此外，干式筛分还存在粉尘治理问题。流程（b）的中碎段和细碎段均采用正回路，其他部分与流程（a）相同。在此流程中，高压辊磨机的给矿粒度上限仍由中碎段的筛分 1 控制，但粗碎产物经过中碎机破碎后再给入筛分机，这可减轻筛分 1 筛面的负荷。细碎段为正回路时高压辊磨机给矿中包含有细颗粒，这对减轻物料对辊磨的磨损有利。此流程的特点是各筛分设备分工明确，可相互独立地进行调整和优化；缺点是整个流程需要较多的单元作业

及物料输运设备数量，不适用于处理粗碎产物中含有较多细粒的物料。此外，此流程也存在采用干式筛分时需要考虑的粉尘问题。在流程（c）中，前端各碎矿段的结构与流程（b）相似，不同之处在于细碎段采用湿式筛分代替流程（b）的干式筛分；后端磨矿段采用碎矿产物先进入水力分级的逆回路。高压辊磨机细碎段采用湿式筛分有利于提高筛分效率、降低筛分粒度和抑制粉尘，高压辊磨机排矿料饼通常可在湿式筛分过程中得到充分松散。从后续磨矿回路的水量平衡上考虑，湿式筛分筛下产物更适合作为水力旋流器给矿而不是作为球磨机给矿，即磨矿段应该采用逆回路。另外，由于高压辊磨机排矿颗粒与球磨机排矿颗粒在形貌上的差异，前者通常会比后者有更多的锐利边缘与棱角，采用逆回路会给水力旋流器、渣浆泵和矿浆输送管道内壁带来较大的磨损。此流程配置多用于高压辊磨机细碎段需要以较小的筛分粒度闭路作业的情况。

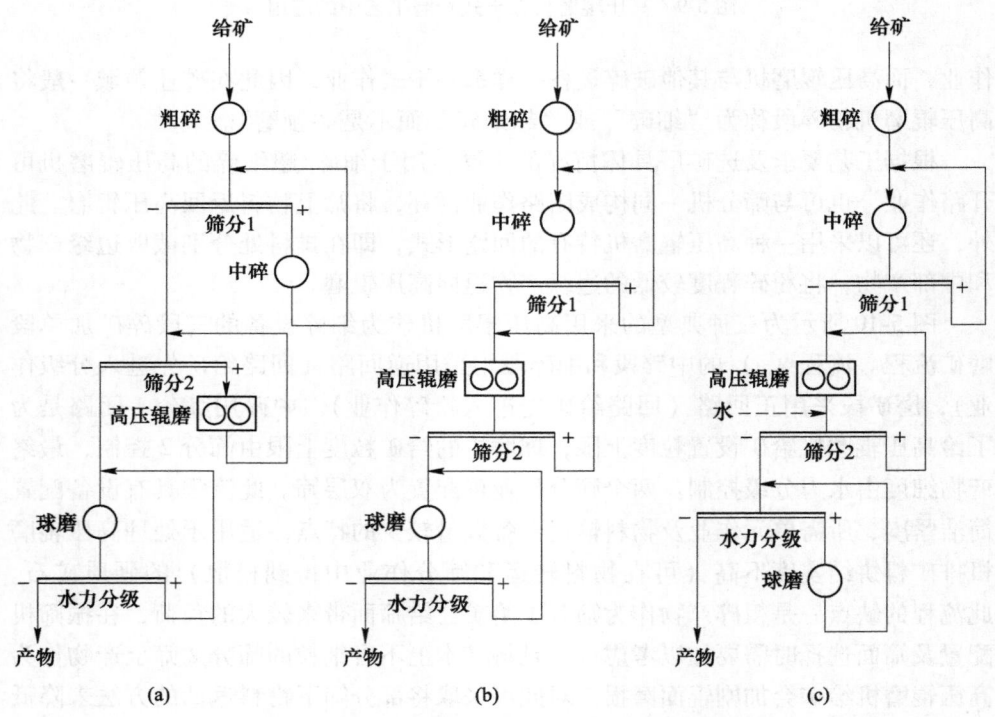

图 5-10　高压辊磨机作为细碎设备的碎磨流程

在采用高压辊磨机作为细碎/超细碎设备的碎磨流程中，细碎/超细碎段的筛分粒度决定后续球磨回路的给矿粒度，影响粉碎能耗在高压辊磨回路与球磨回路之间的分配比例。一方面，筛分粒度越小，高压辊磨回路所承担的粉碎任务占比越大，整个"破碎—高压辊磨—球磨"流程的总能耗越低。另一方面，筛分效率一般随着筛分粒度的减小而降低。筛分粒度小于 6 mm 左右时，干式筛分效率显著下降，通常采用湿式筛分，而湿式筛分的筛上物料返回高压辊磨机时可能会带来给矿物料含水量过高的问题。筛分粒度小于 3 mm 时，筛上产物的含水量显著增加，从而导致高压辊磨机给料含水量的显著增加。虽然高压辊磨机可以接受含水量不超过一定限度的给料，但较高的物料含水量会影响设备的稳定运行和磨矿效率。

在以高压辊磨机为细碎设备的碎磨流程中，通常采用闭路筛分来控制上游中碎的产物粒度以及下游球磨的给矿粒度，为此，需要配置较多的筛分和物料输送设施，从而增加设备配置的复杂程度和生产成本。一般认为处理硬质矿石物料时为防范辊面柱钉的折断损坏，需要严格限制高压辊磨机给矿的最大粒度，采用开路中碎不太合适；而高压辊磨机排矿不经筛分直接进球磨机则较为可行，在处理矿石本身硬度不高但辊压排矿料饼较为结实的物料时甚至会有优势。图 5-11 所示为高压辊磨机排料直接进球磨机的两种流程配置。流程（a）所示的三段碎矿加两段磨矿流程取消了第一段球磨之前的细筛，高压辊磨机排矿直接作为球磨机给矿。由于球磨给矿中含有未经细筛分级分离出去的较粗颗粒，磨矿效率会有所降低。第一段球磨排矿中未被磨细的大颗粒经过筛分后返回高压辊磨机，形成一种跨段的闭路循环；筛分的筛下产物经下一段球磨（逆回路）得最终产物。流程（b）的粗碎段和中碎段与流程（a）相同，细碎段通过设置排料隔板将高压辊磨机排料分为中部料和边缘料，前者进入球磨，后者返回高压辊磨机。将边缘料返回高压辊磨机可在一定程度上减少球磨机给矿的大颗粒含量，增大流程后端采用单段磨矿的可行性。球磨机排矿经检查筛分和旋流器控制分级得最终产物，检查筛分的粗粒产物返回高压辊磨机，控制分级的粗粒产物返回球磨机。球磨机磨矿效率较流程（a）有所改善，但仍不及通过筛分作业控制给矿最大粒度的流程。与流程（a）相比，流程（b）需要为边缘料返回配置更多的物料输送设备，以及更大的高压辊磨机来满足因处理边缘料而增加的产能要求。一般来说，当取消筛分作业的好处大于磨矿效率降低所导致的损失时（例如当电力成本较低时），可以考虑采用高压辊磨机排料直接进球磨的流程。在要求磨矿作业有较高能量效率的场合，通常采用带检查筛分的闭路细碎来限制球磨机给矿的最大粒度。若高压辊磨机排矿料饼无法在转运输送和筛分分级过程中得到充分松散，可采用高压辊磨机排料直接进球磨的流程或是配置专门的打散设备。

除了用于常规碎磨流程的细碎/超细碎作业外，高压辊磨机还可用于自磨（半自磨）流程中顽石（难磨粒级）的破碎。通过在自磨（半自磨）流程的顽石破碎系统中引入高压辊磨机破碎作业来降低返回自磨（半自磨）机物料的粒度，可提高整个碎磨流程的生产能力和能量效率。这里高压辊磨机通常是与常

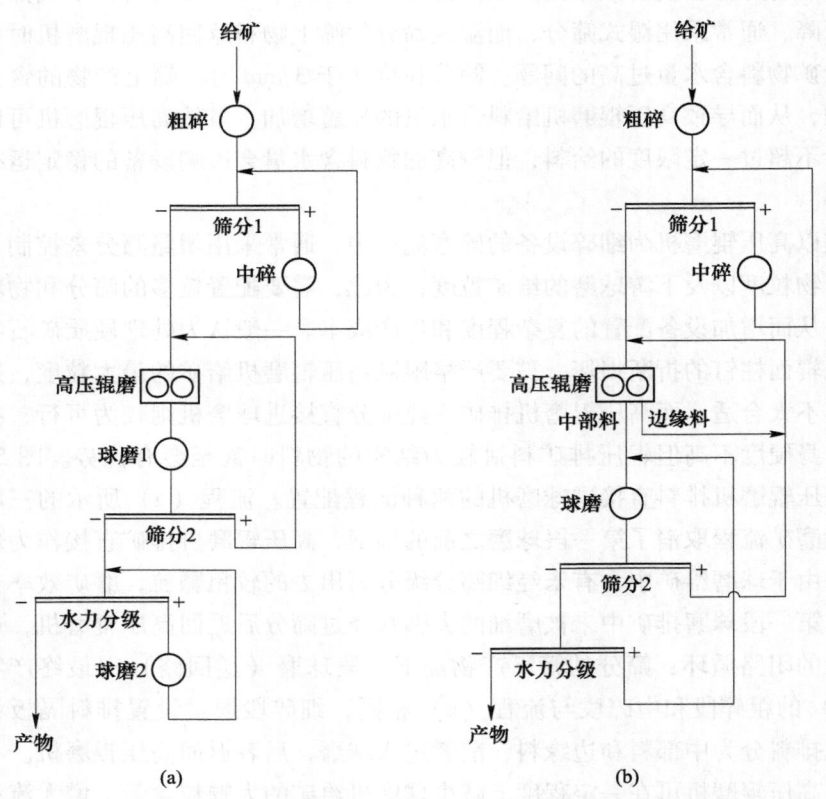

图 5-11　高压辊磨机排料直接进球磨机的碎磨流程

规细碎破碎机联合工作，将后者的排矿进一步破碎至更小的粒度。当所处理物料的最大粒度不超过高压辊磨机给矿的粒度上限时，也可考虑用高压辊磨机完全代替常规细碎破碎机，一步完成粗粒物料的破碎。顽石破碎系统本身可开路作业，也可闭路作业或是采用边缘料返回的作业模式。顽石破碎系统的产物一般返回自磨（半自磨）机，也可视磨矿机负荷情况直接作为下游球磨回路的给矿。

　　在铁矿石碎磨流程中，将高压辊磨机细碎/超细碎与粗粒预选（抛尾）工艺相结合可在降低入磨物料粒度的同时减少入磨物料量，减轻后续磨选系统的产能压力。凹山选厂是国内首家将高压辊磨机用于铁矿石超细碎的选矿厂。该厂原碎矿流程为常规的三段一闭路流程。2000 年后，随着凹山采场进入开采末期，选矿厂逐步过渡到处理品位低、硬度高、嵌布粒度较细且不均匀的高村采场矿石。为了应对矿石性质的变化、稳定铁精矿产量，必须解决碎矿、磨选和尾矿处理排放等方面的一系列瓶颈问题。在碎矿方面，该厂除了对原碎矿系统进行更新升级、在提高系统产能的同时将碎矿产物粒度由 0~35 mm 降至 0~20 mm 外，一个关键的举措是在碎矿与磨矿系统之间加入一个以高压辊磨机为核心的超细碎工段来进一步破碎 0~20 mm 的细碎产物并在此阶段抛弃一部分大颗粒尾矿。高压辊磨机的排矿通过筛孔尺寸为 3 mm 的筛分，筛上产物经磁滑轮干抛丢弃一部分大颗粒尾矿后返回高压辊磨机，筛下产物进入湿式磁选，磁选尾矿通过螺旋分级机分出粗粒尾矿和细粒尾矿，磁选精矿送入主厂房进一步磨选。此超细碎系统的投产不但取得了节能降耗的效果，而且使主厂房的入磨粒度由 0~20 mm 降至 0~3 mm，加上实现了将粗粒尾矿提前抛弃并送往排土场堆存，主厂房的磨矿负荷及细粒尾矿浓缩输送量显著减少，从而提升了选矿厂整体的生产能力并缓解了尾矿库容量不足对产能的制约。

高压辊磨机细碎/超细碎回路的流程计算与常规碎矿的流程计算类似。高压辊磨机的矿石通过量由回路新给矿量和循环负荷决定，后者与高压辊磨机排矿的粒度分布、闭路筛分的分离粒度及筛分效率有关。

5.5　碎磨流程考查

碎磨流程考查指的是对碎磨流程中各作业的工艺条件和作业效果进行全面的测量和查定。与选矿厂日常技术指标监测不同，流程考查不仅关注矿石处理量与碎磨最终产物的细度和浓度指标，还需要考查各单元设备的作业参数及流程中各料流的固体流量和粒度组成。流程考查的目标是获得流程在给定作业条件下稳态运行时各物料流的固体流量、产率、粒度分布以及物料含水量/矿浆固体浓度等数据，为分析与评价流程的运行效果及各单元设备的作业效率提供依据。对于带有预选作业的碎磨流程，考查内容还可包括相关料流的目的组分品位和回收率/损失率。对既有生产流程的考查有助于发现流程中存在的问题或不足，从而寻找适当的解决办法或改进之道。既有流程的考查结果通常被用来作为评价流程改造效果的比较基准。在以优化碎磨流程为目标的工业试验中，比较不同作业条件下的考查结果可找出较佳的作业条件。在采用回路建模及模拟技术对碎磨流程及其作业条件进行优化研究时，通常需要根据流程考查数据求出那些与设备作业条件相关的模型参数。

流程考查的对象可以是整个碎磨流程，也可以是流程中的某个回路或作业段。必要时也可围绕某一单元作业进行局部考查。对于传统的碎矿+磨矿流程，碎矿流程与磨矿流的工作制度不同，流程考查可以分别进行。碎矿流程为干式作业，考查的料流特性为固体流量、粒度组成和物料含水量；选矿厂磨矿流程一般为湿式作业，考查的料流特性为固体流量、粒度组成和矿浆固体浓度。磨矿与选别密切相关，车间工作制度相同，在生产实践中磨矿流程常与下游的选别流程一同考查，但也可视具体情况单独考查。

整个流程考查工作可大致划分为考查前准备、考查实施、样品测定分析和考查数据处理 4 个阶段。其中考查实施是整个工作的中心环节，它需要在预定的时间段内完成料流样品采集、固体流量测量及单元设备工况数据查定。就碎磨流程考查而言，样品分析主要是粒度组成和含水量（或矿浆浓度）的分析测定。

5.5.1　考查前的准备

在开展流程考查之前应对给矿特性、设备的运行状况，以及各料流取样操作的可行性和难易程度等条件进行现场调研，根据考查目标和现场条件确定考查方案，制定切实可行的考查计划并做好相应的人力物力准备。考查计划应包括固体流量测量点和料流取样点的布置，各取样点需采集的样品种类和样品量，以及需查定的设备工作参数等内容。

流程考查的目标是通过取样测量和质量平衡计算获得流程中所有料流的固体流量、粒度组成及物料含水量/矿浆固体浓度数据。在实施考查时往往难以做到对流程中的每一个料流都进行取样分析和流量测量。理论上只要已知流程中某个基准料流的流量及其样品分析数据，就能根据对部分料流的取样测量结果利用质量平衡原理推算出流程中其他未测量的料流数据。只对最少数目的料流进行取样测量的考查方法称为基于最少测量样品数的考查。由于测量数据受各种因素的影响通常都带有随机误差，有时甚至会有异常的偏差，在制定考查实施计划时一般不宜只安排最少测量样品数的取样，否则当其中有一个样品的数据出现异常时将会缺少进行交叉校核与修正的机会，从而影响整套考查数据的可靠性。超出上述最少测量样品范围的样品测量数据称为冗余数据。在流程考查中冗余数据并不是多余的，而是有益的，它们不仅能为测量数据的交叉验证提供机会，而且还允许进行考虑数据误差的质量平衡计算。因此考查时应尽量多设置取样点，获得尽可能多的测量数据。

图 5-12 和图 5-13 所示分别为某个三段一闭路碎矿全流程考查和某个一段磨矿回路考查的取样点布置。其中质量样是测量固体流量时称重的样品；粒度样是用于粒度组成分析的样品；水分样是用于物料含水量或矿浆浓度测定的样品。图 5-12 所示的碎矿流程为干式作业，考查的工作重点是各料流粒度样的取样和筛析，仅对原矿和流程最终产物进行固体流量和物料含水量测定。当粗碎给矿的粒度大到不便进行筛析时，可将原矿的取样点从粗碎给矿下移到粗碎排矿，必要时可考虑采用图像分析法代替筛析法来获得粗碎给矿的粒度组成信息。图 5-13 所示的一段磨矿回路由球磨机与螺旋分级机构成，除回路给矿外所有的料流均呈矿浆状态，流程考查工作的重点是各料流粒度组成样和固体浓度样的取样和分析测定。回路中由回路给矿和分级机返砂合并而成的球磨机给矿一般难以取样，其粒度组成和含水量可利用质量平衡原理根据回路给矿和分级机返砂的粒度组成和含

水量数据及回路返砂比算出，这里的回路返砂比可根据分级机给矿（即球磨机排矿）、溢流（即回路产物）和返砂的粒度组成或固体浓度/含水量的测量数据求出。

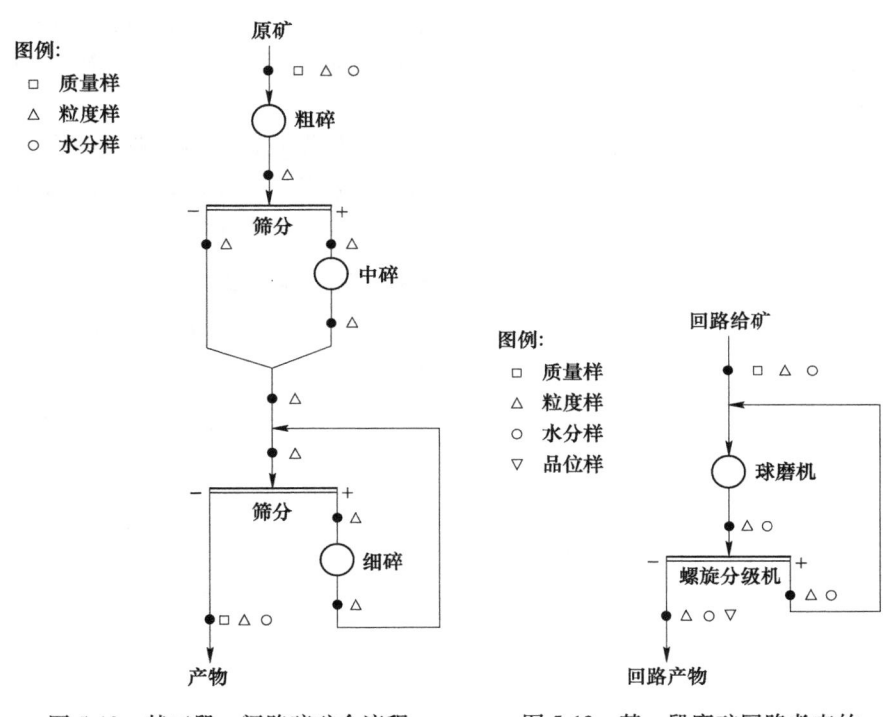

图 5-12　某三段一闭路碎矿全流程　　　图 5-13　某一段磨矿回路考查的
　　　　　考查的取样点布置　　　　　　　　　　　　　　取样点布置

　　为使样品具有充分的代表性，所取样品的质量不能低于允许的样品最小质量。此最小质量与物料粒度大小有关，物料粒度越大，所需的样品量越大。选矿领域普遍采用的计算样品最小质量的经验公式为

$$M = K \cdot d^2 \tag{5-2}$$

式中　M——样品最小质量，kg；
　　　K——与矿石性质有关的经验系数，一般的取值范围为 0.1~0.2；
　　　d——被取样物料中最大颗粒的尺寸，mm。

　　将此式用于碎磨流程考查取样时遇到一个问题是，对于粗粒物料按此式算得的样品最小质量较大，往往导致取样制样及粒度分析需处理的样品量及工作量超出实际操作上可接受的合理范围。例如：对于最大粒度为 100 mm 的中碎产物，算得的样品最小质量为 1~2 t；对于最大粒度为 300 mm 的粗碎产物，算得的样品最小质量为 9~18 t。对此需要根据经验和具体物料性质来确定应采集的样品

量。对于矿石粒度组成样的取样，另一个常用的样品最小质量计算公式（洛科诺夫经验公式）为

$$M = 0.02d^2 + 0.5d \qquad (5\text{-}3)$$

其中，符号 M 和 d 的含义与式（5-2）相同。根据此式：对于最大粒度为 100 mm 的中碎产物，样品最小质量为 250 kg；对于最大粒度为 300 mm 的粗碎产物，样品最小质量为 1950 kg。

表 5-8 给出澳大利亚昆士兰大学 JKTech 公司根据其数十年工业流程考查经验推荐的碎磨流程考查取样量。表中的推荐取样量适用于密度为 2.7~3.0 g/cm³ 的常见矿石，当矿石比重显著偏离此范围时可适当地增减取样量。

表 5-8　JKTech 推荐的碎磨流程考查取样量

物　料	最大粒度/mm	推荐取样量/kg
矿山开采的原矿	500~2000	—
粗碎产物	300	1500（辅以图像分析）
中碎产物	100	300
细碎产物	30	60
细碎产物	12	20
半自磨机排矿（带砾石）	100	150~200
半自磨机排矿	25	60
球磨粗磨排矿	12	20
球磨细磨排矿	3	10
旋流器底流	12	20
旋流器溢流	1	2

确定各取样点应取的样品种类及样品质量后可制订详细的取样计划，编列样品清单。样品清单应列出各样品编号、物料名称、取样点、取样时间、取样量、测定项目与测定方法等内容。根据考查要求和现场实际情况及取样操作的难易程度对取样人员的分工及需要的取样工具和装样容器作出安排。

考查前的准备工作还包括：调查采场出矿情况，确保考查期间所处理矿石的代表性和原矿性质的稳定性；与生产管理部门及车间相关人员讨论考查计划，商定考查日期和时间；与机修部门相关人员协调，保障考查期间设备运行正常。

5.5.2　样品采集和设备工作参数测定

流程考查的取样时间一般为 4~8 h，在这段时间内考查人员需要在保持流程运行状态基本稳定的情况下完成预定的料流取样，并在此期间（或前后）进行固体流量和设备工作参数测定。

原矿处理量是反映流程生产能力的重要指标，通常以固体流量（t/h）来表示，是流程考查的必测数据。在选矿厂生产过程中，关键料流的固体流量通常采用某种计量设施来实时计量。在流程考查时一般可利用选矿厂既有的原矿计量设施（如胶带秤）测定原矿处理量，再根据原矿含水量测定结果求出扣除水分后的固体流量。若无计量设施可用，可进行人工测定。人工测定松散物料固体流量的常用方法是用刮板在胶带输运机上沿物料运动方向的一定长度内刮出全部物料（包括泥和水）进行称重，并且测定胶带运动速度，再计算固体流量

$$Q = \frac{3.6vqf}{L} \tag{5-4}$$

式中　Q——固体流量，t/h；

$\quad\quad v$——胶带运动速度，m/s；

$\quad\quad q$——刮出的物料量，kg；

$\quad\quad L$——刮出物料的胶带段长度，m；

$\quad\quad f$——物料含水系数（一般矿石取 0.98，含水较多时需实测）。

此测定方法也可用于对既有的处理量计量仪器进行校核或标定，通常此标定应在考查实施之前完成。若需要测定采用车辆输运的粗碎给矿流量，可采用抽车称重的办法进行矿量计量。

流程考查一般不宜在静置料堆上取样，而应在流动物料上取样。流动物料指处于输运过程中的物料，包括矿车运送的原矿、皮带输运机机其他输运机械上的料流，给矿机和溜槽中的料流，以及流动中的矿浆。最常用也最可靠的采集流动物料样品的方法是横向截流法，即每隔一定时间沿垂直于料流运动方向截取少量物料作为单样，将一段时间内截取的许多份单样累积起来作为该料流的样品。采集的样品量取决于每次采集的单样量和采集次数。具体的取样操作因料流不同而异。

碎矿流程大多是在物料输运带上取样，一般采用人工刮取法取样，即用一定长度的刮板每隔一定时间从输运带上全宽全厚地刮出一份物料作为单样，将各次刮取的单样合并作为该料流的样品。对于运行速度慢带宽较小（不大于 650 mm）的输运带，在确保取样质量和人身安全的前提下可不停机刮取；对于运行速度快带宽大的输运带，则需要停机刮取。在输运机皮带上刮取最大粒度超过 30 mm 的物料时，一般都应停机刮取。

磨矿流程涉及矿浆取样。矿浆样品一般用断流截取法采集。为确保能在料流的整个横截面上均匀地截取物料，取样点应选在矿浆流转接处，如溢流堰口、溜槽口或管道口，而不能直接在矿浆池/矿浆罐内、溜槽内或管道内取样。矿浆样品可人工采集，或是用机械取样机采集。人工取样的常用工具是带窄长开口的取样器（取样勺或取样壶，如图 5-14 所示），取样器开口宽度至少应为物料最大粒

度的 4~5 倍，开口长度应大于矿浆流断面厚度，有效容积以满足每次截取量不超过容量的 30%为度。对于物料最大粒度小于 2 mm 的矿浆，取样器开口宽度不应小于 10 mm。取样时操作者手持取样器，首先将取样器拿到矿浆流旁边的一个合适位置，使其开口面垂直于矿浆流方向且开口长度方向与矿浆流厚度方向一致，然后沿其开口宽度方向匀速地扫过矿浆流的横断面以截取矿浆，移动取样器时应注意使整个矿浆流宽度内的物料都被截取到。若一次移动截取的矿浆量较少，可往复截取几次。人工取样一般只适用于流量不太大的矿浆料流，流量大（大于 100 t/h）时即使取样器能够快速地扫过矿浆流，进入取样器的矿浆也很容易从中溅出或溢出，从而影响所取样品的代表性。流量大于 250 t/h 的矿浆流必须用机械取样机取样。机械取样机种类很多，可根据物料粒度、状态和对样品的要求来选用。机械取样机的工作原理与人工取样相同，仍是按断流截取法的基本原则采集矿浆样品。

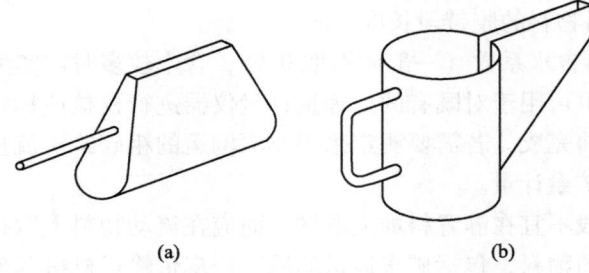

图 5-14　矿浆取样常用工具
(a) 取样勺；(b) 取样壶

　　碎磨流程各料流取样的方法及具体操作细节依物料粒度、料流状态和现场条件的不同而异。

　　粗碎给矿通常用抽车称重法测量给矿流量。因粒度过大不便实施筛分分析，需要物料粒度分布信息时一般采用图像分析法获得。

　　粗碎排矿作为中碎或自磨（半自磨）的给矿，最大粒度可达 200~350 mm，根据所需样品量与最大粒度关系算出的所需样品量较大。为将取样及粒度分析的工作量限制在合理可控的范围，可采用 JKMRC（澳大利亚昆士兰大学 Julius Kruttschnitt 矿物研究中心）推荐的一种将粗粒取样与细粒取样相结合的方法。此方法的要点是在停止破碎机或自磨（半自磨）机及其给矿输送带的运行后，从静止的输送带上取样。取样过程由一个输送带上长度 2~5 m 的完整取样加上至少 50 块+75 mm 大块矿石的取样组成。总取样量通常不少于 500~800 kg。整个取样及粒度分析过程可分为如下几个步骤：（1）在设备停机并确保人身安全的前提下，取样者沿着输送带行走并取出目测尺寸大于 75 mm 的大块矿石至少 50 块，测量取出大块矿石的输送带长度；（2）取出大块矿石后，选择一个长度为

2~5 m 的输送带段，小心地截取其上的全部细粒物料，记录截取细粒物料的输送带长度；（3）用单孔条筛对大块矿石进行筛分，分出多个粒级（例如+75 mm，+100 mm，+125 mm，+150 mm，+175 mm 和+200 mm），将矿块按粒级堆放，记录各粒级颗粒数，称量各粒级质量；（4）对在输送带上截取的细粒物料样品进行称重和筛析；（5）对于粗粒物料和细粒物料，分别根据各自的取样长度和筛析称重数据，计算单位带长（即每米传送带）上各粒级物料的重量；（6）整合粗粒物料和细粒物料的单位带长度上各粒级的质量数据，计算整个给矿的粒度分布。

碎矿流程各料流粒度较粗，需要采集的样品量较大，一般尽可能选择在物料输送带上取样。筛分机筛上物料直接进入破碎机时取样通常会有难度，有时可用位于破碎机上方的起重机移动盛料箱进行取样。对于筛分产物，常常需要根据排料口实际情况用特制的取样器来接取料流。自磨（半自磨）机和大型球磨机的排矿料流一般都难于进行人工取样，应配备专用的机械取样设施。与自磨（半自磨）机构成闭路的筛分机筛下产物一般也不便取样，必要时可为方便取样操作做些设备配置上的改造。

水力旋流器给矿通常在旋流器分级机组的分浆器上的出流管取样，或是利用机组中的一个备用旋流器取样。因为，分浆器出流管经常会堵塞，整个考查期间在此处的取样次数不宜太多，一般是考查开始与结束时各取一次。利用备用旋流器取样时，先要短暂运行该旋流器以清洗其内部，再将它关闭，接着将其给矿口阀门部分开启，使该旋流器处于内部不完全充满、溢流口无矿浆溢出、给矿矿浆全部进入底流的状态，这样就可在底流口取到旋流器给矿样品。在磨矿回路考查实践中有时会省略旋流器给矿的取样，但缺少旋流器给矿的样品分析数据往往会给回路的质量平衡计算带来困难。通过在线测量仪器获得旋流器给矿矿浆流量和矿浆密度数据不仅有助于估计或验证旋流器给矿的固体流量和浓度，常常还能简化质量平衡计算。

旋流器底流的取样可难可易，取决于底流矿浆的流出状态，取样人员往往需要事先练习取样操作以确保能够采集到整个料流截面上的矿浆。旋流器溢流的样品通常比较容易采集。对于由多个旋流器并联组成的旋流器机组，应尽量对合并产物取样而不是只对其中的一个旋流器取样，因为，任何单个旋流器的底流和溢流都有可能代表性不足，代表不了机组整体的作业效果。

碎磨流程考查的料流取样在操作上可以是一次性采集，也可以是多次采集，后者即为每隔一定时间采集一个单样，将所有单样合并为总样。理论上只要流程给矿和作业条件在整个考查时间段内保持稳定，一次性采集与多次采集获得的样品在物料特性上应该是一致的。在实际流程考查中为了抵消给矿性质波动的影响往往采用多次采集法取样。即使是用多次采集法取样，碎矿流程考查时各样品的采集次数一般都较少，尤其是粗碎排矿的取样因工作量太大往往都是一次性采集。磨矿回路考查时各矿浆样品通常是多次采集，采样间隔时间一般为 15 ~ 30 min。在回路给矿性质基本稳定情况下可将输送带上的回路给矿（干矿料流）采样安排在完成回路中其他样品的采样之后停机进行一次性采集，或者在既定考查时间段的前后分别停机进行（两次采集后合并），如此可避免频繁的流程给矿取样操作对给矿流量及流程运行稳定性的影响。

除了对料流进行取样分析外，一个完整的流程考查还应该包括对各单元作业设备工作状态的查定。流程的运行效果由各单元作业的设备条件及作业参数决定，需要查定的设备作业参数取决于考查目的。影响碎磨流程运行效果的设备条件和作业参数主要如下。

（1）破碎机：类型，规格型号，排矿口尺寸，动颚/动锥摆幅，空载功率，工作功率，装机功率，衬板磨损量，给矿流量（t/h）。

（2）滚筒式磨矿机：类型，筒体有效直径与长度，转速或转速率，充填率（装球率），介质尺寸及其级配，排矿机构型式，格子孔/砾石孔大小，工作功率，装机功率，新给矿流量（t/h），给水量（t/h）。

（3）高压辊磨机：压辊直径，压辊宽度，压辊转速或辊面线速度，辊面类型，辊面间距，辊面压强或比压力，空载功率，工作功率，装机功率。

（4）振动筛：类型，筛面长度与宽度，筛孔尺寸，筛孔形状，开孔面积率，倾角，振幅与频率。

（5）螺旋分级机：类型，规格型号，螺旋直径，螺旋转速，槽底倾角，溢流堰高度，给矿固体浓度，补加水量（t/h）。

（6）水力旋流器：规格型号，旋流器个数/机组，旋流器直径，柱体长度，给矿口尺寸，溢流管直径，底流口直径，锥角，给矿压强，给矿浆池补加水量（t/h），给矿矿浆流量与固体浓度。

鉴于固体物料的粉碎结果与能耗密切相关，碎磨设备运行时的功率消耗是流程考查时应当查定的基本作业参数。电动机消耗的功率可用安装在其电路中的功率计上直接读取，或是由电动机运行时的电流、电压和功率因数测量值算得。由于电动机运行期间其工作电压、电流和功率因数的瞬时值存在一定的波动，往往需要进行多次测定后取平均值。一般情况下还可用一定时间内累计电动机电耗的有功电度表的读数差异除以累计的时长求得这段时间内电动机运行功率的平均值。

排矿口尺寸是影响破碎机能耗及破碎产物粒度的重要作业参数，通常是在考查取样开始之前或完成之后用卡尺或铅块进行测量。颚式、旋回和对辊破碎机可直接用卡尺测量，中细碎圆锥破碎机一般用铅块测量。用铅块测量圆锥破碎机排矿口宽度的方法是将铅块固定在细线的一端，再从给矿口放入空载运行的破碎机内使之到达排矿口处，经受数次挤压后取出，用游标卡尺测量被挤压处的厚度。一般应当沿锥体周向方向做至少3个位置的测量后取平均值。若破碎机配有排矿口自动检测与调节系统，可记录检测读数并用铅块测量结果对之进行标定。

磨矿机的充填率指磨矿机内料荷（包括磨矿介质和矿石物料）占机内空间的体积分数，也称综合充填率。充填率是影响磨矿机功耗和磨矿效果的重要作业参数。球磨机内的料荷主要由钢球组成，矿石物料占比不大而且绝大部分分散于钢球与衬板之间或钢球与钢球之间的间隙中，因此，球磨机的充填率与装球率相差不大且在磨机运行过程中保持基本稳定。相比之下，在自磨（半自磨）机中作为磨矿介质的大块矿石占据很大体积，充填率与装球率相差较大。给矿硬度和给矿粒度分布的变化会显著影响自磨（半自磨）机内的矿石保有量，从而影响磨机充填率。在此意义上可将自磨（半自磨）机的充填率变化视为磨机对给矿性质变化的响应。在流程考查时，对磨矿机充填率的测量一般是在考查取样过程结束后停机进行，测量方法与工业磨球机装球率的测量相同，即利用机内料位高度和装球率/充填率之间的关系来间接测量，测量原理及相关计算公式详见3.7.2节中的图3-28及式（3-34a）和式（3-34b）。与测量装球率时应以排除物料后的球荷表层所对应的料位高度进行计算不同的是，测量充填率时是以整体料荷的表层所对应的料位高度进行计算。对于处于生产运行中的磨矿机，还可在建立给定作业条件下充填率与磨矿工作功率的关系模型后根据测得的磨矿机工作功率推断充填率。

磨矿回路中各加水点的给水量/补加水量影响磨矿浓度、分级浓度及回路运行效果，是流程考查时需要查定的操作参数。通常可采用水流量计对给水量/补加水量进行计量。与矿浆流量的测量相比，水流量的测量准确度较高，获得数据可用于回路的矿浆流程计算或用于校验回路中不同点的质量平衡数据。对于水力旋流器分级，除了给矿浆池的补加水量外，给矿压力也是一个需要特别关注的操作参数。

5.5.3 样品分析测定

碎磨流程考查采集的料流样品主要有质量样（固体流量测定样）、水分样（物料含水率或矿浆固体浓度分析样）和粒度样（粒度组成分析样），需要时还可包括品位样（化学组成分析样）和工艺矿物学分析样。

对于从一定长度的输送带上截取的质量样进行称重。根据称重结果、截取物料的输送带长度及输送带移动速度计算料流流量。矿石物料的固体流量（干矿流量）由料流流量扣除其所含水分得到。若采用皮带秤自动计量物料流量，此质量样可用于皮带秤的标定。

用称重—干燥—再称重的方法测定矿石物料的含水率。水分样的含水率测定应在取样后及时进行，以免样品放置太久影响测定结果的准确性。物料可用风干法干燥，也可用加热烘干法干燥。这里干燥法脱水脱除的是物料中以游离水形式存在的水分。用烘干法干燥时应注意将物料温度控制在 110 ℃以下，以避免矿石中所含的化合水或结晶水也同时被脱除。

矿浆固体浓度的人工测量方法有烘干法和浓度壶法。流程考查时一般采用烘干法，即采用矿浆称重—过滤—烘干—干矿称重的方法测定矿浆的固体浓度，或是对自动检测仪器进行标定。与物料含水率测定一样，矿浆固体浓度测定应在取样后及时进行，烘干时应注意物料温度不能高出 110 ℃。烘干法测定结果准确度较高，但测定过程耗时较多。在生产过程中为及时获得磨矿产物的浓度数据，一般采用浓度壶进行快速测量。

浓度壶是容积为 200~1000 mL 的壶状容器（图 5-15），在其顶部壶口之下方的壶颈处设有溢流口，空壶质量和溢流口下方的容积为已知。浓度壶直接测量的是矿浆密度，还需要根据矿浆密度推算矿浆浓度（固体质量分数）。测量时将装满矿浆的浓度壶称重，毛重扣除空壶质量得矿浆净重，再除以壶的容积得矿浆密度（g/cm³或 t/m³）。若将矿浆

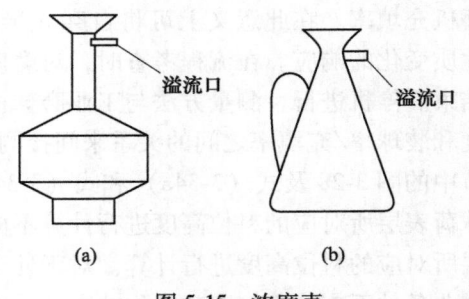

图 5-15　浓度壶

密度记为 ρ_p，固体密度记为 ρ_s，矿浆浓度（固体质量分数）记为 c_s，则单位质量矿浆占据的体积为 $1/\rho_p$，其中固体占据的体积为 c_s/ρ_s，水占据的体积为 $(1-c_s)/1 = 1-c_s$。由"矿浆体积=固体体积+水体积"，即

$$\frac{1}{\rho_p} = \frac{c_s}{\rho_s} + (1 - c_s) \tag{5-5}$$

可得

$$c_s = \frac{\rho_s(\rho_p - 1)}{\rho_p(\rho_s - 1)} \tag{5-6}$$

对于给定的空壶质量、壶容积和矿石密度，可根据装满矿浆时浓度壶的总质量算出矿浆浓度。实际应用中一般是预先将浓度壶装满矿浆时的总质量与矿浆浓度及壶内矿浆所含固体质量的对应关系列成对照表，测量时可根据称重结果快速查出矿浆浓度及壶内固体质量。磨矿流程考查过程中可随时利用浓度壶对矿浆浓度进行快速监测，尽管矿浆浓度的考查数据一般以烘干称重法的测定结果为准。

各料流的粒度组成是碎磨流程考查的重点内容。通常采用筛析法（筛分分级法）测定粒度样的粒度组成。筛析所需的样品量应根据样品代表性要求按最大颗粒粒度确定。与磨矿流程相比，碎矿流程各料流粒度较大，粒度分析需要的样品

量及工作量也比较大。一般来说，对于大颗粒物料（粒度大于 100 mm 的矿块）需要采用单孔条格筛进行人工筛分；对于粒度较小的物料应尽可能使用实验室筛分机和成套筛网进行机械筛分，以提高筛分的工作效率。粒度大的物料使用大直径筛分机，粒度小的物料使用小直径筛分机。筛析采用的筛分粒度（筛孔尺寸）序列可根据需要及实验室条件来选择，一般情况下应尽量选用标准筛孔序列规定的筛孔尺寸。干式筛分的筛分粒度下限一般在 0.1~1 mm 范围，粒度小于 1 mm 的物料应采用湿式筛分，湿式筛分的筛分粒度下限一般定在 0.020~0.038 mm 范围，虽然借助于超声振动的微米筛可以将湿式筛分的筛分粒度降至 0.005 mm。对于粒度小于 0.1 mm 的物料，还可使用水析法（水力分级法）或其他方法进行粒度组成分析。旋流水析器的分级粒度下限可达 0.008 mm。

在碎磨流程考查中，粒度分析通常指对矿石物料的粒度组成进行测定分析，获得一条反映物料粒度组成特性的粒度分布曲线。在选矿厂生产实践中，一般倾向于采用物料粒度分布曲线上的某个特殊点来代表物料粒度。此特殊点可以是粒度小于指定尺寸的物料含量，或者是能让指定比例的物料透筛通过的筛孔尺寸。最为常见的便是以粒度小于某个指定尺寸的物料含量（如-0.074 mm 含量）作为表征磨矿—分级回路产物（即分级溢流）粒度的指标，此指标通常称为磨矿细度（有时也称磨矿粒度）。人工测定物料的粒度组成较为费时费事，相比之下测定磨矿细度指标则相对简单。选矿厂现场人员通常采用浓度壶和指定筛孔尺寸的标准筛对磨矿细度进行快速测定，此测定可与分级溢流矿浆浓度的测定同时进行，方法步骤为：（1）先将浓度壶装满待测矿浆称重，根据此称重结果计算或查阅对照表得到矿浆浓度及壶内固体质量 m_1；（2）将壶中的全部矿浆用指定筛孔尺寸的标准筛进行湿式筛分；（3）将筛上物料全部装回空浓度壶中，加水至满壶后再次称重，根据此称重结果计算或查阅对照表得到壶内（筛上物料）固体质量 m_2；（4）磨矿细度计算，矿浆中粒度大于指定尺寸的物料含量为 m_2/m_1，粒度小于指定尺寸的物料含量为 $1-m_2/m_1$。由理论分析可推导出根据筛分前后两次称重的结果计算磨矿细度指标为

$$\beta = 1 - \frac{M_2 - M_0 - V}{M_1 - M_0 - V} \tag{5-7}$$

式中　β——物料中粒度小于指定尺寸颗粒的含量（质量分数）；

　　　M_1——浓度壶加满矿浆的质量，g；

　　　M_2——浓度壶加筛上物料并加满水的质量，g；

　　　M_0——浓度壶空壶的质量，g；

　　　V——浓度壶容积，mL。

导出此式的一个前提条件是筛上产物的密度与入筛物料的密度相同。如果两者相差较大，计算结果为近似值。在实际应用中通常是为给定的浓度壶（已知空

壶质量和容积）预先准备好相应的矿浆浓细度速查表，测定时可根据前后两次称重的结果查出对应的矿浆浓度和磨矿细度。与利用浓度壶快速监测矿浆浓度一样，在磨矿流程考查过程中可随时利用浓度壶对磨矿细度进行快速监测，尽管完整的磨矿产物粒度分析仍需要通过多粒级筛分来获得详细的粒度分布信息。

　　碎磨流程考查通常不采集品位样，或是只从碎磨流程末端产物料流（一般为分级溢流）中采集品位样用于分析选别给矿的化学组成。品位样的处理程序包括过滤烘干、混匀缩分、研磨至最大粒度小于 0.1 mm、混匀缩分、取化学分析样等步骤。当碎磨流程中包含预选作业时，也可能需要为粒度较大的预选产物采集品位样。此时，应按样品代表性要求根据物料最大颗粒粒度确定应采集的样品量，取样后对样品进行破碎，将破碎产物混匀后缩分出子样，子样的样品量需按代表性要求根据破碎产物最大粒度来确定。如果物料较粗，需要经过多段的粉碎、混匀与缩分才能获得有代表性的化学分析样。

　　在考查碎磨工艺对后续选别作业效果的影响时，往往还需要在流程末端采集工艺矿物学分析样，在显微镜下对碎磨产物中目标矿物的粒度及连生状况进行观测分析，测定目标矿物的单体解离度。工艺矿物学分析样的处理过程包括过滤干燥、混匀缩分（分级）、制备砂光片或砂薄片、镜下观测等步骤。矿物单体解离度的测定方法主要有面积法和截距法，按所观测样品是否经过分级又可分为全样测定法和分级测定法。

5.5.4　考查数据处理及考查结果表示

　　考查数据处理包括对原始测量数据的初步检查，以及根据已知的料流数据利用质量平衡原理计算那些未知的固体流量、粒度组成和矿浆浓度。

　　在开始质量平衡计算之前应该对已测得的料流数据进行合理性检查，尤其是粒度组成数据。对于粉碎作业，排矿物料的负累计粒度分布曲线应位于给矿物料粒度分布曲线之上方；对分级作业，给矿中任意一个粒级的含量都应落于细粒产物中该粒级的含量与粗粒产物中该粒级的含量之间。对于水力分级作业，给矿浓度（或液固比）也应落于溢流浓度（或液固比）与返砂浓度（或液固比）之间。若发现数据异常，应从取样、制样、测定分析及数据整理等环节查找原因并给予纠正，必要时应重新取样测量。

　　质量平衡计算的目标的是求出所有料流的固体流量/产率、粒度组成及物料含水量/矿浆浓度数据。计算时将流程划分为一些简单的计算单元，一个计算单元可以是一个作业单元、也可以一个由多个作业组成的作业段，还可以是整个流程。质量平衡计算的基本原理是：当流程处于稳定运行状态时，进入一个计算单元的固体流量/产率等于从该计算单元排出的固体流量/产率（固体质量平衡）；进入一个计算单元的水量等于从该计算单元排出的水量（水质量平衡）；对于不包含粉碎作业的计算单元，进入该计算单元的任一粒级的质量等于从该计算单元排出的该粒级的质量（粒级质量平衡）；粉碎作业是使物料粒度组成发生变化的单元作业，对于包含粉碎作业的计算单元，必须有粉碎作业排矿的粒度分析数据才能进行相关的粒级质量计算。计算时一般采用从外向内逐步推算的程序，分别从流程给矿端和最终产物端出发，逐段、逐作业地根据已知量计算出流程内部各料流所有的未知量。

按照所用测量数据的多少以及是否考虑数据误差的影响可将流程考查质量平衡计算方法分为基于最少测量数据的方法和基于尽可能多测量数据的方法。

基于最少测量数据的计算方法从一套满足最少测量样品数要求的测量数据出发，在不考虑数据误差的情况下计算其他的料流数据。计算所用的原始数据应是从所有测量数据中选出的可靠性较高的数据，所有未被用作原始数据的测量数据仅作为验证计算结果时的参考。此方法计算量较小，适合于人工计算，是传统的流程计算方法。

基于尽可能多测量数据的计算方法则是以包括冗余数据在内的所有测量数据为原始数据，在考虑测量数据具有随机误差的情况下利用最小二乘法原理根据各料流的粒度组成测量数据求出相关料流理论产率的最优估计值，并对粒度组成的原始测量数据进行满足质量平衡要求的协同调整。此方法计算量较大，一般可利用电子表格进行计算。也可编制专用的计算软件包或利用某些流程模拟软件（如JKSimMet，JKSimFloaat）的质量平衡模块进行计算。近几十年来，随着计算工具的不断发展与普及，此方法在业界也得到越来越多的应用。计算方法及其原理可见5.5.5节：数据协调技术在流程考查计算中的应用。

流程考查结果一般用数质量流程图和矿浆流程图来表示。与流程设计时绘制的数质量/矿浆流程图不同的是，根据流程考查结果绘制的数质量/矿浆流程图反映的是给定作业条件下流程运行的真实状态，而不是根据经验和某些假设作出的关于流程运行效果的预期。就各料流粒度特性而言，数质量流程图通常只包含各料流的某些特征粒度或细度参数，详细的粒度组成信息仍需采用描述粒度分布的图表来完整表达。

5.5.5 数据协调技术在物料平衡计算中的应用

在碎磨流程考查中常常需要根据分级作业给矿及两产物的粒度分析数据计算两产物相对于给矿的产率。理论上可以利用任意一个粒级在给矿及两产物中的含量数据进行此计算，用不同粒级的含量数据进行计算得到的结果应该是一致的。实际上由于测得的粒级含量数据一般都含有随机误差，用不同粒级的含量数据进行理论产率计算会得到不同的结果。因此，这里需要的是寻找一套优化算法，此算法能够在考虑数据误差的前提下充分利用尽可能多的粒度分析测量数据完成两大任务：（1）求出分级产物理论产率的最优估计值；（2）对粒度分析测量数据进行满足质量平衡要求的协同调整。

将双产物分级作业用如图 5-16 中所示符号表示，这里固体颗粒按粒度被分为 n 个粒级，以 A、B 和 C 分别代表给矿、细粒产物和粗粒产物的固体流量，单位为 t/h；a_i、b_i 和 c_i 分别代表给矿、细粒产物和粗粒产物料流中粒级 i 的含量（质量分数）。比值 B/A 和 C/A 分别为细粒产物和粗粒产物相对于分级给矿的产率。根据固体物料整体的质量平衡关系

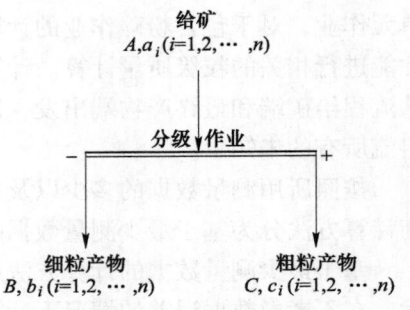

图 5-16　双产物分级作业

$$A = B + C \tag{5-8}$$

和粒级 i 的质量平衡关系

$$A \cdot a_i = B \cdot b_i + C \cdot c_i \tag{5-9}$$

可得细粒产物的产率 γ_B 为

$$\gamma_B = \frac{B}{A} = \frac{a_i - c_i}{b_i - c_i} \tag{5-10}$$

以及粗粒产物的产率 γ_C 为

$$\gamma_C = \frac{C}{A} = \frac{b_i - a_i}{b_i - c_i} = 1 - \gamma_B \tag{5-11}$$

若此分级作业与磨矿或碎矿作业构成粉碎回路，则此回路的返砂比（循环负荷）R 为

$$R = \frac{C}{B} = \frac{\gamma_C}{\gamma_B} = \frac{b_i - a_i}{a_i - c_i} \tag{5-12}$$

上述公式既适用于筛分分级也适用于水力分级。理论上可采用任一粒级颗粒在给矿和两产物中的含量数据由式（5-10）~式（5-12）计算出 γ_B、γ_C 和 R 值。但在实际应用时由于取样、制样及粒度分析等过程受各种因素的影响，流程考查得到的粒级含量实测值不可避免地包含有随机误差，导致用不同粒级的含量数据进行计算会得到不同的结果。对此一般是选定某个粒级作为计算粒级，或是采用选定多个粒级分别计算，剔除个别差异明显的结果后取平均值的方法来处理。对于水力分级，还可通过水量平衡原理根据液固比（或固体浓度）数据进行计算，即有

$$\gamma_B = \frac{B}{A} = \frac{w_A - w_C}{w_B - w_C} \tag{5-13}$$

$$\gamma_C = \frac{C}{A} = \frac{w_B - w_A}{w_B - w_C} = 1 - \gamma_B \tag{5-14}$$

$$R = \frac{C}{B} = \frac{\gamma_C}{\gamma_B} = \frac{w_B - w_A}{w_A - w_C} \tag{5-15}$$

其中，w_A、w_B和w_C分别代表给矿、细粒产物和粗粒产物料流的液固比。然而流程考查获得的各料流固体浓度的测量值也会受到各种因素影响而波动，计算结果不见得比采用粒级含量数据的计算结果更为可靠。

鉴于流程考查得到的各料流粒度分布数据因受各种不可控因素的影响而包含随机误差，单独采用任一粒级的含量数据计算的γ_B、γ_C和R值都难准确。较为合理的做法是根据整套粒度分布数据（而不仅是某个粒级的含量数据）利用某种寻优算法求出一个较为可靠的γ_B值（从而可算出γ_C值和R值），并能在此基础上找出对粒度分布实测数据进行适当调整的方法，使得根据各粒级含量数据由式（5-10）~式（5-12）计算出来的γ_B值对所有的粒级都具有一致性。

将粒级质量平衡关系式（5-9）中的各料流的固体流量用相对于分级给矿的产率来表示并整理，可得

$$a_i - \gamma_B b_i - (1 - \gamma_B)c_i = 0 \tag{5-16}$$

式（5-16）等号左边代表采用各料流的粒级含量数据进行粒级i质量平衡计算时的闭合残差，记为Δ_i，即

$$\Delta_i = a_i - \gamma_B b_i - (1 - \gamma_B)c_i \tag{5-17}$$

此式也可改写为

$$\Delta_i = (a_i - c_i) - \gamma_B(b_i - c_i) \tag{5-18}$$

显然，采用式（5-10）~式（5-12）根据各料流中某个粒级的含量数据计算γ_B、γ_C和R值的默认前提是该粒级质量平衡的闭合残差为零。若各料流的粒度分布数据不存在误差，则所有粒级的质量平衡关系都应满足闭合残差为零这个条件，在这种情况下可用任一粒级的含量数据求得分级产物产率和磨矿回路返砂比的准确值。然而在实际工作中，通过流程考查取样和对各物料的粒度分析获得的各产物粒度分布数据都不可避免地包含随机误差，各粒级的闭合残差一般不为零，导致采用不同粒级的含量数据进行计算会得到不同的结果。对此可利用最小二乘法原理寻找这样一个γ_B值，使得所有粒级的闭合残差的平方和为最小，将满足此条件的γ_B值作为细粒产物产率的最佳估计值。所有粒级的闭合残差平方之和S的表达式为

$$S = \sum_{i=1}^{n} \Delta_i^2 \tag{5-19}$$

将式（5-18）代入此式得

$$S = \sum_{i=1}^{n}(a_i - c_i)^2 + \gamma_B^2 \sum_{i=1}^{n}(b_i - c_i)^2 - 2\gamma_B \sum_{i=1}^{n}(a_i - c_i)(b_i - c_i) \tag{5-20}$$

只要各料流的粒度分布数据存在任何误差，此S值就不为0。无论如何，它在$dS/d\gamma_B = 0$处，也就是当

$$2\gamma_B \sum_{i=1}^{n} (b_i - c_i)^2 - 2\sum_{i=1}^{n} (a_i - c_i)(b_i - c_i) = 0 \qquad (5\text{-}21)$$

时有一个极小值。此处的 γ_B 即为细粒产物产率的最佳估计值，记为 $\hat{\gamma}_B$。由式（5-21）可得

$$\hat{\gamma}_B = \frac{\sum\limits_{i=1}^{n} (a_i - c_i)(b_i - c_i)}{\sum\limits_{i=1}^{n} (b_i - c_i)^2} \qquad (5\text{-}22)$$

这就是根据分级作业给矿、细粒产物和粗粒产物的粒度组成数据计算细粒产物产率最佳估计值 $\hat{\gamma}_B$ 的公式。

求出 $\hat{\gamma}_B$ 后可通过按产物产率分配闭合残差的方法逐粒级调整原始粒度组成数据，使得调整后的数据满足闭合残差为零的要求。设对第 i 粒级在各产物中的原始含量数据 a_i、b_i 和 c_i 的调整量分别为 Δa_i、Δb_i 和 Δc_i，即有

$$(a_i - \Delta a_i) - \hat{\gamma}_B(b_i - \Delta b_i) - (1 - \hat{\gamma}_B)(c_i - \Delta c_i) = 0 \qquad (5\text{-}23)$$

这里闭合残差表达式（5-17）可写成

$$a_i - \hat{\gamma}_B b_i - (1 - \hat{\gamma}_B)c_i = \Delta_i \qquad (5\text{-}24)$$

此式减去式（5-23）得

$$\Delta_i = \Delta a_i - \hat{\gamma}_B \Delta b_i - (1 - \hat{\gamma}_B)\Delta c_i \qquad (5\text{-}25)$$

利用拉格朗日乘数因子法可方便地求出满足式（5-25）关系的使得所有粒级含量调整量的平方之和

$$S_\Delta = \sum_{i=1}^{n} (\Delta a_i^2 + \Delta b_i^2 + \Delta c_i^2) \qquad (5\text{-}26)$$

为最小的粒级含量调整量 Δa_i、Δb_i 和 Δc_i。为此将约束条件式（5-25）表达为

$$\Delta_i - \Delta a_i + \hat{\gamma}_B \Delta b_i + (1 - \hat{\gamma}_B)\Delta c_i = 0 \qquad (5\text{-}27)$$

并定义如下的拉格朗日函数 L

$$L = S_\Delta + 2\sum_{i=1}^{n} \lambda_i [\Delta_i - \Delta a_i + \hat{\gamma}_B \Delta b_i + (1 - \hat{\gamma}_B)\Delta c_i] = 0 \qquad (5\text{-}28)$$

其中，λ_i 为约束条件表达式（5-27）的拉格朗日乘数因子，常数因子 2 是为求解方便而引入。对以式（5-28）表示的无约束函数 L 求极小值，为此将函数 L 分别对各未知量（粒级含量调整量 Δa_i、Δb_i 和 Δc_i 和乘数因子 λ_i）求偏导数并令其等于零。

由 $\partial L / \partial \Delta a_i = 2\Delta a_i - 2\lambda_i = 0$ 得

$$\Delta a_i = \lambda_i \qquad (5\text{-}29)$$

由 $\partial L / \partial \Delta b_i = 2\Delta b_i + 2\lambda_i \hat{\gamma}_B = 0$ 得

$$\Delta b_i = -\lambda_i \hat{\gamma}_B \qquad (5\text{-}30)$$

由 $\partial L/\partial\Delta c_i = 2\Delta c_i + 2\lambda_i(1 - \hat{\gamma}_B) = 0$ 得

$$\Delta c_i = -\lambda_i(1 - \hat{\gamma}_B) \tag{5-31}$$

由 $\partial L/\partial\lambda_i = 2(\Delta_i - \Delta a_i + \hat{\gamma}_B\Delta b_i + (1 - \hat{\gamma}_B)\Delta c_i) = 0$ 并将等式（5-29）~式（5-31）代入此式后整理可得

$$\lambda_i = \frac{\Delta_i}{1 + \hat{\gamma}_B^2 + (1 - \hat{\gamma}_B)^2} \tag{5-32}$$

因此，在利用式（5-22）求出细粒产物产率的最优估计值 $\hat{\gamma}_B$ 之后可由式（5-24）计算各粒级的闭合残差 Δ_i，再由式（5-32）算出乘数因子 λ_i，随后就可根据式（5-29）~式（5-31）求出一套满足各粒级闭合残差均为零要求的粒级含量调整量 Δa_i、Δb_i 和 Δc_i。设调整后分级给矿、细粒产物和粗粒产物中粒级 i 的含量数值分别为 $\hat{a}_i$、$\hat{b}_i$ 和 $\hat{c}_i$，则有

$$\hat{a}_i = a_i - \Delta a_i = a_i - \lambda_i \tag{5-33}$$

$$\hat{b}_i = b_i - \Delta b_i = b_i + \hat{\gamma}_B\lambda_i \tag{5-34}$$

$$\hat{c}_i = c_i - \Delta c_i = c_i + (1 - \hat{\gamma}_B)\lambda_i \tag{5-35}$$

将式（5-33）对所有粒级（$i = 1, 2, \cdots, n$）求和，有

$$\sum_{i=1}^{n} \hat{a}_i = \sum_{i=1}^{n} a_i - \sum_{i=1}^{n} \lambda_i \tag{5-36}$$

将 λ_i 以式（5-32）代入得

$$\sum_{i=1}^{n} \hat{a}_i = \sum_{i=1}^{n} a_i - \frac{1}{1 + \hat{\gamma}_B^2 + (1 - \hat{\gamma}_B)^2} \sum_{i=1}^{n} \Delta_i \tag{5-37}$$

当等号右边第二个和式为 0，即各粒级的闭合残差完全相互抵消时有

$$\sum_{i=1}^{n} \hat{a}_i = \sum_{i=1}^{n} a_i \tag{5-38}$$

类似地，将式（5-34）和式（5-35）对所有粒级求和，在各粒级的闭合残差完全相互抵消时有

$$\sum_{i=1}^{n} \hat{b}_i = \sum_{i=1}^{n} b_i \tag{5-39}$$

和

$$\sum_{i=1}^{n} \hat{c}_i = \sum_{i=1}^{n} c_i \tag{5-40}$$

当各料流粒度分布以窄粒级含量（质量分数）的形式表示时，各粒级的闭合残差一般都能完全相互抵消。因此，只要粒度分布的测量值 a_i、b_i 和 c_i 满足归一化条件（即对所有粒级求和的结果为 1 或者说 100%），则相应的调整值也能满足归一化要求。

　　表 5-9 列出利用上述方法对某旋流器分级作业进行物料平衡与数据调整计算的初始数据和计算结果。计算的初始数据是给矿、细粒产物和粗粒产物中各粒级含量的测定值，即表中的第 2 列、第 4 列和第 6 列数据。根据这些数据求出的细粒产物产率的最优估计值 $\hat{\gamma}_B$ 为 0.351，调整后各料流的粒级含量数据如表中的第 3 列、第 5 列和第 7 列所示。

表 5-9　某水力旋流器给矿和产物料流中各粒级含量数据的测定值与调整值

粒级/mm	给矿		细粒产物（溢流）		粗粒产物（底流）	
	测定值/%	调整值/%	测定值/%	调整值/%	测定值/%	调整值/%
+1.180	0.05	0.06	0.00	0.00	0.10	0.10
−1.180+0.850	0.19	0.15	0.00	0.01	0.21	0.23
−0.850+0.600	0.86	0.65	0.00	0.07	0.83	0.97
−0.600+0.425	4.87	4.46	0.33	0.47	6.36	6.63
−0.425+0.300	7.64	7.18	0.66	0.82	10.32	10.62
−0.300+0.212	7.36	7.00	1.76	1.88	9.54	9.77
−0.212+0.150	7.42	7.16	2.09	2.18	9.70	9.86
−0.150+0.106	8.14	8.62	4.18	4.01	11.42	11.11
−0.106+0.074	10.08	10.99	6.71	6.39	14.08	13.49
−0.074+0.038	20.01	20.63	16.17	15.96	23.57	23.16
−0.038+0.020	13.59	13.93	21.69	21.57	10.01	9.79
−0.020+0.008	6.17	5.33	10.82	11.11	1.64	2.19
−0.008+0	13.64	13.84	35.59	35.52	2.21	2.09
合　计	100.00	100.00	100.00	100.00	100.00	100.00

注：细粒产物产率最佳估计值为 0.351。

　　值得一提的是，此数据调整算法也可直接用于对正累计或负累计粒度分布数据的调整。以上述旋流器分级考查结果为例，当 a_i、b_i 和 c_i 分别代表给矿、细粒产物和粗粒产物的负累计粒度分布的测定值时，调整计算的初始数据和调整结果见表 5-10，求得的细粒产物产率的最优估计值 $\hat{\gamma}_B$ 为 0.333；当 a_i、b_i 和 c_i 分别代表给矿、细粒产物和粗粒产物的正累计粒度分布的测定值时，调整计算的初始数据和调整结果见表 5-11，求得的 $\hat{\gamma}_B$ 值也为 0.333。可以看出，采用累计粒度分布数据进行计算时获得的 $\hat{\gamma}_B$ 值与采用粒级含量数据求得的 $\hat{\gamma}_B$ 值略有不同。此外，若对所有粒级的测定值和调整值分别求和，还可发现此时各产物的测定值之和与调整值之和也有所不同。尽管以累计分布数据表达粒度组成时，各粒级数据的加和已无实际含义，但还是可以从测定值之和与调整值之和的差异推断出此时各粒级的闭合残差未能完全相互抵消。

　　采用粒级含量数据计算与采用累计数据计算的结果存在差异，这表明基于残差最小化原理的质量平衡计算结果不仅取决于所采用的算法，也受到因数据表达方式不同而造成的误差结构差异的影响。一般认为，与采用粒级含量数据进行计算相比，采用累计数据计算的误差会因数据误差的累积而加大，所以，通常倾向于采用粒级含量数据进行计算。

表 5-10 某水力旋流器给矿和产物负累计粒度分布数据的测定值与调整值

粒级/mm	给 矿		细粒产物（溢流）		粗粒产物（底流）	
	测定值/%	调整值/%	测定值/%	调整值/%	测定值/%	调整值/%
+1.180	100.00	100.00	100.00	100.00	100.00	100.00
-1.180+0.850	99.95	99.94	100.00	100.00	99.90	99.90
-0.850+0.600	99.76	99.78	100.00	99.99	99.69	99.68
-0.600+0.425	98.91	99.12	100.00	99.93	98.85	98.71
-0.425+0.300	94.04	94.58	99.67	99.49	92.49	92.13
-0.300+0.212	86.39	87.28	99.01	98.72	82.17	81.58
-0.212+0.150	79.04	80.18	97.25	96.87	72.63	71.86
-0.150+0.106	71.62	72.93	95.16	94.73	62.93	62.06
-0.106+0.074	63.48	64.23	90.98	90.73	51.51	51.01
-0.074+0.038	53.40	53.15	84.27	84.35	37.43	37.60
-0.038+0.020	33.39	32.44	68.10	68.41	13.87	14.50
-0.020+0.008	19.80	18.66	46.41	46.79	3.86	4.63
-0.008+0	13.64	13.43	35.59	35.66	2.21	2.35

注：细粒产物产率最佳估计值为 0.333。

表 5-11 某水力旋流器给矿和产物正累计粒度分布数据的测定值与调整值

粒级/mm	给 矿		细粒产物（溢流）		粗粒产物（底流）	
	测定值/%	调整值/%	测定值/%	调整值/%	测定值/%	调整值/%
+1.180	0.05	0.06	0.00	0.00	0.10	0.10
-1.180+0.850	0.24	0.22	0.00	0.01	0.31	0.32
-0.850+0.600	1.09	0.88	0.00	0.07	1.15	1.29
-0.600+0.425	5.96	5.42	0.33	0.51	7.51	7.87
-0.425+0.300	13.61	12.72	0.99	1.28	17.83	18.42
-0.300+0.212	20.96	19.82	2.75	3.13	27.37	28.14
-0.212+0.150	28.38	27.07	4.84	5.27	37.07	37.94
-0.150+0.106	36.52	35.77	9.02	9.27	48.49	48.99
-0.106+0.074	46.60	46.85	15.73	15.65	62.57	62.40
-0.074+0.038	66.61	67.56	31.90	31.59	86.13	85.50
-0.038+0.020	80.20	81.34	53.59	53.21	96.14	95.37
-0.020+0.008	86.36	86.57	64.41	64.34	97.79	97.65
-0.008+0	100.00	100.00	100.00	100.00	100.00	100.00

注：细粒产物产率最佳估计值为 0.333。

　　以上讨论以单个分级作业的数据处理为例，说明了如何利用最小二乘法寻优算法根据各料流粒度分布的测量数据计算产物产率的最优估计值，并对粒度分布数据进行满足质量平衡一致性的调整。实际上，此方法原理不仅适用于单个分级作业，也适用于由粉碎与分级作业构成的一个作业段或整个流程。碎磨流程的结构形式多种多样，流程考查时取样点的选择也不尽相同，这导致寻优时作为目标函数的各粒级闭合残差平方和表达式以及拉格朗日函数表达式的不同，因此，根据此方法原理推导的具体计算公式也会有所不同。对于一些常见的磨矿分级流程，利用此方法原理推导出的数据协调计算公式及其应用范例可参阅《选矿设计手册》的有关章节。

　　在上述分析与推导中，最小二乘法寻优以各粒级闭合残差的平方和为目标函数来寻找理论产率的最优估计值，并以各数据调整量的平方和为目标函数来构建用于求解各测量数据调整值的拉格朗日函数。此算法比较适合于各粒级含量测量数据具有相同的测量精度，或者说所有的粒级含量测量数据具有相同绝对误差的情况。实际上更有可能的是，每个测量值的绝对误差与测量值本身成比例，即相对误差为常数。对于多粒级筛析数据来说每个粒级可能会有不同的相对误差，此误差也可能与测量值大小有关。无论如何，较为合适的做法应该是根据测量数据的误差大小来确定它对寻优计算结果的影响程度。为此，可以在最小二乘法寻优时对目标函数及拉格朗日函数中的各平方项引入不同的权重因子来表达数据误差大小的影响，使得测量误差小的数据对计算结果的影响大一些，测量误差大的数据对计算结果的影响小一些。测量值的方差是表示测量精度的一个指标，通常可将测量值方差的倒数作为权重因子。若粒级含量的测量精度与物料种类无关，仅随粒级不同而异，则计算分级作业细粒产物理论产率最佳估计值的式（5-22）变为

$$\hat{\gamma}_B = \frac{\sum_{i=1}^{n} \frac{(a_i - c_i)(b_i - c_i)}{\sigma_i^2}}{\sum_{i=1}^{n} \frac{(b_i - c_i)^2}{\sigma_i^2}} \quad (5-41)$$

式中，σ_i^2 为第 i 粒级测量值的方差，或者说 σ_i 是第 i 粒级测量值的标准差；在此基础上调整测量数据所用的计算式（5-33）~式（5-35）保持不变。

　　基于冗余数据与质量平衡原理的数据协调技术已在流程考查计算中得到广泛应用。有一种观念认为数据协调技术可用来修理不良数据，其实不然。质量平衡计算本身并不能改变测量数据的优劣。尽管如此，数据协调技术还是可帮助评估测量数据的质量，辨识不良数据，进而有针对性地通过改进测量技术来改善数据质量。

5.6 粉碎效果与效率的评价指标

评价粉碎效果的工艺指标主要是物料处理量和产物细度。对于选矿厂粉碎工艺流程，粉碎效果的评价指标还应包括产物中目标矿物的单体解离度。将粉碎效果与取得此效果的作业条件（如能量消耗、介质消耗、给矿粒度、磨矿机容积等）联系起来，还可得到一些用于评价粉碎效率的指标。常用的粉碎效率指标有粉碎比能耗、粉碎能量效率、粉碎介质消耗、粉碎技术效率、磨矿机的利用系数及指定粒级利用系数等。

物料处理量是表示粉碎效果的数量指标。这里需要注意区分粉碎作业段处理量与粉碎作业处理量。粉碎作业段处理量指的是该作业段单位时间所处理的物料量，单位为 t/h。对于开路粉碎，粉碎作业处理量等于作业段处理量；对于闭路粉碎，由于粉碎—分级回路内部有粗粒物料返回，粉碎作业处理量大于作业段处理量。

产物细度是表达粉碎效果的质量指标。这里同样需要区分粉碎作业段产物与粉碎作业产物。对于开路粉碎，粉碎作业段产物等同于粉碎作业产物；对于闭路粉碎，粉碎产物通常指粉碎作业段产物，也就是粉碎—分级回路的产物，其细度要高于粉碎作业产物。尽管物料细度信息一般需要用一套粒度分布数据才能详细表达，选矿工艺上通常采用粒度分布曲线上的一些特殊点作为表征物料细度的指标。常用的粉碎产物细度指标有：产物最大粒度，产物中粒度小于某个指定尺寸的物料含量（如 %-0.074 mm 表示法，表示粒度小于 0.074 mm 的物料所占的百分比），使产物中指定比例的物料透筛通过的筛孔尺寸（如 P_{80} 粒度，表示使80%物料透筛通过的筛孔尺寸）。碎矿产物细度通常用产物最大粒度表示；磨矿产物细度（简称磨矿细度）大多用粒度小于 0.074 mm 物料的含量表示。

矿石中目标矿物的充分解离是实现矿物分离的基本条件。粉碎产物中目标矿物的解离程度直接影响后续选别作业效果。选矿工艺上一般以单体解离度作为评价矿物解离程度的指标。矿石物料中某种矿物的单体解离度定义为物料中以单体颗粒形式存在的该矿物的量占该矿物总量的百分比。粉碎产物中目标矿物的单体解离度主要由该矿物在矿石中的嵌布粒度和粉碎产物细度决定。选矿厂处理的矿石绝大多数需要经过磨矿作业才能实现目标矿物的充分解离。一般来说对于给定的矿石，磨矿细度越高，目标矿物的单体解离度越高，分选效果越好。但若出现有较多的目标矿物被过度粉碎而落入难选的微细粒级的情况，此时磨矿细度及单体解离度的提高也会给分选效果带来不利的影响。

固体物料的粉碎过程是个能量消耗过程。通常采用处理单位质量物料所需的能耗（kW·h/t）或者是单位能耗可处理的物料量（t/(kW·h)），作为评价一个粉碎过程能量效率的指标。这两个指标互为倒数，可根据过程处理量（t/h），和所消耗的功率（kW）算出。所考察的粉碎过程可以是一个粉碎单元作业、一个粉碎作业段或者是整个碎磨流程。处理单位质量物料所需的能耗简称单位处理量能耗或比能耗。若关注的重点是产出某指定粒级的能量效率，还可用指定粒级的产出量代替所处理的物料量，得到产出单位质量指定粒级所需的能耗，或者单位能耗可产出的指定粒级量。

除了能量消耗外，矿石粉碎的另一大耗费来自钢铁消耗，包括设备衬板磨损和磨矿介质消耗，其中磨矿介质消耗占比较大。选矿厂通常将磨矿介质消耗列为生产成本考核的重要内容之一。磨矿介质的消耗指标通常用处理单位质量物料所消耗的介质量（kg/t）来表示，也可以用单位粉碎能耗所对应的介质消耗量（kg/kW·h）来表示。

粉碎技术效率则是根据粉碎前后物料中合格粒级与不合格粒级含量的变化来评价粉碎效率。若将粒度小于某个粒度上限的物料视为合格粒级、粉碎给矿和产物中合格粒级的含量分别为 α 和 β，则粉碎给矿和产物中不合格粒级的含量分别为 $1-\alpha$ 和 $1-\beta$，粉碎导致的合格粒级含量的增量为 $\beta-\alpha$（图 5-17）。粉碎技术效率 E_T 定义为新产生的合格粒级量与给矿中不合格粒级量的比值，即

$$E_T = \frac{\beta - \alpha}{1 - \alpha} \qquad\qquad (5\text{-}42)$$

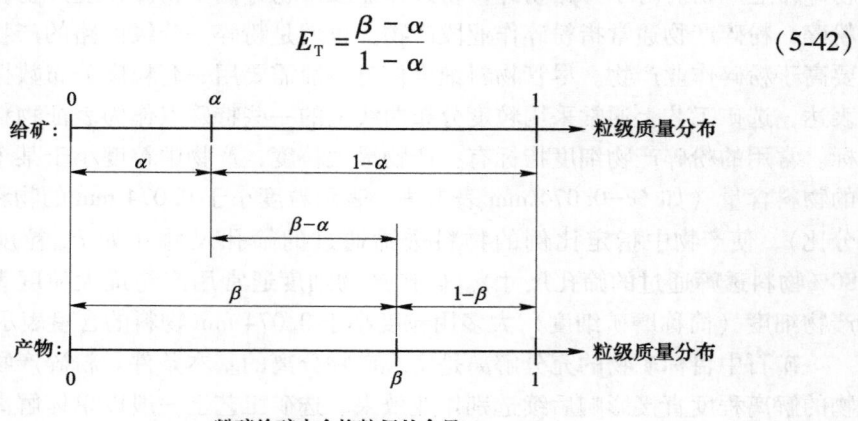

α：粉碎给矿中合格粒级的含量；
β：粉碎产物中合格粒级的含量；
β-α：粉碎导致的合格粒级含量的增量；
1-α：粉碎给矿中不合格粒级的含量
粉碎技术效率=(β-α)/(1-α)

图 5-17　粉碎技术效率的定义

式（5-42）适用于无须考虑过粉碎问题的破碎作业。对于需要考虑过粉碎现象的磨矿作业，合格粒级应该是指那些粒度既不大于某个上限值又不小于某个下限值的物料。此时，粉碎技术效率可定义为粒度小于该上限值物料的生成效率减去粒度小于该下限值物料的生成效率。若粉碎给矿和产物中粒度小于该上限值物

料的含量分别为 α_1 和 β_1，粒度小于该下限值物料的含量分别为 α_2 和 β_2，则粉碎技术效率 E_T 为

$$E_T = \frac{\beta_1 - \alpha_1}{1 - \alpha_1} - \frac{\beta_2 - \alpha_2}{1 - \alpha_2} \tag{5-43}$$

采用此指标评价磨矿效果时应根据具体矿石性质和后续选别工艺合理确定合格粒级的粒度范围。

磨矿机的生产能力与磨矿机容积有关。磨矿机利用系数表示磨矿机单位时间、单位有效容积处理的矿石物料量，也称单位容积处理量，单位为 $t/(m^3 \cdot h)$。选矿厂设计上采用容积法进行磨矿机选型时更为关注的是磨矿作业单位时间、单位有效容积新产出的合格粒级量（通常以 $-0.074\ mm$ 粒级作为合格粒级）。按新产生合格粒级量计算的磨矿机利用系数也称单位容积生产率，其计算为

$$q_V = \frac{Q(\beta - \alpha)}{V} \tag{5-44}$$

式中 q_V——按新产生合格粒级量计算的磨矿机利用系数，$t/(m^3 \cdot h)$；

Q——磨矿作业段的处理量，t/h；

β——作业段产物中合格粒级的含量（质量分数）；

α——作业段给矿中合格粒级的含量（质量分数）；

V——磨矿机有效容积，m^3。

此指标常用于球磨机及棒磨机的选型计算（容积法），也可用于比较不同规格磨矿机在不同作业条件下的生产效率。

粉碎设备作业率指粉碎设备工作总时数占规定时段内日历总时数的比例。磨矿机的作业率影响选矿厂整体作业率，是反映选矿厂生产运营及技术管理水平的重要指标之一。工业生产上一般逐月计算磨矿机作业率，全年则按月平均。一般要求磨矿机年作业率不低于90%。

6 粉碎数学模型入门

数学模型是人们对客观事物或过程中某些属性或变量的关系所作的数学抽象。广义地说，对粉碎流程中各种工艺指标随操作变量变化关系的数学描述都可纳入粉碎数学模型的范畴，尽管有时此模型本身并不涉及对物料粒度变化的定量描述，例如，针对磨矿回路运行时某些目标变量与操作条件及各种影响因素的关系所建立起来的模型。但一般而言，粉碎数学模型特指对被碎物料粒度（分布）变化的数学描述，这也是本章讨论的主要内容。

6.1 早期的粉碎能耗模型

早期各种关于粉碎程度与能耗关系的公式，可视为粉碎数学模型的初级形式。在业界为人熟知的这类模型包括：根据雷廷格（Rittinger）假说建立起来的经验公式、从基克（Kick）假说出发建立的经验公式和邦德（Bond）经验公式。

雷廷格于 1867 年提出了粉碎能耗与新生的固体表面积成正比的假说。这个纯属直觉的假说起初是针对单颗粒粉碎的情况提出的。后来人们把它称为雷廷格理论，并将它应用到工业粉碎的情况。若用 x_1 与 x_2 分别表示粉碎前与粉碎后物料的粒度，则粉碎单位质量物料所消耗的能量 E 可表达为

$$E = C_R \left(\frac{1}{x_2} - \frac{1}{x_1} \right) \tag{6-1}$$

其中，C_R 为一个与物料有关的比例常数。对这个假说的直观解释是粉碎过程消耗的能量转化为新生固体表面的表面能，粉碎程度越高，新生表面积越大，能耗也越大。但是，实际粉碎的一个基本的事实是新生表面的表面能只占粉碎能耗的 1%都不到。所以，这个解释是牵强附会的，并未反映粉碎时能量转换的真实过程。

1885 年，基克在假定粉碎前后的颗粒几何相似及碎裂面几何相似的前提下提出了粉碎能耗与被碎颗粒体积成正比的假说。这个假说起初也是针对单颗粒粉碎而言，后来人们把它称为基克理论，并将它用于工业粉碎过程。根据这个假说，粉碎单位质量物料的能耗 E 与粉碎前后颗粒尺寸 x_1 与 x_2 的关系为

$$E = C_K \ln \frac{x_2}{x_1} \tag{6-2}$$

其中，C_K 为与物料有关的比例常数。这个假说有较为明确的物理意义，它考虑了颗粒受载时与颗粒体积成正比的应变能。只有当外界载荷导致的固体内部的应变能积聚到一定程度时，碎裂才会发生。但是，这个理论把物料视为性质均匀的弹性体，是不合实际的。根据基克理论，粉碎能耗只取决于粉碎比（x_2/x_1），而与颗粒尺寸本身的大小无关，换句话说，只要有能量供应，粉碎即可无限地进行下去。实际的现象却是，颗粒尺寸越小越难于粉碎，而且，各种物料都有它的可被粉碎的粒度下限。

需要指出的是，式（6-1）、式（6-2）最初都来自针对单颗粒粉碎情况作出的一种理论假说。当它们被用于描述实际粉碎过程时，式（6-1）与式（6-2）实际上就转化为一种经验公式了。这时，比例常数 C_R 和 C_K 不仅取决于物料，还与设备及其作业条件有关。此外粒度 x_1 与 x_2 的取值也需要明确定义，因为，即使被碎颗粒的粒度是单一的，粉碎后生成的碎块也会有一定的粒度分布。通常的作法是，用 x_1 与 x_2 分别代表粉碎前与粉碎后物料粒度分布的某个特征值，例如某种平均值或者是使一定比例物料透筛通过的筛孔尺寸等。

1950 年代初，邦德发表了他的第三粉碎理论。鉴于雷廷格理论在实用上对生成细粒的磨矿过程拟合较好，而基克理论则较适用于粗粒破碎过程，邦德为了描述磨矿时颗粒粒度的变化与磨矿能耗的关系对两者作了折衷，提出的关系式为

$$E = C_B\left(\frac{1}{\sqrt{x_2}} - \frac{1}{\sqrt{x_1}}\right) \tag{6-3}$$

其中，C_B 是一个与物料、设备类型及其作业条件有关的比例常数。为了便于实用，他把粒度 x_1 与 x_2 分别规定为使给矿与产物中 80%物料透筛通过的筛孔尺寸，以微米为单位，分别记为 F 与 P。这样，式（6-3）可写成

$$E = W_i\left(\frac{10}{\sqrt{P}} - \frac{10}{\sqrt{F}}\right) \tag{6-4}$$

其中，W_i 为邦德功指数，是物料抗粉碎能力的一个度量指标，它的含义为将单位质量的物料从理论上无限大的粒度粉碎到粒度为 100 μm 所需的能耗。

上述能耗模型的特点是形式简单。仅采用一个与物料有关的拟合参数，就可以定量描述特定设备在一定工作条件下的能耗与粉碎前后物料粒度大小变化的关系。尤其是邦德公式，它已在预测粉碎设备功耗上得到广泛应用。这些简单模型的局限性也在于仅用一个特征粒度来表达物料整体的粗细程度。一般说来，工业粉碎的给料和产物都是由许多颗粒组成的具有一定粒度分布的颗粒群。这个粒度分布往往无法仅用一个特征参数来全面地描述。用于逼近描述粒度分布的数学函数至少应包含两个参数：一个表达该分布的位置（特征粒度参数），另一个表达该分布的分散程度（分布宽度参数）。业界用得较多的表达颗粒群粒度分布的解析函数主要有两个：一个是以幂函数为形式的 GGS 分布（见 2.4.1 节），另一个

是以指数函数为形式的 RRSB 分布（见 2.4.2 节）。此外，对数正态分布函数（见 2.4.3 节）也是常用的逼近函数。将上述能耗模型与表达粒度分布的数学函数相结合，就可计算给定物料在给定能耗条件下可获得的粉碎产物粒度分布。

1937 年瓦尔克（Walker）等人提出了一个描述粉碎与能耗变化关系的微分表达式

$$dE = - C \frac{dx}{x^n} \tag{6-5}$$

其中，E 和 x 的含义同前，C 和 n 为常数，因为，单颗粒的粉碎不是一个连续的过程，所以此式只适用于描述由许多颗粒组成的物料的粉碎。应用这个表达式时，首先需要对粒度 x 作出约定，例如，代表物料的某种平均粒度或者是使一定比例的物料透筛通过的筛孔尺寸。对式（6-5）的解释为：dE 是使物料粒度由 x 减小到 $x-dx$ 所需的能耗增量。当式中的 n 值为 2 与 1 时，可通过对它积分在形式上推导出式（6-1）与式（6-2）。所以，有人将式（6-5）称为粉碎理论的一般公式并指出雷廷格理论与基克理论只是它的特例而已。实际上，这样的推论是不太适当的，因为雷廷格假说与基克假说本来只是针对单颗粒粉碎作出的，而单粒粉碎事件并不适合于用微分式来描述。只有将式（6-1）与式（6-2）视为表达由许多颗粒组成的颗粒群物料粒度变化的经验公式时，才能将式（6-1）与式（6-2）视为式（6-5）的特例。在这个意义上邦德的经验公式的确是可以由式（6-5）在 $n=3/2$ 的情况下推导出。曾有不少研究者从式（6-5）出发讨论粉碎过程的能耗，既有偏重数学推导也有对实际数据进行拟合研究的。这里值得提及的是胡基（Hukki）对式（6-5）的扩展。在考虑颗粒粒度对粉碎效果的影响时，他将式（6-5）中的常数 n 改为是随着粒度而变的函数 $f(x)$，即

$$dE = - C \frac{dx}{x^{f(x)}} \tag{6-6}$$

在此基础上莫雷尔（Morrell）于 2004 年对邦德比能耗计算式（6-4）进行了改造，提出一个可用于包括自磨/半自磨磨矿在内的整个碎磨粒度范围的粉碎比能耗 E 计算公式

$$E = M_i \times 4(x_2^{f(x_2)} - x_1^{f(x_1)}) \tag{6-7}$$

其中，M_i 为莫雷尔功指数，是物料抗粉碎能力的一个度量指标，其值随碎磨阶段的不同而异；x_1 与 x_2 分别为使给矿与产物中 80% 物料透筛通过的筛孔尺寸，以微米为单位；随粒度而变的函数 $f(x)$ 为

$$f(x) = - (0.295 + x/1000000) \tag{6-8}$$

利用莫雷尔能耗模型可计算碎磨流程各阶段所需的粉碎比能耗。此模型计算所需的不同阶段的莫雷尔功指数 M_i 值可由 SMC 试验及邦德球磨功指数试验结果求出（参见第 7 章有关内容）。

　　总而言之，上述几个曾被称为"粉碎理论"的关系式本质上只有经验公式的意义，或者说可将它们视为表达粉碎效果与能耗关系的简单数学模型。在很多情况下探讨哪一个理论是否适用于哪个具体的粉碎过程实际上只相当于讨论该公式对特定粉碎作业数据拟合效果的好坏，并无探讨粉碎机理与实质的内涵。雷廷格、基克和邦德公式的特点在于采用仅含一个参数的模型来定量描述粉碎设备在给定工作条件下的作业效果。这对许多实用场合来说是可行和方便的。众所周知，邦德公式为球磨及棒磨磨矿流程设计及设备选型提供了一种计算所需能耗的有效方法。瓦尔克公式有两个待定参数，若用胡基公式，参数个数会更多。一般来说，经验公式中待定参数越多，拟合程度会越好，但参数本身的物理意义就越不明显，而且确定参数的难度增加。所以，在保证拟合效果前提下一般倾向于尽量采用参数较少的模型。有时同一套数据可用不止一个经验方程来拟合，在实用中采用哪个经验公式往往视需要和方便而定。粉碎数学模型的发展（尤其是现象学模型的应用）标志着人们对粉碎过程的定量描述越来越深入和精细。研究表明，从后面将要讨论的总量平衡模型出发，在碎裂函数（即碎块粒度分布函数）具有相似性的前提下，只要对粉碎速率函数与磨机功耗的相关关系作一定的假设，就可以从磨矿动力学方程推导出瓦尔克公式，从而也可以推导出雷廷格、基克和邦德经验公式。

6.2　磨矿动力学模型

　　粉碎过程中被碎物料颗粒受到外界载荷作用发生碎裂，生成一系列尺寸更小的碎块。这些碎块可以继续受载而进一步碎裂。可将这个过程看作是一个多步骤的质量分配传递过程，粉碎使物料的质量由大尺寸粒级向一系列小尺寸粒级转移。虽然就单个颗粒而言，碎裂带来的物料粒度的变化是不连续的，但在工业应用中除了大块物料的破碎以外，物料系统中颗粒的总数以及碎裂事件的数目往往非常之大，以致可以在整体上把粉碎过程中物料粒度随时间的变化视为一个连续的过程，从而可以用微分方程来描述这个过程。

　　球磨机批次磨矿（也称分批磨矿或间歇式磨矿）过程中被磨物料粒度分布随时间的变化数学描述是磨矿动力学模型研究的主要内容。20 世纪 50 年代初开始，人们借用化学反应动力学的方法来描述固体物料在球磨机中的粉碎过程。若用 $R = R(x, t)$ 表示 t 时刻球磨机内物料中粒度大于 x 的那些颗粒所占的质量分数（以下简称不合格粒级含量），则磨矿动力学方程可写为

$$\frac{\mathrm{d}R}{\mathrm{d}t} = -KR^n \tag{6-9}$$

其中，K 为"磨矿反应"的速率常数，表达反应的快慢程度；n 为反应级数。这

里的"磨矿反应"特指粒度大于 x 的颗粒受到粉碎成为粒度小于 x 的颗粒。一般说来,速率常数至少应该是粒度 x 的函数,即 $K = K(x)$。研究表明,K 值还与磨机的作业条件有关。早期研究也关注过反应级数问题,将不同情况下(即 $n=0$,1,2 时)磨矿速率(不合格粒级物料的减少速率)与被磨物料中不合格粒级含量的变化关系称为零级、一级和二级磨矿动力学。其中一级磨矿动力学也称线性磨矿动力学,是用得最多的动力学模型。当 $n=1$ 时,式(6-9)成为

$$\frac{\mathrm{d}R}{\mathrm{d}t} = -KR \tag{6-10}$$

用分离变量后积分的方法求解此式,并将初始条件 $t=0$ 时 $R=R_0$ 代入,可得

$$R = R_0 \mathrm{e}^{-Kt} \tag{6-11}$$

其中,R_0 为磨矿开始时刻球磨机内物料中粗颗粒(粒度大于 x 的颗粒)物料的含量。

当 $R_0 = 100\%$ 时,不同 K 值的一级磨矿动力学方程式(6-11)所表示的被磨物料中不合格粒级的含量 R 与磨矿时间 t 的关系曲线,如图6-1所示。显然,符合一级磨矿动力学的 R-t 关系数据点在 t 轴为线性、R 轴为对数的半对数坐标图中会排成一条直线,其负斜率为 K。实际应用时通过在半对数坐标图中对一系列实测的 R-t 关系数据进行描点作图,从各数据点的排列走向可判断一级磨矿动力学方程是否适用于拟合该系列的 R-t 关系数据,并可由拟合直线的斜率确定磨矿速率常数 K 值。

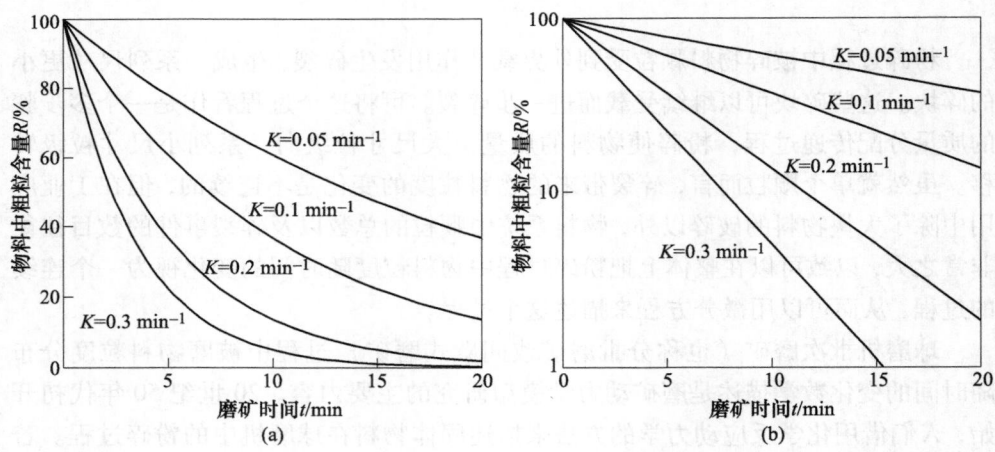

图6-1　不同 K 值的一级磨矿动力学方程所表示的 R-t 关系曲线($R_0 = 100\%$时)
(a)线性坐标图中;(b)半对数坐标图中

　　为了改善对 R-t 关系实测数据的拟合效果和模型的适用范围,可采用在一级磨矿动力学方程式中引入一个新参数 m 的方法,以

$$R = R_0 e^{-Kt^m} \tag{6-12}$$

代替式（6-11）来表示 R-t 关系，此时，式（6-11）可视为式（6-12）在 $m = 1$ 时的特例。将式（6-12）对磨矿时间 t 求导得

$$\frac{\mathrm{d}R}{\mathrm{d}t} = R_0 e^{-Kt^m}(-Kmt^{m-1}) = -Kmt^{m-1}R \tag{6-13}$$

可以看出，这里的与微分表达式（6-10）中的速率参数 K 相当的比例系数项为 Kmt^{m-1}，它不仅取决于 K 值与 m 值，还与磨矿时间 t 有关。显然，此关系式在 $m \neq 1$ 时不符合一级磨矿动力学：尽管式（6-13）在形式上仍然符合磨机内不合格粒级含量的减少率与磨机内不合格粒级含量的一次方成比例的假设，但这个比例系数是磨矿时间的函数。

　　研究表明，批次磨矿时的 R-t 关系通常只在磨矿时间较短的情况下符合一级反应规律。磨矿时间越长，对一级反应的偏离越大。导致这种偏离的原因在于磨机内物料的粒度组成变化而引起各粒级颗粒受载条件的变化。对这种偏离有两种能改善模型拟合效果的处理方法：一是保持速率常数 K 不变，引入第二个参数，即取值不为 1 的反应级数；二是将速率常数作为随时间而变化的变量来处理而保持 $n = 1$ 不变。两种方法往往都能取得同样的数据拟合效果。这里需要注意的一点是磨矿动力学与化学反应动力学在本质上的不同：后者的反应级数有明确的物理意义，可由某种确定的反应机理推导出。而"磨矿反应"（即颗粒碎裂所伴随的质量传递过程）一般不能用一个确定的机理来描述，因为不同粒级的颗粒，甚至相同粒级的不同颗粒，所受的载荷可以很不相同，颗粒碎裂的形式与结果也不同。磨矿动力学方程式（6-9）中的级数 n 若不是人为选定，则本质上只是由对实测数据进行拟合而得到的一种拟合参数。与浮选动力学方程中的级数类似，它是对由许多性质不同的颗粒组成的系统之宏观行为进行统计描述时的一个参数，尽管可以对之赋予某种意义并进行一定程度的物理意义上的解释。所以，后来人们逐渐不再着重于对级数的研究与讨论，较多地采用第二种处理方法，即采用一个随时间而变化的速率常数 $K = K(t)$ 来处理对线性反应的偏离。与下面将要讨论的总量平衡模型相比，这种以被磨物料中不合格粒级的含量为考察对象的磨矿动力学模型虽然起步稍早，但使用的人相对较少。其实这种模型也有它的特点与长处，有时用它处理与分析问题还是很方便的。实际应用中还可根据需要以与磨矿时间有关的其他变量代替时间变量进行磨矿动力学分析。例如，利用磨矿能耗与磨矿时间成正比的关系考察磨矿能耗的影响，利用设备生产能力与磨矿时间成反比的关系考察生产能力的影响。

6.3　总量平衡模型

　　前述的磨矿动力学模型在建模时将物料颗粒按其粒度是否小于指定尺寸分为

"合格颗粒"与"不合格颗粒"两个粒级，在此基础上考察物料中不合格粒级（或合格粒级）的含量随磨矿进程的变化。此模型的缺点之一在于未能详细表达物料粒度分布的变化。实际上，固体颗粒碎裂生成的碎块有大有小，被碎的不合格颗粒一般也呈现一定的粒度分布。一个较为精细的粉碎模型应该能够由粉碎给矿的粒度分布以及与物料特性和作业条件有关的模型参数计算粉碎产物的粒度分布。基于总量平衡原理建立的各种粉碎数学模型就能满足这个要求。本节从粒度离散化、不含时间变量的粉碎模型出发介绍表达粉碎作用导致固体质量在粒级间的转移与平衡的总量平衡模型（Population Balance Model，PBM）。

6.3.1 不含时间变量的总量平衡模型

粒度离散化、不含时间变量的总量平衡模型建模的基本思路为：（1）粒度的离散化处理，将物料颗粒按照其粒度大小划分为多个粒级；（2）用选择函数与碎裂函数来定量表达粉碎作用导致固体质量在粒级之间的传递转移，选择函数（selection function）表示某粒级物料中受粉碎作用而离开该粒级部分（即进入所有更细粒级的碎块）所占的质量分数，也称碎裂分数或碎裂概率，碎裂函数（breakage function）则是这部分碎块的粒度分布函数；（3）各粒级物料的质量平衡。粉碎产物中某个粒级的含量来自给矿中该粒级经过粉碎作用后依然留在该粒级中的那部分物料量以及所有更粗粒级被碎后进入该粒级的量。

建模时将物料颗粒按照尺寸大小划分为 n 个粒级，以 f_i 与 $p_i (i=1, 2, \cdots, n)$ 分别表示给矿与产物中第 i 粒级的含量（质量分数）。这里对各粒级用下标编号进行标记，粉碎建模上通常采用从粗粒端开始的标记方法，粒级越细下标值越大：即粒级 1 为最粗粒级，粒级 2 为次粗粒级，$\cdots$，粒级 n 为最细粒级。在粉碎数学建模中，一般是按固定的筛比进行粒级划分，使得各粒级的粒度上下限的比值相同（兜底的最细粒级 n 除外）。给矿经受粉碎作用后，除粒级 n 外的各粒级物料中都有一部分仍留在该粒级中，其余部分成为碎块进入更细的其他粒级（图 6-2）；最细的粒级 n 因其粒度下限为 0，所以该粒级物料受粉碎作用后仍留在该粒级中。从产物的粒度组成角度看，产物中各粒级的含量源自受粉碎作用后依然留在该粒级中的那部分物料量以及所有更粗粒级被碎后进入该粒级的物料量；其中粒级 1（最粗粒级）的含量全部来自该粒级的残留，不存在来自更粗粒级的贡献。

一般地，若以 S_i 表示粒级 i 的选择函数，其定义为粒级 i 物料被碎后离开该粒级的部分占该粒级的质量分数；并以 $b_{i,j}$ 表示粒级之间的质量传递系数，其定义为粒级 j 物料被碎后离开该粒级的那部分物料中进入粒级 i 的质量分数，则根据质量平衡原理有

$$p_i = (1 - S_i)f_i + \sum_{j=1}^{i-1} b_{i,j} S_j f_j \qquad (i = 1, 2, \cdots, n) \tag{6-14}$$

此等式的涵义是，产物中粒级 i 的含量 p_i 来自给矿中该粒级物料经粉碎作用后仍然留在该粒级中的那部分的量 $(1-S_i)f_i$ 和所有更粗的粒级被碎后进入粒级 i 的量 $\sum_{j=1}^{i-1}b_{i,j}S_jf_j$。这就是粒度离散化、不含时间变量的总量平衡模型的一般表达式。式（6-14）适用于计算所有 $i\neq1$ 时的 p_i；对于 $i=1$（最粗粒级），因不存在来自更粗粒级的贡献，此式简化为 $p_1=(1-S_1)f_1$。

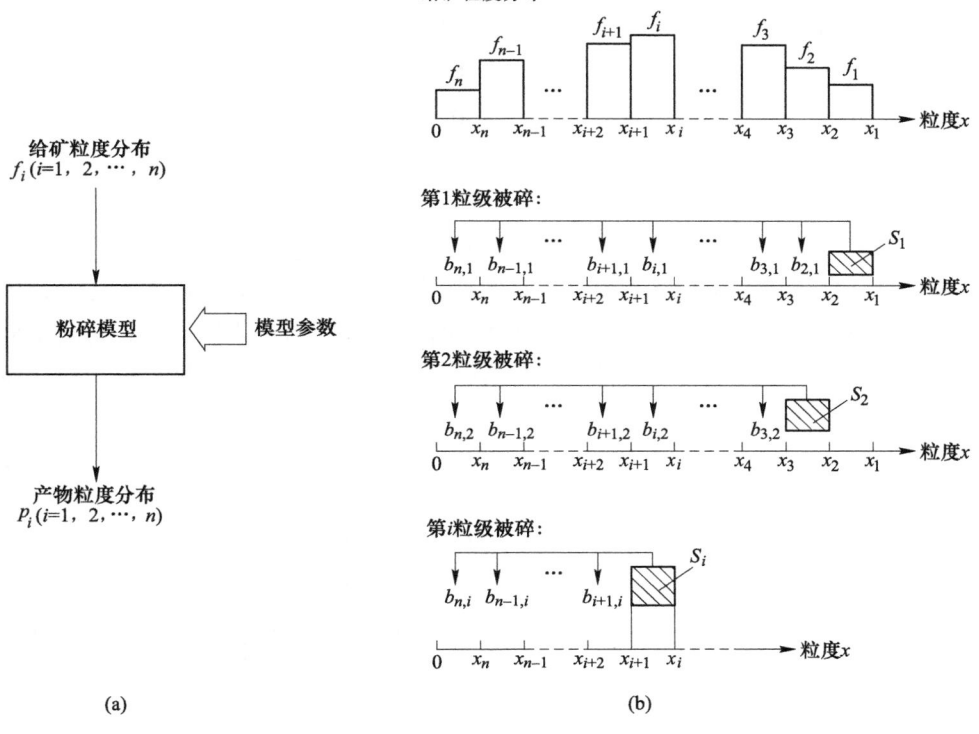

(a)　　　　　　　　　　　　　　(b)

图 6-2　粒度离散化、不含时间变量的总量平衡模型

（a）模型示意；（b）模型参数含义图示

　　模型中的粒级质量传递系数 $b_{i,j}$ 可由第 j 粒级的碎裂函数（即第 j 粒级被碎后碎块的粒度分布函数）在第 i 粒级的粒度上下限处的取值之差算得

$$b_{i,j}=B_{i,j}-B_{i+1,j}\qquad(i=j+1,\cdots,n)\qquad(6-15)$$

其中，$B_{i,j}$ 表示第 j 粒级的碎裂函数在第 i 粒级粒度上限处的取值；$B_{i+1,j}$ 表示第 j 粒级的碎裂函数在第 i 粒级的粒度下限处（也就是第 $i+1$ 粒级的粒度上限处）的取值。以小写字母 b 表示的粒级质量传递系数 $b_{i,j}$ 通常也被称为碎裂函数，不难看出，它与以大写字母 B 表示的碎矿粒度分布函数的关系是粒级产率与负累计产率的关系。

上述粒度离散化、不含时间变量的总量平衡模型也可用矩阵方程进行简洁的表达。为此将给矿和产品的粒度组成分别用一个列矩阵（即 $n \times 1$ 矩阵）来表示

$$\boldsymbol{f} = [f_1 f_2 \cdots f_n]^T$$

$$\boldsymbol{p} = [p_1 p_2 \cdots p_n]^T$$

其中右上角的 T 表示矩阵转置，元素 f_i 和 p_i 分别为给矿和产物中第 i 粒级（$i=1$，2，$\cdots$，n）所占的质量分数且满足 $\sum_{i=1}^{n} f_i = 1$ 和 $\sum_{i=1}^{n} p_i = 1$。若不考虑粉碎过程中可能存在的颗粒团聚行为，可以用一个 $n \times n$ 的下三角矩阵 $\boldsymbol{M}$

$$\boldsymbol{M} = \begin{bmatrix} m_{1,1} & 0 & 0 & \cdots & 0 \\ m_{2,1} & m_{2,2} & 0 & \cdots & 0 \\ m_{3,1} & m_{3,2} & m_{3,3} & \cdots & \vdots \\ \vdots & \vdots & \vdots & \ddots & 0 \\ m_{n,1} & m_{n,2} & m_{n,3} & \cdots & m_{n,n} \end{bmatrix}$$

来综合表达固体质量在粒级之间的传递转移与平衡，这里称之为粉碎矩阵。粉碎矩阵的元素 $m_{i,j}$ 表示粉碎作用导致给矿中的第 j 粒级物料进入第 i 粒级的质量分数。显然，粉碎矩阵的每一列都应满足所有元素之和为 1 这个条件。采用粉碎矩阵，总量平衡模型式（6-14）可表示为

$$\boldsymbol{p} = \boldsymbol{Mf} \qquad (6\text{-}16)$$

也就是

$$\begin{bmatrix} p_1 \\ p_2 \\ p_3 \\ \vdots \\ p_n \end{bmatrix} = \begin{bmatrix} m_{1,1} & 0 & 0 & \cdots & 0 \\ m_{2,1} & m_{2,2} & 0 & \cdots & 0 \\ m_{3,1} & m_{3,2} & m_{3,3} & \cdots & \vdots \\ \vdots & \vdots & \vdots & \ddots & 0 \\ m_{n,1} & m_{n,2} & m_{n,3} & \cdots & m_{n,n} \end{bmatrix} \begin{bmatrix} f_1 \\ f_2 \\ f_3 \\ \vdots \\ f_n \end{bmatrix} \qquad (6\text{-}17)$$

粉碎矩阵 $\boldsymbol{M}$ 中各元素 $m_{i,j}$ 与各粒级的选择函数和碎裂函数的关系为

$$m_{i,j} = \begin{cases} 0 & (i < j) \\ 1 - S_i & (i = j) \\ b_{i,j} S_j & (i > j) \end{cases} \qquad (6\text{-}18)$$

式（6-16）及式（6-17）可简单地表述为以粉碎矩阵 $\boldsymbol{M}$ 左乘给矿粒度分布 $\boldsymbol{f}$ 便得到产物粒度分布 $\boldsymbol{p}$。不难看出，利用矩阵运算法则得到的产物粒度分布 $\boldsymbol{p}$ 各分量 $p_i(i=1$，2，$\cdots$，$n)$ 的表达式与式（6-14）是完全一致的。

粉碎矩阵 $\boldsymbol{M}$ 中第 j 列的所有元素代表粒级 j 物料被碎后在各粒级（包括粒级 j 及所有更细粒级）的质量分布，此粒度分布函数称为表观函数（appearance function），也常被称作碎裂函数。表观函数与前面定义的碎裂函数均可表达粉碎

作用后给矿中某个粒级的物料在各粒级间的质量分布情况，两者的区别主要在于分布率的计量基准（口径）不同，表观函数以给矿中粒级 j 的全部物料量为基准，而碎裂函数则是以粒级 j 的碎块中粒度小于粒级 j 的粒度下限的那部分物料的量为基准。表观函数表达法弃用选择函数与碎裂函数概念，或者说未将碎裂分数与碎块质量传递系数分开定义，但表观函数本身包含了用选择函数与碎块分布函数共同表达某粒级粉碎时物料质量在各粒级间的分配信息。从数学处理的角度来看，这不能算是区别。实际上各粒级的表观函数数据可直接根据窄粒级粉碎所得产物的粒度分析数据确定，不必借用式（6-18）由选择函数与碎裂函数数据进行计算。由于粒度分析方法的局限性，在粒度离散化的粉碎数学模型中一般难于区分粉碎后仍留在原粒级中的颗粒是未碎裂颗粒还是颗粒碎裂后生成的较粗碎块，通过定义选择函数（碎裂分数）将其全部视为未碎裂颗粒未必完全合理，而采用表观函数可避开这个定义。一方面，采用表观函数表达法还可减少模型参数个数，简化模型。但另一方面也应该看到，引入选择函数与碎裂函数这两个具有明确物理意义的概念可给粉碎数学模型的建立与处理带来较大的灵活性。选择函数与碎裂函数表达法和表观函数表达法均在粉碎数学建模中得到广泛采用。

粉碎矩阵 M 本身还可通过简单的矩阵运算获得。为此需将所有粒级的选择函数和质量传递系数用一个 $n \times n$ 的选择函数矩阵 S 和一个 $n \times n$ 的质量传递系数矩阵 B 来概括表达。选择函数矩阵 S 中的各元素为

$$s_{i,j} = \begin{cases} 0 & (i \neq j) \\ S_i & (i = j) \end{cases} \tag{6-19}$$

而质量传递系数矩阵 B 中的各元素为

$$b_{i,j} = \begin{cases} 0 & (i \leq j) \\ b_{i,j} & (i > j) \end{cases} \tag{6-20}$$

选择函数矩阵 S 是个对角矩阵：其对角元素为各粒级的选择函数值，所有其他各元素均为 0；质量传递系数矩阵 B 是个下三角矩阵：其对角元素及上三角各元素均为 0，对角元素下方各列中的所有元素表示相应粒级粉碎后碎块质量在所有更细粒级间的分配比率。利用选择函数矩阵和质量传递系数矩阵，粉碎矩阵 M 可表示为

$$M = [(I - S) + BS] \tag{6-21}$$

其中，I 为 $n \times n$ 单位矩阵。将式（6-21）代入式（6-16）中可得

$$p = [(I - S) + BS]f$$

粒度离散化、不含时间变量的总量平衡模型适合用于描述那些可以不考虑时间变量的粉碎过程，例如各种破碎机、高压辊磨机的粉碎作用。对于时间变量起作用的过程，如球磨机中的粉碎作用，在磨矿时间固定的条件下也可应用此模型。

6.3.2　批次磨矿总量平衡模型

对于批次磨矿过程，最常用的表达磨矿机内被磨物料的粒度分布随时间变化的数学模型是建立在线性磨矿动力学假设基础上的粒度离散化、带有时间变量的总量平衡模型。线性磨矿动力学意味着在磨矿过程的任何时刻，各粒级因被碎而导致的物料量减少的速率与当时磨矿机内该粒级含量的一次方成正比。若以 $m_i(t)$ 表示 t 时刻磨矿机内物料中第 i 粒级所占的质量分数；以 S_i 表示第 i 粒级的碎裂速率（也常称为选择函数），其含义为单位时间内因被碎而离开该粒级的质量分数；以 $b_{i,j}$ 表示第 j 粒级因被碎而离开该粒级的那部分物料中进入第 i 粒级的质量分数（也称碎裂函数），则此总量平衡模型的数学表达式为

$$\frac{\mathrm{d}m_i(t)}{\mathrm{d}t} = -S_i m_i(t) + \sum_{j=1}^{i-1} b_{i,j} S_j m_j(t) \qquad (i = 1, 2, \cdots, n) \qquad (6\text{-}22)$$

这是一组由 n 个相互耦合的微分方程构成的方程组，每个方程表示一个粒级的质量平衡。此式的含义为：第 i 粒级含量的净增加率 $\dfrac{\mathrm{d}m_i(t)}{\mathrm{d}t}$ 由该粒级被碎而导致的含量减少率 $-S_i m_i(t)$ 以及所有更粗粒级被碎后的碎块进入该粒级而引起的含量增加率 $\sum_{j=1}^{i-1} b_{i,j} S_j m_j(t)$ 共同决定。

需要注意的是，式（6-22）中的碎裂速率 S_i 与式（6-14）中的碎裂分数 S_i 在含义上的差异，尽管两者常常都被冠以选择函数之称并且用相同的符号来表示。此外，还应注意这里的碎裂函数（碎块粒度分布）$b_{i,j}$ 是以粒度小于原始粒级 j 粒度下限的所有碎块的量作为整体（基准）来定义的。若定义碎裂函数时采用的整体包括了原始粒级 j 被磨后依然残留在该粒级中的那部分物料，则此碎裂函数也被称为表观函数。

与式（6-21）类似，此模型也可表达为如下的矩阵方程形式

$$\frac{\mathrm{d}\boldsymbol{m}(t)}{\mathrm{d}t} = -(\boldsymbol{I} - \boldsymbol{B})\boldsymbol{S} \cdot \boldsymbol{m}(t) \qquad (6\text{-}23)$$

其中，$\boldsymbol{m}(t)$ 为 $n\times 1$ 矩阵（列矩阵），其第 i 个元素为 $m_i(t)$；$\boldsymbol{I}$ 为 $n\times n$ 单位矩阵；$\boldsymbol{B}$ 为下三角矩阵，其元素为各粒级的碎裂函数 $b_{i,j}$；$\boldsymbol{S}$ 为对角矩阵，其对角元素为各粒级的选择函数 S_j。

此微分方程组在所有粒级的选择函数各不相等条件下的解析解由里德（Reid）推导出，其表达式为

$$m_i(t) = \sum_{j=1}^{i} h_{i,j} \mathrm{e}^{-S_j t} \qquad (i = 1, 2, \cdots, n) \qquad (6\text{-}24)$$

即 $m_i(t)$ 是由 i 个指数函数项叠加构成的函数，其中各指数函数项的系数 $h_{i,j}$ 递归算得

$$h_{i,j} = \begin{cases} 0 & (i < j) \\ m_i(0) - \sum_{k=1}^{i-1} h_{i,k} & (i = j) \\ \sum_{k=j}^{i-1} \dfrac{S_k b_{i,k} h_{k,j}}{S_i - S_j} & (i > j) \end{cases} \tag{6-25}$$

特别地，对于最粗粒级（$i=1$）有

$$h_{1,1} = m_1(0) \tag{6-26}$$

$$m_1(t) = m_1(0) e^{-S_1 t} \tag{6-27}$$

若以 $n \times 1$ 矩阵（列矩阵）$\boldsymbol{m}(t)$ 表示各粒级含量 $m_i(t)$，用一个 $n \times n$ 下三角矩阵 $\boldsymbol{H}$ 来概括表示式（6-24）中的所有系数 $h_{i,j}$，并用一个 $n \times 1$ 矩阵（列矩阵）$\boldsymbol{e}(t)$ 来表示各指数函数 $e^{-S_i t}$，则式（6-24）可表示为如下的矩阵方程形式

$$\begin{bmatrix} m_1(t) \\ m_2(t) \\ m_3(t) \\ \vdots \\ m_n(t) \end{bmatrix} = \begin{bmatrix} h_{1,1} & 0 & 0 & \cdots & 0 \\ h_{2,1} & h_{2,2} & 0 & \cdots & 0 \\ h_{3,1} & h_{3,2} & h_{3,3} & \cdots & \vdots \\ \vdots & \vdots & \vdots & \ddots & 0 \\ h_{n,1} & h_{n,2} & h_{n,3} & \cdots & h_{n,n} \end{bmatrix} \begin{bmatrix} e^{-S_1 t} \\ e^{-S_2 t} \\ e^{-S_3 t} \\ \vdots \\ e^{-S_n t} \end{bmatrix} \tag{6-28}$$

即

$$\boldsymbol{m}(t) = \boldsymbol{H} \cdot \boldsymbol{e}(t) \tag{6-29}$$

线性磨矿动力学的一个假设前提是物料的粒度组成对各粒级的粉碎无影响，或者说各粒级的选择函数及碎裂函数不随时间变化。严格地说，这个假设前提是不成立的。一般来说随着磨矿时间的增加，磨矿机内细粒级的含量增大，这会导致细粒物料对粗颗粒的保护作用增强，粗粒级的粉碎速率（选择函数）会变小。但在磨矿时间不太长的情况下，各粒级的选择函数及碎裂函数不随时间变化这个假设仍不失为建立球磨机实用模型时简化问题复杂性的一个有效方法。将批次磨矿模型与描述物料输运、混合、分级等过程的模型结合起来，可以建立起实际磨机甚至整个磨矿回路的作业模型。

带有时间变量的总量平衡模型有时也被称为磨矿动力学模型。这里需要注意的是它与式（6-10）的区别与联系。最主要的区别在于模型参数的意义上：式（6-10）的参数 K 是概括描述大于某个考察粒度的那部分物料（通常具有较宽的粒度范围）整体的粉碎行为；而总量平衡模型的参数 S 与 b 则描述某个窄粒级的粉碎行为。然而，两种模型都着眼于磨机内物料的粒度组成随时间的变化关系。某个筛分粒度 x_i 下的筛上产率 R_i 可以由对式（6-10）积分得到，也可以由对式（6-22）的解中所有粒度大于 x_i 的粒级产率累加得到。若仅仅是考察窄粒级磨矿时该粒级的存在量与磨矿时间的关系，则式（6-10）中的速率常数 K 与该粒级的选择函数 S 是相同的。

　　磨矿机稳定工作时磨矿时间与磨矿能耗有直接的比例关系。所以式（6-22）中的时间变量可以变换成能耗变量。为此引入磨矿比能耗 $E = P \cdot t / M$（E 表示磨矿机中单位质量物料消耗的能量；P 为磨矿机功率；t 为磨矿时间；M 为磨矿机内被磨物料的质量）作为变量，这样就得到一个物料的粒度分布随磨矿比能耗的变化关系

$$\frac{\mathrm{d}m_i(t)}{\mathrm{d}E} = - S_i^{(\mathrm{E})} m_i(t) + \sum_{j=1}^{i-1} b_{i,j} S_j^{(\mathrm{E})} m_j(t) \qquad (i = 1,\ 2,\ \cdots,\ n) \qquad (6\text{-}30)$$

其中，各量的意义与式（6-22）一致，只是选择函数 $S_i^{(\mathrm{E})}$ 的含义及量纲与式（6-22）中的 S_i 有所不同，它表示单位磨矿比能耗下第 i 粒级被碎的质量分数。研究结果表明，物料的粉碎效果主要由所消耗的能量决定。经过变换后的选择函数 $S_i^{(\mathrm{E})}$ 在一定的范围内与磨机的几何参数无关。另外，碎裂函数在一般的磨矿机工作条件下也可以视为一个不变量。这就为根据实验室小型设备上的试验结果来预测工业磨矿机的粉碎结果提供了一个可行的方法。研究表明，将总量平衡模型用于磨矿机选型计算能取得比邦德功指数法更高的预测精度。

6.3.3　连续磨矿总量平衡模型

　　工业磨矿机通常是连续作业的，即在整个生产过程中磨矿机连续运转，给矿物料连续地由给矿端口进入磨矿机内，排矿物料连续地由排矿端口排出，磨矿效果与物料在磨矿机内的停留时间有关。在连续磨矿作业过程中，给矿物料在机内的停留时间（从进入磨矿机开始到离开磨矿机为止）通常不是个定值，而是有长有短，呈一定的分布。一般来说，物料在磨矿机内的停留时间分布不仅取决于磨矿机容积及给矿速率，还与物料在机内输运过程中的流动与混合状态有关。采用将批次磨矿的总量平衡模型与描述物料在磨矿机内的停留时间分布的数学模型相结合的方法，可建立连续磨矿的总量平衡模型。

　　若连续磨矿时物料在磨矿机内停留时间的分布密度函数为 $\phi(t)$，则 $\phi(t)\mathrm{d}t$ 表示在磨矿机内停留时间为 t 且在时段 $t \sim (t + \mathrm{d}t)$ 内离开磨矿机的那部分物料占总物料的质量分数，而表示停留时间小于 t 的那部分物料占总物料质量分数的停留时间分布函数 $\Phi(t)$ 为

$$\Phi(t) = \int_0^t \phi(t)\mathrm{d}t \qquad (6\text{-}31)$$

物料在磨矿机内的平均停留时间 τ 为

$$\tau = \int_0^\infty t\phi(t)\mathrm{d}t \qquad (6\text{-}32)$$

此停留时间分布的方差 σ_t^2 为

$$\sigma_t^2 = \int_0^\infty (t - \tau)^2 \phi(t)\mathrm{d}t \qquad (6\text{-}33)$$

方差 σ_t^2 是停留时间分布离散程度的度量指标，方差值越大，分布越宽。

若各粒级物料以相同的停留时间分布通过磨矿机、物料在机内受到的粉碎作用符合线性动力学且磨矿机排矿不受分级作用影响，则连续磨矿稳态产物中粒级 $i(i = 1, 2, \cdots, n)$ 的含量 p_i 可计算为

$$p_i = \int_0^\infty m_i(t)\phi(t)\,\mathrm{d}t \tag{6-34}$$

其中，$m_i(t)$ 为批次磨矿在磨矿时间为 t 时物料中粒级 i 的含量，可将里德解析解式（6-24）代入计算。式（6-34）可理解为：连续磨矿产物中某个粒级的含量 p_i 等于将该物料批次磨矿至不同时间所得该粒级含量以停留时间分布率为权重的加权平均。

连续磨矿时物料在磨矿机内的停留时间分布一般采用示踪剂响应法测定，在建模时常用某种解析函数来逼近表达。

示踪剂响应法测定停留时间分布的基本原理是以一定的方式在磨矿机给矿料流中加入某种示踪剂，然后根据在磨矿机排矿料流中采集到的示踪剂浓度与时间的关系数据来推断示踪剂在机内的停留时间分布，并将它作为被磨物料在机内的停留时间分布。

在停留时间分布的建模研究中，通常将磨矿机视为一种在其内发生"粉碎反应"的流动反应器，物料的停留时间分布与物料的流动与混合状态有关。根据所采用流动模型的不同，可按反应器内物料流动与混合状态区分出两种典型的反应器类型：活塞流（也称平推流）反应器与全混流（也称完全混合流或理想混合流）反应器。

所谓活塞流反应器是指物料进入反应器后以相同的流速和方向流动的反应器，器内不存在不同停留时间的物料的混合，所有的物料在器内具有相同的停留时间。对于处在这种流动状态下的连续磨矿，停留时间为 t 时磨矿产物的粒度分布与以批次磨矿方式将物料磨至相同时间所得的产物粒度分布完全一致，或者说可直接利用式（6-24）计算磨矿产物的粒度分布。

全混流反应器则是指给料在进入反应器的瞬间就和器内的物料完全混合的反应器，器内物料与反应器排料具有相同的物料性质（温度、浓度、颗粒粒度组成等）。在这种流动状态下，物料的停留时间分布函数为

$$\Phi(t) = 1 - \mathrm{e}^{-\frac{t}{\tau}} \tag{6-35}$$

停留时间分布密度函数为

$$\phi(t) = \frac{\mathrm{d}\Phi(t)}{\mathrm{d}t} = \frac{1}{\tau}\mathrm{e}^{-\frac{t}{\tau}} \tag{6-36}$$

可以看出，此停留时间分布模型的唯一参数是平均停留时间 τ。对处于此流动状态下的连续磨矿，可根据式（6-34），利用如式（6-24）所示的批次磨矿产物的

粒度组成 $m_i(t)$ 与如式 (6-36) 所示的停留时间分布密度函数 $\phi(t)$ 求出连续磨矿产物的粒度组成 $p_i(i = 1, 2, \cdots, n)$。

活塞流和全混流是两种典型的流动模型，是对实际流动状态作了简化和理想化假设的两种极端情况。实际反应器中物料的流动状态是介于全混流和活塞流之间的非理想流动。球磨机连续磨矿时被磨物料在球磨机（尤其是长径比小的球磨机）内的停留时间分布通常更为接近全混流而不是活塞流。在停留时间分布的建模处理上，一般可将球磨机视为由 1 段到 3 段全混流反应器串联而成的反应器，而棒磨机可视为一个活塞流反应器。在实用上能较好地拟合物料在球磨机内的停留时间分布测量数据的数学模型有：由多段全混流反应器串联而成的多级全混流模型，多级全混流加活塞流模型，假设物料在径向方向完全混合、在轴向方向有一定的流动速度和扩散系数的轴向扩散模型，对数正态分布模型等。

上述基于批次磨矿模型和停留时间分布的连续磨矿模型是以各粒级物料有相同的停留时间分布这个假设为前提的。通常这个假设是只近似地适用于流动行为与水相似的、粒度不大于某个上限值的细粒物料。一般来说，粗粒物料会因所受流体作用力的不同以及机内排矿机构的分级作用而有着与细粒物料完全不同的停留时间分布。对于粗粒磨矿，尤其是对于以大颗粒物料为磨矿介质的自磨/半自磨磨矿，连续磨矿的建模需要以某种方式考虑不同粒度物料流动行为差异的影响，以及磨矿机排矿机构的分级作用对磨矿产物粒度组成的影响。

除了将批次磨矿模型与停留时间分布模型相结合的方法外，还可通过直接考虑连续作业磨矿机内各粒级物料质量平衡的方法来进行连续磨矿的数学建模。怀登（Whiten）的完全混合球磨机模型就属于这种模型。此模型是澳大利亚昆士兰大学 JKMRC（Julius Kruttschnitt Mineral Research Centre）开发的 JKSimMet 软件的内置模型之一。一般的总量平衡模型会因考虑物料的混合状况而变得复杂，采用机内物料完全混合的假设可以简化模型。建立这种模型的基本原理是连续磨矿的磨矿机在稳态运行时，对于任何一个粒级来说都有如下的质量平衡关系：

给矿料流中该粒级物料的流量+因颗粒粉碎单位时间从其他粒级转入该粒级的物料量=排矿料流中该粒级物料的流量+因颗粒粉碎单位时间离开该粒级的物料量

采用怀登的建模思路及使用的符号，此模型可表达为

$$f_i + \sum_{j=1}^{i} a_{i,j} r_j s_j - p_i - r_i s_i = 0 \qquad (i = 1, 2, \cdots, n) \qquad (6-37)$$

式中　f_i——给矿料流中粒级 i 物料的流量，t/h；

　　　p_i——排矿料流中粒级 i 物料的流量，t/h；

　　　s_i——磨矿机内粒级 i 物料的保有量，t；

　　　r_i——磨矿机内粒级 i 物料的粉碎速率（单位时间内的减少率），h^{-1}；

$a_{i,j}$——粒级 j 物料被粉碎后进入粒级 i 的质量分数（表观函数）。

需要注意的是：（1）这里符号 f_i 和 p_i 的含义与其在前述其他模型中的含义有所不同；（2）各粒级粉碎速率采用小写 r_i 而不是大写 S_i 来表示，而小写 s_i 表示的是磨矿机内各粒级物料的保有量；（3）用表观函数表示碎块粒度分布。这里采用怀登原用的术语及符号来表述此模型有助于减小读者学习使用 JKSimMet 软件的难度。在这套模型术语和符号定义下，有：

（1）给矿料流的总流量（t/h）为 $\sum\limits_{i=1}^{n} f_i$，给矿中粒级 i 的含量（质量分数）为 $f_i \bigg/ \sum\limits_{i=1}^{n} f_i$；

（2）排矿料流的总流量（t/h）为 $\sum\limits_{i=1}^{n} p_i$，排矿中粒级 i 的含量（质量分数）为 $p_i \bigg/ \sum\limits_{i=1}^{n} p_i$；

（3）机内物料总质量（t）为 $\sum\limits_{i=1}^{n} s_i$，机内物料中粒级 i 的含量（质量分数）为 $s_i \bigg/ \sum\limits_{i=1}^{n} s_i$；

（4）物料在机内的平均停留时间为 $\sum\limits_{i=1}^{n} s_i \bigg/ \sum\limits_{i=1}^{n} f_i$。

在完全混合流动假设下可认为各粒级排矿流量 p_i 与机内该粒级保有量 s_i 呈正比关系，即

$$p_i = d_i s_i \tag{6-38}$$

或

$$s_i = \frac{p_i}{d_i} \tag{6-39}$$

这里 d_i 为粒级 i 的排矿速率（即单位时间排出质量占机内保有量的分数）。将式（6-38）代入式（6-37）得

$$f_i + \sum_{j=1}^{i} a_{i,j} r_j s_j - d_i s_i - r_i s_i = 0 \qquad (i = 1, 2, \cdots, n) \tag{6-40}$$

此模型也可简洁地表达为矩阵方程的形式：若将给矿中各粒级的流量用列矩阵（$n \times 1$ 矩阵）$\boldsymbol{f}$ 表示，产物中各粒级的流量用列矩阵 $\boldsymbol{p}$ 表示，机内各粒级物料的质量用列矩阵 $\boldsymbol{s}$ 表示，各粒级物料粉碎的表观函数用 $n \times n$ 下三角矩阵 $\boldsymbol{A}$ 表示，各粒级物料破碎速率用 $n \times n$ 对角矩阵 $\boldsymbol{R}$ 表示，各粒级物料排矿速率用 $n \times n$ 对角矩阵 $\boldsymbol{D}$ 表示，则式（6-40）可写成如下的矩阵方程

$$\boldsymbol{f} + \boldsymbol{A} \cdot \boldsymbol{R} \cdot \boldsymbol{s} - \boldsymbol{D} \cdot \boldsymbol{s} - \boldsymbol{R} \cdot \boldsymbol{s} = 0 \tag{6-41}$$

这里等号右边的 **0** 代表各元素均为 0 的列矩阵（$n \times 1$ 矩阵）。由此式可推导出

$$s = (D + R - A \cdot R)^{-1} \cdot f \qquad\qquad (6\text{-}42)$$

其中，括号右上角的−1 表示矩阵求逆。从模拟计算的角度看，若矩阵 A、R 和 D 均为已知，则可为任何给定的 f 计算 s，再根据 $p = D \cdot s$ 算出相应的 p。从为一个磨矿过程确定模型参数的角度看，若 A、f、p 和 s 均为已知，则可以分别求出 R 和 D。但一般磨矿过程的 s 是个难以直接测定的未知量，而仅凭已知的 A、f 和 p 尚不能分别算出 R 和 D。对此怀登通过将粉碎速率参数 r_i 和排矿速率参数 d_i 融合到一个参数中的方法来绕开这个难题。

若以式（6-39）置换式（6-37）中的 s_i，可得

$$f_i + \sum_{j=1}^{i} \left(a_{i,j} \frac{r_j}{d_j} p_j \right) - p_i - \frac{r_i}{d_i} p_i = 0 \qquad (i = 1, 2, \cdots, n) \qquad (6\text{-}43)$$

不难看出，这里可以将粉碎速率与排矿速率的比值作为一个参数来综合表达粉碎作用与排矿作用的总效果。建模时可利用此式在给定各粒级物料表观函数数据的基础上，根据给矿流量和给矿及产物的粒度分布数据从最粗粒级开始逐粒级计算各粒级粉碎速率与排矿速率的比值（r_i/d_i）。模拟计算时可直接根据这个比值和表观函数数据为给定的给矿物料粒度组成计算排矿物料的粒度组成。关于怀登完全混合球磨机模型的进一步介绍见 6.4.3 节。

KJMRC 的自磨/半自磨机模型也是以总量平衡关系式（6-40）为基本框架建立的模型。与前述球磨机模型不同的是，在自磨/半自磨机模型中对表征各粒级物料粉碎、输运、排出行为的表观函数、粉碎速率和排矿速率分别进行了建模处理，粉碎速率和排出速率不再被合并为一个参数。关于此模型的进一步介绍见 6.4.4 节。

6.3.4　模型参数的确定

应用总量平衡模型的关键是模型参数的确定，包括各粒级物料粉碎的选择函数（或粉碎速率）和碎裂函数（或表观函数）。需要确定的模型参数个数随粒级数 n 的增加而增加。以矩阵模型式（6-16）为例，各粒级物料的粉碎行为由一个 $n \times n$ 下三角矩阵 M 中的各元素 $m_{i,j}$（质量传递系数）确定。对于将物料划分成 n 个粒级的模型，共有 $n(1+n)/2$ 个质量传递系数。由于矩阵中的每一列所有元素之和都应满足归一化条件，实际需要确定的质量传递系数个数为 $n(1+n)/2 - n = n(n-1)/2$ 个。例如，当 $n = 10$ 时待定系数的个数就多达 45 个。迄今这些模型参数尚无法直接从物料的一些已知的物理性质如硬度、抗压强度、弹性模量等数据推导出来，必须用实验的方法来确定。

对于一个实际粉碎过程，仅仅由粉碎前后的粒度分布数据尚不能从数学上唯

一地确定粉碎矩阵 M 中各个元素的取值。换句话说，一般存在不止一个粉碎矩阵，它们作用于同一个给矿粒度分布都会得到相同的产品粒度分布。若在建模时引入了选择函数与碎裂函数两个概念，它们虽然本身具有明确的物理意义，但在数学上也给由粉碎前后的粒度分布数据来反算模型参数带来了更大的不确定性，这种反算必须在对模型参数作出一定的函数性假设的前提下才能进行。

最常见的模型参数确定方法是通过对窄粒级给矿进行粉碎试验及产物粒度分布分析以获得该粒级的选择函数与碎裂函数。然而，窄粒级试验法未能考虑实际粉碎过程中不同粒级之间相互作用的影响。用标记跟踪法（例如放射性元素示踪法）来追踪某个粒级在整体物料中的粉碎行为可以弥补这方面的不足，但这类试验研究耗费较大，未得到广泛的采用。

近几十年来，模型参数与颗粒粒度的关系及粉碎作业条件对这些关系的影响一直是粉碎数学模型研究的重要内容。研究表明，选择函数 S 对磨矿条件变化的反应较为敏感，相比之下碎裂函数在正常的磨矿条件范围内可认为是大致不变的。

对于球磨磨矿，很多物料的选择函数（窄粒级粉碎速率）S_i 与颗粒粒度 x_i 的函数关系可表示为

$$S_i = S_0 \cdot \left(\frac{x_i}{x_0}\right)^{\alpha} \tag{6-44}$$

其中，x_0 为一个可自由选择的基准粒度（通常选为 1 mm）；S_0 和 α 为拟合参数，S_0 代表颗粒粒度为 x_0 时的选择函数值，符合此公式的选择函数—粒度关系在对数—对数坐标图中呈斜率为 α 的直线。一种典型的情形是在粒度轴的粗粒端选择函数随粒度的增大而增大的幅度往往会逐渐减小，甚至在达到某个峰值后出现下降的趋势。对此可在式（6-44）的右端引入一个包含新参数的乘积因子来拓展它的适用范围，即采用

$$S_i = S_0 \cdot \left(\frac{x_i}{x_0}\right)^{\alpha} \cdot \frac{1}{1 + \left(\frac{x_i}{x^*}\right)^{m}} \tag{6-45}$$

来表达选择函数与颗粒粒度的关系，其中 x^* 和 m 为新增的拟合参数，其他符号的意义如前所述。这里 x^* 是乘积因子取值 0.5 所对应的颗粒粒度，m 是反映选择函数减小快慢的参数。有研究者认为在 4 个拟合参数中，α 是反映物料特性的参数，其他 3 个参数与磨矿条件有关。

对于碎裂函数，需要注意区分小写 $b_{i,j}$ 与大写 $B_{i,j}$ 的不同：前者是一种质量传递系数，表示第 j 粒级的碎块中进入第 i 粒级的质量分数，有时也简称碎裂函数；后者才是具有分布函数意义的碎裂函数，表示第 j 粒级的碎块中粒度小于筛分粒度 X_i 的那部分物料所占的质量分数。两者的关系是

$$b_{i,j} = B_{i,j} - B_{i+1,j} \tag{6-46}$$

和

$$B_{i,j} = \sum_{k=i}^{n} b_{k,j} \tag{6-47}$$

　　许多物料的碎裂函数在一定的磨矿条件范围内会表现出一种所谓的"自相似性"：若以粒度与某个基准粒度的比值来定义相对粒度，则此相对粒度的分布函数曲线不受被碎颗粒大小的影响。只要通过试验得到某个粒级的碎裂函数，利用这个自相似性就能求出其他粒级的碎裂函数。在一定的粒度范围内可采用碎裂函数具有自相似性这个假设来简化模型。

　　研究表明，矿石物料粉碎的碎裂函数 $B(x)$ 往往能用某种数学函数式来逼近表达，利用这些逼近函数可以给模型计算带来方便。本书 2.4 节中介绍的几种粒度分布函数类型以及在这些函数基础上构建的函数形式均在这方面有所应用。在碎裂函数的逼近表达中较为常用的分布函数形式有

$$B(x,y) = \frac{1 - e^{-\left(\frac{x}{y}\right)^u}}{1 - e^{-1}} \tag{6-48}$$

和

$$B_{i,j} = \varphi \left(\frac{x_i}{x_j}\right)^\gamma + (1 - \varphi) \left(\frac{x_i}{x_j}\right)^\beta \tag{6-49}$$

这里以粒度连续函数的形式表达的式（6-48）可视为是 RRSB 分布函数的一种变形，$B(x,y)$ 表示粒度为 y 的颗粒被碎后产生的粒度小于 x 的那部分碎块的质量分数，u 是此逼近函数唯一的拟合参数。20 世纪 50 年代布罗本特（Broadbent）和卡尔科特（Callcott）在建立粉碎的矩阵模型时所采用的碎裂函数是式（6-48）在 $u=1$ 时的特例。引入可变的模型参数 u 扩展了该函数的适用范围。而直接以粒度离散化形式表达的式（6-49）可视为是由两个 GGS 分布函数按比例组合而成，它有 3 个拟合参数（φ、γ 和 β），其中，比例参数 φ 的取值范围为 $0 \leqslant \varphi \leqslant 1$。可以看出，当 $\varphi=0$ 和 $\varphi=1$ 时，式（6-49）转化为在对数—对数坐标图中具有不同斜率（分别为 γ 和 β）的 GGS 分布。

　　总量平衡模型建模时一般都假设选择函数与粒度的关系以及碎裂函数的分布形式可以用适当的数学函数式来表示，这些数学函数式带有为数不太多的拟合参数。在此基础上可利用总量平衡模型的基本框架和这些数学函数式，采用某种非线性回归迭代寻优算法寻找一套拟合参数的最佳估计值，使得模型计算得到产物粒度分布数据对实测的产物粒度分布数据的偏差平方和为最小，再由这套拟合参数及相关的函数式算出总量平衡模型的各个参数。

　　若未找到（或不存在）合适的数学函数解析式来表示模型参数随粒度的变化关系，可采用样条函数插值的方法来建立这个函数关系。样条函数插值法在

JKMRC 的各种粉碎模型（即 JKSimMet 软件内置的粉碎模型）中得到广泛应用。在怀登完全混合球磨机模型中，粉碎速率与排矿速率的比值随粒度的变化关系由一条通过 3 个或 4 个特定节点的样条函数曲线确定。在 KJMRC 的自磨/半自磨机模型中，具有典型"之"字形走向的粉碎速率与粒度关系由一条通过 5 个特定节点的样条函数曲线确定。在所有的 JKMRC 粉碎模型中，描述各粒级物料粉碎时碎块粒度分布的表观函数均是根据单粒粉碎试验结果，采用对一套节点数据进行样条函数曲面插值计算来确定的。

JKMRC 粉碎模型中表观函数的建模方法，一般包括如下步骤。

（1）进行窄粒级单粒粉碎试验。在专用粉碎试验设备（双摆锤试验机、落重试验机或转子定子冲击试验机）上对具体矿石物料进行不同原始颗粒粒度及不同施载强度的窄粒级单粒粉碎试验，测定粉碎产物的粒度分布，绘制粉碎产物负累计粒度分布曲线。

（2）采用一组 t_n 值来表示产物的粒度分布。为此将负累计粒度分布曲线图的横坐标（粒度轴）表示为以原始颗粒粒度为基准的相对粒度，并以此曲线上的一组特殊点的纵坐标来定义各 t_n 值。这里 t_n 被定义为粉碎产物中粒度小于原始颗粒尺寸 $1/n$ 的那部分物料所占的百分数（图 6-3 (a)），n 的典型取值为 2、4、10、25、50 和 75。每个 t_n 值代表粒度分布曲线上的一个点，其中 t_{10} 值（即 $n=10$ 时的 t_n 值）被选定作为表征原始颗粒被粉碎程度的指标。

（3）将各 t_n 值与 t_{10} 值相关联。以粉碎程度指标 t_{10} 值为横坐标、各 t_n 值为纵坐标描点绘图，可得一组如图 6-3 (b) 所示的 t_n-t_{10} 关系曲线。若在此图中作一垂直于横坐标轴的直线，它与各曲线的交点代表某一 t_{10} 值（粉碎程度）所对应的各 t_n 值（负累计产率）。这里下标值 n 反映不同相对粒度（即原始粒度的 $1/n$，这里 $n=2$、4、10、25、50 和 75）的影响。

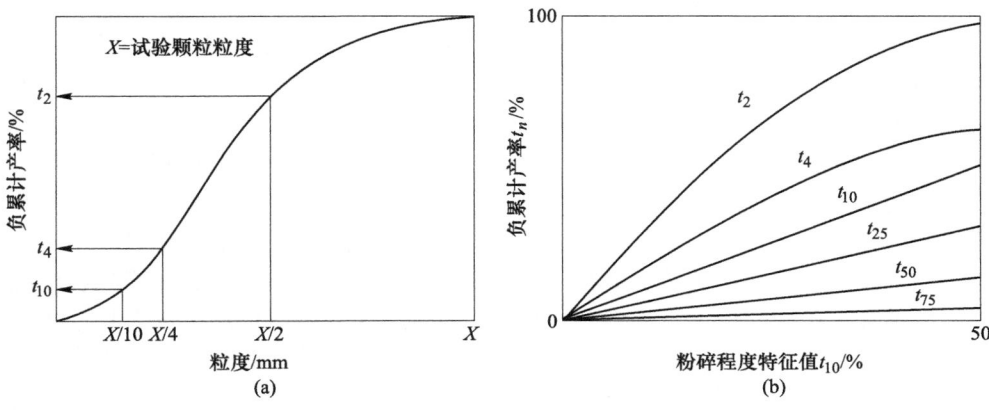

图 6-3　JKMRC 粉碎模型中表观函数的建模

（a）t_n 值定义；（b）各 t_n 值与 t_{10} 值的关系

（4）建立负累计产率（t值，包含所有的 t_n 值）随相对粒度和粉碎程度（t_{10}值）变化的函数关系。在三维坐标系中用样条函数曲面来拟合此函数关系，其节点数据由各窄粒级粉碎试验获得的一系列 t_n 值（$n = 2$、4、10、25、50 和 75）确定。在模拟计算时利用这套表达负累计产率随相对粒度和粉碎程度变化的三维曲面节点数据，采用样条函数插值方法确定任意相对粒度和粉碎程度所对应的负累计产率。

上述表观函数的表征方法被用于所有 JKMRC 粉碎模型的表观函数建模中。此方法的特点是在对粉碎过程进行模拟计算时，可根据一套已知的 t_n 系列值，利用样条函数插值计算由粒度分布曲线上的一个点（即单个 t_{10} 值）来推断整条粒度分布曲线，而无需依靠任何特定的函数解析式对碎块粒度分布进行建模。对大量不同类型矿石的测试结果表明，此方法获得的 t_{10} 值与其他 t_n 值的关系普遍适用于绝大多数矿石类型，仅有少数种类的物料如煤炭等不适用。

6.4　常用碎磨设备的粉碎模型

以下简要介绍基于总量平衡原理的几种常用碎磨设备的粉碎模型。

6.4.1　破碎机模型

最简单的破碎机粉碎模型是直接采用式（6-16），即以矩阵方程

$$p = Mf$$

表达破碎机给矿粒度分布 f 与产物粒度分布 p 的关系。应用此模型的关键是需要为给定的破碎机作业条件确定合适的粉碎矩阵 M，也就是粉碎矩阵 M 中各元素 $m_{i,j}$ 的取值。较为简单方法是采用某种合适的函数解析表达式，例如式（6-48），来逼近表达碎块粒度分布，据此求出各 $m_{i,j}$ 值。此模型属通用型粉碎模型，未特别考虑设备工作机制及操作条件的影响。

这里重点介绍 JKMRC 的破碎机模型，又称安德森-怀登（Andersen-Whiten）破碎机模型，它适用于为常见破碎机类型（包括颚式、旋回和圆锥破碎机）的粉碎过程进行数学建模。

此模型的特点是同时考虑破碎机内的分级作用与破碎作用，将破碎过程描述为一个包含多个机内分级与破碎事件的重复过程，如图 6-4（a）所示，矿石物料进入破碎机后首先被"分级"，粒度小于排矿口尺寸的细颗粒不受破碎作用直接进入产物；粗颗粒及中等粒度颗粒则以一定的概率被选择破碎，此概率随粒度的增大而增加。破碎作用产生的碎块受到下一轮的分级与破碎作用，细颗粒进入产物，较粗颗粒继续受到破碎，如此重复。在建立模型表达式时可将此过程表示成一个由料流合并、分级和破碎 3 个步骤构成的闭路循环过程，如图 6-4（b）所示。图中 f 和 p 分别是表示给矿和产物粒度分布的列矩阵（$n \times 1$ 矩阵，n 为建模时划分的粒级数）；x 是以列矩阵表示的破碎机（因机内多次重复的分级与破

作用）实际处理的各粒级物料量（相对量，以破碎机给矿量为基准）。这里也可将 f、p 和 x 视为破碎机给矿、产物和实际处理物料中各粒级的质量流量。C 是一个代表分级函数的 $n×n$ 对角矩阵，简称分级矩阵，其各非对角线元素均为 0，各对角线元素表示各粒级物料被分级作用选中进入下一轮破碎的概率（或质量分数）。A 是一个代表表观函数的 $n×n$ 下三角矩阵，简称破碎矩阵，其各列元素表示各粒级物料破碎后碎块的粒度分布。

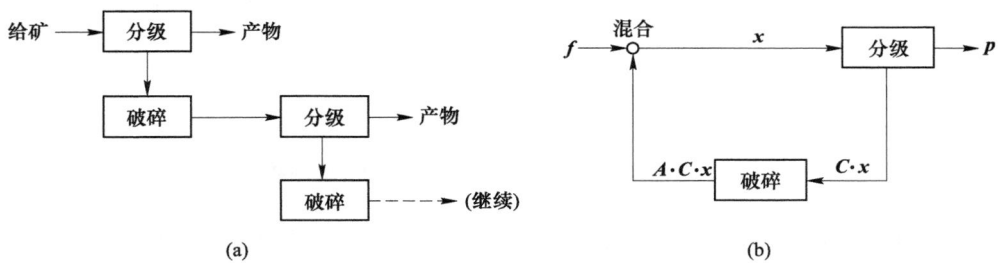

图 6-4　破碎机粉碎模型

（a）破碎机内的分级与破碎作用；（b）破碎机粉碎模型

物料混合和分级作业的质量平衡方程为

$$x = f + A \cdot C \cdot x \tag{6-50}$$

$$x = p + C \cdot x \tag{6-51}$$

联立式（6-50）与式（6-51），消去 x 可得如下破碎机模型方程

$$p = (I - C) \cdot (I - A \cdot C)^{-1} \cdot f \tag{6-52}$$

其中，I 为单位矩阵。上标 -1 表示矩阵求逆。将此式与式（6-16）相比较可知，本破碎机模型的粉碎矩阵 M 为 $(I - C) \cdot (I - A \cdot C)^{-1}$。为了能够利用此模型由已知的 f 计算未知的 p，需要建立一种根据特定的设备作业条件和给矿物料特性确定 C 和 A 的方法。一个实用的破碎机模型应考虑设备作业和物料特性参数变化对 C 和 A 的影响。

分级矩阵 C 中各对角线元素 C_i 的取值与粒度 x_i 有关，本模型采用的表达分级函数 $C(x)$ 的解析式为

$$C(x) = \begin{cases} 1 & (x \geqslant K_2) \\ 1 - \left(\dfrac{K_2 - x}{K_2 - K_1}\right)^{K_3} & (K_1 < x < K_2) \\ 0 & (x \leqslant K_1) \end{cases} \tag{6-53}$$

JKMRC 破碎机粉碎模型中的分级函数曲线，如图 6-5 所示。此分级函数有 3

个拟合参数：K_1 和 K_2 为两个边界粒度参数，K_3 为与中段粒度区域函数曲线形状有关的参数（$K_3 = 1$ 时为直线）。

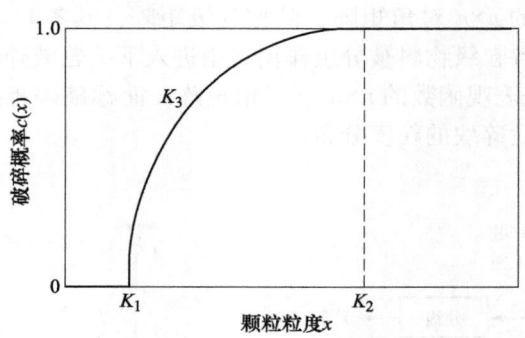

图 6-5　JKMRC 破碎机粉碎模型中的分级函数

K_1 代表第一个边界粒度，小于此粒度的所有颗粒不受破碎作用直接进入产物（破碎概率为 0）；K_2 代表第二个边界粒度，大于此粒度的所有颗粒都被选中破碎（破碎概率为 1）；K_3 影响函数曲线中间段的形状，决定中段粒度区间颗粒被选中破碎的概率。若通过窄粒级粉碎试验确定了具体物料的表观函数 A，便可根据对破碎机作业实测的 f 和 p 数据利用非线性回归拟合方法求出这 3 个参数的最佳估计值。

一般而言，进入破碎腔的物料颗粒是否被选中破碎主要取决于其粒度与破碎机排矿口尺寸的相对关系，也与物料在破碎腔内的挤满程度有关。许多破碎机的作业效果基本上可通过将 K_1 值设为紧边排矿尺寸、K_2 值设为给矿口尺寸（或紧边排矿口尺寸加偏心行程）来大致预测。随着破碎机给矿流量的增加，破碎腔内物料的挤满程度增加，破碎作用机制由准单颗粒受载模式过渡到颗粒群受载模式，K_1 和 K_2 通常会随着颗粒之间相互影响的加剧而减小。JKSimMet 软件内置的破碎机模型采用了如下多元线性回归模型来表达 K_1、K_2 和 K_3 与设备作业条件及给矿粒度特性的关系：

$$K_1 = A_0 + A_1 Y_1 + A_2 Y_2 + A_3 Y_3 + A_4 Y_4 \tag{6-54}$$

$$K_2 = B_0 + B_1 Y_1 + B_2 Y_2 + B_3 Y_3 + B_5 Y_5 + B_6 Y_6 \tag{6-55}$$

$$K_3 = C_0 （通常取值 2.3） \tag{6-56}$$

式中　　　　Y_1——紧边排矿口尺寸，mm；

　　　　　　Y_2——破碎机给矿流量，t/h；

　　　　　　Y_3——给矿的 F_{80} 粒度，mm；

　　　　　　Y_4——破碎机衬板面长度，mm；

　　　　　　Y_5——衬板工作时数，h；

　　　　　　Y_6——偏心行程，mm；

$A_0 \sim A_4$——K_1 模型表达式的回归系数；

$B_0 \sim B_3$，B_5，B_6——K_2 模型表达式的回归系数；

C_0——决定 K_3 的常数。

建立上述多元线性回归模型需要较宽作业条件范围内大量的详细试验数据支撑。在一般的破碎机建模应用中，往往可根据具体情况采取固定其他条件、只考虑少数重要变量的做法来减少试验工作量，将其他变量的影响固化到常数项 A_0、B_0 和 C_0 的取值中，从而得到基于较少试验数据的实用模型。例如对于圆锥破碎机，通常只以紧边排矿口尺寸和动锥的偏心行程为变量来建立关于分级函数参数 K_1 和 K_2 的回归模型。研究表明，对颚式、旋回和圆锥破碎机而言将分级函数参数 K_3 固定在 2.3 左右是合适的。

破碎矩阵 A 的确定采用基于窄粒级单粒粉碎试验的表观函数建模方法。关于此方法的描述可参阅 6.3.4 节内容，这里不再细述。简要地说，就是采用 t_{10} 参数表征原始颗粒的粉碎程度，并根据不同相对粒度下的负累计产率与粉碎程度关系（即不同 n 值下的 t_n-t_{10} 关系）数据利用样条函数插值方法由粒度分布曲线上的一个点（即单个 t_{10} 值）来构建整条粒度分布曲线。对于破碎机模型，t_{10} 参数与设备作业条件及给矿粒度特性的关系通常可用如下多元线性回归模型来表示

$$t_{10} = D_0 + D_1 Y_1 + D_2 Y_2 + D_3 Y_3 \tag{6-57}$$

其中，Y_1、Y_2、Y_3 意义同前；$D_0 \sim D_3$ 为 t_{10} 模型表达式的回归系数。

在为颚式、旋回及圆锥破碎机的破碎作业进行实用建模时，通常可将分级函数参数 K_3 值固定在 2.3，再采用某种非线性回归迭代寻优算法，根据一套实测的给矿和产物的粒度分布数据以及已知的代表具体物料破碎时 t_n-t_{10} 关系的样条函数节点数据，寻求分级函数参数 K_1、K_2 和粉碎程度参数 t_{10} 的一套最佳估计值，使得由模型计算得到的产物粒度分布对实测值的偏差为最小。寻优时各参数的初始估计值可设为：K_1 = 紧边排矿口尺寸；K_2 = 产物最大粒度；颚式粗碎 t_{10} = 5 ~ 10；旋回粗碎 t_{10} = 5 ~ 15；圆锥中碎 t_{10} = 15 ~ 25；圆锥细碎 t_{10} = 20 ~ 30。若要考虑作业条件对这些参数的影响，则需先进行一系列不同作业条件下的给矿和产物粒度分布测定，采用非线性回归方法求出每个作业条件下参数 K_1、K_2 和 t_{10} 的最佳估计值，再采用线性回归方法建立这些参数随作业条件变化的模型。建模时考虑的作业条件越多，需要实测的粒度分布数据套数越多。

从对具体矿石物料的窄粒级单颗粒粉碎试验结果不仅可确定 t_n-t_{10} 关系，从而得到一整套表达负累计产率随相对粒度和粉碎程度变化的三维空间节点数据，而且还可获得一套表达试验粒级的粉碎比能耗（单位质量能耗）随初始颗粒粒度和粉碎程度变化的三维空间节点数据。通过对这套关于粉碎比能耗的节点数据进行样条函数曲面拟合与插值计算，可求出将任意粒度的初始颗粒粉碎至任意程

度（以 t_{10} 值表示）所需的比能耗。在 JKSimMet 软件内置的破碎机模型中，此插值计算被用于根据窄粒级单颗粒粉碎试验结果预测破碎机作业消耗的功率。在图 6-4 所示的破碎机粉碎模型中，若破碎机内第 i 粒级物料的流量为 x_i(t/h)，该粒级颗粒的破碎概率为 C_i，将该粒级物料破碎至指定粉碎程度（即 t_{10} 为某个给定值）所需的比能耗为 E_i(kW·h/t)，则以单颗粒粉碎试验施载条件将相同的给矿物料破碎至相同的粉碎程度（t_{10}）的情况下所需的功率消耗 $P_{计算}$（kW）为

$$P_{计算} = \sum_{i=1}^{n} E_i \cdot C_i \cdot x_i \tag{6-58}$$

其中，n 为总量平衡模型划分的粒级数，各粒级粉碎比能耗 E_i($i = 1, 2, \cdots, n$) 的取值由表征粒级比能耗随初始颗粒粒度和粉碎程度变化的样条函数曲面插值获得。若流程考查时实际测得的破碎机的功耗为 $P_{实测}$（kW），它与上述 $P_{计算}$ 的关系可表示为

$$P_{实测} = K \cdot P_{计算} + P_0 \tag{6-59}$$

其中，P_0 为空载功率（kW）；K 为与具体破碎机能量效率有关的系数。空载功率一般需要通过实测获得，系数 K 可根据算得的 $P_{计算}$ 和实测的 $P_{实测}$ 和 P_0 数据求出。有多套实测数据时一般采用线性回归方法求出最佳 K 值。研究表明，对于旋回和圆锥破碎机，系数 K 典型的取值范围为 1.2~1.55。为破碎机确定空载功率和系数 K 后，就可利用式（6-59）根据窄粒级单颗粒粉碎试验数据预测破碎机将特定物料破碎至指定粉碎程度所需的实际功耗。

6.4.2　棒磨机模型

　　棒磨机内物料的流动状态较为接近活塞流，机内的钢棒对粗颗粒物料有选择性粉碎作用。在矿浆沿磨机长度方向从给矿端向排矿端移动的过程中，钢棒优先磨碎粗颗粒，而后才磨碎较细的颗粒。综合考虑钢棒对粗颗粒的选择性粉碎以及流动矿浆中各粒级物料受到的水力分级作用，卡尔科特（Callcott）与林奇（Lynch）为棒磨机磨矿建立了一种由多个沿长度方向划分的粉碎区段串联而成的多段粉碎模型。此模型的每个粉碎段均为一个假想的由选择、粉碎和分级作用构成的作业循环，如图 6-6 所示。

　　图 6-6 中 f 和 p 分别是表示粉碎段给矿和产物粒度分布的列矩阵（$n \times 1$ 矩阵，n 为建模时划分的粒级数）；m 是以列矩阵表示的在本粉碎段内受到选择作用的各粒级物料量（相对量，以粉碎段给矿量为基准）；q 是以列矩阵表示的在本粉碎段内受到分级作用的各粒级物料量（相对量，以粉碎段给矿量为基准）。这里也可将 f、p、m 和 q 视为本粉碎段给矿、产物、受选择作用物料和受分级作用物料中各粒级的质量流量。S 是一个代表选择函数的 $n \times n$ 对角矩阵，简称选择矩阵，其各非对角线元素均为 0，各对角线元素表示各粒级物料被选择粉碎的概

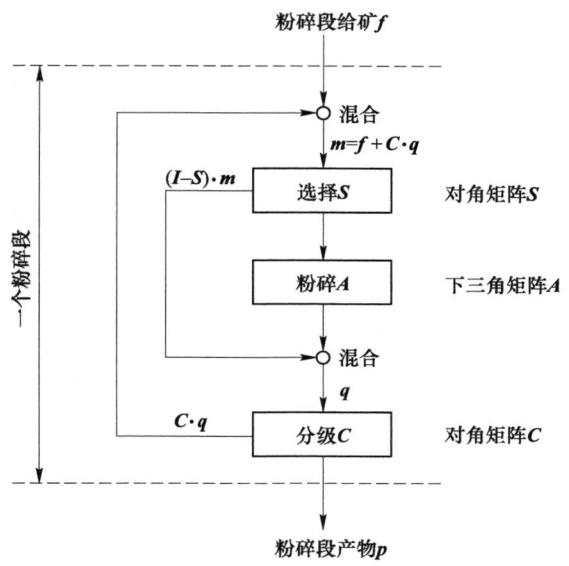

图 6-6　棒磨机模型中的一个粉碎段

率（或质量分数）。A 是一个代表表观函数的 $n×n$ 下三角矩阵，简称表观函数矩阵，其各列元素表示各粒级物料粉碎后碎块的粒度分布。C 是一个代表分级函数的 $n×n$ 对角矩阵，简称分级矩阵，其各非对角线元素均为 0，各对角线元素表示各粒级物料经分级作用后依然留在本段的质量分数。一个粉碎段内物料混合和分级作用的质量平衡方程为

$$m = f + C \cdot q \tag{6-60}$$

$$q = (I - S) \cdot m + A \cdot S \cdot m \tag{6-61}$$

$$p = (I - C) \cdot q \tag{6-62}$$

将式（6-61）代入式（6-62）得

$$p = (I - C) \cdot (I - S + A \cdot S) \cdot m \tag{6-63}$$

将式（6-61）代入式（6-60）得

$$m = f + C \cdot (I - S + A \cdot S) \cdot m \tag{6-64}$$

或者

$$[I - C \cdot (I - S + A \cdot S)] \cdot m = f \tag{6-65}$$

从而有

$$m = [I - C \cdot (I - S + A \cdot S)]^{-1} \cdot f \tag{6-66}$$

将式（6-66）代入式（6-63）可得

$$p = (I - C) \cdot (I - S + A \cdot S) \cdot [I - C \cdot (I - S + A \cdot S)]^{-1} \cdot f \tag{6-67}$$

其中，I 为 $n×n$ 单位矩阵；上标-1 表示矩阵求逆。将式（6-67）与式（6-16）相

比较可知，此粉碎段的粉碎矩阵 $\boldsymbol{M}$ 为

$$\boldsymbol{M} = (\boldsymbol{I} - \boldsymbol{C}) \cdot (\boldsymbol{I} - \boldsymbol{S} + \boldsymbol{A} \cdot \boldsymbol{S}) \cdot [\boldsymbol{I} - \boldsymbol{C} \cdot (\boldsymbol{I} - \boldsymbol{S} + \boldsymbol{A} \cdot \boldsymbol{S})]^{-1} \quad (6\text{-}68)$$

若棒磨机模型由 v 个粉碎段构成，则棒磨机的粉碎矩阵为 $\boldsymbol{M}^v$（即 v 个 $\boldsymbol{M}$ 的乘积），棒磨机给矿粒度分布 $\boldsymbol{f}_{磨机}$ 和产物粒度分布 $\boldsymbol{p}_{磨机}$ 的关系为

$$\boldsymbol{p}_{磨机} = \boldsymbol{M}^v \cdot \boldsymbol{f}_{磨机} \quad\quad\quad (6\text{-}69)$$

为了能够利用此模型由已知的 $\boldsymbol{f}_{磨机}$ 计算未知的 $\boldsymbol{p}_{磨机}$，需要确定矩阵 $\boldsymbol{S}$、$\boldsymbol{A}$、$\boldsymbol{C}$ 以及粉碎段数 v。

对角矩阵 $\boldsymbol{S}$ 中的各对角线元素 S_i 代表各粒级颗粒被碎的概率，其取值与颗粒粒度 x 的函数关系可用如下解析式来表达

$$S(x) = \begin{cases} 1 & \left(x \geqslant \dfrac{1 - S_0}{K} \right) \\[3mm] K \cdot x + S_0 & \left(X_C < x < \dfrac{1 - S_0}{K} \right) \\[3mm] K \cdot X_C + S_0 & (x \leqslant X_C) \end{cases} \quad (6\text{-}70)$$

棒磨机粉碎模型中的选择函数，如图 6-7 所示，在一定的粒度范围内，颗粒的被碎概率随其粒度的增大而线性地增大。此函数关系可用 K、S_0 和 X_C 3 个参数来完整描述：K 和 S_0 分别是此线性函数的斜率和截距，X_C 为此线性关系的粒度下限，粒度小于此下限时颗粒的被碎概率保持不变。不难看出，此线性关系的粒度上限为 $(1 - S_0)/K$，粒度大于此上限的颗粒被碎概率均为 1（全部被碎）。

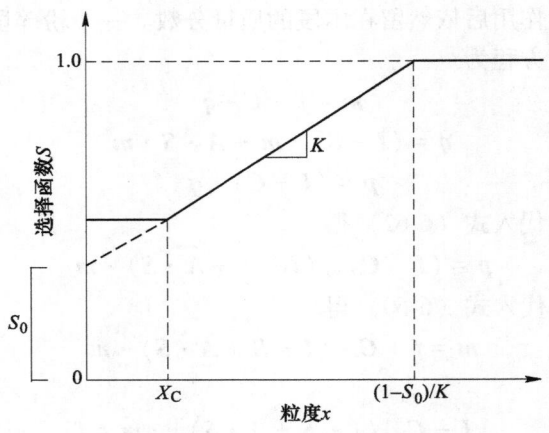

图 6-7　棒磨机粉碎模型中的选择函数

下三角矩阵 $\boldsymbol{A}$ 中的各列元素代表各粒级粉碎的表观函数（即碎块的粒度分布）。确定此矩阵中各元素的取值时常用的一个简化假设是各粒级的表观函数具有自相似性，也就是说，若表达为以原始粒度为基准的相对粒度分布，则各粒级

的表观函数是一致的。具体矿石物料粉碎的表观函数最好是根据窄粒级单颗粒粉碎试验结果确定，在早期的建模研究中也常采用 RRSB 分布函数的变形式

$$A(x,y) = \frac{1 - \mathrm{e}^{-\frac{x}{y}}}{1 - \mathrm{e}^{-1}} \tag{6-71}$$

作为默认的表观函数进行棒磨机磨矿的模拟计算。这里 $A(x,y)$ 表示粒度为 y 的颗粒被碎后产生的粒度小于 x 的那部分碎块的质量分数。显然，此式是碎裂函数表达式（6-48）在拟合参数 u 取值为 1 时的特例。

对角矩阵 C 中的各对角线元素 C_i 代表各粒级物料经分级作用后依然留在本段的质量分数。对于以筛比 $\sqrt{2}$ 划分的各粒级，分级函数 $C_i(i = 1,2,\cdots,n)$ 通常的取值系列为 1.0，0.5，0.25，0.125，0.063，…，如此继续。其中粒级 1 的分级函数 $C_1 = 1.0$ 表示进入本段的物料中所有最粗粒级物料都在本段内被粉碎，本段产物中无最粗粒级物料。

经验表明，在棒磨机正常作业条件范围内，磨机给矿速率与粉碎段数 v 的1.5 次方的乘积约为一个常数，这个常数被称为磨机常数。若以 Q 表示磨机给矿速率、以 M_C 表示磨机常数，则有

$$M_C = Q \cdot v^{3/2} \tag{6-72}$$

由此可得根据磨机常数和给矿流量计算粉碎段数 v

$$v = \left(\frac{M_C}{Q}\right)^{2/3} \tag{6-73}$$

将此棒磨机模型应用于具体矿石棒磨磨矿作业的模拟时，通常是先根据物料试验及流程考查结果对在某个作业条件下运行的基准磨机进行待定模型参数的拟合，求出这些参数的最佳估计值，再在此基础上考虑磨机尺寸及作业条件变化对于这些参数的影响。

在此模型中，磨机常数被用于预测磨矿条件变化对磨矿效果的影响。若已知基准磨机的磨机常数 $M_{C(基准)}$，可用下式估算模拟磨机在不同磨机尺寸及作业条件下的磨机常数 $M_{C(模拟)}$

$$M_{C(模拟)} = M_{C(基准)} \cdot K_1 \cdot K_2 \cdot K_3 \tag{6-74}$$

其中，K_1、K_2 和 K_3 分别为反映磨机尺寸、介质充填率和转速率影响的比例系数，其计算式为

$$K_1 = \left(\frac{D_{模拟}}{D_{基准}}\right)^{2.5} \cdot \frac{L_{模拟}}{L_{基准}} \tag{6-75}$$

$$K_2 = \frac{1 - \varphi_{模拟}}{1 - \varphi_{基准}} \cdot \frac{\varphi_{模拟}}{\varphi_{基准}} \tag{6-76}$$

$$K_3 = \frac{\psi_{模拟}}{\psi_{基准}} \tag{6-77}$$

其中，$D_{基准}$ 和 $D_{模拟}$ 分别为基准磨机和模拟磨机筒体的内径；$L_{基准}$ 和 $L_{模拟}$ 分别为基准磨机和模拟磨机筒体的有效长度；$\varphi_{基准}$ 和 $\varphi_{模拟}$ 分别为基准磨机和模拟磨机的介质充填率；$\psi_{基准}$ 和 $\psi_{模拟}$ 分别为基准磨机和模拟磨机的转速率。此模型适用的磨机尺寸及作业条件范围为：磨机长径比 1.2~1.6；磨机长度不超过 7 m；介质充填率 30%~45%；转速率 50%~80%。

研究表明，由磨机常数估算粉碎段数的式（6-73）仅适合于磨机工作负荷较轻的场合。当棒磨机处在接近最大处理量的工作状态时，还需考虑给矿粒度的影响。包含给矿粒度影响修正项的粉碎段数计算为

$$v_{模拟} = \left(\frac{M_{C(模拟)}}{Q_{模拟}}\right)^{2/3} + \ln\frac{F_{90(基准)}}{F_{90(模拟)}} / \ln\sqrt{2} \qquad (6\text{-}78)$$

其中，$v_{模拟}$、$M_{C(模拟)}$ 和 $Q_{模拟}$ 分别为模拟磨机的粉碎段数、磨机常数和给矿速率，$F_{90(基准)}$ 和 $F_{90(模拟)}$ 分别为基准磨机和模拟磨机给矿的 F_{90} 粒度（即给矿的 90% 通过粒度）。需要注意的是，由此式（6-73）算出的粉碎段数 v 值通常不是整数，而采用式（6-69）计算模拟磨机的产物粒度分布时，矩阵的非整数次方在数学上没有定义。对此本模型采用对两个整数次方的计算结果进行线性插值方法来定义矩阵的非整数次方计算。

本模型采用邦德功指数作为矿石硬度的指标，矿石硬度的效应通过建立选择函数随矿石功指数变化的函数关系来建模。在确定模拟磨机各粒级的选择函数时，先通过计算反映矿石硬度对选择函数影响的比例常数 K_4

$$K_4 = \frac{S_{基准}}{1 - S_{基准}} \cdot \left(\frac{W_{基准}}{W_{模拟}}\right)^{0.8} \qquad (6\text{-}79)$$

再采用下式求出模拟磨机的选择函数

$$S_{模拟} = \frac{K_4}{1 + K_4} \qquad (6\text{-}80)$$

其中，$W_{基准}$ 和 $W_{模拟}$ 分别为基准磨机和模拟磨机物料的邦德功指数，$S_{基准}$ 和 $S_{模拟}$ 分别为基准磨机和模拟磨机对应粒级的选择函数。此模型的研发时间早于 JKMRC 窄粒级单颗粒粉碎试验技术的研发，建模时未考虑矿石硬度对表观函数的影响。

6.4.3 球磨机模型

怀登的完全混合球磨机模型是一种简单实用的球磨机粉碎模型，此模型的建模思路已在 6.3.3 节中介绍过，这里不再赘述。根据总量平衡原理导出的模型表达式（6-43）为

$$f_i + \sum_{j=1}^{i}\left(a_{i,j}\frac{r_j}{d_j}p_j\right) - p_i - \frac{r_i}{d_i}p_i = 0 \qquad (i = 1, 2, \cdots, n)$$

各符号的具体含义参见 6.3.3 节中的有关内容。此模型的特点是：（1）在假设机

内物料完全混合的基础上定义各粒级排矿速率 d_i；（2）将粉碎速率与排矿速率的比值（r_i/d_i）作为一个综合参数来表达粉碎速率与排矿速率影响的总效果；（3）给矿粒度组成与排矿粒度组成的关系由各粒级物料粉碎速率与排矿速率的比值及表观函数决定。

一般来说，各粒级的排矿速率 d_i 因给矿物料在机内的平均停留时间不同而异，后者是磨机容积及给矿体积流量的函数。为考虑给矿物料停留时间变化的影响，可定义如下基于单位停留时间的相对排矿速率 d_i'

$$d_i' = d_i \cdot \frac{D^2 L}{4Q} \tag{6-81}$$

并以比值 r_i/d_i' 代替比值 r_i/d_i 作为反映粉碎与排矿速率影响的综合参数。其中，D 和 L 分别为球磨机的直径和长度；Q 为球磨机给矿的体积流量。

小颗粒物料的流动与排出行为与水相似，其排矿速率 d_i' 接近于 1；在有效分级粒度（约为球径的 1/4 或是排矿格子孔尺寸）附近排矿速率随粒度的增大迅速减小，如图 6-8（a）所示。而粉碎速率 r_i 则倾向于随粒度的增大迅速增大，在给矿最大粒度附近增速放缓，有时甚至会减小，如图 6-8（b）所示。综合两者的作用可推断比值 r_i/d_i' 随粒度变化的趋势是：在细粒端与速率曲线的趋势一致；在粗粒端视具体物料的不同可以持续增大或是有一个极大值。

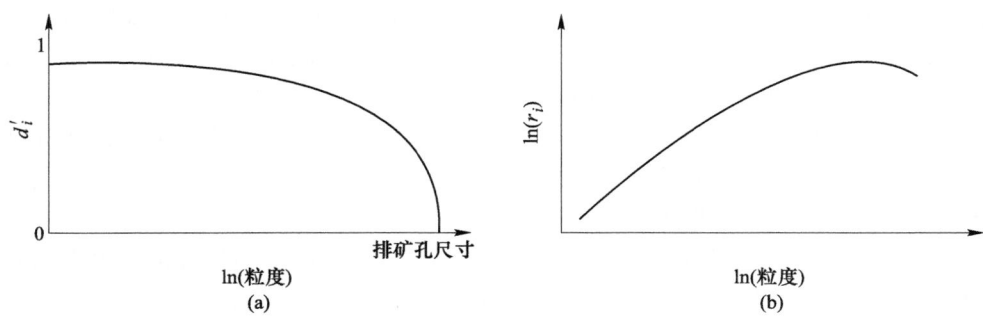

图 6-8 球磨机排矿速率和粉碎速率均为粒度的函数
（a）典型的球磨机排矿速率曲线；（b）典型的球磨机粉碎速率曲线

若已知物料粉碎的表观函数，只要测得给矿和产物的粒度分布，就可用回算法从最粗粒级开始逐粒级求出各粒级的 r_i/d_i'，从而描述这个磨矿过程。对于大多数球磨磨矿，比值 r_i/d_i' 应该是随粒度连续平滑地变化的，但回算法得到的数据点一般都是波动的，这往往与粒度分布数据的测量误差有关。对此可采用样条函数拟合的方法来获得平滑的曲线：挑选几个特定的节点来定义这条曲线。球磨机的粉碎与排矿性能可通过 3~4 个节点数据来描述，如图 6-9 所示。一般的做法是，选择合适的粒度（$X_1 \sim X_4$）后，采用合适的寻优算法来寻找一套合适的 r_i/d_i'

比值的估计值，使得预测的产物粒度分布与实测的产物粒度分布之间偏差的平方和为最小。

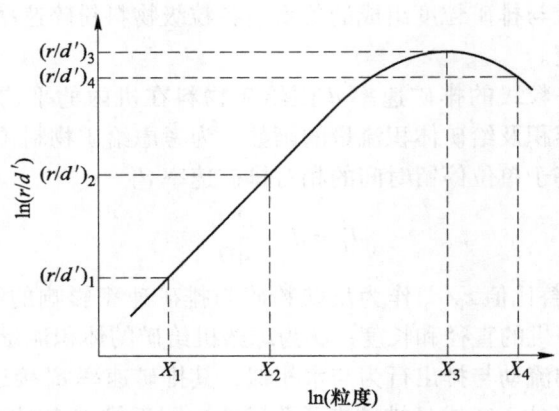

图 6-9　粉碎速率与排矿速率比值粒度的函数

　　具体矿石粉碎的表观函数一般是通过专门的窄粒级实验室粉碎试验来确定。用于球磨粉碎的表观函数可通过对特定粒级（-5.6+4.75 mm）颗粒在特定能量输入水平（4.1 J）下的单粒粉碎试验（双摆锤试验或非标准落重试验）来直接测定，或者通过对标准落重试验结果进行往细粒/高比能耗方向的外推来间接估计。此球磨机模型采用了表观函数具有自相似性的简化假设，即认为同一套以相对粒度表示的表观函数数据可适用于所有粒级。

　　此球磨机模型主要用于在设备的尺度缩放及作业条件变化计算中考虑磨机尺寸、充填率、转速率、介质尺寸、矿石硬度等因素条件对模型拟合参数的影响，预测设计磨机的粉碎结果和功率消耗。

　　这里的设备的尺度缩放及作业条件变化对模拟计算的影响是直接作用于比值函数（r_i/d_i'）之上的。若已知基准磨机的比值函数（r_i/d_i'）$_{基准}$，可用下式估算模拟磨机在不同磨机尺寸及作业条件下的比值函数（r_i/d_i'）$_{模拟}$

$$(r_i/d_i')_{模拟} = (r_i/d_i')_{基准} \cdot K_1 \cdot K_2 \cdot K_3 \cdot K_4 \tag{6-82}$$

其中，K_1、K_2、K_3 和 K_4 分别为反映磨机尺寸、介质充填率、转速率及矿石硬度影响的比例系数，其可计算为

$$K_1 = \left(\frac{D_{模拟}}{D_{基准}} \right)^{0.5} \tag{6-83}$$

$$K_2 = \frac{1 - \varphi_{模拟}}{1 - \varphi_{基准}} \cdot \frac{\varphi_{模拟}}{\varphi_{基准}} \tag{6-84}$$

$$K_3 = \frac{\psi_{模拟}}{\psi_{基准}} \tag{6-85}$$

$$K_4 = \left(\frac{W_{基准}}{W_{模拟}}\right)^{0.8} \tag{6-86}$$

其中，$D_{基准}$ 和 $D_{模拟}$ 分别为基准磨机和模拟磨机筒体的内径；$\varphi_{基准}$ 和 $\varphi_{模拟}$ 分别为基准磨机和模拟磨机的介质充填率；$\psi_{基准}$ 和 $\psi_{模拟}$ 分别为基准磨机和模拟磨机的转速率；$W_{基准}$ 和 $W_{模拟}$ 分别为基准磨机和模拟磨机物料的邦德功指数。此球磨机模型适用的作业条件范围为：介质充填率 30%~45%；转速率 55%~80%。

需要注意的是，式（6-83）所表达的 K_1 与磨机直径 D 的 0.5 次方成正比的关系是附加在相对排矿速率 d'_i 的定义之上的。根据式（6-83），d'_i 与磨机直径 D 的 2 次方成正比，总效应是比值函数（r_i/d'_i）与磨机直径 D 的 2.5 次方成正比。而磨机长度 L 的效应已包含在相对排矿速率 d'_i 的定义中，没必要在式（6-82）中作进一步的考虑。

本模型中矿石硬度采用邦德球磨功指数来度量，这里功指数的作用仅是在考虑磨矿设备的尺度缩放效应时作为粉碎速率的影响因子之一，这与采用功耗法进行球磨机选型计算时作关键的物料参数是完全不同的。

在本球磨机模型中，钢球尺寸（最大球径）对磨矿效果的影响也被归结到对 r_i/d'_i 比值的影响。一般情况下可将球磨机内物料的粉碎分为冲击粉碎与磨剥粉碎两种机制。通常可假设粒度大于某个特定粒度 X_m 之后，冲击粉碎起主要作用，而粒度小于 X_m 时主要为磨剥粉碎起主要作用，一般还可进一步假设此 X_m 等同于具有最大粉碎速率的粒度。此 X_m 粒度与最大球径 b（mm）有如下关系

$$X_m = K \cdot b^2 \tag{6-87}$$

其中，K 为最大粉碎速率因子，其取值约为 4.4×10^{-4}。若已知 X_m，可由式（6-87）计算 K。利用 JKSimMet 软件包提供的绘图功能有助于确定这个 X_m 值。在考虑球径效应时，式（6-87）被用于调整各样条节点处的 r_i/d'_i 值。

对于粒度小于 X_m 的粒级，磨剥粉碎占主导地位，速率比值按与钢球比表面积成正比的方式调整

$$(r_i/d'_i)_{模拟} = (r_i/d'_i)_{基准} \cdot \frac{1/b_{模拟}}{1/b_{基准}} = (r_i/d'_i)_{基准} \cdot \frac{b_{基准}}{b_{模拟}} \tag{6-88}$$

对于粒度大于 X_m 的粒级，冲击粉碎占主导，速率比值按与钢球直径的平方正比的方式调整

$$(r_i/d'_i)_{模拟} = (r_i/d'_i)_{基准} \cdot \left(\frac{b_{模拟}}{b_{基准}}\right)^2 \tag{6-89}$$

速率比值（r_i/d'_i）随钢球直径和颗粒粒度的变化趋势，如图 6-10 所示。

6.4.4 自磨/半自磨机模型

JKMRC 的自磨/自磨机模型是当今业界在自磨/半自磨机模拟计算上用得较

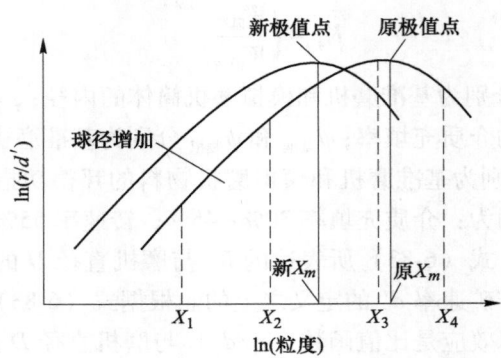

图 6-10　速率比值（r_i/d_i'）随球径的变化

多的数学模型。历经多年的研发与改进，JKMRC 的自磨/半自磨机模型已从早期相对简单的梁氏（Leung）（固定速率）自磨/半自磨机模型发展到较为完善的变速率半自磨机模型。这些模型均已被集成到 JKSimMet 软件中，在自磨/半自磨回路设计及作业条件优化实践中得到广泛应用。

如图 6-11 所示，JKMRC 的自磨/半自磨机模型的基本点是将机内矿石物料的破碎机理划分为高能冲击破碎和低能磨剥破碎两种类型，并采用机内物料完全混合的假设来简化对机内物料输运、分级及排矿的建模。根据总量平衡原理导出的模型表达式（6.3.3 节中的式（6-37））为

$$f_i + \sum_{j=1}^{i} a_{i,j} r_j s_j - p_i - r_i s_i = 0 \qquad (i = 1, 2, \cdots, n)$$

式中各符号的意义参见 6.3.3 节中的相关内容。此表达式的含义为磨矿机在稳态运行时，对于任何一个粒级来说都应满足质量平衡关系，即给矿料流中该粒级的

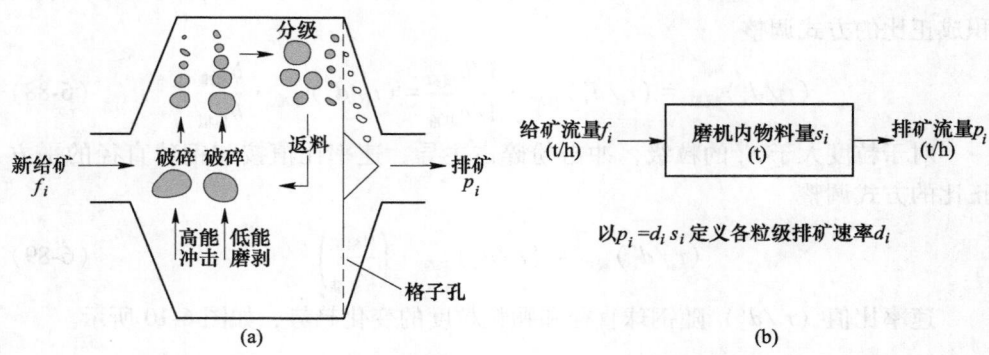

图 6-11　JKMRC 自磨/半自磨机模型基本原理示意图
（a）机内物料破碎与分级作用机制；（b）粒级排矿速率 d_i 定义

流量加上因颗粒破碎单位时间从其他粒级转入该粒级的物料量，应该等于排矿料流中该粒级的流量加上因颗粒破碎单位时间离开该粒级的物料量。

将粒级 i 的排矿速率 d_i 定义为单位时间排出质量占机内保有量的分数，即有 $p_i = d_i s_i$。若 p_i 与 s_i 的单位分别为 t/h 与 t，则 d_i 的单位为 h^{-1}。一般来说，各粒级排矿速率 d_i 是粒度的函数。将此定义式代入式（6-37），可得

$$f_i + \sum_{j=1}^{i} a_{i,j} r_j s_j - d_i s_i - r_i s_i = 0 \qquad (i = 1, 2, \cdots, n)$$

此模型表达式与前述的完全混合球磨机模型式（6-40）一致，与球磨机模型不同的是，在自磨/半自磨机模型中对颗粒破碎速率和排矿速率分别进行了建模而不是合并为一个综合参数来处理。

JKMRC 的自磨/半自磨机模型对机内矿石破碎的表观函数、破碎速率以及各粒级物料的排矿速率分别进行了数学建模。建模的基本思路是：（1）矿石破碎的表观函数由落重试验及滚筒磨剥试验获得的 3 个物料参数 A、b 和 t_a 确定；（2）颗粒破碎速率与颗粒粒度的关系通过一条样条函数来描述，此样条函数在几个特定粒度位置的取值是磨机直径、磨机转速、装球率和配球大小、给矿粒度、顽石返回比例等因素的函数；（3）磨机排矿的体积流量与机内矿浆保有量、磨机直径、磨机转速、排矿格子孔总面积以及格子孔平均径向位置的关系采用一个经验模型来定量表达，而决定各粒级物料排出速率的分级函数则利用半对数坐标图中的一条直线来近似描述。

6.4.4.1 表观函数建模要点

表观函数描述矿石颗粒破碎时所产生碎块的粒度分布。JKMRC 自磨/半自磨机模型中的表观函数由高能组分和低能组分两个部分构成。前者对应于矿石颗粒经受高比能耗冲击破碎作用时的表观函数，由单粒冲击破碎试验（落重试验）测得的物料参数 A 和 b 确定；后者对应于矿石颗粒经受低比能耗剥磨破碎作用时的表观函数，由滚筒剥磨试验获得的物料参数 t_a 确定。

一套标准的落重试验包含对 5 个窄粒级物料各进行 3 个比能耗水平的单粒冲击粉碎试验，即一共有 15 个粒度/比能耗组合。标准落重试验规定的 5 个窄粒级为 −63+53 mm，−45+37.5 mm，−31.5+26.5 mm，−22.4+19 mm 和 −16+13.2 mm；比能耗变化范围为 0.1~2.5 kW·h/t。将不同试验条件下获得的碎块产物分别收集筛析，获得 15 套不同粒度/比能耗条件下碎块产物的粒度分布数据。

JKMRC 的粉碎模型通常采用负累计粒度分布曲线上的一组特殊点（t_n 值）来表征颗粒破碎的表观函数，为此将碎块产物中粒度小于原始颗粒尺寸 $1/n$ 的那部分物料所占的百分数定义为该分布曲线的 t_n 值，n 的典型取值为 2、4、10、25、50 和 75。每个 t_n 值代表粒度分布曲线上的一个点，其中 t_{10} 值（即 $n = 10$ 时

的 t_n 值）被选定作为表征原始颗粒被碎程度的指标。t_{10} 值越大，原始颗粒被碎程度越高。一般来说，t_{10} 值随破碎比能耗的增大而增大，但其增幅随比能耗的增大逐渐减小。JKMRC 采用指数函数

$$t_{10} = A(1 - e^{-b \cdot E}) \tag{6-90}$$

来描述 t_{10} 与比能耗 E 的关系，其中 A 和 b 是拟合参数，可根据落重试验的数据由最小二乘非线性回归方法求出。参数 A 和 b 是表征矿石抵抗冲击破碎能力的物料特性参数。参数 A 的意义是比能耗 E 趋于无穷大时 t_{10} 的取值上限，参数 b 影响 t_{10}-E 关系曲线在不同位置的斜率。A 和 b 的乘积等于该曲线在 $E = 0$ 处的斜率，$A \times b$ 越大，给定比能耗条件下的破碎产物越细。图 6-12 以某一金矿石为例给出关于该矿石物料 t_{10}-E 关系的落重试验测定结果及相应的指数函数拟合曲线。

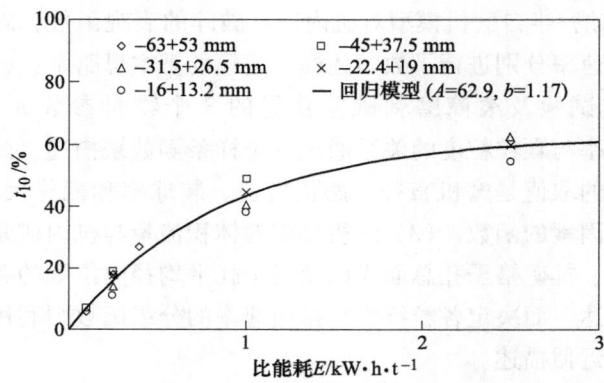

图 6-12　某金矿石 t_{10}-E 关系的落重试验结果及指数函数拟合曲线

　　自磨磨矿的介质来自机内料荷，介质能够提供的最大冲击能量来自最粗粒级颗粒（矿块）被提升至一定高度后下落所具有的势能，下落高度与磨机直径有关。JKMRC 的自磨/半自磨模型采用机内料荷粗粒端前 20% 物料颗粒的平均粒度来计算介质能够提供的最大冲击能量，并据此推算最大粒级物料冲击破碎的比能耗 E_1，再利用经验公式

$$E_i = E_1 \cdot \left(\frac{x_1}{x_i}\right)^{1.5} \tag{6-91}$$

估算其他粒级的冲击破碎比能耗。这里 x_i 和 E_i 分别为粒级 i 的平均粒度和冲击破碎比能耗；x_1 和 E_1 分别为粒级 1（即最粗粒级）的平均粒度和冲击破碎比能耗。对于半自磨磨矿，可认为添加钢球的效应与在磨机负荷中增加与钢球等重矿块的效应大致相当。求得各粒级冲击破碎比能耗之后，利用式（6-90）计算各粒级冲击破碎的 t_{10} 值，并利用一套标准的表达冲击破碎表观函数 t_n 与 t_{10} 关系的节点数据（表 6-1），采用样条函数插值法计算各粒级冲击破碎的表观函数。关于表观

函数的 t_n 与 t_{10} 关系表示法及相关计算方法的详细描述参见 6.3.4 节的有关内容。求出以负累计产率（即 t 值）形式表示的表观函数后，还需将它转换为以粒级产率表示的形式（即 $a_{i,j}$ 值），方可用于各粒级物料的质量平衡计算。

表 6-1　JKMRC 自磨/半自磨模型高能冲击破碎表观函数(%)节点数据 t_n 与 t_{10} 的关系

t_{10}	t_{75}	t_{50}	t_{25}	t_4	t_2
0	0	0	0	0	0
10	2.33	3.06	4.98	23.33	50.53
30	6.89	9.41	15.62	61.58	92.49
50	10.32	14.71	25.88	82.86	96.47

计算低能磨剥破碎表观函数所需的物料参数 t_a 由对窄粒级颗粒群的滚筒磨剥试验确定。此磨剥试验的做法是将 3 kg、-53+38 mm 粒级的矿石颗粒置于带有 4 个 6 mm 提升条的 ϕ305 mm×305 mm 滚筒磨机中，在不加任何磨矿介质的条件下以 70% 的转速率（53 r/min）滚翻跌落 10 min；对如此获得的产物进行筛析，得到该产物的粒度分布及其 t_{10} 值。表征矿石抗磨剥特性的物料参数 t_a 定义为此 t_{10} 值的 1/10，即 $t_a = t_{10}/10$。磨剥试验产物粒度通常呈双峰分布。参数 t_a 的取值范围一般为 0.2~2，t_a 值低于 0.2 表示矿石抗磨剥破碎能力非常强，t_a 值高于 2 表示矿石抗磨剥破碎能力非常弱。

各种矿石物料磨剥试验产物的表观函数（负累计粒度分布）曲线往往都具有相似的形状。此曲线的形状可通过为一组样条节点的 t 值各引入一个相对于 t_{10} 值的缩放因子来表达，使得各节点的 t 值等于此缩放因子乘以参数 t_a。显然，粗粒节点的缩放因子大，细粒节点的缩放因子小，节点 t_{10} 的缩放因子为 1。JKMRC 自磨/半自磨模型假设各粒级磨剥破碎产物的负累计粒度分布曲线具有相同的形状，并可采用表 6-2 中的各样条节点的缩放因子来描述这条曲线。基于这些节点数据及参数 t_a，可利用样条函数插值法求出任意粒度所对应的以负累计产率表示的表观函数值（即 t 值），继而算出用于质量平衡计算的以粒级产率表示的表观函数值（即 $a_{i,j}$ 值）。

表 6-2　磨剥破碎表观函数各节点 t 值相对于 t_{10} 值的缩放因子

t 值节点	$t_{1.25}$	$t_{1.5}$	t_{10}	t_{100}	t_{250}	t_{500}
t 值缩放因子	2.687	1.631	1.000	0.937	0.807	0.637

低能磨剥破碎碎块的粒度分布不受颗粒粒度影响，而高能冲击破碎碎块的粒度分布与原始颗粒的粒度有关。根据式（6-91）及式（6-90），随着颗粒粒度的减小，冲击破碎比能耗及相应的 t_{10} 参数增大。一般来说，大颗粒破碎以磨剥机制为主，小颗粒破碎以冲击机制为主。为了综合考虑这两种破碎机制的作用效

果，JKMRC 的自磨/半自磨机模型采用将高能冲击破碎的表观函数与低能磨剥破碎的表观函数按一定比例组合在一起的方法为各粒级生成一套联合表观函数，用于各粒级物料的质量平衡计算。此联合表观函数的计算为

$$a = \frac{t_{LE} \cdot a_{LE} + t_{HE} \cdot a_{HE}}{t_{LE} + t_{HE}} \tag{6-92}$$

其中，a 为联合表观函数的 $a_{i,j}$ 值；a_{LE} 和 a_{HE} 分别为低能磨剥破碎和高能冲击破碎表观函数的 $a_{i,j}$ 值；t_{LE} 和 t_{HE} 分别为低能磨剥破碎和高能冲击破碎的 t_{10} 参数值。

6.4.4.2 破碎速率的建模

自磨/半自磨机内各粒级物料的破碎速率是颗粒粒度的函数，此函数曲线通常呈现一种"之"字形走向，如图 6-13 所示。JKMRC 自磨/半自磨模型采用一个五节点的样条函数来描述破碎速率随粒度的变化，这 5 个节点分别用 R_1、R_2、R_3、R_4 和 R_5 来表示，各自对应颗粒粒度为 0.25 mm、4 mm、16 mm、45 mm 和 128 mm 时的破碎速率。节点 R_1 和 R_2 决定细粒段各粒级物料的破碎速率，此区段内破碎速率随粒度的变化趋势与球磨机磨矿速率随粒度的变化相似；节点 R_3 处是破碎速率曲线的一个谷底，这里较低的破碎速率意味着粒度在此附近的颗粒（也称临界粒度颗粒）比较容易在机内累积，形成"顽石"；节点 R_3、R_4 和 R_5 决定粗粒段各粒级物料的破碎速率及其随粒度的变化趋势，反映大块矿石作为磨矿介质在磨机中被磨剥破碎的过程。对这 5 个进行样条函数插值，可求出总量平衡模型式（6-37）中各粒级的破碎速率 $r_i(i = 1, 2, \cdots, n)$。

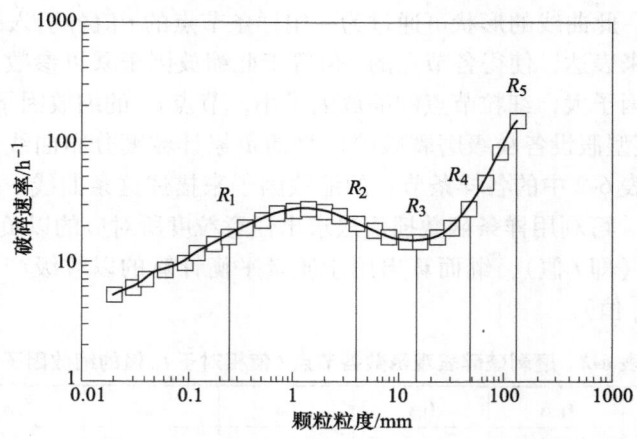

图 6-13   自磨/半自磨磨矿各粒级破碎速率与颗粒粒度关系曲线

早期的梁氏模型在通过实验室单粒粉碎试验获得矿石物料粉碎特性参数的基础上，为特定作业条件下的自磨/半自磨磨矿进行建模。对于自磨磨矿和半自磨磨矿，梁氏模型各采用一条固定的五节点样条函数来表达破碎速率与粒度的关

系。表6-3列出这5个样条节点粒度处破碎速率 R 的对数值。表中数据是在磨机转速率70%、给矿固体浓度60%~70%条件下对自磨磨矿和半自磨磨矿的最佳拟合值。其他作业条件下的破碎速率节点数据还需要通过模型拟合方法来确定。

表6-3 梁氏模型中描述破碎速率 $R(\text{h}^{-1})$ 与颗粒粒度关系的样条节点数据

节点编号	1	2	3	4	5
节点粒度/mm	0.25	4	16	45	128
$\ln(R)$-自磨磨矿	2.63	4.04	3.32	1.98	3.37
$\ln(R)$-半自磨磨矿	2.18	4.44	3.58	2.75	4.08

在梁氏模型基础上发展起来的变速率模型增加了对破碎速率随磨矿作业条件（如磨机转速，固体浓度，格子板开孔面积，衬板特性及矿浆流变性等）的依赖关系的建模。为定量描述作业条件对破碎速率分布的影响，将这5个节点粒度处的破碎速率值随作业条件的变化进行回归分析，得出

$$\ln(R_1) = [k_{11} + k_{12} \cdot \ln(R_2) - k_{13} \cdot \ln(R_3) + J_B \cdot (k_{14} - k_{15} \cdot F_{80}) - D_B]/S_b \tag{6-93}$$

$$\ln(R_2) = k_{21} + k_{22} \cdot \ln(R_3) - k_{23} \cdot \ln(R_4) - k_{24} \cdot F_{80} \tag{6-94}$$

$$\ln(R_3) = S_a + [k_{31} + k_{32} \cdot \ln(R_4) - k_{33} \cdot R_r]/S_b \tag{6-95}$$

$$\ln(R_4) = S_b \cdot [k_{41} + k_{42} \cdot \ln(R_5) + J_B \cdot (k_{43} + k_{44} \cdot F_{89})] \tag{6-96}$$

$$\ln(R_5) = S_a + S_b \cdot [k_{51} + k_{52} \cdot F_{80} + J_B \cdot (k_{53} - k_{54} \cdot F_{80}) - 3 \cdot D_B] \tag{6-97}$$

式中　S_a——磨机转数缩放因子，$S_a = \ln$（磨机每分钟转数/23.6）；

　　　S_b——磨机转速率缩放因子，S_b = 磨机转速率/0.75；

　　　D_B——磨机直径缩放因子，$D_B = \ln$（磨机直径/90）；

　　　J_B——磨机装球率（磨机内球荷及其间隙所占体积分数）；

　　　R_r——顽石返回比，$R_r = \dfrac{(-20 + 4)\text{mm} 粒级返回量(\text{t/h})}{新给矿量(\text{t/h}) + (-20 + 4)\text{mm} 粒级返回量(\text{t/h})}$；

　　　F_{80}——新给矿的80%通过粒度，mm；

　　　k_{ij}——回归系数，其取值见表6-4。

表6-4 JK变速率模型回归系数

j	k_{1j}	k_{2j}	k_{3j}	k_{4j}	k_{5j}
1	2.504	4.682	3.141	1.057	1.894
2	0.397	0.468	0.402	0.333	0.014
3	0.597	0.327	4.632	0.171	0.473
4	0.192	0.0085	—	0.0014	0.002
5	0.002	—	—	—	—

从这些关系式可以看出，较细粒级的破碎速率是较粗粒级速率的函数，即 R_1 是 R_2 和 R_3 的函数、R_2 是 R_3 和 R_4 的函数、R_3 是 R_4 的函数、R_4 是 R_5 的函数。按破碎速率可将机内物料分为磨矿介质粒级和产物粒级两大组，R_4 和 R_5 代表磨矿介质粒级（对应于粒度大于 30 mm 的颗粒）的破碎速率，其大小影响处理量；R_1、R_2 和 R_3 代表产物粒级（对应于粒度小于 30 mm 的颗粒）的破碎速率，其大小影响产物粒度。各粒级破碎速率随磨矿作业条件的变化关系较为复杂，一般需要在绘制整条破碎速率分布曲线（即破碎速率—粒度关系曲线）的基础上进行全面的分析比较。

6.4.4.3　排矿速率的建模

磨机排矿效果由机内物料的输运及格子孔分级作用共同决定。粒级 i 的排矿速率 d_i 是该粒级单位时间排出量占该粒级机内保有量的分数，其取值可计算如下

$$d_i = d_{max} \cdot C_i \tag{6-98}$$

其中，d_{max} 为最大排矿速率，它等于单位时间呈现给排矿格子孔的物料量占机内物料保有量的分数；C_i 为排矿格子孔的分级函数，即呈现给格子孔的粒级 i 物料中进入排矿料流的质量分数。

用于描述排矿格子孔分级作用的分级函数表达式为

$$C(x) = \begin{cases} 0 & (x \geq x_g) \\ \dfrac{\ln(x) - \ln(x_g)}{\ln(x_m) - \ln(x_g)} & (x_m < x < x_g) \\ 1 & (x \leq x_m) \end{cases} \tag{6-99}$$

其中，x_m 是一个边界粒度，小于它的颗粒若出现在格子位置时总是能通过格子孔，即流动行为与水相似，对一般矿石（硬质、无黏土）典型取值范围是 0.1~0.2 mm，对较黏的矿浆可达 1 mm。x_g 是格子孔尺寸，也就是能通过格子孔的颗粒的最大粒度。此分级函数在半对数坐标图中呈直线，如图 6-14（a）所示。若排矿格子板上除了格子孔外还开有一些砾石孔，用来以较小的速率排出一些粒度较大的颗粒，则此改变对分级曲线的影响，如图 6-14（b）所示。这里 x_p 是砾石孔的名义尺寸，f_p 是砾石孔所占面积占总开孔面积的分数，其典型的取值为 2%~5%，即 0.02~0.05。

最大排矿速率参数 d_{max} 需要通过迭代法确定，它应使得以下经验关系式得到满足

$$L = m_1 \cdot F^{m_2} \tag{6-100}$$

其中，L 为机内粒度小于格子孔尺寸物料的体积占磨机有效容积的分数；F 等于磨机给矿体积流量（min^{-1}）除以磨机有效容积，磨机稳态作业时它也等于磨机排矿体积流量除以磨机有效容积；m_2 值通常取 0.5；m_1 值默认取 0.37。

通过迭代方法确定最大排矿速率 d_{max} 的步骤，如图 6-15 所示，实际上这也就

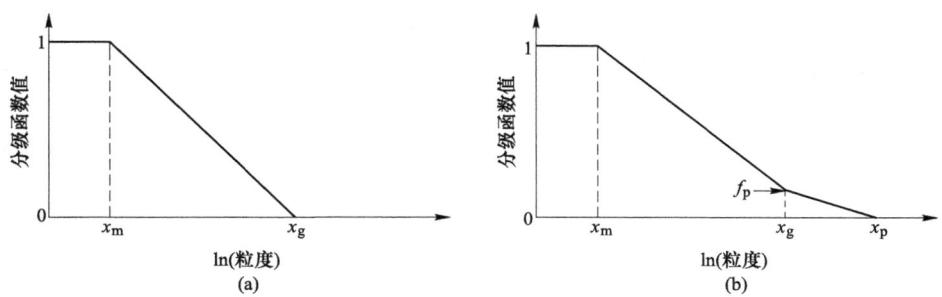

图 6-14 自磨/半自磨磨机排矿的分级函数
（a）格子孔排矿；（b）格子孔加砾石孔排矿

是 JKMRC 自磨/半自磨磨机模型计算磨机负荷中各粒级的量及磨矿产物中各粒级流量的通用算法。

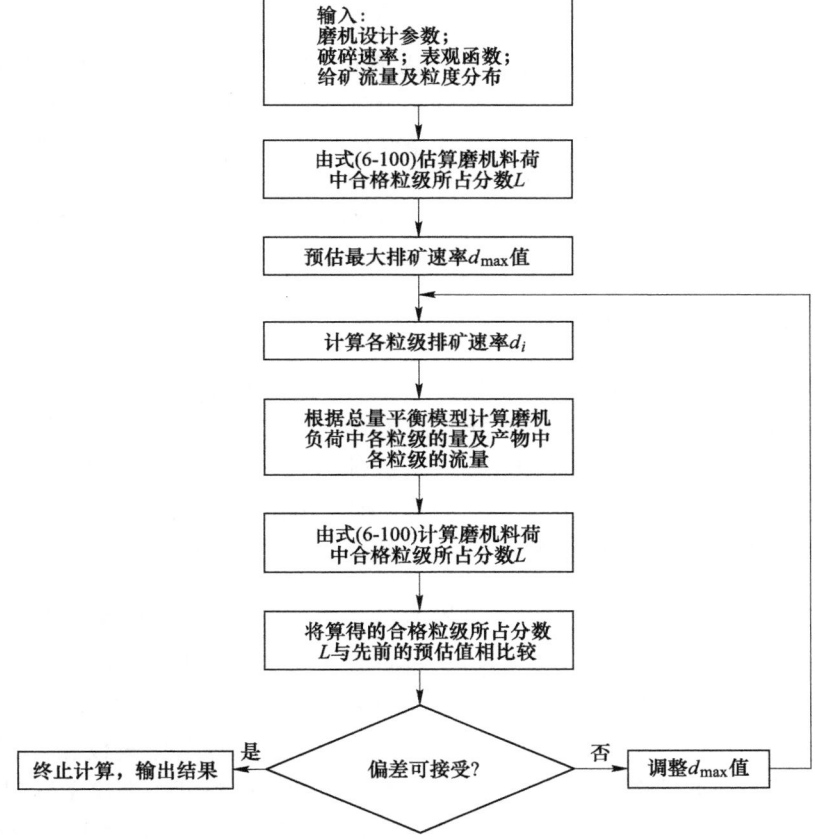

图 6-15 确定最大排矿速率参数 d_{max} 的迭代算法

在变速率模型中加入的矿浆输运模型将磨机排矿流量与机内矿浆保有量相关联，采用如下关系式表示机内矿浆保有量、磨机直径、格子孔开口面积、格子孔平均径向位置以及磨机转速等因素对磨机排矿体积流量的影响

$$Q = k \cdot J_p^2 \cdot \gamma^{2.5} \cdot A \cdot \phi^{-1.35} \cdot D^{0.5} \qquad (6\text{-}101)$$

式中　Q——格子孔排出矿浆的体积流量，m^3/h；

　　　J_p——机内矿浆体积占磨机容积的分数；

　　　D——磨机直径，m；

　　　ϕ——磨机转速率；

　　　A——格子板开孔总面积，m^2；

　　　k——排矿系数，初始估计值一般取 10000；

　　　γ——格子孔的平均径向位置，m，其计算式（加权平均法）为

$$\gamma = \frac{\sum r_i \cdot a_i}{r_m \cdot \sum a_i}$$

其中，r_i 为第 i 个格子孔的径向位置；a_i 为第 i 个格子孔的面积；r_m 为磨机半径。

此外，在 JKSimMet 软件内置的自磨/半自磨机模型中还整合进了一个磨机功耗预测模型，用于根据磨机尺寸和作业条件估算磨机的驱动功率。已知矿石的物料特性参数，可利用此软件由给矿条件（包括给矿固体流量、浓度及粒度分布）和设备作业条件（包括磨机尺寸和其他作业参数）通过模拟计算预测磨机负荷、驱动功率和排矿粒度分布。

6.4.5　高压辊磨机模型

一个能够反映矿石颗粒被碎机制的高压辊磨机粉碎模型除了需要为发生在两个压辊之间高压强压载区内的颗粒床粒间粉碎作用建模外，还应当考虑在压辊两端因压强降低而导致的粉碎作用减弱（边缘效应），以及给矿中粒度大于两辊间距的颗粒在进入高压强压载区之前会受到近似于单粒粉碎机制的预粉碎。

作为高压辊磨机粉碎模型的核心，粒间粉碎模型采用 $p_i = (1 - S_i)f_i + \sum_{j=1}^{i-1} b_{i,j} S_j f_j (i = 1, 2, \cdots, n)$ 所示的粒度离散化、不含时间变量的总量平衡模型来描述颗粒粉碎导致的物料质量在各粒级之间的传递与平衡。其中，各符号的含义详见 6.3.1 节中的有关内容。注意这里的物料参数 S_i 和 $b_{i,j}$ 表示的是窄粒级物料在颗粒床粒间粉碎作用下（而不是在单粒粉碎作用下）的选择函数和碎裂函数。此模型建模的基本思路是：（1）以粒度离散的总量平衡模型作为模型框架；（2）用选择函数和碎裂函数来定量表达各窄粒级物料的粉碎行为，两者均是被碎颗粒粒度和粉碎比能耗的函数；（3）用一个能量分配函数来定量描述颗粒床受载时粉碎能耗在各粒级之间的分配。

研究表明，粒间粉碎的选择函数 S 随粉碎比能耗 E 变化的关系可用指数函数

$$S = S_\infty \left\{ 1 - \exp\left[-\left(\frac{E}{E_C}\right)^\beta \right] \right\} \tag{6-102}$$

来描述，此关系式包含 3 个物料参数：S_∞ 为比能耗为无限大时选择函数趋近的极限值；E_C 是比值 S/S_∞ 为 0.632 时的比能耗值，可视为颗粒强度的一个度量指标；β 是曲线形状参数。颗粒粒度的影响未直接反映在上式中，而是隐含在与粒度有关的参数中。一般来说，β 是个与粒度无关的物料常数；S_∞ 受粒度影响的程度很小，也可视为常数；E_C 则明显地受粒度影响。E_C 值随着颗粒粒度 X 的减小而增大的关系可用函数式

$$E_C = E_C' \left(\frac{X_C}{X}\right)^{m_1} \tag{6-103}$$

来近似描述，其中，X_C 为可自由选择的基准粒度；E_C' 和 m_1 为拟合参数。这样，一种具体矿石物料的选择函数及其随颗粒粒度和粉碎比能耗的变化关系可由 1 个自由参数 X_C 及 4 个拟合参数 S_∞，β，E_C' 和 m_1 确定。

粒间粉碎的碎裂函数 $B(x)$ 可用"有上界的对数正态分布"（Truncated Logarithmic Normal Distribution，TLN）来描述。为此首先以 $B(x)$ 的粒度上界值 x_{max} 为基准来定义相对粒度 ξ

$$\xi = \frac{x}{x_{max}} \tag{6-104}$$

并标记

$$\mu = \frac{x_{50}}{x_{max}}; \ \xi_{84} = \frac{x_{84}}{x_{max}}; \ \xi_{16} = \frac{x_{16}}{x_{max}}$$

其中，x_{16}、x_{50} 和 x_{84} 分别代表分布函数取值为 0.16、0.50 和 0.84 时的 x 值。然后对 ξ 进行如下的有界化变换

$$\eta = \frac{\xi}{1-\xi} \tag{6-105}$$

并标记

$$\eta_{50} = \frac{\mu}{1-\mu}; \ \eta_{84} = \frac{\xi_{84}}{1-\xi_{84}}; \ \eta_{16} = \frac{\xi_{16}}{1-\xi_{16}}$$

当自变量 x 趋于粒度上界值 x_{max} 时相对粒度 ξ 趋于 1，而变换后的新变量 η 则趋于无穷大。如此获得的新变量 η 应遵从对数正态分布，即有

$$\sigma = \frac{\ln\eta_{84} - \ln\eta_{16}}{2} = \frac{1}{2}\ln\frac{\eta_{84}}{\eta_{16}} \tag{6-106}$$

$$t = \frac{\ln\eta - \ln\eta_{50}}{\sigma} = \frac{1}{\sigma}\ln\frac{\eta}{\eta_{50}} \tag{6-107}$$

$$h(t) = \frac{1}{\sqrt{2\pi}}\exp\left(-\frac{t^2}{2}\right) \tag{6-108}$$

$$B(x) = H(t(x)) = \int_{-\infty}^{t(x)} h(\tau)\mathrm{d}\tau \tag{6-109}$$

此分布函数有 3 个参数：中位值位置 μ、分散程度 σ 和粒度上界 $x_{\max}$。用于描述碎裂函数 $B(x)$ 时，各被碎粒级的粒度下界即为该粒级碎裂函数的粒度上界，因此实际上只需确定 μ 和 σ 这两个特征参数便可完整描述整个粒度分布。

一般来说，碎裂函数 $B(x)$ 的位置参数 μ 和分散程度参数 σ 均是被碎颗粒粒度和比能耗的函数。位置参数 μ 随被碎颗粒粒度 X 和比能耗 E 的变化可用关系式

$$\mu = \exp\left[-\left(\frac{E}{E_\mu}\right)^\alpha\right] \tag{6-110}$$

和

$$E_\mu = E_\mu'\left(\frac{X_\mu}{X}\right)^{m_2} \tag{6-111}$$

来描述，其中，X_μ 为可自由选择的基准粒度；α、E_μ' 和 m_2 为拟合参数。分散程度参数 σ 随给矿粒度 X 和比能耗 E 的变化可用

$$\sigma(X, E) = \sigma'\left(\frac{X}{X_\sigma}\right)^a\left(\frac{E}{E_\sigma}\right)^b \tag{6-112}$$

来描述，其中 X_σ 及 E_σ 为可自由选择的基准粒度及基准比能耗，σ'、a 和 b 为拟合参数。这样，某具体矿石物料的碎裂函数及其随粒度和比能耗的变化关系可由 3 个自由参数 X_μ、X_σ 和 E_σ 以及 6 个拟合参数 α、E_μ'、m_2、σ'、a 和 b 来确定。

上述几个关于选择函数 S 以及碎裂函数特征参数 μ 和 σ 随被碎颗粒粒度 X 和比能耗 E 变化的函数式一起构成一个表达矿石物料粒间粉碎特性的物料特性模型，此模型共有 4 个自由参数和 10 个拟合参数。已知这样一套物料参数，就可利用此物料特性模型为该物料的颗粒床粒间粉碎计算任意窄粒级在任意比能耗下的选择函数与碎裂函数。

为反映颗粒床中不同粒级颗粒之间的相互作用对颗粒粉碎的影响，引入一个能量分配函数来定量描述颗粒床总能耗在床中各窄粒级之间的分配和平衡。这里的能量平衡关系可表达为

$$\sum_{j=1}^n k_j f_j = 1 \tag{6-113}$$

其中，k_j 是第 j 粒级的能量分配因子，它的定义为该粒级的比能耗 E_j 与颗粒床整体比能耗 E 的比值，即 $k_j = E_j/E$。研究表明，能量分配因子 k_j 是粒度 X_j、颗粒床整体比能耗 E 以及给矿粒度分布 $f(X)$ 的函数，即 $k_j = k(X_j, E, f_1, f_2, \cdots,$

f_n)。这里将表达能量分配因子 k 随颗粒粒度 X 变化的函数称为能量分配函数。这个能量分配函数可以用双对数坐标图（$\lg k$ -$\lg X$）上的一条抛物线

$$\ln k(X) = - c\ln \frac{X}{X_e} - d \left(\ln \frac{X}{X_e} \right)^2 \tag{6-114}$$

来逼近描述，它包含 X_e、c 和 d 3 个参数。位置参数 X_e 是 $k=1$ 所对应的粒度，它取决于给矿粒度分布的中位值及分布宽度；斜率参数 c 是函数曲线在 X_e 处的斜率，它受给矿粒度分布的宽度和平均比能耗的影响；形状参数 d 需由各粒级之间的能量平衡关系式（6-113）确定，因而取决于参数 X_e、c 和给矿粒度分布。表达参数 X_e 与 c 随其影响因素变化的关系式为

$$X_e = X_{50} \left[1 - 0.10 \left(\ln \frac{X_{max}}{X_{min}} - \ln t \right) \right] \tag{6-115}$$

$$c = 3.70 - 0.50 \left(\ln \frac{X_{max}}{X_{min}} - \ln t \right) - 0.25\ln \frac{E}{E'} \tag{6-116}$$

其中，X_{50} 为给矿粒度分布的中位值；X_{max} 和 X_{min} 分别为给矿物料的粒度上限和下限，比值（X_{max}/X_{min}）表征给矿粒度分布宽度，必要时也可将这两式中的 $\ln(X_{max}/X_{min})$ 项用给矿的其他特征粒度比值（如 X_{75}/X_{25}）的对数乘以一个适当的比例系数来代替；t 为窄粒级划分的筛比，$t = X_j/X_{j+1}$；E 为整个颗粒床的平均比能耗；E' 为基准比能耗，取 $E' = 1$ J/g。

利用这个能量分配函数，可在已知颗粒床整体比能耗和粒度组成的情况下计算各个粒级的比能耗，从而进行粒间粉碎的模拟计算。计算步骤为：（1）由颗粒床整体比能耗和粒度组成算出各个粒级的比能耗；（2）由各粒级的粒度和比能耗利用物料特性模型算出各粒级的选择函数和碎裂函数；（3）由各粒级的选择函数和碎裂函数和给矿粒度组成利用总量平衡模型式（6-14）计算粉碎产物的粒度组成。

上述粒间粉碎模型最初是建立在对典型脆性矿物石英进行大量的实验室颗粒床压载粉碎试验研究的基础之上。实验室颗粒床压载粉碎试验研究一般采用在压力试验机上对置于活塞—缸体压载装置内的颗粒床进行压载的方法来模拟高压辊磨机内发生的颗粒床粒间粉碎过程。需要进行的颗粒床压载粉碎试验包括建立物料特性模型所需的一整套不同粒度、不同比能耗条件下的窄粒级颗粒床压载粉碎试验，以及建立能量分配函数模型所需的不同给矿粒度分布、不同比能耗条件下的宽粒级颗粒床压载粉碎试验。此建模方法所需的试验工作量大，不便实用。一个实用性好的建模方法应该能够利用对具有正常给矿粒度分布的物料进行少量的颗粒床压载粉碎试验（或者是常规高压辊磨粉碎试验）的结果进行建模。考虑到矿物加工领域所处理的矿石大多为与石英类似的脆性物料，在高压辊磨机粉碎模拟研究和应用实践中一般可假设：（1）前述根据对石英的颗粒床粒间粉碎试验

结果建立的物料特性模型也可用于其他脆性矿石，尽管对于不同的物料其粉碎特性参数可有不同的取值；（2）前述对石英物料适用的能量分配函数对于由其他物料组成的宽粒级颗粒床也同样适用。这样就可在选定 4 个自由参数后，采用非线性回归迭代算法（最小二乘法原理）搜索使产物粒度分布在各粒级划分点的测定值与模型计算值的偏差平方和为最小的 10 个拟合参数，从而确定该矿石粒间粉碎的物料特性参数。对一些典型的铁矿石和铜矿石物料进行的窄粒级颗粒床压载粉碎试验证实了采用指数函数逼近描述选择函数与比能耗的关系以及采用 TLN分布函数逼近描述碎裂函数的适用性。鉴于脆性物料颗粒床受载时床内各单颗粒的受力情况及碎裂机理是相似的，将对石英物料适用的能量分配函数推广应用到其他矿石物料是合理的。

在高压辊磨机压辊两端的边缘区域，因压强的降低导致粉碎作用减弱，产物粒度比中部区域要粗。在根据中小型高压辊磨机粉碎试验结果预测大型高压辊磨机作业效果时需要考虑这种边缘效应。为此，可采用一种常规破碎机模型来描述边缘区物料的粉碎，其表达式为

$$p_i = \sum_{j=1}^{i} a_{i,j} f_j \qquad (i = 1, \cdots, n) \qquad (6-117)$$

这个模型的意义与粒间粉碎模型的质量平衡方程是一致的，f_i 和 p_i 分别是给矿和产物中第 i 粒级所占的质量分数，n 为划分的窄粒级数目。不同之处在于这里沿用了原破碎机模型的表达方法，直接用一套质量传递系数 $a_{i,j}$（也称表观函数）来定量表达窄粒级物料的粉碎行为，而不是采取引入选择函数和碎裂函数概念的做法。$a_{i,j}$ 的定义是第 j 粒级的物料被碎后进入第 i 粒级的质量分数，它与选择函数和碎裂函数的关系为

$$a_{i,j} = \begin{cases} 1 - S_i & (i = j) \\ b_{i,j} S_j & (i > j) \end{cases}$$

质量传递系数由质量传递函数求得，计算为

$$a_{i,j} = A(x_i, y_j) - A(x_{i-1}, y_j) \qquad (6-118)$$

$$A(x,y) = \frac{1 - e^{-\left(\frac{x}{y}\right)^u}}{1 - e^{-1}} \qquad (6-119)$$

其中，u 为拟合参数。这里质量传递函数 $A(x,y)$ 的意义为粒度上限为 y 的窄粒级被碎后产生的粒度小于 x 的那部分碎块的质量分数。

对于给矿物料中的大颗粒受到的近似单粒粉碎机制的预粉碎作用采用的也是这个模型，但这里此模型只应用于粒度大于辊面间距的那部分物料，而且是采取逐粒级分阶段的应用模式，即从最大粒级起每个阶段破碎一个粒级，直至所有粒度大于辊面间距的物料都被碎掉为止。相应的计算为

$$p_i = \begin{cases} 0 & (i = 1, \cdots, m) \\ f_i + \sum_{j=1}^{m} d_{i,j} f_i' & (i = m+1, \cdots, n) \end{cases} \tag{6-120}$$

其中，f_i 和 p_i 分别为给矿和产物中第 i 粒级所占的质量分数；n 为粒级数目；m 为粒度大于辊面间距的粒级数目；f_i' 为第 i 阶段粉碎时的相对给矿量，它通过递推计算

$$f_i' = f_i + \sum_{j=1}^{i-1} d_{i,j} f_j' \tag{6-121}$$

按顺序求得，递推计算的起始条件为 $f_1' = f_1$。

当高压辊磨机给矿中所有颗粒粒度均小于辊面间距时，预破碎模型不起作用，所有物料直接进入辊子中部区的颗粒床粒间粉碎或边缘区域的破碎；当高压辊磨机给矿中含有一部分粒度大于辊面间距的物料时，这部分物料首先受到预破碎模型的作用，预破碎产物作为给矿进入后续的颗粒床粉碎或边缘区破碎。颗粒床粉碎和边缘区破碎产物合并为高压辊磨机的最终产物。

整个高压辊磨机粉碎模型的结构，如图 6-16 所示。在模型中加入旁路部分是为了能够考虑设置在压辊两端的夹板过度磨损时会有一部分（质量分数为 M_b）的物料未经粉碎作用而直接通过的情况。一般情况下 M_b 很小，旁路部分可忽略不计。给矿物料中若存在粒度大于辊面间距的大颗粒，这些大颗粒会受到预破碎作用（粉碎比能耗 W_{pb}），预破碎产物与给矿中粒度小于辊面间距的物料一同作为后续粒间粉碎及边缘破碎的给矿。经受粒间粉碎和边缘破碎物料的质量分数分别为 M_c 和 M_e，粉碎比能耗分别为 W_{ib} 和 W_{eb}。

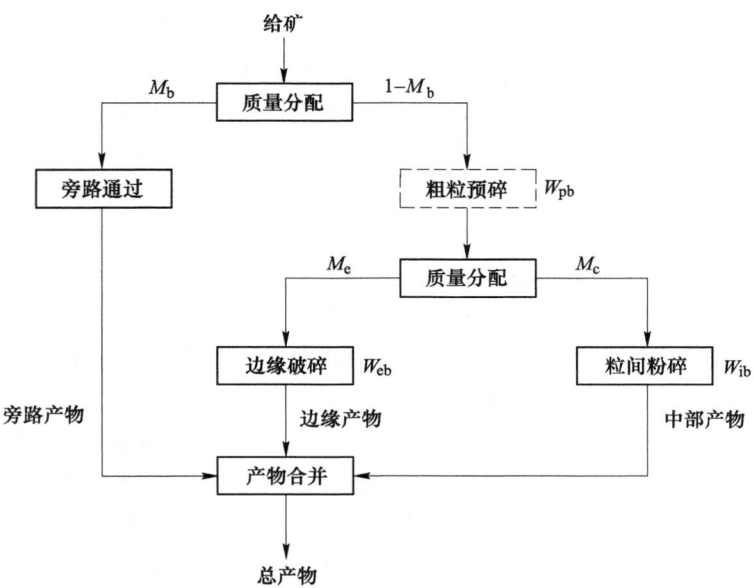

图 6-16 高压辊磨机粉碎模型结构

　　此高压辊磨机粉碎模型可根据常规高压辊磨试验数据进行建模。一个分别截取了中部产物与边缘产物的常规高压辊磨粉碎试验能提供的数据通常包括：给矿粒度分布，压载强度（粉碎比能耗），压辊工作间距，中部产物与边缘产物的产率及粒度分布。由于试验截取的边缘产物通常会包含旁路物料和一部分中部物料，建模时往往需要对试验边缘产物的产率及粒度分布进行适当的修正以获得实际边缘破碎产物的产率和粒度分布，并根据能耗在各粉碎作用区之间的分配平衡推断粒间粉碎作用的比能耗。为此对试验数据进行的预处理通常包括以下步骤。

　　（1）从试验边缘产物中扣除旁路物料。在假设给矿离析可忽略（即旁路物料的粒度分布与给矿相同）的前提下，根据试验边缘产物与给矿中粒度大于压辊间距的物料含量比值估计试验边缘产物中旁路物料所占的质量分数，计算旁路物料及扣除旁路物料后边缘产物相对于给矿的产率，并利用物料混合的粒级质量平衡关系由试验边缘产物粒度分布与给矿粒度分布计算扣除旁路物料后边缘产物的粒度分布。

　　（2）从已扣除旁路物料的试验边缘产物中扣除混入的中部产物。在满足实际边缘破碎产物的粒度分布曲线位于试验边缘产物（已扣除旁路物料）的粒度分布曲线与给矿粒度分布曲线之间，且尽可能接近给矿粒度分布曲线的要求下，估算试验边缘产物中实际边缘破碎产物所占的质量分数，计算实际边缘破碎产物及实际中部产物相对于给矿的产率，并利用物料混合的粒级质量平衡关系（扣除旁路物料后的）由试验边缘产物粒度分布与中部产物粒度分布计算实际边缘破碎产物粒度分布。

　　（3）粉碎总能耗在边缘区与中部区之间的分配。用于预破碎和边缘区破碎的破碎机模型本身不含任何能耗项，然而物料破碎总是有能量消耗的。根据常规高压辊磨试验数据进行建模时需要从粉碎总能耗中扣除用于预破碎和边缘破碎的能耗，才能获得粒间粉碎模型计算所需的粒间粉碎比能耗 W_{ib}。一般来说比能耗越高，产物与给矿的负累计粒度分布曲线的纵向距离越大，因此可用某个粒度处粉碎产物粒度分布函数与给矿粒度分布函数之差（即相对于给矿的增量）的比值来大致估计粉碎比能耗的比值。对于粉碎总能耗在边缘区与中部区之间的分配，这里采用所有粒级划分节点处两区产物粒度分布函数相对于给矿的增量之和的比值来反映边缘区比能耗与中部区比能耗的比值，根据此比值和粉碎总比能耗估算出边缘区比能耗与中部区比能耗。

　　（4）估算预破碎比能耗及粒间粉碎比能耗。采用类似步骤（3）的方法，以所有粒级划分节点处预破碎产物粒度分布函数相对于给矿的增量之和与边缘破碎产物粒度分布函数相对于给矿的增量之和的比值来估计预破碎比能耗与边缘区比能耗的比值，根据此比值和边缘区比能耗算出预破碎比能耗。从中部区比能耗中减去预破碎比能耗即得到粒间粉碎比能耗 W_{ib}，也就是在前述粒间粉碎模型中用

符号 E 表示的颗粒床整体比能耗。

在计算程序的编写时可将上述步骤和算法整合到一个试验数据处理模块中，供模型参数拟合子程序调用。这样在为某具体矿石的高压辊磨机粉碎进行建模时，便可根据高压辊磨试验获得的原始数据求出待定的物料参数，包括粒间粉碎模型的 10 个参数和常规破碎机模型的 1 个参数。在进行高压辊磨机粉碎的模拟计算时，除了需要给定物料参数外还需要凭经验为给定的设备尺寸及作业条件确定合理的旁路物料产率、经受边缘破碎物料所占比率，以及边缘区与中部区比能耗的比值，以便能够根据给矿粒度分布、辊面间距及所截取边料的产率预测各粉碎区物料的比能耗和边料产物、中部产物及总产物的粒度分布。

6.5 粉碎回路的建模

粉碎回路模型由粉碎作业模型与分级作业模型按一定的顺序组合而成。粉碎回路的建模及过程模拟可用于研究不同回路类型及其作业条件对回路运行效果的影响，为优化回路及其作业条件提供指导。

6.5.1 用于粉碎回路建模的分级模型

在粉碎回路模型中通常采用分级效率曲线来描述分级设备的作业效果。分级效率曲线表示给矿中各粒级物料在粗粒产物或者细粒产物中的质量分配随粒度的变化。由于两者之和为 1（即 100%），采用在粗粒产物中的分配率或是在细粒产物中的分配率来描述分级效果是等价的。业界迄今大多采用前者，但在 JKMRC 的早期研究工作及流程模拟软件 JKSimMet 内置的分级模型中则是采用了后者。关于分级效率曲线及相关计算的详细介绍可参见 4.3.2 节。

对于一个双产物分级作业，若用 f_i、p_i 和 r_i 分别表示给矿、细粒产物和粗粒产物中粒级 i 的含量（质量分数），用 c_i 表示第 i 粒级物料过经分级后进入粗粒产物的质量分数，则此分级作业的物料平衡关系可表达为：

$$R \cdot r_i = c_i \cdot f_i \qquad (i = 1, 2, \cdots, n) \qquad (6\text{-}122)$$

$$f_i = R \cdot r_i + (1 - R) \cdot p_i \quad (i = 1, 2, \cdots, n) \qquad (6\text{-}123)$$

其中，R 为粗粒产物相对于分级给矿的产率，$R = \sum_{i=1}^{n} c_i \cdot f_i$。

此质量平衡关系也可采用矩阵方程来表达。为此先定义一个 $n \times n$ 的对角矩阵 C 并称之为分级矩阵

$$C = \begin{bmatrix} c_1 & 0 & 0 & \cdots & 0 \\ 0 & c_2 & 0 & \cdots & 0 \\ 0 & 0 & c_3 & \cdots & \vdots \\ \vdots & \vdots & \vdots & \ddots & 0 \\ 0 & 0 & \cdots & 0 & c_n \end{bmatrix}$$

其对角线上的各元素 c_i 表示第 i 粒级物料经分级后进入粗粒产物的质量分数。若以列矩阵（也就是 $n \times 1$ 矩阵）f、p 和 r 分别表示分级机给矿、细粒产物和粗粒产物的粒度组成，即

$$f = [f_1 \, f_2 \, \cdots \, f_n]^T$$
$$p = [p_1 \, p_2 \, \cdots \, p_n]^T$$
$$r = [r_1 \, r_2 \, \cdots \, r_n]^T$$

各式中右上角的 T 表示矩阵转置，则上述物料平衡模型可表示为

$$r = \frac{1}{R} \cdot C \cdot f \tag{6-124}$$

$$f = R \cdot r + (1 - R) \cdot p \tag{6-125}$$

其中，R 为粗粒产物相对于分级给矿的产率，$R = \sum_{i=1}^{n} c_i \cdot f_i$。

分级给矿中各粒级物料在粗粒产物中的分配率是颗粒粒度 x 的函数，建模时通常采用某种合适的解析函数 $T(x)$ 来表示这个函数关系，即有

$$c_i = T(x_i) \qquad (i = 1, 2, \cdots, n)$$

以下是两种常用的包含携带效应影响参数的分级效率曲线逼近表达式

$$T(x/x_{50C}) = T_o + (1 - T_o)\{1 - \exp[-(\ln 2)(x/x_{50C})^\delta]\} \tag{6-126}$$

$$T(x/x_{50C}) = T_o + (1 - T_o)\frac{\exp[\alpha(x/x_{50C})] - 1}{\exp[\alpha(x/x_{50C})] + \exp(\alpha) - 2} \tag{6-127}$$

这两个函数式均含有 3 个参数：参数 T_o 表示携带效应所占比例（质量分数）；x_{50C} 是对携带效应进行校正后的分级粒度；而式（6-126）中的 δ 或式（6-127）中的 α 为分级精度参数，其取值影响分级效率曲线的陡度。一般来说，筛分分级的 T_o 很小，携带效应可忽略；水力分级的 T_o 可用给矿料流中的水在沉砂料流中的分配率来近似估计。分级粒度 x_{50C} 与分级精度参数受设备作业条件及处理量等因素影响，一般需要根据经验或试验结果来确定。由这 3 个模型参数可确定整条分级效率曲线，从而可求出表示分级效果的各粒级 c_i 值。

6.5.2　常见粉碎回路的数学建模

由一粉碎作业和一分级作业组成的粉碎回路原则上可有两种基本结构类型（图 6-17）：（1）新给矿进粉碎作业的回路（简称正回路），也就是带有检查

分级的粉碎循环，在选矿厂磨矿流程中常用于第一段磨矿；（2）新给矿进分级作业的回路（简称逆回路）。也就是预先分级和检查分级合一的粉碎循环，适用于回路给矿中已经含有较多合格细粒的情况，在选矿厂磨矿流程中常用于第二、第三段磨矿。若是回路中粉碎作业数或分级作业数超过一个，回路结构还可以有许多不同的形式，但工业实践中最常见的粉碎回路基本上是上述两种类型之一。

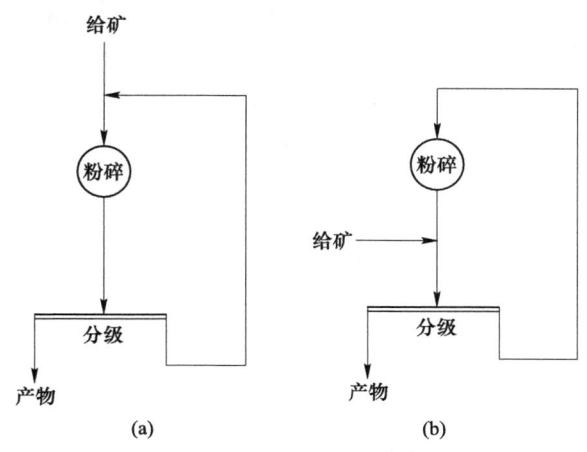

图 6-17　两种典型的粉碎回路类型
（a）正回路；（b）逆回路

　　粉碎回路包含粉碎和分级这两种基本单元作业。为表述简洁起见，这里采用列矩阵来表示各物料流的粒度组成，并且引入一个 $n \times n$ 下三角矩阵 $\boldsymbol{M}$（粉碎矩阵）和一个 $n \times n$ 对角矩阵 $\boldsymbol{C}$（分级矩阵）来分别代表物料的粉碎行为和分级行为，这样就可用形如式（6-16）的矩阵方程来表示粉碎作业的质量平衡，用形如式（6-124）及式（6-125）的矩阵方程来表示分级作业的质量平衡。

　　粉碎回路建模及稳态模拟计算的目标是在给定回路新给矿的流量及其粒度组成、给定粉碎及分级作业条件下，用粉碎作业模型表示粉碎前后物料粒度组成的变化，用分级作业模型表示分级给矿中各粒级物料在两分级产物之间的质量分配，并在此基础上通过物料平衡原理求出回路稳态运行时回路中所有物料流的流量及其粒度组成。这里的物料平衡包括固体物料总量的平衡以及每个粒级物料量的平衡。对于湿式磨矿，往往还需考虑水量平衡关系。为避免问题的复杂化，这里暂不涉及湿式磨矿回路中水量的平衡。尽管如此，本文所建立的方法和推导的公式仍不失其一般性，既适用于干式磨矿，也可用于湿式磨矿。

　　为了能够对两种粉碎回路进行统一的建模处理，构建一个，如图 6-18 所示的通用粉碎回路模型，图中各符号的意义如下：

　　（1）Q_{F1}，f_1，回路新给矿 1（给入粉碎作业）的固体流量及粒度组成。

（2）Q_{F2}，f_2，回路新给矿 2（给入分级作业）的固体流量及粒度组成。

（3）Q_M，f_M，p_M，通过粉碎作业的固体物料流量及通过前和通过后物料的粒度组成。

（4）Q_C，f_C，分级作业总给矿的固体流量及粒度组成。

（5）Q_R，r，分级作业粗粒产物（回路返砂）的固体流量及粒度组成。

（6）Q_P，p，分级作业细粒产物（回路产物）的固体流量及粒度组成。

这个通用回路有两个新给矿点，分别与正回路和逆回路的新给矿点相应。若 Q_{F1} 为零，回路转化为正回路类型；若 Q_{F2} 为零，回路转化为逆回路类型。

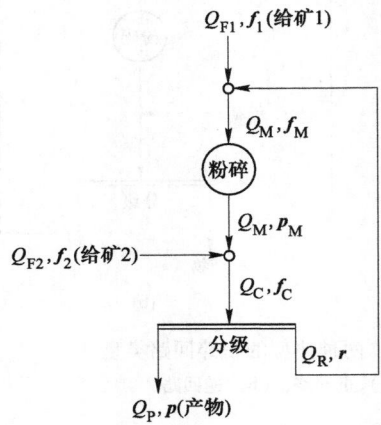

图 6-18　通用粉碎回路模型的构建

采用粉碎矩阵 M 和分级矩阵 C 来表示物料的粉碎行为和分级行为，回路中各料流的固体流量和粒度组成可通过下列平衡方程式相联系：

$$Q_{F1}f_1 + Q_R r = Q_M f_M \tag{6-128}$$

$$p_M = M f_M \tag{6-129}$$

$$Q_M p_M + Q_{F2} f_2 = Q_C f_C \tag{6-130}$$

$$Q_R r = C Q_C f_C \tag{6-131}$$

$$Q_R r + Q_P p = Q_C f_C \tag{6-132}$$

这 5 个矩阵方程式中的每一项都是一个 $n×1$ 列矩阵。每个矩阵方程式实际上都包含了 n 个分量方程，各自描述一个粒级的质量平衡。对方程式（6-128）、式（6-130）和式（6-132）将各自的 n 个分量式的左右两边分别进行加和，再考虑到所有表示物料粒度组成的列矩阵元素都应满足的归一化条件（例如对于 f_1 各元素的加和应有 $\sum_{i=1}^{n} f_{1,i} = 1$），随即可得

$$Q_{F1} + Q_R = Q_M \tag{6-133}$$

$$Q_M + Q_{F2} = Q_C \qquad (6\text{-}134)$$

$$Q_R + Q_P = Q_C \qquad (6\text{-}135)$$

这 3 个式子表示了回路中各物料流总量的平衡关系。注意这里总量平衡式不是作为独立的式子列出，而是从对 n 个粒级平衡关系式进行加和得到的。建模时当然也可先将总量平衡作为独立的等式列出，那么与之相应的独立的粒级平衡式实际上为 $n-1$ 个。

在粉碎回路分析和计算时通常采用物料的相对流量代替绝对流量。这里以粉碎回路产品流量 Q_P 为基准来定义如下相对流量

$$q_{F1} = \frac{Q_{F1}}{Q_P}, \ q_{F2} = \frac{Q_{F2}}{Q_P}, \ q_P = \frac{Q_P}{Q_P} = 1$$

$$q_M = \frac{Q_M}{Q_P}, \ q_C = \frac{Q_C}{Q_P}, \ q_R = \frac{Q_R}{Q_P}$$

其中，q_R 一般称为返砂比（也称循环负荷），q_M 和 q_C 可称为粉碎作业和分级作业的负荷系数。利用相对流量，前述的物料平衡方程式可表示为

$$q_{F1}\boldsymbol{f}_1 + q_R\boldsymbol{r} = q_M\boldsymbol{f}_M \qquad (6\text{-}136)$$

$$\boldsymbol{p}_M = \boldsymbol{M}\boldsymbol{f}_M \qquad (6\text{-}137)$$

$$q_M\boldsymbol{p}_M + q_{F2}\boldsymbol{f}_2 = q_C\boldsymbol{f}_C \qquad (6\text{-}138)$$

$$q_R\boldsymbol{r} = \boldsymbol{C}q_C\boldsymbol{f}_C \qquad (6\text{-}139)$$

$$q_R\boldsymbol{r} + q_P\boldsymbol{p} = q_C\boldsymbol{f}_C \qquad (6\text{-}140)$$

$$q_{F1} + q_R = q_M \qquad (6\text{-}141)$$

$$q_M + q_{F2} = q_C \qquad (6\text{-}142)$$

$$q_R + q_P = q_C \qquad (6\text{-}143)$$

粉碎回路的稳态是指回路在新给矿流量及所有设备工作状况恒定条件下应达到的一个稳定工作点。以磨矿回路为例，回路运行初始时会经过一个返砂量由少到多增加并趋于稳定的过渡过程。回路产物量相应地也是由少到多后趋于稳定。生产实践中一般可用返砂量或回路产物量恒定且新给矿量等于回路产品量，即

$$Q_{F1} + Q_{F2} = Q_P \quad \text{或} \quad q_{F1} + q_{F2} = q_P = 1$$

作为回路已达到稳态的判据。从理论上讲，在保持回路新给矿流量和粒度组成恒定、保持所有设备工作状况恒定条件下，达到稳态时回路中所有的物料流的流量和粒度组成都应趋于稳定。粉碎回路稳态计算的目标就是求出稳态时所有这些物料流的流量和粒度组成。

由式（6-136）~式（6-139）可得

$$\begin{aligned}
q_C\boldsymbol{f}_C &= q_{F2}\boldsymbol{f}_2 + q_M\boldsymbol{p}_M \\
&= q_{F2}\boldsymbol{f}_2 + \boldsymbol{M}q_M\boldsymbol{f}_M \\
&= q_{F2}\boldsymbol{f}_2 + \boldsymbol{M}(q_{F1}\boldsymbol{f}_1 + q_R\boldsymbol{r})
\end{aligned}$$

$$= q_{F2}f_2 + M(q_{F1}f_1 + Cq_cf_c)$$

故有

$$(I - MC)q_cf_c = Mq_{F1}f_1 + q_{F2}f_2 \tag{6-144}$$

其中，I 为 $n \times n$ 单位矩阵。将列矩阵 q_cf_c 记为 f'_c，则有

$$f'_c = q_cf_c = (I - MC)^{-1}(Mq_{F1}f_1 + q_{F2}f_2) \tag{6-145}$$

算出 f'_c 后，可很容易由式（6-136）~式（6-143）推出根据已知的 q_{F1}、f_1、$q_{F2} = 1 - q_{F1}$ 和 f_2 以及给定的 M 和 C 求所有其他未知量的计算式。

（1）对于分级作业给矿，由关于 f_c 的归一化条件及式（6-145）可得

$$q_c = \sum_{i=1}^{n} q_cf_{c,i} = \sum_{i=1}^{n} f'_{c,i} \tag{6-146}$$

$$f_c = \frac{1}{q_c}(I - MC)^{-1}(Mq_{F1}f_1 + q_{F2}f_2) \tag{6-147}$$

（2）对于粉碎作业排矿，由式（6-138）及式（6-145）可得

$$q_Mp_M = q_cf_c - q_{F2}f_2$$
$$= (I - MC)^{-1}(Mq_{F1}f_1 + q_{F2}f_2) - q_{F2}f_2$$
$$= (I - MC)^{-1}Mq_{F1}f_1 + [(I - MC)^{-1} - I]q_{F2}f_2$$

将列矩阵 q_Mp_M 记为 p'_M，应用关于 p 的归一化条件可得

$$q_M = \sum_{i=1}^{n} q_Mp_{M,i} = \sum_{i=1}^{n} p'_{M,i} \tag{6-148}$$

$$p_M = \frac{1}{q_M}\{(I - MC)^{-1}Mq_{F1}f_1 + [(I - MC)^{-1} - I]q_{F2}f_2\} \tag{6-149}$$

（3）对于分级细粒产物（回路产物），由式（6-139）、式（6-140）及式（6-145）可得

$$p = q_cf_c - q_Rr$$
$$= q_cf_c - Cq_cf_c$$
$$= (I - C)q_cf_c$$
$$= (I - C)(I - MC)^{-1}(Mq_{F1}f_1 + q_{F2}f_2) \tag{6-150}$$

（4）对于分级粗粒产物（回路返砂），由式（6-139）及式（6-145）可得

$$q_Rr = Cq_cf_c$$
$$= C(I - MC)^{-1}(Mq_{F1}f_1 + q_{F2}f_2) \tag{6-151}$$

将列矩阵 q_Rr 记为 r'，应用关于 r 的归一化条件可得

$$q_R = \sum_{i=1}^{n} q_Rr_i = \sum_{i=1}^{n} r'_i \tag{6-152}$$

$$r = \frac{1}{q_R}C(I - MC)^{-1}(Mq_{F1}f_1 + q_{F2}f_2) \tag{6-153}$$

（5）对于磨机给矿，应用式（6-136）及式（6-151）可得

$$q_M f_M = q_R f_R + q_{F1} f_1$$
$$= C(I - MC)^{-1}(M q_{F1} f_1 + q_{F2} f_2) + q_{F1} f_1$$
$$= [C(I - MC)^{-1}M + I] q_{F1} f_1 + C(I - MC)^{-1} q_{F2} f_2$$

平衡时磨机给矿量应等于磨机的排矿量，q_M 已由式（6-148）求出。由此得

$$f_M = \frac{1}{q_M} \{ [C(I - MC)^{-1}M + I] q_{F1} f_1 + C(I - MC)^{-1} q_{F2} f_2 \} \quad (6\text{-}154)$$

以上导出的是关于如图 6-17 所示通用粉碎回路的计算公式。

对于如图 6-17（a）所示的正回路有 $q_{F2} = 0$，$q_{F1} = q_P = 1$；各料流粒度组成计算式可简化为

$$f_C = \frac{1}{q_C}(I - MC)^{-1}M f_1 \quad (6\text{-}155)$$

$$p_M = \frac{1}{q_M}(I - MC)^{-1}M f_1 \quad (6\text{-}156)$$

$$p = (I - C)(I - MC)^{-1}M f_1 \quad (6\text{-}157)$$

$$r = \frac{1}{q_R}C(I - MC)^{-1}M f_1 \quad (6\text{-}158)$$

$$f_M = \frac{1}{q_M}[C(I - MC)^{-1}M + I] f_1 \quad (6\text{-}159)$$

为求各料流固体流量而进行的关于列矩阵 f'_C、p'_M 和 r' 的计算也可得到类似的简化。

对于如图 6-17（b）所示的逆回路有 $q_{F1} = 0$，$q_{F2} = q_P = 1$；各料流粒度组成计算式可简化为

$$f_C = \frac{1}{q_C}(I - MC)^{-1} f_2 \quad (6\text{-}160)$$

$$p_M = \frac{1}{q_M}[(I - MC)^{-1} - I] f_2 \quad (6\text{-}161)$$

$$p = (I - C)(I - MC)^{-1} f_2 \quad (6\text{-}162)$$

$$r = \frac{1}{q_R}C(I - MC)^{-1} f_2 \quad (6\text{-}163)$$

$$f_M = \frac{1}{q_M}C(I - MC)^{-1} f_2 \quad (6\text{-}164)$$

为求各料流固体流量而进行的关于列矩阵 f'_C、p'_M 和 r' 的计算也可得到类似的简化。

　　利用上述公式由粉碎回路给矿的流量和粒度组成计算回路稳态工作点的关键是确定粉碎矩阵 M 和分级矩阵 C。一般说来，这两个矩阵与矿石性质、给矿流量和粒度组成、设备作业条件等诸多因素有关，通常需要通过进行专门的试验或流程考查来确定。

　　分级矩阵 C 中各对角线元素表示分级效率曲线在各粒级点的取值。通过对分级试验或生产流程考查获得的分级给矿和两产物进行粒度分析，应用物料平衡原理可以方便地求出该作业条件下的分级效率曲线。关于各种分级设备在一般工作状态下的分级效率以及各种因素的影响作用，已有不少经验和研究成果可供参考。尤其是对磨矿回路中最常用的水力旋流器，其分级效率与各种设计因素和操作因素的关系已有较系统的试验研究结果和一些实用模型可供借鉴和应用。因此，确定特定作业条件下的分级矩阵一般不太难。

　　相比之下，粉碎矩阵 M 的确定则不太容易。问题在于根据粉碎前后物料的粒度组成数据尚不能从数学上唯一地确定粉碎矩阵中各个元素的取值。换句话说，对于给定的列矩阵 f 和 p，可能存在不止一个 M 满足矩阵方程 $p = Mf$。粉碎矩阵 M 中各列元素代表表示各粒级物料被碎后碎块的粒度分布。建模时一般需要通过对具体矿石物料进行窄粒级粉碎试验研究来确定粉碎矩阵 M。通常各粒级物料的粉碎行为与被碎颗粒的粒度和比能耗有关。近几十年来，关于各种矿石物料的窄粒级粉碎试验以及颗粒粉碎行为随颗粒粒度和比能耗的变化已有大量的研究报导。这些研究成果可作为粉碎过程的建模和模拟的依据或参考。较为常用的做法是假设物料粉碎的选择函数和碎裂函数（或表观函数）可用适当的数学函数式来表示，这些数学函数式带有为数不太多的拟合参数。通过适当方法求出这些拟合参数后，就可利用这些数学函数式确定粉碎矩阵 M 中各个元素的取值。

　　单纯依靠由窄粒级粉碎试验研究得到的选择函数和碎裂函数来进行模拟计算的不足之处是未考虑到在具有宽粒度分布的颗粒群粉碎过程中不同大小颗粒之间的相互作用对各粒级粉碎行为的影响。实际上，在其他条件不变的情况下，物料中大量细颗粒的存在会起到保护位于其间的粗颗粒的作用，使其更不易被碎（即选择函数减小）。通过对宽粒度分布物料进行粉碎试验并采用标记跟踪法（例如放射性元素示踪法）来追踪某个粒级在整体物料中的走向分配可以弥补这方面的不足，但这种研究耗费较大，没有得到广泛的采用。迄今为止，根据窄粒级试验数据进行建模及模拟计算的方法在破碎流程中的应用效果较好，这是由于破碎流程处理的物料粒度较大，破碎机对物料的施载方式与在窄粒级粉碎试验时的施载方式相仿，均接近单粒粉碎机制。在磨矿流程中情况有所不同：磨矿介质对物料的施载一般是对颗粒群进行的，施载机制介于单粒粉碎与粒间粉碎之间，在这种情况下不同粒度颗粒之间的相互作用会影响粉碎结果。在窄粒级磨矿试验中测得的粒级粉碎数据与实际宽粒度分布物料磨矿时该粒级的粉碎行为会有所不同。在高压辊磨流程中，高压辊磨机对颗粒床的压载粉碎属典型的粒间粉碎机制，在这种情况下可通过引入用一个能量分配函数来定量表达给矿粒度分布对各粒级粉碎行为的影响，见 6.4.5 节。

对于粉碎回路稳态工作点的求解，当粉碎矩阵 M 是粉碎作业给矿流量及粒度组成的函数、而后两者（或其中之一）又是待计算的未知量时，通常可在预设一套适当的粉碎矩阵初始值的基础上采用迭代优化计算法来逐步逼近这个稳态工作点。

6.5.3 流程模拟软件 JKSimMet 的应用

利用数学模型进行单元作业及工艺流程的模拟计算是研究、设计和优化选矿厂生产流程的有效方法。基于总量平衡原理的流程建模和数值模拟所需的计算量较大，早期的流程模拟研究大多是针对某个固定流程进行建模并且需要编写专用的计算机程序来实施模拟计算。为了使通常不具备较强编程技能的工程师们能够较为方便地进行工艺流程数值模拟分析，各种通用流程模拟软件应运而生。用于选矿领域的这类软件主要有 JKSimMet、JKSimFloat、USIM PAC、SysCAD 等，其中 JKSimMet 是应用较为广泛的碎磨流程模拟软件。

JKSimMet 是澳大利亚昆士兰大学所属研究机构 JKMRC（Julius Kruttschnitt Mineral Research Centre）研发的软件。JKMRC 长期致力于选矿过程的建模和模拟研究，多年来在破碎、磨矿、筛分、水力旋流器分级等单元作业的数学建模研究上取得了一系列成果。JKSimMet 软件将这些单元作业模型汇集于一个通用的模拟计算操作平台上，便于有模拟计算需求的选矿工程师们使用。JKSimMet 软件中内置的单元作业模型包括破碎机、球磨机、棒磨机、自磨（半自磨）机、高压辊磨机、振动筛、DSM 筛、水力旋流器，以及简单的分级效率曲线模型。进行流程模拟时首先需要通过绘制流程图来确定流程结构，并为流程中各单元作业模型输入相关的工艺条件和模型参数。这个过程实际上就是通过调用和配置该软件中内置的各种单元作业模型来建立整个碎磨流程的模型。利用这个模型，可对不同给矿及作业条件下该流程稳态运行的结果进行模拟计算。

JKSimMet 软件有三种运行模式。

（1）正向模拟模式。对于某个单元作业，在给定给矿流量和组成、给定单元作业模型参数的情况下，计算该作业产物的流量和组成，或者是对于包含多个单元作业的碎磨回路，在给定回路给矿流量和组成、给定所有单元作业模型参数的情况下，计算回路中所有料流（含回路最终产物）的流量和组成。这里的料流流量指的是固体流量（即单位时间内的固体通过量），对于湿式作业，还包括水的流量；料流组成特指粒度组成（即料流的粒度分布），对于湿式作业，还包括固体浓度。

（2）模型拟合模式（逆向模拟模式）。在已知给矿及产物的流量和组成情况下，反求单元作业模型的参数。JKMRC 将此过程称为模型拟合（model fitting）。模型拟合是针对特定碎磨流程进行数学建模时的关键步骤。此模式主要用于根据流程考查或工业试验数据利用物料平衡原理和最小二乘算法求出那些难于通过试验测定获得的模型参数。这里"模型拟合"这个说法有点误导，因为，被拟合的实际上只是那些待定的模型参数，而模型本身一旦选定就固定不变。所以这里的模型拟合实际上指的是模型参数的拟合。

（3）数据协调模式。对由流程考查或工业试验获得的各料流流量、粒度分布、元素含量等原始数据进行协调处理，获得一套满足质量平衡关系的各料流流量、粒度分布、元素含量等数据的最佳估计值。本模式运行不涉及各具体单元作业模型的调用，纯粹是一种在各种数据预计的误数据差范围内对原始数据进行调整校正的过程。此模式主要用于在流程建模之前对原始数据进行预处理，也可直接用于流程或整个选厂的金属平衡计算。

在碎磨工艺设计中的应用一般是直接采用正向模拟模式对处理既定给矿的某种流程方案进行过程模拟。为此，需要在确定流程结构基础上，根据专业知识和经验将各单元作业的大多数作业参数设置在合理的取值区间内，先初步选定关键设备的规格（几何参数）和操作参数，再通过稳态模拟算出该流程在满足既定处理量要求情况下获得的最终产物的粒度分布，然后将此产物与设计要求的目标相比较，并据此确定设备几何参数和（或）操作参数的调整方向和幅度。调整这些参数后重新进行流程的稳态模拟，将模拟结果与设计目标进行比较，等等，如此重复，直至获得满意的结果。与在实体设备上进行工业/半工业试验相比，这种根据小型试验结果利用模拟软件在电脑上进行模拟试验的方法可大幅度减少试验所需的时间、试样量和工作量，并有可能进行更多的作业条件及流程方案比较，取得事半功倍的效果。

在即有碎磨流程优化中的应用则需要综合运用上述三种模式。为此一般需要先对既有流程进行全面详细的考查，通过现场取样分析获取关于该流程中各料流流量和组成的原始数据。然后运用 JKSimMet 软件的数据协调模式，对这些原始料流数据进行协调处理，得到一套满足质量平衡关系的各料流流量和组成数据。接着运用模型拟合模式，利用这套数据求出各单元作业模型的待定参数。最后运用正向模拟模式，根据求得的模型参数和物料特性参数进行过程模拟，通过模拟试验分析工艺条件变化对作业结果的影响，找出满足预定目标的最优工艺条件。根据 JKMRC 的经验，利用 JKSimMet 软件分析既有工业回路的运行数据，找出薄弱环节并加以改进，一般可使回路的产能提高 5% 左右。

　　应用流程模拟软件进行流程模拟分析时应当注意的是模型不等于实际设备，它只是过程在一定条件下的一种数学抽象。模型对实际过程的逼近程度决定了模拟计算结果对实际过程的吻合程度。各种单元作业模型通常都有适用范围的限制，盲目地应用模拟软件往往也容易生成一堆毫无实际意义的"模拟结果"数据。只有将选矿工程师的专业知识、经验和直觉与软件的应用相结合，才能获得有意义的模拟结果。

7 碎磨工艺设计上常用的物料参数

矿石物料的粉碎特性参数是碎磨工艺设计的重要依据。一方面，与碎磨流程各阶段采用不同类型的粉碎设备相对应，用于表征物料粉碎特性的参数有不同的定义和内涵。另一方面，碎磨流程设计和设备选型采用的计算方法大多是经验性或半经验性的，这些物料参数一般需要通过某种特定的试验来确定。在破碎机选型计算上常用的物料参数是矿石的普氏硬度系数或单轴抗压强度。在球磨机和棒磨机的选型计算上，不同的计算方法用到不同的物料参数：容积法以矿石的相对可磨度作为物料参数，功耗法则以邦德功指数作为物料参数。在自磨/半自磨磨矿的流程设计上，近几十年来国外的一些公司或机构也提出了各种与之相应的物料参数及测定方法并致力于其推广应用。对于高压辊磨机粉碎，目前仍是根据中小型高压辊磨机粉碎试验的详细数据而不是依靠某种简单易测的物料参数来进行工艺设计和设备选型。本章简要介绍碎磨工艺设计上常用的物料参数及其试验测定方法。

7.1 矿石的单轴抗压强度

固体物件的抗压强度表征该物件抵抗外界压载的能力，是物件坚固程度的一种度量。矿石的单轴抗压强度表示使矿石试件在单向压载条件下发生破坏时单位面积上所承受的载荷，其测定过程包括试件准备和压载试验两大步骤。压载试验所用的标准试件规格为直径 50 mm、高 100 mm 的圆柱体或边长 50 mm 的立方体，一般由钻探岩芯或大块矿石经切割和抛光加工制备而成。将制备好的试件置于普通压力试验机上，以 0.5~1.0 MPa/s 的速率施以压载直至试件破坏为止。该试件的单轴抗压强度（MPa）由试件破坏时的载荷值（N）和试件的横截面积（m^2）计算得到。一般岩石的单轴抗压强度的分散性较大，为获得较为可靠的结果，每组试验同种矿石试件的数目不应少于 3~6 块，取结果的平均值作为对该组试件的测定结果。由于规则试件在制备加工过程中可能会有内部损伤而影响测定结果，或者有时因条件限制无法获得足够大的矿块来制备标准试件，在这些情况下也允许使用不规则试件进行测定。通常尺度较小的不规则矿石的抗压强度值会较大，在评价测定结果时应注意这一点。

将测得的单轴抗压强度数值除以 100，就得到该矿石的普氏硬度系数（简称普氏硬度，或 f 值）。在碎矿和磨矿工艺上通常根据普氏硬度的大小将矿石分为软矿石（$f<8$）、中硬矿石（$f=8\sim16$）和硬矿石（$f>16$）。矿石的硬度大小不仅能决定采用的粉碎流程和应用的设备类型，而且会影响设备的生产能力大小。各设备厂家或专业手册资料给出的碎磨设备的参考处理能力一般是以处理中硬矿石为基准的，在为特定矿石进行破碎机选型计算时，通常要根据该矿石普氏硬度的大小，用可碎性系数对设备生产能力进行修正；在采用容积法进行磨矿机的选型计算时，若一时没有实测的矿石相对可磨度数据，也可根据普氏硬度的大小进行估算。在优化磨矿作业条件的研究和实践中，还可将矿石的单轴抗压强度作为影响球磨机装球尺寸的一个因素加以考虑。

单轴抗压强度是常用的岩石力学参数之一。经典的岩石力学参数包括抗压强度、抗拉强度、抗剪强度、杨氏模量和泊松比等。虽然这些宏观力学参数在一定程度上能反映矿石抵抗外界载荷的能力高低，甚至与一些常用的粉碎特性参数有一定的相关关系，它们仍不太适合于直接用于物料粉碎特性的表征。粉碎工艺上不仅需要关注特定载荷强度条件下碎裂的发生与否，还需关注碎裂所产生碎块的粒度分布以粉碎矿石所需的能量消耗。

7.2 矿石的相对可磨度

矿石的相对可磨度也常被称为矿石的可磨度系数或磨矿难易度系数，它是用容积法进行磨机生产能力计算时用到的一个物料参数。根据单位容积生产率进行磨机选型设计的方法长期以来在苏联和我国得到广泛应用。矿石的可磨度系数由实验室磨矿试验测得，按磨矿试验方法不同可分为开路磨矿测定法和闭路磨矿测定法。开路磨矿测定法是最常用的方法。一般是先通过破碎筛分制备 $-3\sim+0.15$ mm（或 $-2\sim+0.15$ mm）的粒级作为为试验给矿，再取多份等量的试验给矿（每份一般为 500 g 或 1000 g）在固定的磨矿条件下分别进行不同时间的磨矿。在对各磨矿产物进行筛析后，绘制磨矿时间与产物中某合格粒级（一般用 -0.074 mm 粒级）含量的关系曲线，即该矿石的可磨度曲线。将此曲线与在相同条件下对标准矿石的相同粒级进行相同磨矿试验所获的标准矿石的可磨度曲线相比较，就可获得待测矿石的相对可磨度大小随磨矿细度的变化关系。给定磨矿细度（一般以 -0.074 mm 粒级的含量计）下待测矿石的相对可磨度 K 可计算为

$$K = \frac{T_0}{T} \tag{7-1}$$

其中，T 为将待测矿石磨到给定细度所需的时间；T_0 为将标准矿石磨到给定细度所需的时间。K 大于 1 表示该矿石比标准矿石易磨，处理该矿石时磨机的生产能力较高；K 小于 1 表示该矿石比标准矿石难磨，处理该矿石时磨机的生产能力较

低。一般来说，相对可磨度不仅取决于矿石类型，也与磨矿细度有关，同一矿石磨至不同的细度时相对可磨度可能不同。

采用容积法进行磨机的选型计算是以磨机在正常作业条件下的生产能力（按某合格粒级的新产出量计）与磨机的有效容积成正比为出发点，根据基准磨机在正常作业条件下处理标准矿石时单位磨机容积的生产能力，推算设计磨机处理给定矿石物料时预期的处理量。矿石的相对可磨度、磨机直径、磨机类型以及不同的给矿和和产物粒度等因素的影响是以校正系数的形式出现在计算公式中的，具体可见第 3 章中的式（3-54）。这里的 K 即为式（3-54）中的 K_1。作为容积法计算依据的基准磨机处理标准矿石的单位磨机容积生产能力一般来自实际生产或工业试验的测定数据。标准矿石的选择以具有类似磨矿工艺的实际选矿厂的给矿为宜，有色金属选矿厂的设计多以杨家杖子钼矿的矿石作为标准试样。鉴于生产矿山由采矿提供的入选矿石的性质可能会随时间变化，标准矿石的取样与基准磨机处理量及工艺条件的测定应同时进行。

7.3　邦德功指数和邦德磨蚀指数

邦德功指数（Bond work index）是采用功耗法进行磨机选型和驱动功率计算所需的物料参数。根据邦德的"第三粉碎理论"，将粒度为 F 的给矿粉碎至粒度为 P 的产物所需的功耗 W 为

$$W = W_i \cdot \left(\frac{10}{\sqrt{P}} - \frac{10}{\sqrt{F}} \right) \tag{7-2}$$

其中，给矿粒度 F 和产物粒度 P 均是用使筛下产率为 80% 所对应的筛分粒度（μm）来表示的；W 为粉碎单位质量矿石所需的功耗，单位为 kW·h/t；W_i 为该矿石的功指数，单位也为 kW·h/t。由式（7-2）可知，当 F 趋于无限大且 $P = 100$ μm 时 W 趋于 W_i，因此理论上可将功指数 W_i 视为是将 1 t 矿石从无限大的粒度粉碎至 80%–100 μm 的细度所需的功耗（kW·h）。

将式（7-2）应用于工业粉碎设备选型设计的关键是找出确定物料参数 W_i 的方法。鉴于工业粉碎过程是分阶段进行的，而且不同的阶段采用的设备不同，邦德从实用的角度将功指数细分为球磨功指数 W_{ib}、棒磨功指数 W_{ir} 和破碎功指数 W_{ic}，并分别提出了相应的在实验室利用少量矿样进行试验测定的方法。

通过小型磨矿试验测定邦德磨矿功指数的基本思路是建立起特定实验室磨矿条件下的磨矿试验结果与正常生产条件下工业磨矿单位能耗（这里用生产单位质量合格产物所需的工业磨机小齿轮轴输入功来表示）的相关关系。为此邦德选定了规格为 ϕ305 mm×305 mm、转速为 70 r/min 的实验室球磨机作为球磨功指数的测定设备，并详细规定了磨机内所装钢球的规格及数量。标准测定方法要求试验

的给矿粒度为-3.35 mm。测定过程实际上是用一个筛分作业与干式球磨作业相配合，在保持各循环磨机给料量恒定（700 cm³）条件下进行的实验室闭路磨矿过程。在各闭路循环过程中根据每个循环新生成的筛下产物量预估并调整下一个循环的磨机转数（磨矿时间），直至闭路过程在循环负荷为250%条件下的达到稳定状态。邦德将此稳态条件下磨机每转动一周所新生成的筛下产物量定义为该矿石物料的可磨度值 $G(g/r)$。G 值越大，物料越好磨。另外，邦德把作为标定基准的工业生产条件规定为内径 2.44 m 的溢流型球磨机的湿式闭路磨矿。在对大量的磨矿试验结果及工业生产数据进行分析研究的基础上，邦德提出了由试验结果计算邦德球磨功指数 W_{ib} 的公式

$$W_{ib} = \frac{49.04}{P_1^{0.23} \cdot G^{0.82} \cdot \left(\frac{10}{\sqrt{P}} - \frac{10}{\sqrt{F}}\right)} \tag{7-3}$$

其中，P_1 为闭路磨矿试验采用的筛分粒度（μm）；G 为由试验获得的物料可磨度值（g/r）；F 和 P 分别是试验的给矿粒度和产物粒度，两者均以筛下产率为80%所对应的筛分粒度（μm）表示。球磨功指数试验适用于产物细度为 0.6～0.03 mm（28～500 目）的磨矿，典型的筛分粒度取值范围为 0.210～0.053 mm（65～270 目）。一般是根据实际生产需要的产物细度来选择闭路试验的筛分粒度。

棒磨功指数的测定方法与球磨功指数很相似，也是一个保持各循环磨机给矿量恒定的闭路磨矿过程。不同之处在于：采用规格为 φ305 mm×610 mm、转速为46 r/min 的实验室棒磨机作为测定设备并对所装钢棒的规格和数量有具体规定；试验给矿的粒度要求为-12.5 mm、磨机给料量恒定为 1250 cm³；根据对循环负荷的要求为 100%来预估并调整各循环的磨机转数使闭路循环达到稳定状态；作为标定基准的工业生产条件为内径 2.44 m 溢流型棒磨机的湿式开路磨矿；由试验结果计算邦德棒磨功指数 W_{ir} 的公式为

$$W_{ir} = \frac{68.32}{P_1^{0.23} \cdot G^{0.625} \cdot \left(\frac{10}{\sqrt{P}} - \frac{10}{\sqrt{F}}\right)} \tag{7-4}$$

其中，各符号的意义与式（7-3）相同。棒磨功指数测定中用于构成闭路磨矿循环的筛分粒度的一般取值范围为 4.75～0.210 mm（4～65 目）。

用功耗法进行工业磨机的选型计算时，需要通过一些校正系数对单位能耗数值进行修正，以考虑偏离基准工业生产条件的各种情况，包括磨机作业模式、回路形式、磨机直径、给矿粒度、磨矿细度、粉碎比以及棒磨在碎磨流程中的位置等因素的影响，可参见第 3 章中的式（3-66）。半个多世纪以来，采用邦德功指数进行磨机的选型设计在国外得到广泛应用，是业界的主流方法。我国于 20 世

纪 80 年代初开始引进和研究，初期多用于对容积法设计的验证和校核。后来随着矿业领域对外开放和国际化程度的不断提高，功耗法在我国也得到越来越多的采用。

对于粗粒矿石的破碎，邦德提出采用破碎功指数来衡量矿石破碎的难易程度并设计了相应的测试方法。这种后来被称为邦德低能冲击破碎试验的测定方法需要用一种特定的双摆锤冲击破碎装置作为试验设备，用至少 20 块粒度为 75 ~ 50 mm 的大块矿石或岩芯样作为试样。试验的基本过程是利用两个对称设置的摆锤从两端同时冲击固定的待测试样，通过改变摆锤释放位置偏离的角度（对应不同的摆锤上升高度）来改变对试样的冲击能量。冲击粉碎试验从较小的摆锤释放角度开始，逐步增加释放角度，直至试样被击碎为止。邦德破碎功指数可根据使试样发生破碎的冲击能量、试样沿冲击方向的厚度以及试样的密度计算得到。这里将破碎试样所需的冲击能量除以被碎试样沿冲击方向的厚度作为试样抗冲击强度的度量指标，用 C 表示。由试验结果求邦德破碎功指数 W_{ic} 为

$$W_{ic} = \frac{K \cdot \overline{C}}{S_g} \tag{7-5}$$

其中，K 是与各物理量所用单位有关的系数；$\overline{C}$ 为试验获得的各试样抗冲击强度 C 的平均值；S_g 为试样的比值。当冲击能量单位用（英尺·磅力）、试样厚度单位用（英寸）、功指数单位用（千瓦·时/短吨[❶]）时，系数 K 的取值为 2.59；当冲击能量单位用（焦耳）、试样厚度单位用（毫米）、功指数单位用（千瓦·时/吨）时，系数 K 的取值为 53.4。此试验是邦德试验系列中唯一用于测定大块矿石可碎性的试验，测定结果可作为确定粗碎破碎机型号和功率消耗的依据。实际上，邦德破碎功指数的应用远不如邦德球磨功指数和邦德棒磨功指数普遍。当今，破碎机的选型计算一般不用这个参数，而仍在单粒冲击粉碎试验研究中使用的各种摆锤式冲击试验装置也已升级换代，在机构设计、能耗测量、适用的粒度和比能耗范围等方面都比邦德的试验装置能更好地满足研究和应用的要求。

邦德磨蚀指数（Bond abrasion index）是衡量矿石物料对碎磨设备金属部件磨耗能力的一种指标，其测定是通过测量在规定的试验条件下矿石试料对特定规格的特殊合金钢叶片试件的磨耗程度来实现的。邦德磨蚀试验在专用的磨蚀试验机上进行。该设备上有一个通过水平轴驱动的 $\phi305$ mm×114 mm 毫米转鼓，其内部同心安装有一个 $\phi114$ mm 毫米的转子。一块规格为 76.2 mm×25.4 mm×6.35 mm 的合金钢叶片试件被插入并固定在转子的特制插槽中。叶片试件露出的受磨面积为 12.9 cm²。设备运行时，转子转速 632 r/min，转鼓转速 70 r/min，两者的

---

❶ 1 短吨 = 0.907 t。

转动方向相同。试验需要准备 4 份粒度为 13 ~ 19 mm 的矿石试料，每份 400 g。试验前先将叶片试件称重（精确到 0.0001 g），再把它固定在转子的插槽中。试验时将 400 g 矿石试料倒入转鼓中，盖紧端盖运转 15 min 后停机，卸出物料。再按照同样的操作步骤处理另外 3 份试料。完成上述操作后叶片试件经受的磨蚀时间累计为 1 h。取出叶片试件，用醇类或酮类有机清洗液清洁干净后烘干、称重（精确到 0.0001 g）。叶片试件磨损前后的质量差，也就是叶片磨损后的质量损失（以 g 表示）即为该试料的磨蚀指数，通常标记为 A_i。磨蚀指数主要用于估计工业生产中磨矿介质（钢球，钢棒）、磨机衬板、颚式/旋回/圆锥破碎机衬板、辊式破碎机辊面以及自磨机格子板的金属磨耗率。磨蚀试验除了用于测定各种矿石物料的磨蚀指数外，也可用来评价各种金属材料的耐磨性能。

7.4　麦佛森自磨功指数

自磨功指数是邦德功指数概念应用于自磨/半自磨时的一种延伸，一般指根据某种小型或半工业/工业自磨试验获得的 W、F 和 P 数据利用邦德基本式（7-2）反算得到的功指数。这种由实际作业数据反求得到的功指数值一般称为作业功指数（或操作功指数），以区别于由标准测定方法得到的试验功指数。在各种自磨/半自磨磨矿试验中，麦佛森（A. R. MacPherson）半自磨可磨度试验是用得较多的一种。此试验的作业功指数称为麦佛森自磨功指数（MacPherson autogenous work index），也常简称自磨功指数。

麦佛森半自磨可磨度试验是一种在小型半自磨机上连续运行的闭路干式磨矿试验。该试验采用的磨机规格为 ϕ458 mm×152 mm，转速 70 r/min，装球率 8%。闭路磨矿试验所需的其他配套装置包括一套给料系统（料斗，给矿机），一套通风系统（风机和管道），一套两段风力分级系统（上升流分级机、旋风分级机和袋式集尘器），一套给料速率自动控制系统以及一台筛分机。粒度为 -32 mm 的给矿由料斗通过自动给料机给入磨机内，给料速率由自动控制系统通过保持磨机滚筒下方的音量水平为预设值来不断地调节，使磨机的充填率维持在 25% 左右。磨机排矿由通风系统产生的气流带出，气流先后通过上升流分级机和旋风分级机，再经袋式集尘器排出。上升流分级机的沉砂通过 1.4 mm（14 目）的筛分分级，筛上物料返回磨机料斗。调节磨机内风量的大小将循环负荷控制在 5% 左右。整个闭路磨矿过程需要至少 6 h 的运行时间。最终产物由 1.4 mm 筛分的筛下物料、旋风分级机的沉砂和袋式集尘器中的粉尘 3 个部分组成。闭路流程达到稳态作业后需要保持各产物和返砂的流量稳定至少 1 h 作为取样周期，在取样周期内每隔 15 min 取一次样并测定各产物流量。闭路过程运行完毕后对各产物和磨机内滞留物料进行粒度分析。根据各产物的流量和粒度分布数据可计算总产物的粒度分布。对于在磨机内滞留的物料，除了分析粒度分布外，还要进行逐粒级的密度测定，以分析可能出现的特定粒度或密度的粒级在机内的累积情况。6 h 连续运行消耗的矿量约为 100 kg，但试验一般要求提供总量为 175 kg 的矿样以考虑物料在硬度和密度上的波动以及需要延长闭路试验运行时间的情况。

　　麦佛森自磨可磨度试验实际上是半自磨流程连续试验的小型化。此试验本身并没有引入全新定义的可磨度参数，而是与一般工业/半工业磨矿试验的做法一样，根据已知的功率消耗、给矿量、给矿和产物的粒度利用邦德基本式（7-2）来反求作业功指数。此试验除了可提供麦佛森自磨功指数外，还可获得一些关于物料自磨/半自磨特性的半定量数据。以麦佛森自磨可磨度试验结果为依据进行工业流程设计的基本方法是在对各种类型矿石进行大量试验的基础上建立矿石特性数据库，将新矿石的功指数与已有工业实践矿石的数据相比较，从而确定处理新矿石的磨机所需的尺寸和功耗。此试验是唯一一种小型化的自磨/半自磨连续磨矿试验。在自磨/半自磨磨矿研究中，取得连续过程的稳定工作状态特别重要，尤其是当机内硬质物料会逐渐累积而影响生产运行时。此试验适用于对少量试样（岩芯样或采矿样）进行自磨试验，了解过程连续运行的效应，在一定程度上可取代耗费较大的半工业规模的闭路流程试验。

7.5　MinnovEX 半自磨功率指数 SPI

　　半自磨功率指数（SAG power index，SPI）及其试验测定方法由加拿大 MinnovEX 公司于 20 世纪 90 年代初推出，用于根据对少量矿石物料的小型试验结果预测用工业半自磨机粉碎该矿石所需的功耗。SPI 试验是一种在规定条件下进行的干式开路（批次）磨矿试验。试验给矿是 2 kg 粒度为 -19 mm、80% 通过 12.7 mm 的待测矿石物料。试验磨机规格为 $\phi305$ mm×102 mm，转速率 70%，装球率 15%，钢球尺寸 25 mm。试验直接测定的是将给矿物料粉碎至细度为 P_{80} = 1.7 mm 所需的磨矿时间。测定过程实际上是一种分段进行的开路磨矿试验，因为需要将机内物料取出进行筛析才能确定它是否已达到规定的磨矿终点细度。若未达到终点细度，就将所有物料和钢球重新装回磨机继续磨矿。达到终点细度（即 P_{80} = 1.7 mm）所需的磨矿时间越长，说明物料对磨矿的阻力越大，即物料的硬度越大。通过对多座矿山半自磨工业流程处理不同硬度物料时实际生产数据的考查和对这些物料进行上述的实验室测定，可建立起工业半自磨磨矿所需能耗与实验室磨矿时间的相关关系。工业半自磨机将粒度为 F_{80} = 152 mm 的给矿粉碎至细度为 P_{80} = 1.7 mm 的产物所需的单位能耗 W_{SAG}（kW·h/t）与实验室磨矿时间 T(min) 在数值上有如下的关系

$$W_{SAG} = 0.11 \cdot T + 0.9 \tag{7-6}$$

这里，以 min 为单位的实验室磨矿时间 T 被称为半自磨功率指数（SPI）。

当设计要求比 $P_{80} = 1.7$ mm 更细的产物时，虽然还有另一个包含产物细度影响的关系式可用，但一般可利用在该粒度区间内半自磨磨矿与球磨磨矿的能量效率基本相同的假设，采用邦德球功指数计算将物料从 1.7 mm 粉碎到要求细度所需的能耗作为附加能耗项来处理。根据 SPI 试验结果进行工业半自磨机的生产预测和回路设计已有专门的 CEET（comminution economic evaluation tool）软件可用。SPI 试验产物的 P_{64} 粒度（使全部产物的 64% 进入筛下的筛分粒度）通常等同于若将所有 +1.7 mm 物料全部作为返砂处理时所获最终产物的 P_{80} 粒度。SPI 试验的设计者将这个粒度视为是该物料半自磨磨矿的自然碎裂粒度，并认为半自磨磨矿可容易地获得粗于这个粒度的产物。但若要求的产物粒度小于这个粒度，则所需能耗增加。试验结果表明，软矿石的自然碎裂粒度在 400~800 μm 范围内，硬矿石的自然碎裂粒度范围为 200~500 μm。

上述确定半自磨粉碎单位能耗的方法并未考虑半自磨给矿粒度的影响。因为大多数自磨/半自磨工业粉碎的给矿是 F_{80} 粒度约为 152 mm 的粗碎产物，而且 SPI 试验的给矿粒度是固定的，所以用此方法求出的半自磨比能耗是以 $F_{80} = 152$ mm 为默认给矿粒度的。对于半自磨给矿粒度显著小于这个默认粒度的特殊情况，还需要根据实际给矿粒度大小对求出的比能耗进行调整。

SPI 试验的特点是需样量少，试验产物还可作为邦德球磨功指数测定的给矿，尤为适用于在矿产资源开发的早期阶段（预可研阶段之前）根据对少量钻探岩芯样的试验结果为矿床的资源评价和开发规划提供参考依据。但另一方面，由于试样量少，一般不宜仅根据少量的 SPI 试验结果直接进行工业半自磨粉碎的工艺设计。

7.6　由 SAGDesign 试验预测磨矿能耗

标准自磨设计试验（Standard Autogenous Grinding Design Test，SAGDesign 试验），是一套包括半自磨试验和球磨功指数试验在内的试验方法，可用于为"自磨/半自磨+球磨"两段磨矿或自磨/半自磨单段磨矿的工艺设计提供依据。鉴于 SPI 试验所用的试样量较少，以 SPI 试验预测的磨矿能耗作为工业半自磨流程的设计依据风险较大，该试验的设计者 John Starkey 自 2002 年起致力于研发可作为磨矿回路设计依据的小型试验方法，并于 2004 年与道森冶金实验室（Dawson Metallurgical Laboratory）及 Outotec（前身为 Outokumpu Technology）公司联合推出 SAGDesign 试验方法。此方法采用的自磨/半自磨磨矿与球磨磨矿之间的过渡粒度（一般记为 T_{80} 粒度）为 1.7 mm，由半自磨试验可获得将大块矿石自磨/半自磨至这个过渡粒度所需的比能耗，再由对半自磨试验的产物进行常规的邦德球磨功指数试验获得将其球磨至最终粒度所需的比能耗，两者之和即为两段磨矿所需的总能耗。

与 SPI 测定方法相似，SAGDesign 的半自磨试验也是一种在规定条件下进行的干式开路（批次）磨矿试验，但所用的磨机规格为 $\phi488\ mm\times163\ mm$，转速率 76%，装球率 11%。磨机球荷由直径 51 mm 和 38 mm 两种规格的钢球各一半组成，总重 16 kg。试验直接测定的是将 4.5 L 粒度为 $F_{80}=19\ mm$ 的给矿磨至细度为 $P_{80}=1.7\ mm$ 的产物所需的磨机转数。第一批次的磨机转数定为 462 转（约 10 min），对较软的矿石可酌情减少。在操作上与 SPI 测定不同的是，在对前几个批次的产物进行筛析后，都要去掉 -1.7 mm 的细粒级，仅将球荷和 +1.7 mm 的物料返回磨机继续磨矿，只有在入磨物料量少于原始给矿量的 40% 后，才停止去掉 -1.7 mm 的细粒级，将所有物料返回磨机继续磨矿，直至达到所需的终点细度（即 80% -1.7 mm）。由磨矿试验总转数 N 计算工业生产上将粒度为 80% -152 mm 的给矿磨至粒度为 80% -1.7 mm 的产物所需的单位能耗（指半自磨磨机小齿轮轴输入功耗）W_{SAG}（kW·h/t）的为

$$W_{SAG} = N \cdot \frac{16000 + G}{477.3 \cdot G} \tag{7-7}$$

其中，G 为 4.5 L 给矿物料的质量（g），16000 为球荷质量（g），477.3 为根据标定试验结果获得的经验常数。

将上述半自磨试验产物中所含的 +3.35 mm 物料全部破碎至 -3.35 mm 并与产物中其余的 -3.35 mm 物料混合。将此产物作为给矿物料进行邦德球磨功指数试验。此球磨功指数的测定结果反映以粒度为 80% -1.7 mm 的自磨/半自磨产物作为给矿进行球磨磨矿至最终产物细度所需的比能耗，根据经验它一般会比用常规破碎方法制备试验给矿所测定的球磨功指数值高 1~1.5 个单位左右。Starkey 推荐在球磨机选型计算时要采用邦德的磨机直径修正系数对能耗进行修正，并认为很多工程公司不用这个修正系数的原因在于由常规破碎方法制备试验给矿时，所测定的球磨功指数值偏低而导致设计结果不佳。

大量的比较研究结果表明，在被磨物料粒度（这里指的是 80% 筛下粒度）位于 0.4~3.5 mm 范围内时，半自磨磨矿与球磨磨矿的能量效率没有明显的差别。因此，当实际工业生产需要的过渡粒度 T_{80} 在 0.4~3.5 mm 这个范围内调整时，可利用邦德基本式（7-2），根据球磨功指数测定值、实际生产 T_{80} 值以及试验 T_{80} 值（1700 μm）对磨矿能耗在第一段半自磨和第二段球磨之间的分配进行增减调整。

标准自磨设计试验的特点是试验过程简单易行，应用计算直观透明，与邦德球磨功指数测定有相通之处，能在较低耗费的条件下获得用可于工业流程设计的基本参数。给矿物料可以是开采出来的矿石样，也可以是钻探获得的岩芯样。每

套标准自磨设计试验要求提供 15 kg 左右的矿样。实际上，第一段半自磨试验需要的物料量为 4.5 L，对密度为 2.8 左右的矿石物料，需要的给矿量为 7~8 kg，此半自磨试验的产物作为第二段球磨功指数试验的给矿在一般情况下是足够用的。试验结果不但可用于矿产资源开发早期各阶段（包括概略研究、预可研、可研阶段）初步选定磨机的规格，也可直接用于实际工业磨矿回路设计中设备的选型计算。当试验的目标是为建厂设计提供依据时，一般要求做 6~10 套试样的试验，而且从取样方案的制定到具体的试验实施均需由受过专门训练的专业人员完成。

7.7 自磨/半自磨粉碎模拟计算所需的物料参数

基于数学模型的过程模拟已在选矿工艺设计与优化中得到越来越多的应用。利用 JKMRC 粉碎模型进行粉碎过程模拟计算时所用的代表物料粉碎行为的表观函数数据通常需要通过专门的实验室粉碎试验来确定。JKMRC 的自磨/半自磨机模型采用 3 个物料特性参数来确定物料粉碎的表观函数：表征矿石抗冲击粉碎能力的物料参数 A 和 b，以及表征矿石抗剥磨粉碎能力的物料参数 t_a。模拟计算时根据这 3 个参数可求出各粒级物料粉碎时的表观函数，而这 3 个参数则需要通过专门的实验室试验来测定。在 6.4.4 节中已从建模原理角度对这 3 个特性参数的含义及其试验测定方法作过介绍。以下从试验测定方法的沿革与发展角度进行综合叙述。

表征矿石抗冲击粉碎特性的物料参数 A 和 b 由 JKMRC 单粒冲击粉碎试验获得。单粒冲击粉碎试验直接测定的是矿石颗粒在不同比能耗条件下经受单粒冲击粉碎作用后所获产物的粒度分布。早期的单粒冲击粉碎试验是在一种特制的双摆锤冲击试验装置上进行的，简称双摆锤试验（Twin Pendulum Test）。此试验装置与测定邦德低能冲击功指数的双摆锤装置不同，由一个质量较小的冲击锤和一个质量较大的反弹锤组成。待测试样被固定在处于静止状态的反弹锤的端面上，受到从已知高度释放的冲击锤的冲击而被粉碎。消耗于试样粉碎的能量可由冲击前冲击锤的能量减去冲击后冲击锤和反弹锤的能量之和求得。通过改变摆锤质量大小和冲击锤释放高度可获得不同能耗条件下的冲击粉碎结果。JKMRC 配备了两套不同摆锤质量组合的试验装置来进行不同给矿粒度的单粒粉碎试验：较大的一套适用粒度为 -31.5+11.2 mm 的试样，试验结果用于工业破碎机和自磨/半自磨粉碎的建模；较小的一套适用粒度为 -11.2+4.75 mm 的试样，试验结果用于工业棒磨机和球磨机粉碎的建模。这种双摆锤试验虽然操作简单，但存在着适用的试样粒度范围小、涵盖的粉碎能耗范围小、试验费时且测得的能耗精度不高等缺点，现已被落重试验所取代。

　　JK 落重试验（JK Drop Weight Test）是 JKMRC 于 20 世纪 90 年代中期推出的用于测定矿石物料冲击粉碎特性的一种试验方法。试验在落重试验机上进行。试样（单颗粒）被置于固定在混凝土基座的钢砧上，受到从一定高度沿导杆下落的钢质落重块的冲击而被粉碎。通过改变落重块的质量和下落高度可获得不同比能耗（能耗除以被碎颗粒质量）水平下的冲击粉碎结果。一套完整的 JK 落重试验包含对 5 个窄粒级物料各进行 3 个比能耗水平的单粒冲击粉碎，一共是 15 个粒度/比能耗组合。标准落重试验规定的 5 个窄粒级为 −63+53 mm，−45+37.5 mm，−31.5+26.5 mm，−22.4+19 mm 和−16+13.2 mm；比能耗变化范围为 0.1~2.5 kW·h/t。每个粒度/比能耗组合的试验需要粉碎 10~30 个颗粒，整套落重试验共需试样 25 kg 左右，一般要求提供 100 kg 未经筛分的原矿。

　　将每个粒度/比能耗组合条件下获得的碎块产物进行筛析，获得 15 套不同粒度/比能耗组合条件下碎块产物的粒度分布数据。JKMRC 的粉碎模型以 t_{10} 值作为表征原始颗粒被碎程度的指标，其定义为碎块产物中粒度小于原始颗粒尺寸的 1/10 的那部分物料所占的百分数，并采用指数函数

$$t_{10} = A(1 - e^{-b \cdot E}) \tag{7-8}$$

来逼近描述 t_{10} 与粉碎比能耗 E 的关系，其中 A 和 b 是拟合参数。根据由试验获得的 15 组（t_{10}-E）关系数据，采用非线性回归方法拟合出这两个参数。A 和 b 即为表征矿石抵抗高能冲击粉碎作用的物料特性参数。

　　通常可用 A 和 b 的乘积作为矿石抗冲击粉碎强度的一个衡量指标，$A×b$ 越大，给定比能耗条件下的粉碎产物越细，即物料抵抗冲击粉碎作用的能力越弱。在 JKMRC 现有的矿石物性数据库中，$A×b$ 取值的分布范围是 20~300，取值接近 20 的为极硬矿石，接近 300 的为极软矿石。

　　除了获得利用 JK 自磨/半自磨机模型进行模拟计算所需的物料参数 A 和 b 外，根据 JK 落重试验结果还可获得利用 JK 破碎机模型进行模拟计算所需的整套物料参数，包括确定破碎机粉碎表观函数 t_n-t_{10} 关系的样条函数节点数据，以及描述破碎比能耗随初始颗粒粒度与粉碎程度变化的样条函数节点数据，可参见 6.4.1 节有关内容。

　　标准落重试验的给矿为粒度位于区间 13.2~63 mm 内的几个窄粒级，由试验测得的物料参数严格来说仅适用于破碎机模型以及自磨/半自磨磨矿模型中较粗粒级粉碎的模拟计算，将试验结果用于粒度小于 13.2 mm 物料粉碎的模拟计算时，实际上意味着此套粉碎参数未经试验证实就向下外推至磨矿作业涵盖的全部粒度范围。从粉碎原理上说，颗粒粒度对粉碎结果是有影响的。JKMRC 后来研发的转子粉碎试验装置 JKRBT（JK Rotary Breakage Tester）可将单粒冲击粉碎试验给矿的粒度下限降至 1 mm 左右，通过提高该装置内部真空度等措施还可进一步降低给矿粒度下限，从而解决不得不对物料粉碎行为进行关于粒度的大幅

度（跨数量级）外推所引起的误差问题。JKRBT 试验所需的时间仅为落重试验的 1/10~1/8，测定结果的可比性已获试验证实。研究表明，JKRBT 试验可作为取代落重试验进行物料抗冲击粉碎特性参数测定的新方法。

表征矿石抗磨剥特性的物料参数 t_a 由对窄粒级颗粒群的滚筒磨剥试验确定。JKMRC 滚筒磨剥试验使用的设备为 ϕ300 mm×300 mm 的滚筒磨机，转速 53 r/min（转速率 70%），滚筒内壁上装有 4 根 10 mm 高的提升条。将 3 kg−53+37.5 mm 粒级的试样置于滚筒磨机内，在不加任何磨矿介质的条件下开机转动，让物料在机内作滚翻跌落运动 10 min 后停机，取出物料进行筛析，得到该产物的粒度分布及其 t_{10} 值。表征矿石抗磨剥特性的物料参数 t_a 定义为此 t_{10} 值的 1/10，即 $t_a = t_{10}/10$。参数 t_a 的取值范围一般为 0.2~2，t_a 值低于 0.2 表示矿石抗磨剥破碎能力非常强，t_a 值高于 2 表示矿石抗磨剥破碎能力非常弱。此低能磨剥粉碎试验一般不单独进行，而是与颗粒的密度测定一起，被包含在一套完整的 JK 落重试验程序中。

7.8 由 SMC 试验获得的物料参数

澳大利亚 SMCT 公司 2004 年推出的 SMC 试验（SAG Mill Comminution Test，半自磨机粉碎试验）可视为是标准落重试验的简化版。采用相同的试验设备、单粒粉碎试验操作过程也与标准落重试验相同，但 SMC 试验只需对单个窄粒级测定 5 个比能耗水平下的粉碎结果。对粉碎产物的筛析只需获得单点 t_{10} 值即可而不是整条粒度分布曲线。

SMC 试验对给矿颗粒均匀性的要求要高于标准落重试验。给矿颗粒的制备方法有两种，一种是对大块矿石（或岩芯样）进行破碎。再从碎块中挑选合适的颗粒；另一种是对已劈开的 1/4 岩芯样按一定长度要求切割获得。常用的是碎块挑选法，因为此法耗时少。岩芯切割法需要的试样量较少，一般作为备选方法用于试样量有限的场合。测定粒级的选择取决于试样类型和可用试样量的多少，具有一定的灵活性。可选用的测定粒级有 −45+37.5 mm，−31.5+26.5 mm，−22.4+19 mm 或−16+13.2 mm。推荐测定粒级为−31.5+26.5 mm 或−22.4+19 mm，因为这两个粒级易于通过对常见规格的钻探岩芯样进行切割或破碎而获得。试验要求准备 100 块指定粒度的试样，测定其平均密度后将其分成 5 份，每份 20 块。对每份试样各进行一个预定比能耗水平的单粒冲击粉碎；将同一比能耗水平下的粉碎产物合并筛析。整个试验共消耗约 5 kg 的试样量。试样的粒度越小，所需的试样量越少。SMC 试验一般要求提供试样 20 kg。

SMC 试验最初被设计用来系统地表征钻探岩芯样的粉碎特性，建立比能耗与粉碎产物 t_{10} 的关系。由试验结果可确定一种所谓的落重指数（Drop-Weight index）DWi，它是冲击粉碎条件下岩石强度的一种度量指标，单位为 kW·h/m³。DWi 与 JKMRC 自磨/半自磨机模型的冲击粉碎特性参数 A 和 b 有直接的关系，可用于估计这两个参数的取值。DWi 与磨剥粉碎参数 t_a 虽然没有直接的联系，但对大量试验数据的统计分析表明两者之间存在一定程度的关联。此外，JKMRC 破碎机模型所需的不同粒度下的 t_{10} 比能耗关系矩阵也可在对试验进行关于粒度效应的标定后从试验结果导出。因此，SMC 试验可作为一种在试样量有限的情况下获取这些参数估计值的方法。显然，如此获得的参数值不如由标准落重试验获得的参数值可靠。在为一个新开发的矿床进行自磨（半自磨）流程设计时，一般建议尽可能对矿体内所有的主要矿石类型都要进行标准落重试验，而 SMC 试验作为一种较简便的矿石可磨度测定方法，可用于系统地对矿体内不同部位的矿样分别试验，以了解矿石可磨度随矿体内部空间位置的变化情况，指导矿山采选的工艺设计和生产规划。SMCT 公司称其 SMC 试验数据库已包含对世界各地 850 多个矿床的矿石进行过的超过 25000 试验结果，是目前全球同类数据库中最大的之一。

　　落重指数不仅与自磨/半自磨机模型的物料参数 A 和 b 直接相关，而且还与矿石的点载荷强度、单轴抗压强度等岩石力学指标有较强的相关关系，因此，它有望作为物料参数用于从矿山爆破到选厂磨矿整个粉碎流程的设计和优化。SMC 试验的特点是可用少量的试样获得矿石粉碎结果与能耗的关系。利用莫雷尔（Morrell）关于粉碎能耗的经验模型，可见式（6-7）和式（6-8），可根据 SMC 试验和邦德球磨功指数试验的结果预测选矿厂整个碎磨流程所需的粉碎能耗。莫雷尔将矿石粉碎过程分为滚筒式磨矿机（包括自磨/半自磨机、球磨机和棒磨机）粉碎，常规破碎机（包括颚式、旋回和圆锥破碎机）粉碎和高压辊磨机粉碎，其中滚筒式磨矿机粉碎又以 $P_{80} = 750$ μm 为界划分为粗磨和细磨两个阶段。基于此模型的粉碎能耗估算需要用到 4 个物料参数，分别为：莫雷尔粗磨功指数 M_{ia}，莫雷尔细磨功指数 M_{ib}，莫雷尔破碎功指数 M_{ic} 和莫雷尔高压辊磨功指数 M_{ih}。由 SMC 试验结果可求出模型计算所需 4 个物料参数中的 3 个，即 M_{ia}，M_{ih} 和 M_{ic}。另一个参数（M_{ib}）需根据该矿石的邦德球磨功指数试验数据求出。

7.9　高压辊磨工艺设计常用的参数

　　高压辊磨机粉碎的一个特点是其处理量和粉碎效果在很多程度上可互不影响地分别加以调节，以适应不同的工艺应用要求。对于一个给定给矿物料的粉碎作业，产物细度主要由比能耗决定。在滚筒式磨矿机上，比能耗的调节主要通过改变物料在磨矿机内的滞留时间来实现，因此，调节产物细度不可避免地会影响磨矿机处理量。在高压辊磨机上，比能耗主要由工作压强（比压力）决定，处理量主要由压辊尺寸和压辊转速决定，比压力与压辊转速在一定范围内可相互独立地分别调节，这就给工艺配置带来了较大的灵活性。在金属矿山的应用中，高压辊磨机的给矿粒度有较大的变化范围，既有粒度上限超过 60 mm 的中碎产物，也有平均粒度低于 0.1 mm 的铁精矿球团给矿。若以表征物料在高压辊磨条件下的可碎性/可磨度为目标，原则上也可设计一种小型颗粒床粉碎试验条件与方法（如用活塞—缸体装置在压力试验机上进行的颗粒床压载粉碎试验）来获得某种可表征物料可碎性/可磨度的指标。为使这个指标能够用于流程设计设备选型，还需建立它与工业高压辊磨机粉碎比能耗及粉碎效果（物料粒度变化）的关系，而这种关系的建立需要以大量的运行在不同作业条件下的工业高压辊磨机的实际生产数据为基础。迄今高压辊磨流程设计及设备选型仍是以具体矿石物料在中小型高压辊磨机上的粉碎试验数据为依据。

高压辊磨机粉碎工艺设计的目标是为具体的给矿物料确定满足给定处理量和产物细度要求所需设备的几何参数（包括压辊直径和宽度）和作业参数（主要指压辊转速和比压力），并且确定设备的驱动功率。根据中小型设备上的高压辊磨粉碎试验结果进行工业设备选型所用的工艺特性参数主要是给定比压力下的比处理量和比能耗，前者与压辊尺寸一起决定设备的处理量；后者决定粉碎效果并与压辊尺寸一起决定设备的驱动功率。

给矿物料的种类和粒度分布、物料含水量、辊面结构等因素都会影响高压辊磨机的处理量、粉碎能耗及粉碎效果，这些影响一般需要通过高压辊磨粉碎试验来确定。试验设备通常为小型（辊径不超过 300 mm）或中型（辊径不超过 1000 mm）高压辊磨机。小型设备上的试验受到最大给矿粒度的制约，其结果可能会与给矿粒度大得多的大型工业设备上的结果有较大的偏差，所以，除了在铁精矿球团前细磨上的应用外，高压辊磨粉碎试验应尽可能在中型设备上进行。根据试验结果确定合适的作业条件及工艺特性参数，作为工业高压辊磨机选型及作业效果预测的依据。中型高压辊磨机上的粉碎试验一般需要 1~2 t 的试样；小型高压辊磨机上的粉碎试验一般需要 250 kg 左右的试样。为尽量减少所需的试样量，试验用中小型试验设备的压辊宽度一般都不大，导致边缘效应较为显著，而工业设备往往通过加大压辊宽度来提高处理量，因此，由中小型试验结果预测工业设备的作业效果时还应考虑边缘效应差异的影响。

7.10　小　　结

在碎磨工艺流程设计中采用的表征矿石粉碎特性的参数类型取决于所用设备的种类，各种物料特性参数不仅有其适用的设备类型，而且还有其适用的粒度范围。目前，还没有一种对所有设备类型都适用的物料特性参数。

矿石的单轴抗压强度（或普氏硬度系数）具有物理意义明确、测定方法简单的特点，此参数不仅可用于常规碎矿设备的选型计算，也常用于粉碎基础研究和应用研究中物料特性的表征。

相对可磨度主要用于球磨/棒磨工艺设计和设备选型的容积法计算。

邦德球磨/棒磨功指数是采用功耗法进行球磨/棒磨工艺设计和设备选型时最常用的物料参数。功指数法已成为当今进行常规磨矿工艺设计的一种标准方法。尽管邦德磨矿功指数测定试验是通过将实验室磨矿测得的可磨度指标与特定规格的工业磨矿机在正常作业条件下的生产数据相关联的方法来求得功指数，后来引入的一系列校正系数使它的应用范围得到扩大，基本上能够满足绝大多数工业应用设计的要求。但邦德球磨/棒磨功指数不适用于大块矿石破碎的情况，尤其是不适用于自磨/半自磨磨矿的工艺设计。

对于自磨/半自磨磨矿，较可靠的设计依据仍是半工业试验厂连续试验的结果。半工业试验不仅工作量大、耗时长、费用高，而且需要的试样量很大。而在矿山开发的早期阶段，可用于试验的矿样量是有限的。一般而言，可磨度试验需要在所用的试样量与可获得的有用信息量之间寻找平衡点。自 20 世纪 90 年代以来，随着人们对自磨/半自磨磨矿工艺认知的深入以及当代自磨/半自磨试验方法和流程模拟技术的发展，自磨/半自磨半工业试验已逐渐被各种规模较小的实验室试验方法所取代。为了减少所需的试样量，试验设计者需要某些方面作出妥协，包括减小试验给矿粒度上限以及放弃连续试验或闭路循环试验法。在各种小型试验方法中，只有麦佛森自磨可磨度试验采用了连续磨矿试验法。SPI 试验与 SMC 试验需要的试样量较少，试验成本较低，但根据这两种试验结果直接进行工艺设计的风险较大。自磨/半自磨的工艺设计一般应以对矿体内所有主要矿石类型的 SAGDesign 试验或 JK 落重试验的结果而不是以有限次数的 SPI 试验或 SMC 试验的结果为依据。SPI 试验或 SMC 试验是作为矿石粉碎特性参数的一种快速测定方法，用于系统地对采自矿体内部不同部位的矿石分别进行试验，以了解矿石粉碎特性随矿体空间位置的变化情况并据此构建一个整合矿体内各部位矿石品位和粉碎特性参数的矿山模型，用于指导矿山的采选工艺设计和生产规划。由每种试验方法各有其长处和短处，对设计的可靠性要求较高时，一般推荐将不同的试验方法和设计方法联用来获取尽可能多的信息以尽量减小项目的风险，必要时应考虑进行半工业试验。

高压辊磨机粉碎工艺设计涉及的变量较多，一般是以中小型高压辊磨机上的粉碎试验数据整体为依据，而不仅是某个可磨度参数。设备尺度放大所需要的工艺特征参数包括压辊转速、比压力、比能耗、比处理量以及产物细度指标。在用于给矿粒度较大的细碎作业时，一般应以中型高压辊磨机上的试验数据为设计依据。

❽   粉碎基础研究概要

自原始人使用工具进行劳动算起，粉碎一直是人类生存与生产的基本活动之一。在很长的时间里，粉碎技术的发展与进步基本上依靠经验的积累，带有强烈的手工作坊操作技艺特色。即使在工业化时代的前期，粉碎技术的进步仍是以粉碎设备的发明和应用为主，手段仍是经验性的。直至工业化水平达到一定程度，人们对碎磨工艺的规模、产品质量、经济效益的要求越来越高，才使得探讨粉碎技术之科学原理的粉碎基础研究获得巨大的动力。近代固体物理、材料力学、断裂力学等相关学科的研究进展以及关于固体颗粒粉碎行为的基础研究加深了人们对粉碎过程的认知。对粉碎科学原理的认识有助于人们改进和优化粉碎工艺。

8.1   颗粒粉碎基本过程及影响因素

粉碎是使固体颗粒碎裂成尺寸更小的碎块的过程，为此，必须从外界输入能量以克服固体内部质点的键合能。从原理上看，输入的能量形式不只限于机械能，也可以是热能、电磁能等。但限于目前的技术经济水平，工业生产上的粉碎几乎都是通过接触力的作用，或者说通过输入机械能实现的。对于各单个颗粒而言，接触力可来自碎磨设备的工作部件或是介质，也可来自与之相邻的其他颗粒。受载颗粒的碎裂效果由该颗粒的几何特性及材料力学性质、接触力的大小和数目、施载条件等因素决定。

粉碎设备有许多不同的种类，各种设备对物料的施载条件不尽相同。但就粉碎时接触力的数目及作用方式而言，可将对颗粒的施载方式分为压剪施载与冲击施载两大类。不管粉碎设备的类型及施载方式怎样不同，受载颗粒碎裂的过程基本相同：外界载荷的作用使颗粒变形，颗粒内部的质点会抵抗这个变形，从而在颗粒内部建立起一个应力场。应力场中积聚的弹性应变能随着载荷的增加而增加。颗粒内的应力分布取决于诸多因素，包括接触力的大小、方向、数目及作用位置，变形速率，颗粒的尺寸、形状及材料力学性质等。实际材料在物质结构上的不均匀性诸如杂质、错位、空位等造成颗粒内部存在许多微观缺陷或微小裂纹，颗粒受载时在缺陷或裂纹的尖端附近会发生应力集中现象，使得尖端处的局部应力远远高出远离该处位置的平均应力。当局部应力超过材料强度时，颗粒开始失稳破裂。始于微小裂纹处的破裂面扩展使颗粒内部积聚的应变能得以释放，破裂面的扩展与分叉导致碎块的生成。总而言之，是外加载荷与颗粒内部缺陷的大小和空间分布及应力分布一起决定了颗粒是否破裂，以及破裂时开裂面的位置及其扩展与分叉，从而决定了碎块的大小和形状分布以及新生成的表面积。将颗粒粉碎过程按顺序划分为"受载—变形—建立应力场—碎裂"这几个步骤有助于明确各种影响因素（如接触力大小、颗粒形状、颗粒尺寸、材料特性、温度、加载方式等）在颗粒碎裂过程中所起的作用。图 8-1 所示为影响颗粒碎裂的各种因素及其相互关系。

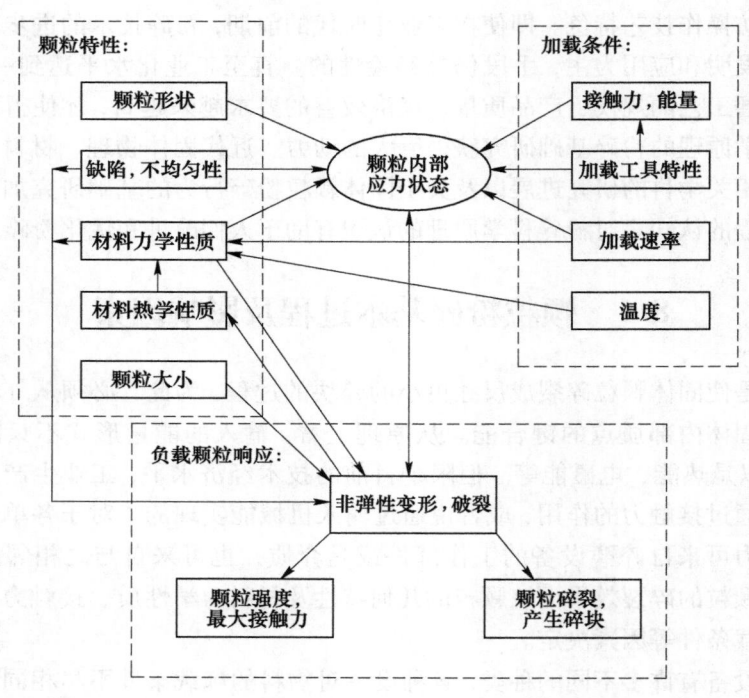

图 8-1 影响颗粒粉碎的因素及其相互关系

颗粒内部的应力状态在颗粒受载碎裂过程中扮演关键角色。应力状态决定受载颗粒是否"失效"（即颗粒内部结构发生不可逆变化），以及失效时是发生非弹性变形还是破裂，这两种失效形式均是颗粒对接触力作用的响应。颗粒响应反过来又会影响应力状态，尤其是在发生非弹性变形的时候。受载颗粒的应力状态不仅依赖于接触力大小、加载工具特性（平面或刀具）及加载速率，也与颗粒的形状、内部缺陷分布及材料的力学性质有关。

8.2 材料力学特性对颗粒碎裂的影响

变形和应力通过材料的力学性质相联系。通常可将材料在外加载荷作用下的变形行为分为弹性变形和为非弹性变形，后者包括塑性变形和黏性变形。这里起决定性作用的首先是受载颗粒对载荷的响应是弹性变形还是非弹性变形，由此可导致不同的应力状态。弹性变形会增加颗粒内应力及存储的弹性能；非弹性变形会减小应力并消耗能量。实际材料受载破裂时的变形很少是只对应于这三种类型的某一种，更多的是不同类型变形的综合效应。除了弹性变形外，较为典型的变形行为还包括兼具弹性行为和塑性行为的弹塑性变形，和兼具弹性行为和黏性行为的黏弹性变形。一般来说，载荷越大，发生非弹性变形的倾向越大；颗粒尺寸越小，发生非弹性变形的倾向越大。具体材料的应力—变形关系由专门的试验确定，试验结果通常表示为应力—应变关系曲线。

弹性变形的特征是应力—应变关系为可逆的且与时间无关，卸载曲线与加载曲线重合，可参见图 8-2 (a)，且曲线位置与不随变形速率而改变。在最简单的线弹性变形情况下可用胡克定律表达应力—应变关系，以杨氏模量与泊松比来定量表征材料的力学特性。当可逆且与时间无关这个判据得不到满足时，材料的变形行为统称为非弹性。大多数实际材料破裂时或多或少都包含有非弹性变形成分。由于非弹性变形通常也与应力大小及其空间分布有关，完全有可能发生当接触力作用区域已经出现非弹性变形时，颗粒在整体上仍呈现弹性行为的情况。大多数矿石和矿物材料属脆性物料，即受载至断裂之前的变形以弹性小变形为主、不发生或只有少量宏观塑性变形的物料。由于弹性变形不受作用时间影响，受载颗粒在接触力作用区域的应力状态仅取决于施载强度，与施载速率无关。因此，快速冲击施载和慢速压载产生的应力效应是相同的。冲击施载时弹性波的作用只

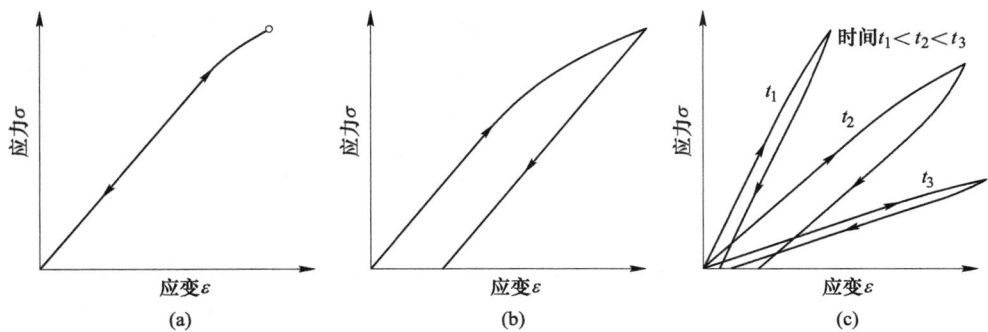

图 8-2　材料的变形行为

(a) 弹性变形；(b) 弹塑性变形；(c) 黏弹性变形

有在冲击速率大于 200 m/s 时才有显著影响，一般的碎磨设备很难实现这么高的施载速率。

材料发生塑性变形时内应力不再随应变的增加而增加，卸载曲线与加载曲线不重合，可参见图 8-2（b）。极端的塑性行为以不可逆和与时间无关为特征。虽然实际材料塑性变形时的内应力与时间通常会有一定的相关关系，但这种时效性一般都弱到可以忽略。理想的各向同性弹塑性材料呈最简单的塑性变形：它在到达屈服点之前的变形是弹性的，到达屈服点后应力不再增加，仅有塑性变形，不存在比屈服极限更高的应力。在这种情况下可用杨氏模量、泊松比和屈服极限这三个参数来表征材料的力学行为。这种简单的模型在大体描述时常常很有用。塑性变形由晶格错位的移动性决定，此移动性与晶格类型有关，立方型晶格的移动性尤其大。非晶质材料也会发生塑性变形，但比晶体材料要弱。塑性变形导致材料内部产生内应力与冷脆，使得韧性较大的颗粒（如金属粉末）经受多次加载还可发生破裂。由于加载速率对应力—应变关系没有影响或影响很小，采用冲击施载而代替压载的优势并不明显。

材料发生黏性变形的特征是应力—应变关系依赖于应变速率及与之相关的温度。黏性变形表现为固定变形下应力的松弛和固定载荷下材料的蠕变。应力—应变关系曲线的斜率随应变速率的减小而减小，可参见图 8-2（c）。对于最简单的黏弹性材料，可采用将其弹性模量表达为时间的函数的方法来建模。塑料如聚乙烯（PE）、聚苯乙烯（PS）就是黏性材料的典型代表。黏性材料受载过程中某个时刻的应力是其先前变形历程的函数。因此，在特定条件下最大的应力可发生在卸载期间。对于黏性材料的粉碎，加载速率扮演重要角色。在经受高强度压载的 PE 材料中，持续时间数毫秒的快速变形会产生比持续时间数秒的缓慢压载变形高出 4~5 倍的应力，这种情况下快速冲击是较好的施载方式。冷却会减少黏性变形所占比例。经受塑性变形的区域会经历升温，温度升高又会增强物料的黏性行为。由于较小颗粒通常需要经历多次施载才发生破裂，在这期间进行冷却是有益的。对于高黏塑性物料的粉碎，采用带刀片工具的施载比冲击施载更为有效，但这种施载方法可获得的产物细度也会因设备设计方面的局限而有所限制。

8.3　颗粒的应力状态与碎裂现象

颗粒因受接触力作用而产生的变形及颗粒内部随之建立起来的应力场与接触力的大小及数目，颗粒的大小、形状及材料性质等因素有关。颗粒碎裂的发生始于颗粒内部或表面某处的局部应力超过其破裂强度之时。影响颗粒应力状态及碎裂现象的因素很多，不规则形状颗粒受接触力作用而形成的应力状态一般无法通过理论计算求得。尽管如此，考察一个线弹性球体与压载平面之间的相互作用有助于揭示受载颗粒应力状态的一些基本特征。如图 8-3 所示，当且仅当接触力 F 为零时球体与平面之间为点接触；但若接触力不为零，两者之间会因接触点附近的材料发生变形而形成面接触。球体内邻近此圆形接触面的区域称为接触区。对于小变形（接触面半径远小于球体半径）的情况，赫兹（Hertz）曾通过理论分析计算了球体的变形及接触面上的压力分布。在此基础上胡伯（Huber）给出了球体受载时其内部应力在一个半空间内的分布。通常可将胡伯的求解结果应用于球体内的接触区。关于球体内其余区域（接触区之外）的应力状态也有不同的学者进行过理论探讨，为此大多是以点载荷的形式来处理各接触力的作用。

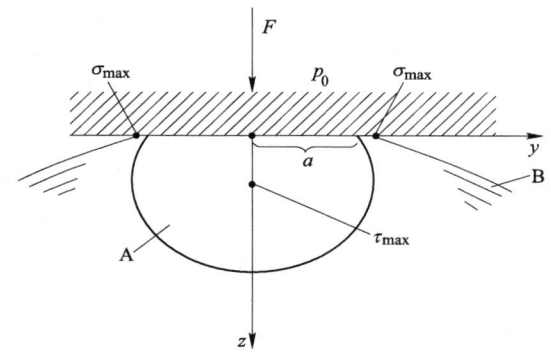

图 8-3 受载球体最大应力位置示意图（赫兹-胡伯理论）
（A 为只有压应力和剪应力的区域；B 为球体表面）

根据赫兹-胡伯理论，受到压载的球形颗粒在接触面下方存在一个只有压应力和剪应力的区域，如图 8-3 所示。最大压应力 p_0 位于接触面的中心点；最大剪应力 τ_{max} 位于接触圆中心下方距离约为接触面半径的一半之处；最大拉应力 σ_{max} 则存在于接触圆周边外围。最大压应力 p_0 可算出

$$p_0 = \frac{3F}{2\pi a^2} \tag{8-1}$$

其中，F 为接触力；a 为接触圆半径，它取决于球体半径、球体材料的弹性模量和泊松比，以及平面材料的弹性模量和泊松比。这 3 个最大应力的相对大小为

$$p_0 : \tau_{max} : \sigma_{max} = 1 : (0.2 \sim 0.3) : (0.11 \sim 0.17) \tag{8-2}$$

具体比值与球体材料的泊松比有关，当泊松比为 0.25 时上述比值为

$$p_0 : \tau_{max} : \sigma_{max} = 1 : 0.3 : 0.17 \tag{8-3}$$

脆性材料的破裂易发生在最大拉应力作用之处；韧性材料的失效破坏易发生在最大剪应力作用之处。

尽管赫兹-胡伯的理论解是以小变形的线弹性球体受载为前提推导出来的，还是可以从中得到一些有助于分析脆性物料颗粒碎裂现象的重要信息。此理论既

可用于压载也可用于冲击施载，起决定性作用的因素是接触力，或者说是接触面中心处的压应力 p_0，这一点已被试验结果所证实。冲击施载时，接触面中心处的压应力取决于冲击速率和弹性波纵波传播速率。

理论分析表明，最大压应力大约是最大剪应力的 3 倍，最大拉应力的 6 倍；最大剪应力约为最大拉应力的 2 倍。因为在接触区下方形成的剪应力比拉应力要大，所以，在该区域内屈服条件的满足有可能会先于在接触区外围因拉应力作用导致破裂的条件得到满足。在这种情况下，一个锥形体被推入球体，导致应力场发生强烈变化，在纬向形成附加的拉应力。这里可考虑两种极端情况：（1）破裂开始于中心区外缘，早于在中心区内部引发的任何非弹性变形。破裂沿着形似洋葱瓣的裂面穿过球体，中心区域突然被切断，因压应力存储于此处的具有高能量密度的弹性能突然得到释放，导致在这个小区域内产生众多细小碎块。这是以弹性行为为主的物料在接触区域附近的典型表现。（2）中心区域内的非弹性变形先于拉应力引发的破裂，且大到足以使纬向拉应力增加到满足断裂判据的程度。在这种情况下破裂沿子午面扩展释放，球体被分裂为形似橙子切片的碎块。中心区域不被切断，所以其内部存储的弹性能可逐渐减小而不导致局部物料碎裂。在中心区域可形成形似锥体的较大碎块。这是以非弹性行为为主的物料在接触区域附近的典型表现。实际物料对施载的响应介于在这两种极端情况之间，取决于具体物料和加载条件。

一般来说，脆性材料破裂之前主要呈弹性变形，颗粒破裂通常始于接触面周边外缘拉应力作用区域。压载时破裂在接触点之间相向扩展，冲击施载时破裂在颗粒内部散开扩展（图 8-4）。在接触面下方的接触区内部压应力和剪应力较高，往往可在拉应力导致的破裂发生之前引发非弹性变形（脆性材料也可发生此现象），并由此造成应力分布的变化。此区域较高的压剪应力及能量密度可触发局部物料发生密集的碎裂，形成一个锥状的细粒区（图 8-4 中球体内的阴影部分）。

相比之下，塑性材料受载变形时，一个圆锥状区域被压入球体。球体内部物料在向外挤出过程中在球体表面形成纬向方向的拉应力，导致沿子午面的开裂。因为，应力主要由锥体插入深度决定，附加的剪应力对开裂无显著影响。图 8-5 所示为不同温度下受载的有机玻璃（PMMA，聚甲基丙烯酸甲酯）球体沿子午面破裂的示意图。可以看出，快速施载与降低温度有利于非弹性材料的破裂。

不规则形状颗粒的变形和形成的应力场无法计算，但可采用将接触点邻近区域近似视为球形的方法进行大致分析。图 8-6 所示为受到 3 个接触力作用的不规则形状颗粒为例，给出颗粒经受压载后发生脆性碎裂或非弹性变形开裂的示意图。一般来说，脆性物料受载时在各接触点附近区域都会因较高的压剪应力作用而形成一个细粒锥，而拉应力引发的破裂在颗粒内部接触点之间相向扩展会生成较大的碎块。相比之下，非弹性变形物料受载时接触面附近的物料被压入颗粒内部，由此引发的周向拉应力会使颗粒表面发生非弹性变形导致的开裂。

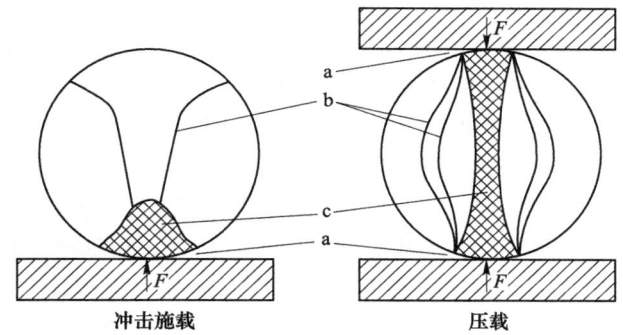

图 8-4 脆性玻璃球体受载碎裂

a—接触面区域；b—开裂面走向；c—细粒产出区；F—接触力

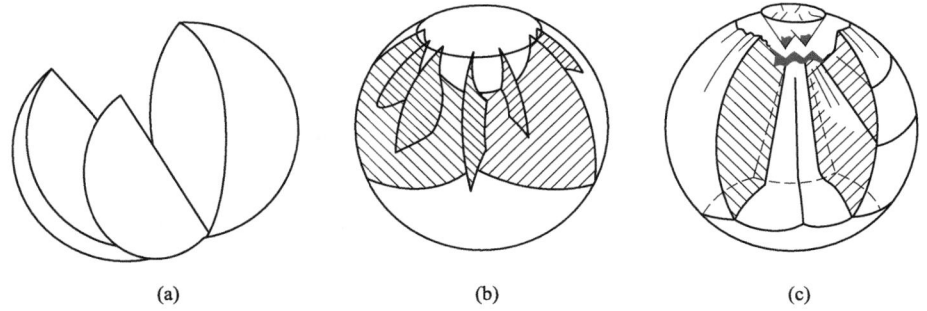

(a)   (b)   (c)

图 8-5 有机玻璃球体非弹性变形导致的沿子午面破裂

（a）慢压施载，温度 20 ℃；（b）冲击施载 90 m/s，温度 100 ℃；（c）冲击施载 90 m/s，温度−196 ℃

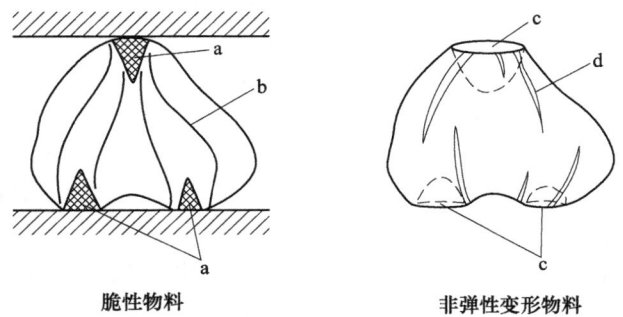

脆性物料   非弹性变形物料

图 8-6 不规则形状颗粒压载碎裂

a—细粒锥；b—脆性破裂面；c—锥状区压载面；d—非弹性变形开裂面

8.4　颗粒碎裂过程中的能量转换

所有的固体材料内部都含有缺陷，包括晶格错位，晶粒边界、空缺、裂纹等。颗粒受载时在这些缺陷附近容易形成应力集中（局部应力增大），从而成为颗粒发生非弹性变形或破裂的起点。颗粒内部和表面的材料缺陷大体上决定了颗粒对加载外力的响应，包括破裂强度、破裂能耗和碎块粒度分布。材料缺陷导致的应力集中使得颗粒的实际强度远远低于理论强度，后者通常为杨氏模量的 1/10 到 1/20。裂纹尖端处应力的增加量可以大致估计。根据槽口拉应力理论，对于在垂直于裂纹方向的单轴拉应力下发生弹性变形的"无限大"平板（图 8-7），裂纹尖端处的局部拉应力 σ_m 与整体平均拉应力 σ 的比值为

$$\frac{\sigma_m}{\sigma} = 1 + 2\sqrt{\frac{a}{r}} \tag{8-4}$$

其中，a 为裂纹长度 l 的一半；r 为裂纹尖端的曲率半径。

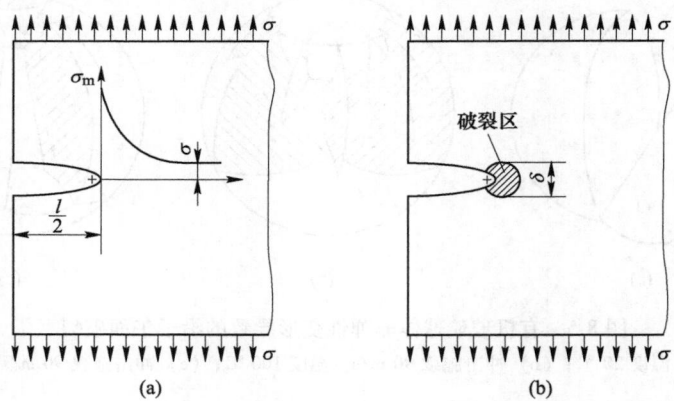

图 8-7　裂纹尖端的应力集中与破裂区

（+为裂纹尖端）

（a）应力集中；（b）破裂区

将各量的典型取值（如 $a = 1\ \mu m$，$r = 1\ nm$，$\sigma = 100\ MPa$）代入上式计算，得到的 σ_m 值远超出材料的屈服应力。从而可推断在裂纹/裂口尖端周围会形成一个非弹性变形的区域，这里称之为破裂区。

材料断裂过程涉及能量的转化。率先考察裂纹扩展时能量转换与平衡的学者是格里菲斯（Griffith），但他只考虑到两种能量形式，其表述是受载颗粒存储的弹性能转化成新生固体表面的表面自由能。实际上，固体破裂时破裂区物料发生的非弹性变形、化学键断开所涉及的电子转移，以及产生新生表面等过程均需要

消耗能量。把产生单位破裂面积所需的能耗称为比破裂阻能，用 R 表示。R 值大小不仅取决于材料，还与破裂面扩展速率有关。最大破裂扩展速率下的比破裂阻能是一个材料常数。

随着破裂面的扩展，固体内部存储的弹性能得到释放。把破裂面扩展单位面积所对应的应力场弹性能减少量称为能量释放率，用 G 表示。能量释放率定义的微分表达式为

$$G = -\frac{dU}{dA_B} \tag{8-5}$$

其中，U 为固体内部存储的弹性能；A_B 为破裂面积。注意这里的破裂面积指破裂穿过试样的截面积，它相当于新生表面积的一半。G 值大小与试件形状、破裂面位置、施载方式及材料性质有关。

在一些简化条件下可获得 G 值的理论解。对于一个受拉应力 σ 作用的厚度为 B 的"无限大"平板上裂纹或裂口的扩展（图8-8），当裂纹长度从 $l=2a$ 沿垂直于拉应力方向以低于纵波波速 1/10 的速率扩展到 $l+dl$ 时，破裂面积的增量 $dA_B = B \cdot dl$，能量释放率 G 可由下式算出

$$G = \pi \cdot a \cdot \frac{\sigma^2}{E} \tag{8-6}$$

其中，E 是杨氏模量。在应力不变的条件下，能量释放率随裂纹长度的增加而增加。这也是尺寸较大的试件断裂时的一般情况。

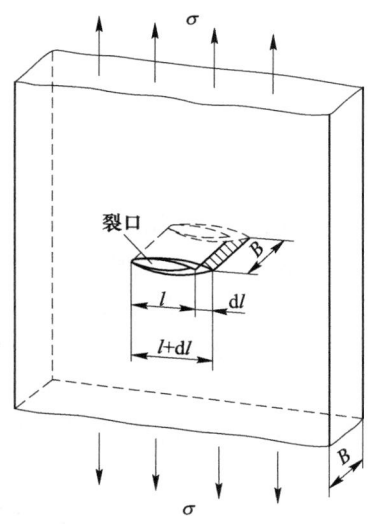

图 8-8 拉应力作用下破裂面扩展

试件破裂的微分能量条件是裂纹扩展时的能量释放率大于或等于比破裂阻

能，即

$$G \geqslant R \tag{8-7}$$

能量释放率 G 可由 a 和 σ 的测量值估算；另外，消耗于非弹性变形的能量可通过测量破裂过程的热效应求得。测量结果表明两者的数值非常接近，一般只有百分几的差异。这意味着破裂能耗主要由破裂区物料的非弹性变形决定。对于玻璃和类似物料，比破裂阻能的范围为 $1 \sim 10$ J/m²；对于塑料为 $10 \sim 10^3$ J/m²；对于金属材料为 $10^2 \sim 10^5$ J/m²。相比之下，新生固体表面的比表面能为 $0.01 \sim 0.5$ J/m²。这意味着通过调控周围介质来改变比表面能的做法（例如添加助磨剂）并不会影响固体破裂过程。细磨时添加助磨剂改善磨矿效果的主要机理是防止或减少聚团的形成及细粒的黏附。

脆性材料破裂时裂纹扩展速率很快（可超过 1000 m/s），整个破裂过程在极短的时间内完成。在此期间破裂面扩展所需的能量几乎无法从外界直接供给，只能来自应力场中已存储的弹性能。受载颗粒内存储的弹性能与颗粒尺寸的 3 次方成正比，而破裂面扩展所需的能耗则与颗粒尺寸的 2 次方成正比。因此，存在一个能发生破裂的颗粒尺寸下限。只有当颗粒粒度大于这个尺寸时，它所存储的弹性能才足以提供破裂面扩展所需的全部能耗，这就是破裂的积分能量条件。

为确保破裂能够贯穿整个颗粒所需的最小颗粒尺寸可利用一个截面积为 A、长度为 L 的柱体试件的受载破裂来大致估计。若材料的弹性模量为 E、比破裂阻能为 R、断裂强度（开始断裂时的应力）为 σ_{B}，则积分能量条件为

$$\frac{\sigma_{\mathrm{B}}^2}{2E} \cdot A \cdot L \geqslant R \cdot A \tag{8-8}$$

从而有

$$L \geqslant \frac{2R \cdot E}{\sigma_{\mathrm{B}}^2} \tag{8-9}$$

典型物料的 L 值范围为：玻璃及类似物料 $10 \sim 100$ μm，钢铁材料 $2 \sim 20$ mm。由此可见粒度小于 100 μm 左右的脆性矿石颗粒有可能不满足上述积分能量条件。况且单个颗粒内还可能同时在几处而不仅是一处发生破裂。因此，可以说小颗粒不易被碎的原因主要有两个方面，一是随着颗粒尺寸的减小，其内所含的能导致破裂发生的缺陷的数目减少；二是颗粒内存储的弹性能不足以提供致使破裂面扩展所需的能量。欲使小颗粒碎裂，往往需要破裂开始后仍然持续施载或多次施载。

当裂缝尖端处破裂区的宽度 δ（图 8-7（b））比破裂长度小很多时，可利用下式估计破裂区的宽度

$$\delta \approx \frac{0.4R \cdot E}{\sigma_{\mathrm{Y}}^2} \tag{8-10}$$

其中，σ_Y为材料的屈服应力；R和E的含义同前。典型物料的δ估计值为：玻璃和脆性矿物材料 1~10 nm，脆性塑料 1~10 μm。由于破裂区物料仍是碎块颗粒的组成部分，可认为破裂区宽度决定颗粒破裂面之间的最小间距，从而决定最小碎块的尺寸。最小碎块尺寸一般为δ值的 5~10 倍。

破裂区物料的非弹性变形导致局部温度升高。在最大破裂传播速率（玻璃及类似材料 1000~2000 m/s，塑料 500~800 m/s）下会有一个温度突变。从绝热过程能量平衡角度考虑，破裂区的最大升温幅度 ΔT_{max} 可估算

$$\Delta T_{max} = \frac{R}{\delta \cdot \rho \cdot c} \qquad (8-11)$$

其中，ρ为材料密度；c为材料比热容；R和δ的含义同前。具体物料的R值可通过测量破裂过程的热效应求得。对一些典型物料，升温幅度的估算结果为石英 4000 K，玻璃 3000 K，石灰石 1200 K，氯化钠 200 K，有机玻璃（聚甲基丙烯酸甲酯）150 K。

破裂区内的温度变化可导致固体表面发生不可逆变化，包括对产物有利和有害的变化。破裂区的非弹性变形致使局部材料急剧升温，然后又在极短的时间（10^{-6} s 数量级）内冷却，这就造成局部材料的淬火效应，使得破裂面上的物质结构不同于固体内部其他区域。破裂区晶体结构的改变包括晶格扰动和非晶质化等。由于脆性材料破裂时破裂区宽度有限（一般不大于 20 nm），该区材料在破裂面穿过后迅速冷却，不平衡状态被固定下来，破裂面得以保存。这是石英及很多其他矿物的破裂面往往具有非晶质结构的原因。研究表明，新鲜破裂面具有较高的反应活性，极易于发生吸附和化学反应，高聚物的分子量会有所减小。与周围介质的相互作用会使破裂面的原始状态发生变化，微结构消失，反应活性减小。这种变化也会体现在由气体吸附法测得的固体比表面积数据上。破碎后马上用气体吸附法测量产物的比表面积，得到的数据会比放置一段时间后再测量得到的数据大很多，两者的比值为：石英 1.6；石灰石 1.6；氟化钙 2.0；氟化锂 2.7；玻璃 2.7；蔗糖 3.1；氯化钠 6.4。

8.5　单粒粉碎与颗粒床粉碎

为了评价、预测、优化和控制一个物料加工过程，需要了解与过程相关的物料参数。例如，对于一个干燥过程，需要了解物料的比热、蒸发热、蒸气压曲线等信息。对于粉碎过程来说，表征物料粉碎特性的参数可分为两类：（1）反映物料抗碎能力的参数，如颗粒强度、碎裂比能耗、碎裂概率、碎裂分数等；（2）描述粉碎效果的参数，如碎块粒度分布、比表面积增量、能量利用系数等。这些参数无法从已知的物料参数如杨氏模量、抗拉强度、屈服强度，或硬度等推

导出，必须采用适当的试验方法来测定。这些物料特性参数不仅取决于物料的种类、来源、颗粒的大小及形状等因素，也与施载条件有关。就机械力粉碎而言，施载条件包括施载模式、物料布置状况、施载强度、施载速率，施载次数、施载工具的形状和硬度、温度等。

碎磨设备内的施载条件通常根据施载模式与颗粒布置状况来区分。荣姆夫（Rumpf）将机械力粉碎的施载模式分为加压施载和冲击施载。加压施载指单颗粒或颗粒群在相互趋近的两个工作面之间受载，作用于接触点的力可分解为法向力和切向力，切向力不为零时可称压剪施载；冲击施载指单颗粒因与一工作面或其他颗粒碰撞而受载。对于球磨机磨矿，通常将"冲击"一词用于钢球对位于其他钢球或衬板之上的被磨物料的施载，按照荣姆夫的定义这种情况仍属于加压施载，因为，仍是在两个相互接近的表面之间的施载，只是施载速率比一般破碎机或辊磨机中的施载速率要高一些。两种施载模式的主要区别如下：

（1）加压施载时，至少有两个接触力存在，它们以相反的方向作用于受载物料。通常可以有多于两个的接触力在起作用，其矢量和必为零，颗粒的惯性可以忽略。而冲击施载时，接触力只出现在颗粒的一端，与之平衡的是颗粒的惯性力。

（2）加压施载时，供给的能量与施载速率可相互独立地分别调节。快速施载和慢速施载可提供相同的能量。而冲击施载时，可用的能量取决于冲击速率和颗粒质量。

（3）加压施载可应用于单颗粒也可应用于颗粒群，而冲击施载只出现在单粒粉碎或两颗粒相互碰撞的事件中。

（4）在粉碎设备中，加压施载的加载速率一般小于每秒数米，而冲击施载的冲击速率一般都高于 20 m/s，通常为 30~100 m/s。

按照加压施载时物料颗粒的布置状况可将施载条件分为单颗粒压载或颗粒群压载，即一颗粒可单独受载或是与其他颗粒一起在一颗粒层或颗粒床内受载，如图 8-9 所示。当单层颗粒群在有效作用空间内的固体体积分数超过约 20% 时，颗粒之间的相互作用变得明显。对颗粒床施载时，有效作用空间至少要有两个限定界面，其边壁效应以及在无边界方向上的挤出效应都会影响粉碎结果。对置于活塞—缸体装置内的颗粒床进行的压载粉碎试验表明，边壁效应可忽略的条件是料床高度超过最大颗粒粒度的 5 倍，且料床直径不小于料床高度的 3 倍。这种边壁效应对粉碎结果影响可忽略的颗粒床粉碎称为"理想颗粒床粉碎"或"粒间粉碎"。按物料布置状况区分，粉碎设备内施载条件可能的变化范围介于单粒粉碎和粒间粉碎这两种极端情况之间。一般来说，破碎机处理的物料粒度较大，施载条件接近单粒粉碎；球磨机处理的物料粒度较小，磨矿介质对物料的施载条件以颗粒群粉碎为主；碾辊式磨机和高压辊磨机粉碎细粒物料时，施载条件接近粒间粉碎。

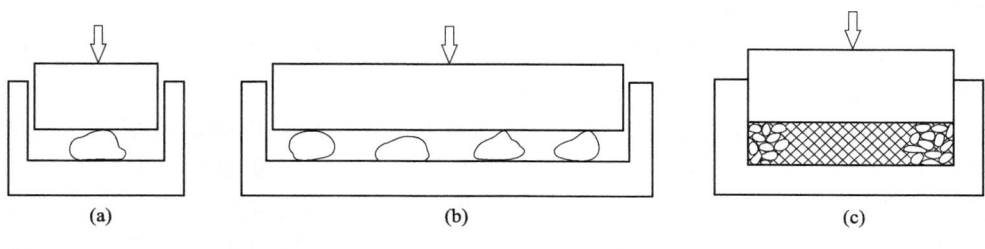

图 8-9　压载时物料布置状况

（a）单粒压载；（b）颗粒群单层压载；（c）颗粒床压载

颗粒强度是表示颗粒抗碎能力的参数。与通常的材料强度试验主要关注试件开始破裂或屈服时的应力相比，单粒粉碎试验更为关注的是整个过程的能耗和粉碎效果。对于单粒压载，一般用发生首次碎裂（初级碎裂）所对应的压力 F 与颗粒的名义截面积 A 的比值来代表颗粒强度，这里 $A = \pi x^2 / 4$，其中，x 为颗粒粒度；也可用发生首次碎裂所需的比能耗（能耗与受载颗粒的体积或质量之比）来代表颗粒强度。对于包含多级碎裂（即初级碎块继续碎裂）的过程，需要区分发生初级碎裂所需比能耗和整个粉碎过程所需比能耗，后者称为整个粉碎过程的比能量吸收（简称粉碎比能耗），是决定粉碎效果的重要参数。在各种表征物料粉碎特性的参数中，反映颗粒抗碎能力的参数对应于颗粒发生初级碎裂时的应力或比能耗，而表示粉碎效果的参数取决于整个粉碎过程的比能量吸收，即单位质量或单位体积物料所吸收的能量。通常采用比能量吸收来表征一个粉碎过程的施载强度，它是决定粉碎效果的主要因素。

在粉碎基础研究中，单粒粉碎试验研究具有独特的地位。粉碎的基本过程是各单颗粒因接触力的作用而碎裂，因此，对各种物料在各种施载条件下的单粒粉碎行为的认知是构建粉碎知识体系的基础，也是评价和优化粉碎过程的依据。单粒粉碎可通过颗粒在两个平面之间的受压或者颗粒对一个平面的冲撞来实现。自20 世纪 50 年代起，由荣姆夫倡导的对一些典型物料的单粒粉碎试验研究曾持续数十年之久，涉及粒度范围在 1 μm～10 mm 之间的颗粒粉碎。大量翔实的试验数据加深了人们对固体物料粉碎行为的认识，基本要点概括如下：

（1）粒度是影响颗粒变形及粉碎行为的重要变量。随着颗粒粒度的减小，颗粒强度和颗粒碎裂所需比能耗增大。若颗粒的粒度小于 1 mm，脆性物料颗粒的变形会包含非弹性部分，这种非弹性变形效应随粒度的减小而增强。这些现象表明不能仅根据简单的几何相似关系将粗粒粉碎数据移植到细粒粉碎上。

（2）比能量吸收是影响粉碎效果的主要因素。因此，考察施载强度对粉碎效果的影响时，用比能量吸收表示施载强度是合适的。

（3）施载速率和温度影响塑性变形占主导地位的颗粒的碎裂，但不影响脆性颗粒的碎裂。冲击施载时只要冲击速率不超过 200 m/s，冲击波效应就可以忽略。

（4）在正压力之上叠加的切向力并不能显著改善颗粒碎裂，但会消耗额外的能量。因此，施加摩擦力对颗粒碎裂无益。

图 8-10 所示为脆性物料的颗粒强度与粒度关系的单粒压载试验结果。各曲线均呈现出颗粒强度随粒度的减小而增大的趋势。对于粒度为 10 μm 的石英颗粒，测得的颗粒强度约为 10^3 N/mm^2。施载时接触区域的实际压应力估计约为 10^4 N/mm^2，在数量级上接近分子强度。因此，预期会有非弹性效应发生，尽管石英属于脆性物料。

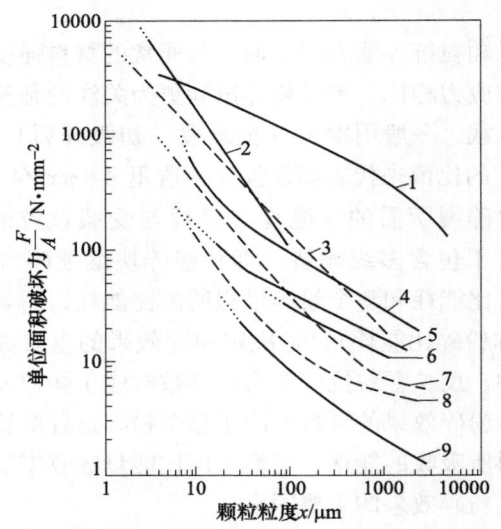

图 8-10 颗粒强度与粒度的关系
1—玻璃球；2—碳化硼；3—晶体硼；4—水泥熟料；5—大理石；
6—蔗糖；7—石英；8—石灰石；9—石煤

随着颗粒粒度的减小，脆性物料的变形行为从弹性过渡到非弹性。这个现象称为脆-塑转变，它是细粒磨矿时的一个重要效应。此效应可采用单粒压载试验进行研究。图 8-11 所示为对粒度分别为 16.1 μm 和 2.5 μm 的水泥熟料颗粒的单粒压载试验的加载曲线比较。16.1 μm 颗粒加载时比压力（压力 F 与名义截面积 A 之比）随相对变形量变化的曲线尚有多个代表发生脆性破裂的峰值；而 2.5 μm 颗粒加载时比压力随相对变形量的变化是一条光滑曲线，表明加载过程中只有变形而没有碎裂，急剧下降的卸载曲线表明发生了强烈的塑性变形。

图 8-12 所示为脆性物料的脆-塑转变粒度及与之相应的颗粒强度，后者定义为使颗粒破裂所需的压力与颗粒名义截面积之比。从图 8-12 中可以看出，水泥熟料的脆-塑转变粒度为 7~10 μm，相应的颗粒强度接近 1000 N/mm^2。在

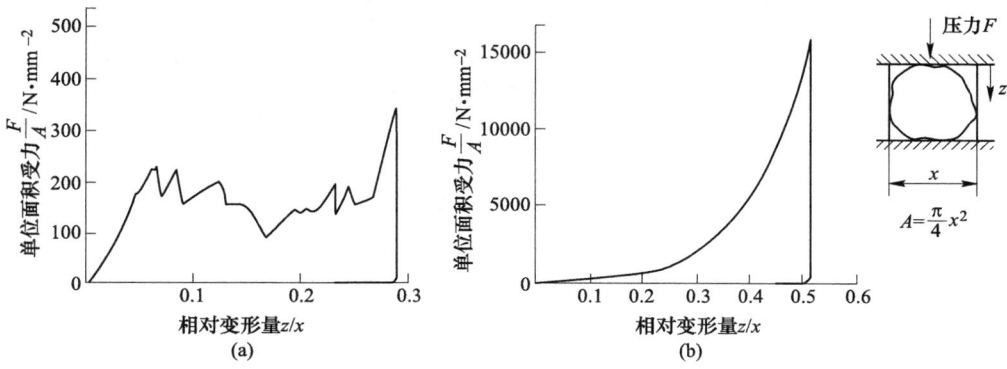

图 8-11　水泥熟料颗粒强度与粒度的关系

（a）粒度 $x = 16.1~\mu m$；（b）粒度 $x = 2.5~\mu m$

接触区面积为颗粒名义截面积的 1/10 之假设下，估算出的压应力可达到分子强度数量级。由此可知，将这些物料粉碎至低于其脆-塑转变粒度的细度是不太容易的。

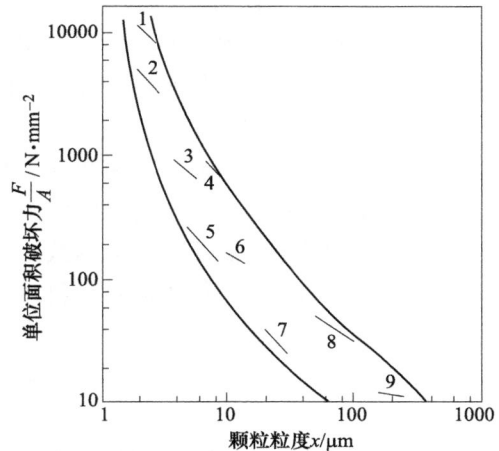

图 8-12　一些物料的脆-塑过渡粒度及与之相应的颗粒强度

1—碳化硼；2—晶体硼；3—石英；4—水泥熟料；5—石灰石；

6—大理石；7—石煤；8—蔗糖；9—钾盐

从粉碎效果与能耗的关系看。颗粒床粉碎的能量效率不及单粒粉碎。图 8-13 所示为比较在相同施载强度（比能耗 6 J/g）下粉碎窄粒级（3.2/4.0 mm）石英物料时，单粒粉碎与粒间粉碎产物粒度分布的比较。单粒粉碎时所有颗粒都被碎，产物中不存在粒度大于 2 mm 的颗粒；而粒间粉碎后有大约 20%的物料仍然留在最粗粒级（3.2/4.0 mm）中。两个粉碎产物的粒度分布曲线在细粒端几乎重合，在中粒和粗粒区域差异很大。此结果也表明新生比表面积并非总是衡量粉碎效果的灵敏指标，因为，比表面积主要由粒度分布的细粒端决定。而对于一般矿石物料的粉碎，中粒和粗粒区域的粒度分布状况也需要有合适的量化表达。

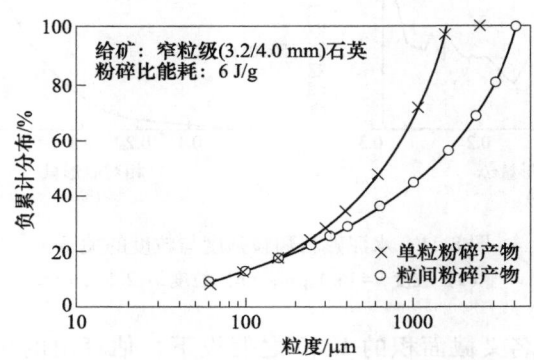

图 8-13　相同比能耗下单粒粉碎产物与粒间粉碎产物粒度分布比较

　　单粒粉碎和粒间粉碎是碎磨设备工作机构对物料施载机制的两种极端情况。在通过大量的实验室粉碎试验研究获得一些典型物料在单粒受载条件下粉碎的定量数据之后，德国人萧纳特（Schönert）认为还应该对物料在颗粒床压载条件下的粉碎行为展开试验研究，尤其是对粒间粉碎（即边壁效应对粉碎结果的影响可忽略的颗粒床粉碎）进行深入的研究。与单粒粉碎基础研究相比，对粒间粉碎的基础研究起步较晚，研究报导较为少见。高压辊磨机的问世及其工业应用的成功使得人们对这方面研究的兴趣有所增加，利用颗粒床压载粉碎试验预测高压辊磨机粉碎效果的研究受到关注。这方面的研究使人们对物料在颗粒床压载条件下的粉碎行为有了一些基本认知，基本要点概括如下：

　　（1）颗粒床粉碎的能量效率不及单粒粉碎。粒间粉碎多出的能耗显然是消耗于料床内部颗粒间的摩擦。

　　（2）即使以很高的压强对颗粒床施载也不能使床内所有颗粒都被碎。总会有一些颗粒"生存"下来。原因是一开始未碎的颗粒被越来越多的碎块包围。虽然接触点数目增加，但应力场变得更加均匀，整个系统趋近于类似液压作用的状况。

　　（3）窄粒级颗粒床的粒间粉碎结果取决于物料粒度和料床压载的比能耗。对于脆性物料的窄粒级粒间粉碎而言，碎裂分数随比能耗的增加而增大并趋近于一个极限值，两者的关系可用一个指数函数来表达，颗粒粒度对此函数关系有影响；碎裂函数可用一个有上界的对数正态分布来逼近表达，此分布的两个特征参数均是颗粒粒度和比能耗的函数。

（4）由两种不同大小颗粒构成的颗粒床受载时，小颗粒的存在可起到保护大颗粒的作用，而大颗粒的存在可起到促进小颗粒破碎的作用。

（5）由具有宽粒度分布的颗粒构成的颗粒床受载时，颗粒床吸收的能量在各窄粒级之间的分配不是均匀的，或者说能量在各粒级之间并不是按粒级质量占总质量的分数来分配的。较细粒级的比能耗要高于较粗粒级。颗粒床总能耗在各窄粒级之间的分配可采用一套能量分配因子来表达。颗粒床粒度组成对粉碎效果的影响可用一个反映能量分配因子随粒度变化的能量分配函数来表示。一般情况下，这个能量分配函数可用双对数坐标图上的一条抛物线来逼近描述。

（6）当给矿中不含细粒物料时，颗粒床压载产物有最大的细粒产出率。

（7）对同一颗粒床以相同的强度再施载并不能带来新的粉碎效果，再施载之前须对床内物料进行重新布置。

8.6 关于粉碎过程的能量效率

能量效率一般以有用能耗与过程总能耗的比值来表示，由这个指标可看出通过提高能量效率来减少过程能耗的潜在空间。评价粉碎设备能量效率的关键在于如何定义粉碎的有用能耗。

在很长一段时间内盛行的计算粉碎过程能量效率的方法是采用新生表面积乘以比表面能作为有用能耗，再与粉碎的实际能耗相比较。如此算出的能量效率很低，通常连百分之一都达不到。从前面的讨论中可以看到，这种计算方法不能反映粉碎的物理过程。比表面能只是一种热力学数据，它代表的是若生成新表面的过程为可逆时所消耗的能量。而实际的情况是，颗粒因碎裂而生成新表面是一个高度不可逆的过程。为了使这个过程发生，所需的能量远远大于新生表面的表面能。无论如何，新生表面积大小仍是衡量粉碎程度的一个有用物理量。可以把它与能耗的比值，即单位能耗所生成的新表面积，定义为能量利用系数，用于进行不同物料及粉碎方法之间的比较。对大量实验结果进行的比较表明，压载粉碎的能量利用系数通常都高于冲击粉碎。

一种有物理意义的能量效率计算方法是采用新破裂面积与比破裂阻能的乘积作为有用能耗，再与总能耗比较。对一般磨矿过程，如此算出的能量效率范围是1%~10%。若用这个数值来衡量磨矿过程的能量效率，则现有磨矿过程的节能潜力还是非常大的。实际上，颗粒受载而碎裂时外界输入颗粒的能量并未全部用来生成新的破裂面。有一部能量消耗于颗粒的非弹性变形、碎块动能、颗粒之间的摩擦等机制。从机械能输入的原理看，这些消耗通常是不可避免的。所以，在评价实际工艺过程的能量效率时，最好也将这些能量消耗也视为"有用能耗"。现在的问题依然是究竟应该如何定义这个"有用能耗"，从而得到一个对改进现有工业粉碎工艺有指导意义的效率指标。

　　由于单粒粉碎可减少因颗粒之间摩擦所导致的能耗损失，英国人斯特尔曼（Stairmand）提出可采用取得相同粉碎效果的单粒粉碎能耗与实际粉碎能耗的比值作为评价实际粉碎设备能量效率的指标，并给出了采用这种方法求得的各种粉碎设备的能量效率为：对辊破碎机 70% ~ 100%；反击式破碎机 25% ~ 40%；立式碾辊磨 7% ~ 15%；球磨机 6% ~ 9%；气流磨 1% ~ 2%。尽管这些数据只是根据对窄粒级给矿的粉碎试验结果求出的估计值，还是可以从中看出各种设备的节能潜力。各种破碎机对物料的施载机制较为接近单粒粉碎，能量效率较高，节能潜力较小；立式碾辊磨和球磨机对物料的施载机制以颗粒床粉碎为主，能量效率较低，节能潜力较大。当然，这里也应看到其他因素对磨矿能量效率的制约：球磨机的低能效还与磨矿介质对物料的施载具有随机性且施载强度难于准确控制有关；立式碾辊磨的低能效还在于它需要额外的能耗来维持机内较高的循环负荷；而气流磨能量效率很低的主要原因是其能耗的大部分是用于使载体加速。

　　在实际粉碎过程中，具有一定粒度分布的给矿被粉碎成符合一定粒度要求的产物。对此萧纳特采用一种"多级分支模型"来计算具有宽粒度分布的物料在单粒粉碎条件下的能耗，并将它作为评价实际粉碎过程能量效率的基准。此模型的基本思路是用一系列顺序进行的窄粒级粉碎步骤来实现一个假想的粉碎过程：首先是第 1 个粒级（最粗粒级）被碎，碎块分支进入所有更细的粒级中；然后是第 2 个粒级被碎，碎块分支进入所有更细的粒级中，等等，如此继续，直至获得符合粒度要求的产物为止。根据由窄粒级单粒粉碎试验测得的能耗与产物粒度分布数据，可计算整个粉碎过程的所需的比能耗。

　　假想的多步骤粉碎过程从最粗粒级开始，每个步骤粉碎掉一个窄粒级。将最大粒度为 $x_{\max,f}$ 的给矿粉碎至最大粒度为 $x_{\max,p}$ 的产物所需的步骤数 n 为

$$n = \lg(x_{\max,f}/x_{\max,p})/\lg r \tag{8-12}$$

其中，r 为划分粒级的筛比，即各粒级上下界的比值。例如，若采用筛比 $r = \sqrt[10]{10} = 1.26$ 来划分粒级，则将最大粒度为 10 mm 的给矿粉碎至最大粒度为 0.1 mm 的产物需要 20 个步骤。

　　用 i 代表步骤序数，它也是粒级序数。将被碎物料分为 n 个粒级，用 f_i 表示给矿中第 i 粒级的含量（$i = 1, \cdots, n$）。若用 $b_{i,j}$ 表示第 j 粒级物料粉碎时落入第 i 粒级的那部分碎块占所有碎块的质量分数，则在第 i 步骤粉碎的物料总量 f_i'（以相对于给矿物料的质量分数表示）等于给矿中第 i 粒级的含量加上所有更粗粒级被碎后进入该粒级的相对量之和，即有

$$f_i' = f_i + \sum_{j=1}^{i-1} b_{i,j} f_j' \tag{8-13}$$

这是一个用于计算各步骤 f_i' 值的递归公式，计算起点为 $f_1' = f_1$。需注意的是因为

这里涉及碎块的再粉碎，所以各 $f'_i (i = 1, \cdots, n)$ 之和会大于 1。若用 E_i 表示粒级 i 粉碎的比能耗，用 S_i 表示粒级 i 粉碎时与 E_i 对应的碎裂分数，则整个过程的总比能耗 W 等于各步骤比能耗之和，即有

$$W = \sum_{i=1}^{n} \frac{f'_i}{S_i} E_i \tag{8-14}$$

从上述分析可知，不仅各粒级的碎裂分数 S_i 和碎裂函数 $b_{i,j}$ 取决于粒级比能耗 E_i，各 f'_i 值和总比能耗 W 值亦然。当这个逐粒级进行的粉碎过程到达所要求产物的最粗粒级之后，只需再粉碎掉各粒级物料中的多余部分即可。不指望此计算一定能获得与实际粉碎完全一致的产物粒度分布。通常可利用不同施载强度下获得的单粒粉碎试验数据分别进行计算，找出使产物粒度分布最为接近实际粉碎的施载条件，并据此求出单粒粉碎所需的总比能耗。

此模型计算本身简单易行，但获取单粒粉碎基础数据所需的试验工作量很大。尤其是在确定细磨磨矿的能量效率时，获取微小颗粒单粒粉碎基础数据的试验与测量难度较大。迄今只对少数几种典型物料如石英、石灰石、水泥熟料作过较为系统的试验研究和基础数据收集。萧纳特利用此模型对这几种物料在单粒粉碎条件下的比能耗进行了计算，并将它与球磨机磨矿的实际比能耗相比较。结果表明，以单粒粉碎的能耗为基准，球磨机磨矿的能量效率为 10%~20%，或者说节能潜力达 80%~90%。

虽然单粒粉碎消耗的能量最少，但对处理细粒物料的工业粉碎设备来说并不太适合，因为，即使所用的设备在技术上能够实现对细小颗粒的单粒压载，在产能上也难以满足现代粉碎工艺高达每小时数百吨的处理量要求。在细磨设备中，对颗粒床的施载不可避免，尽管颗粒床粉碎的能量效率低于单粒粉碎。颗粒床粉碎时料床所吸收的能量并未完全用于颗粒的粉碎，有一部分不可避免地会损失于颗粒间的摩擦及其他耗能机制上。因此若根据单粒粉碎试验数据及上述多级分支模型来计算球磨机磨矿的有用能耗，则求出的能量效率偏低，不能反映工业磨矿过程的节能潜力。在评价颗粒床粉碎的能量效率或节能潜力时应将床内颗粒之间的摩擦等损失视为必要的能耗。对此，萧纳特及其助手采用活塞—缸体压载装置对细粒物料的颗粒床压载粉碎展开系统的试验研究。在获得不同粒度的窄粒级物料在不同施载强度下粒间粉碎（即边壁效应可忽略的颗粒床粉碎）的基础数据（碎裂分数、碎裂函数、比能耗等）后，利用上述多级分支模型计算将给定粒度分布的给矿在粒间粉碎条件下粉碎至指定细度所需的比能耗。以这个比能耗为基准，算出的工业球磨机的能量效率达 40%~60%，或者节能潜力为 40%~60%。

此计算的不足之处是未考虑不同粒度颗粒之间的相互作用以及多次受载的效应。前者对粉碎结果的影响可正可负：颗粒床粉碎时小颗粒的存在会使得大颗粒更不易被碎，而大颗粒的存在会增加小颗粒的粉碎程度；后者的影响一般是正面

的：有的颗粒虽在第一次受载时未碎，但其内部结构可能已经受损，再次受载时会更容易破碎。为考察这两种效应的影响，萧纳特及其助手以不同粒度的窄粒级石英物料为给矿进行带筛分分级的粒间粉碎闭路循环试验，采用的筛分粒度为矿物料粒度上限的 1/10。在此闭路粉碎试验中，颗粒床压载产物为筛分给矿，筛下产物为最终产物，筛上产物（返砂）与下一个循环的新给矿物料混合，作为下一个循环的压载给矿。这样各循环（第一个循环除外）的压载给矿中既包含在先前循环的压载作用下未曾破碎的粗颗粒，也包含返砂中粒度远小于给矿粒级粒度下限（但大于筛分分级粒度）的较小颗粒。闭路循环达到稳态后，测定最终产物的粒度分布和粉碎过程的比能耗。试验获得的产物粒度分布与模型计算结果基本一致，但测得的粒间粉碎比能耗要低于根据粒间粉碎基础数据利用上述多级分支模型计算出来的粒间粉碎比能耗，计算比能耗与实测比能耗的比值约为1.6。这表明上述两种效应影响的总效果是正确的。综合考虑上述两种效应的可能影响，萧纳特认为球磨机磨矿的节能潜力约为 50% 是比较合理的一个估计。利用模型计算求出粒间粉碎所需的比能耗后，还可将它与根据单粒粉碎基础数据算出的单粒粉碎比能耗进行比较。对典型脆性物料石英的计算结果表明，粒间粉碎所需的能耗大致是单粒粉碎的两倍。

模型计算结果表明，粉碎的能量效率随着施载强度的增加而降低。低强度施载似乎对节能有利。但是，施载强度降低，则每次施载产生的合格细粒量减少，这会导致循环负荷增大，从而需要配置较大的磨矿机、分级机以及物料输运设备，而且消耗于附属设备（分级及物料输运）的能量也会增加。在很多情况下，存在一个最佳的循环负荷，使得整个回路的总能耗为最小。这个最佳循环负荷取决于附属设备的比能耗与磨机比能耗的比值。

8.7　粉碎基础研究的意义

粉碎基础研究探讨粉碎技术背后的科学原理。从粉碎基础研究中获得的信息不仅可加深对粉碎过程及原理的认知，而且还有可能为粉碎工艺的改进提供指导或启示。

粉碎基础研究助推粉碎技术进步的典型实例是高压辊磨机的问世与应用。这项被视为 1980 年代粉碎工艺重大突破的技术其实是长年粉碎基础研究的一个"副产品"。自 1950 年代后期荣姆夫教授在德国卡斯鲁尔大学创建机械力加工技术研究所起，他与他的助手们就对粉碎以及其他颗粒加工过程的基本现象进行了深入的研究。其研究方法的独到之处在于不满足于对现象的经验性归纳与分析，致力探求现象背后的物理本质。萧纳特是他最早的几位助手之一。他们在探究颗粒碎裂物理机制的同时，对一些有代表性的物料进行了大量的单粒粉碎与颗粒床粉碎试验研究，获得表征不同施载条件下这些物料粉碎行为的基础数据。萧纳特利用这些基础数据对实际粉碎过程进行的能量效率估算表明，无论是以单粒粉碎能耗还是以粒间粉碎能耗作为基准，球磨机磨矿的能量效率都不高，还有较大的节能空间。

对辊破碎机是一种中细碎设备，其施载模式接近单粒粉碎。若要将对辊压载方式用于磨矿作业，则需要对颗粒床施载。颗粒强度随粒度的减小而增大，细粒粉碎需要较大的压强，但压强过大又会导致物料的团聚现象加剧而形成密实的料饼状产物。当时的一个观点是颗粒床压载的压强以不超过 30~50 MPa 为宜。也有人致力于寻找减少物料团聚的方法。萧纳特在实验室粒间粉碎试验中把压强提高到上百兆帕，再利用球磨机对生成的料饼作打散处理，发现这两个步骤消耗的总能量仍远低于单独用球磨机将相同物料粉碎至相同细度所消耗的能量。正是这种属于基础研究的实验室粒间粉碎试验（用活塞—缸体装置在压力试验机上施载的小型试验）使他看到此粉碎方法的节能潜力，从而进一步考虑在大规模工业生产上实现颗粒床高压施载的可行性，并最终选择对辊辊压的施载方式。如今，高压辊磨机已成为建材水泥行业粉磨工艺的标配设备，在矿物加工领域也得到越来越多的应用。

参 考 文 献

[1] 李启衡. 碎矿与磨矿 [M]. 北京：冶金工业出版社，1980.

[2] 段希祥，肖庆飞. 碎矿与磨矿 [M]. 3版. 北京：冶金工业出版社，2012.

[3] 《选矿设计手册》编委会. 选矿设计手册 [M]. 北京：冶金工业出版社，1988.

[4] 《选矿手册》编委会. 选矿手册（第二卷第一分册） [M]. 北京：冶金工业出版社，1993.

[5] 《选矿手册》编委会. 选矿手册（第二卷第二分册） [M]. 北京：冶金工业出版社，1993.

[6] 孙传尧. 选矿工程师手册（第1册）[M]. 北京：冶金工业出版社，2015.

[7] 冯守本. 选矿厂设计 [M]. 北京：冶金工业出版社，1996.

[8] 周龙廷. 选矿厂设计 [M]. 2版. 长沙：中南大学出版社，2006.

[9] 陈炳辰. 磨矿原理 [M]. 北京：冶金工业出版社，1989.

[10] 杨松荣，蒋仲亚，刘文拯. 碎磨工艺及应用 [M]. 北京：冶金工业出版社，2013.

[11] 吴建明. 粉碎试验技术 [M]. 北京：冶金工业出版社，2016.

[12] Wills B A, Napier-Munn T J. Wills' mineral processing technology (7th edition) [M]. Elsevier (Butterworth-Heinemann), 2006.

[13] Mular A L, Bhappu R B. Mineral processing plant design [M]. New York：AIME, 1978.

[14] Prasher C L. Crushing and grinding process handbook [M]. John Wiley & Sons Ltd, 1987.

[15] Lynch A J. Mineral crushing and grinding circuits：Their simulation, optimisation design and control [M]. New York：Elsevier, 1977.

[16] Napier-Munn T J, Morrell S, Morrison R D, et al. Mineral comminution circuits：Their operation and optimisation [M]. Brisbane：JKMRC, University of Queensland, 1996.

[17] Tech J K. J K SimMet user manual-steady state mineral processing simulator, version 5.1 [M]. J K Tech Pty Ltd, 2003.

[18] Schubert H. Aufbereitung fester mineralischer Rohstoffe, Band 1 (4. Auflage) [M]. Leipzig：VEB Deutscher Verlag für Grundstoffindustrie, 1989.

[19] Schönert K. 粉碎 [J]. 国外金属矿选矿, 1985, 22 (1)：1-55.

[20] Rumpf H. Die Einzelkornzerkleinerung als Grundlage einer technischen Zerkleinerungswissenshaft [J]. Chemie-Ingenieur-Technik, 1965, 37：187-202.

[21] Schönert K. Energetische Aspekte des Zerkleinerns spröder Stoffe [J]. Zement-Kalk-Gibs, 1979, 32：1-9.

附　　录

附表 1　国家标准试验筛　筛孔尺寸序列（GB/T 6005—2008）

（筛孔尺寸单位：mm）

主要尺寸 R20/3	补充尺寸		主要尺寸 R20/3	补充尺寸		主要尺寸 R20/3	补充尺寸	
	R20	R40/3		R20	R40/3		R20	R40/3
125	125	125		25				4.75
	112		22.4	22.4	22.4		4.5	
		106	20			4	4	4
	100				19		3.55	
90	90	90	18					3.35
	80		16	16	16		3.15	
		75	14			2.8	2.8	2.8
	71				13.2		2.5	
63	63	63	12.5					2.36
	56		11.2	11.2	11.2		2.24	
		53	10			2	2	2
	50				9.5		1.8	
45	45	45	9					1.7
	40		8	8	8		1.6	
		37.5	7.1			1.4	1.4	1.4
	35.5				6.7		1.25	
31.5	31.5	31.5	6.3					1.18
	28		5.6	5.6	5.6		1.12	
		26.5	5			1	1	1

附表 2　国家标准试验筛　筛孔尺寸序列（GB/T 6005—2008）

（筛孔尺寸单位：μm）

主要尺寸 R20/3	补充尺寸		主要尺寸 R20/3	补充尺寸		主要尺寸 R20/3	补充尺寸	
	R20	R40/3		R20	R40/3		R20	R40/3
	900			224			56	
		850			212			53
	800			200			50	
710	710	710	180	180	180	45	45	45
	630			160			40	
		600			150			38
	560			140			36	
500	500	500	125	125	125	R10		
	450			112		32		
		425			106	25		
	400			100		20		
355	355	355	90	90	90	16		
	315			80		10		
		300			75	5		
	280			71				
250	250	250	63	63	63			

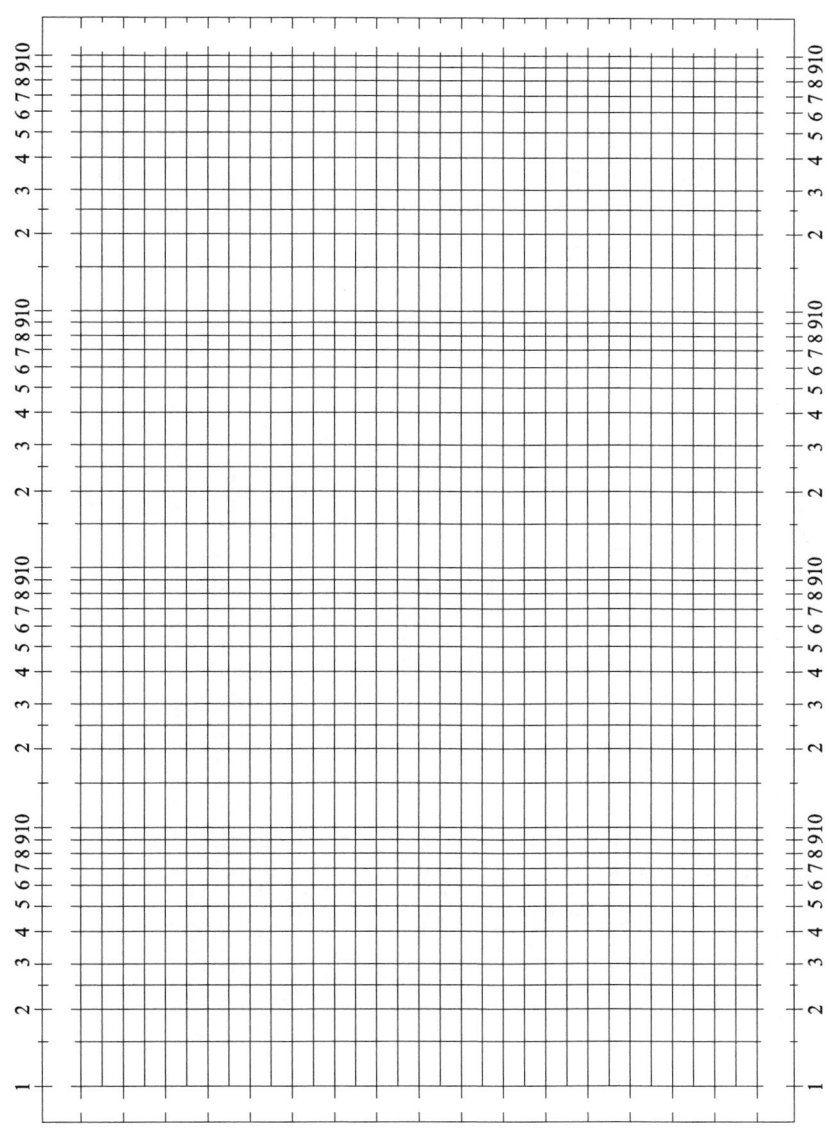

附图 1　半对数坐标纸

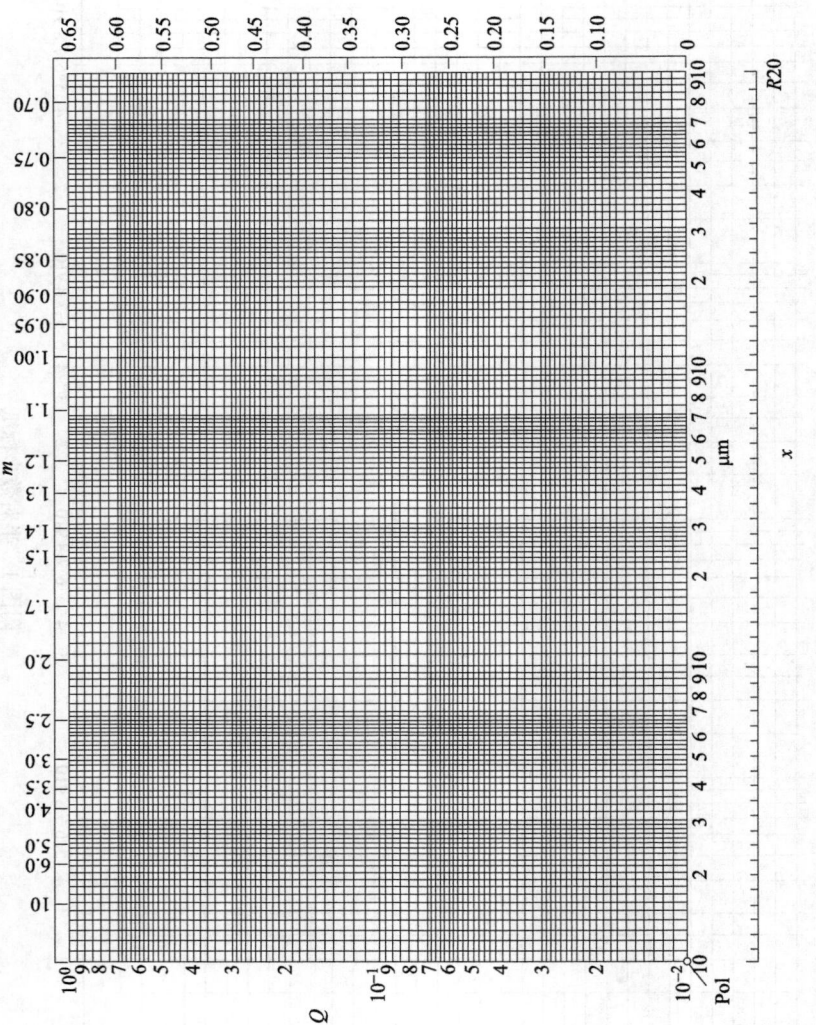

附图 2　全对数坐标纸

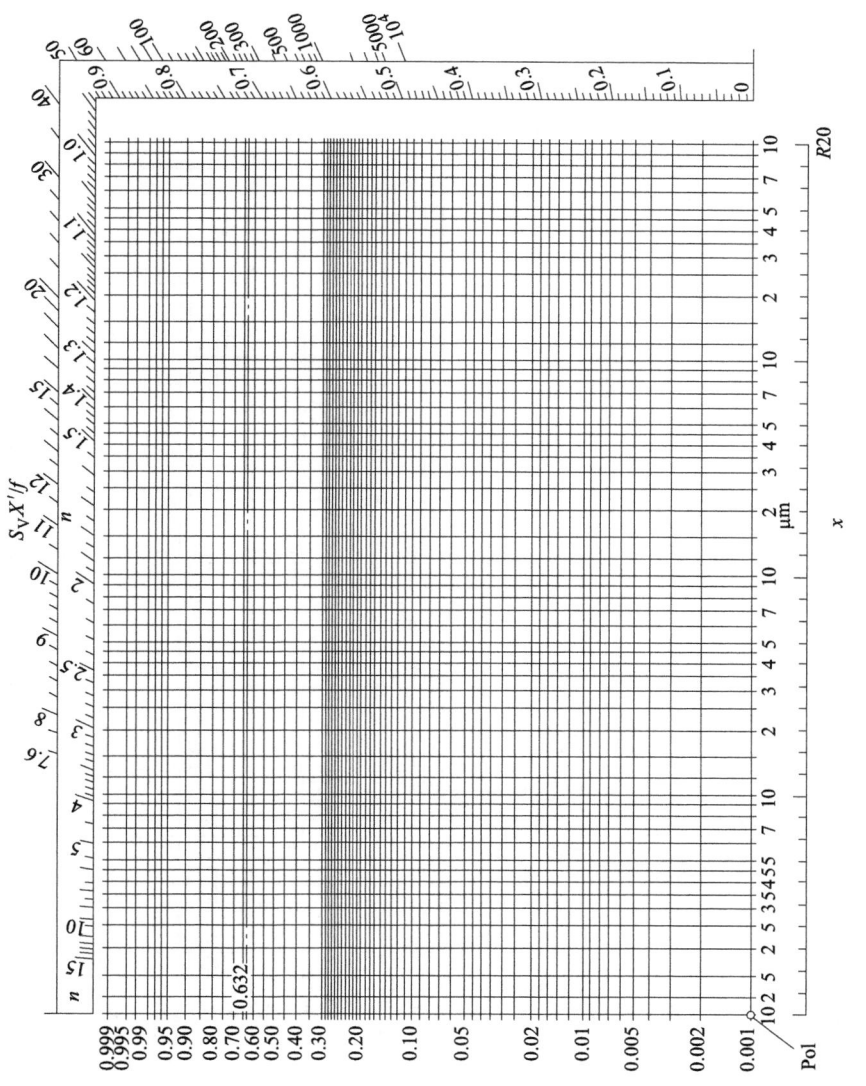

附图 3　RRSB 分布坐标纸

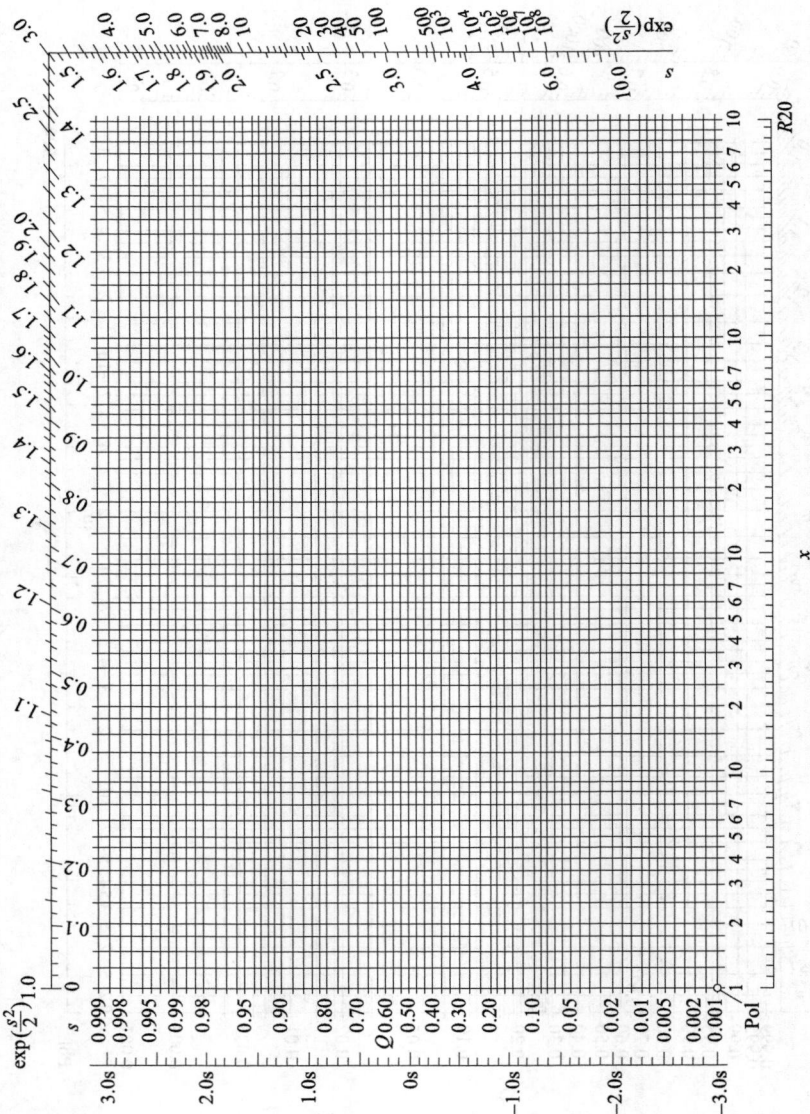

附图 4　对数正态分布坐标纸